京津冀地区

环境史

孙冬虎

李　诚

吴文涛

高福美

许　辉　著

社会科学文献出版社
SOCIAL SCIENCES ACADEMIC PRESS (CHINA)

国家社科基金资助项目结项成果
（批准号：17BZS088）

目　录

图表目录

绪　论

一　区域环境史研究的学术背景

最近几十年来，"环境史"或称"环境史学"比较迅速地成为历史学和历史地理学界关注的问题，历史专业出身的学者投入其中的更多。就一般情况而言，我国较早引入这个学术方向的学者主要来自世界史领域。他们在从事外国史研究或与国外进行学术交流的过程中，注意到欧美和日本等地的历史学者对环境问题的关注，由此翻译了包括基本理论与区域环境问题研究在内的若干外文论著，并把自己的工作重点转移到介绍外国学术动态以及分析某个国家的环境事件的起源、过程、社会影响、环境效应等方面，部分学者进而以同样的思路和方法探求类似的中国问题。若干外国学者对中国历史上与环境相关的典型事件或历史过程，以他们熟悉的视角做了大尺度的研究。与此同时，长期从事中国历史尤其是古代史研究的学者，在文献资料的掌握以及对本土情况的熟悉程度方面更胜一筹，也投身到建立中国的"环境史学"或"生态史学"的努力之中。

环境史自20世纪70年代在欧美兴起，改变了传统史学相对忽视自然的偏差，注重探求人类与环境的互动演化过程以及社会经济、思想观念与区域环境之间的关系，提供了认识历史发展尤其是人与自然相互关系的新视角。最近几十年，中国的世界史学者侯文蕙、包茂红、梅雪芹、侯深、高国荣等，翻译了唐纳德·休斯《什么是环境史》[①] 等欧美学者的论著，出版了《环境史学的起源和发展》[②] 等著作，引进了西方环境史学的理论和方法。在此前后，中国史领域研究农业史等专门史、秦汉史等断代史的学者，以研究人地关系变迁为核心内容的历史地理学者，也在探索建立中国环境史的学科架构，寻找适合本国自然与社会历史发展途径的理论和方法，积极进行区域或专题的环境史研究。王利华《徘徊在人与自然之间》[③]、王子今《秦汉时期生态环境研究》[④]、尹钧科与吴文涛《历史上的永定河与北京》[⑤]、满志敏《中国历史时期气候变化研究》[⑥]、王建革《江南环境史研究》[⑦]、邓辉等《从自然景观到文化景观》[⑧] 等著作；王利华、钞晓鸿、行龙、田丰等分别主编的《中国历史上的环境与社会》[⑨]、《环境史研究的理论与实践》[⑩]、《环境史视野下的近代山西社会》[⑪]、《环境史：从人与自然的关系叙述历史》[⑫] 等文集；国内大学或研究机构以《中国环境史研究》或《环境史研究》为题出版的数十集系列论文集，共同代表着这方面的探索成果。国外学者研究中国环境史的论著也被译介过来，美国彭慕兰《1500—1949年中国的环境变迁》[⑬]、马立博《中国环境史》[⑭]、日本原宗子《我对华北古代环境史的研究——日本的中国古代环境史研

① （美）J. 唐纳德·休斯：《什么是环境史》，梅雪芹译，北京大学出版社，2008。
② 包茂红：《环境史学的起源和发展》，北京大学出版社，2012。
③ 王利华：《徘徊在人与自然之间》，天津古籍出版社，2012。
④ 王子今：《秦汉时期生态环境研究》，北京大学出版社，2007。
⑤ 尹钧科、吴文涛：《历史上的永定河与北京》，北京燕山出版社，2005。
⑥ 满志敏：《中国历史时期气候变化研究》，山东教育出版社，2009。
⑦ 王建革：《江南环境史研究》，科学出版社，2016。
⑧ 邓辉等：《从自然景观到文化景观》，商务印书馆，2005。
⑨ 王利华主编《中国历史上的环境与社会》，生活·读书·新知三联书店，2007。
⑩ 钞晓鸿主编《环境史研究的理论与实践》，人民出版社，2016。
⑪ 行龙主编《环境史视野下的近代山西社会》，山西人民出版社，2007。
⑫ 田丰等主编《环境史：从人与自然的关系叙述历史》，商务印书馆，2011。
⑬ （美）彭慕兰：《1500—1949年中国的环境变迁》，《社会科学战线》2011年第4期。
⑭ （美）马立博：《中国环境史》，关永强、高丽洁译，中国人民大学出版社，2015。

究之一例》①等，都有可资借鉴之处。2019~2020 年，王利华等编著的 4 卷本《中国环境通史》问世。第一卷史前至秦汉，从史前时代的自然演变与人类进化开始，止于"月令"代表的自然节律与社会节奏；② 第二卷魏晋至唐，讨论气候、人口、土地利用、水环境、水资源、生物资源、食物能量与人类活动和社会发展的关系；③ 第三卷五代至明，以五代十国、两宋、辽、金、西夏、元、明各时期的环境与社会为核心，展现历代生产生活与资源环境的关系，勾勒人类社会与自然环境互动演进的历史过程；④ 第四卷清至民国，选取不同阶段的典型事例，讨论从明清之际到民国时期人类活动与自然环境之间相互作用的过程、结果和影响。⑤ 河北师范大学环境史研究中心编纂的 6 卷本《中国环境史》，于 2020 年 6 月至 2022 年 5 月由高等教育出版社陆续出版。全书按照中国历史的发展阶段，分为先秦、秦汉、唐宋、明清、近代、现代卷，旨在追寻中华文明演进过程中人与自然互动的历史。⑥ 这两部断代的多卷本著作，在相对宏观的尺度上梳理了中国环境史的发展脉络。国内外环境史的研究为解决当代生态环境问题提供了新的观察视角与历史镜鉴，京津冀地区的环境史就是目前在总体上需要完善、在关键问题上有待深化的一个研究领域。

时至今日，环境史学的架构初见端倪，相关的概念和理论却仍然有待探索。即使关于"什么是环境史"这个最基本的问题，就曾被比喻为"有多少环境史学者就几乎有多少种'环境史'的定义"。从欧美翻译过来的文献，由于某些翻译者自己的中文表达就没有过关，绝无可能产生"以其昏昏使人昭昭"的效果，因此难以从中挑选出一个权威的解释，距

---

① ［日］原宗子：《我对华北古代环境史的研究——日本的中国古代环境史研究之一例》，《中国经济史研究》2000 年第 3 期。
② 王利华编著《中国环境通史》第一卷，中国环境出版集团，2019。
③ 王利华编著《中国环境通史》第二卷，中国环境出版集团，2019。
④ 侯甬坚、聂传平、夏宇旭、赵彦风等编著《中国环境通史》第三卷，中国环境出版集团，2020。
⑤ 梅雪芹、倪玉平、李志英等编著《中国环境通史》第四卷，中国环境出版集团，2019。
⑥ 戴建兵主编《中国环境史》（1~6 卷），高等教育出版社，2020~2022。

离学科的成熟更是相去甚远。尽管如此，关于"环境史"的性质、对象、方法、任务等问题，终究还是形成了一些彼此接近的认识。首先，大家都承认它是历史学的一门分支学科，属于区域史的一个门类，或是针对某个区域的专门史。其次，它的研究对象，或称人类活动与自然环境相互作用的演进过程；或称把人类视为自然界的一分子而不是对立面，解释人类如何随着历史发展与自然界的其他组成部分（或组成因子）进行互动，人类在这个过程中怎样生活，他们通过思考形成了怎样的世界观和价值观，这样的世界观和价值观反过来又怎样作用于人类对自己在自然界中的位置和角色的选择。如此等等，不一而足。再次，环境史的研究方法迄今尚未显示自身的独特性，仍然是学者以自己从前熟悉的史学通用方法开展工作，唯其分析的对象已经从政治事件或历史人物之类转到了环境问题的始末缘由和社会效应等方面。最后，研究者都意识到，自然环境本身的变迁过程属于地学（地质学与地理学）研究的范畴，环境史试图探讨人与环境的相互影响，涉及自然科学与人文社会科学的众多领域。鉴于相关专业自身存在的客观局限性，环境史的重大问题只有依靠跨学科的综合研究才能解决。但是，要使一个研究团队的人员结构形成这样的跨学科组合并不容易，迄今刊布的环境史论著仍以个人研究为主，跨学科的研究团队并不多见，在这个方向上的发展任重道远。

二　环境史与历史地理学的密切关联

在研究内容、研究方法等方面，环境史与历史地理学具有密切的关联。区分彼此之间的异同，是确定环境史研究路径的基本前提。

环境是古往今来人类活动的舞台，环境史旨在探索人类与环境的互动，但其实质与作为人文地理学核心的"人地关系"并无二致。更有甚者，另一门既源远流长又逐步走向现代的学科——历史地理学，早已涵盖了环境史有待明确的那些研究对象和研究内容。在历史地理学范畴内，历史自然地理旨在探讨人类历史时期的环境变迁，现阶段有把时间向前推移、阑入许多古地理研究内容的趋势。历史人文地理重在研究人类活动与地理环境的关系，既包括人与自然的相互作用和相互影响，也涉及历史上人类创造的全部文化（物质与非物质财富的总和）与地理环境之间的彼此关联，凡是与环境因子、空间要素有关的问题都被囊括其中。历史地理学是研究人类历史时期地理环境及其演替过程和基本规律的学科，历史上的河道变迁、湖泊兴废、森林植被演替、城镇发展、行政疆域变化等都是其研究内容。按照学科分类来看，大致人类出现之前的地理属于"地质学"的范畴；人类出现之后、有文字记载之前的时段，属于"古地理"的研究领域；当代的地理状况由"现代地理"去探索；"历史地理"的研究范围则是有文字记载以来直至晚近某个时期，但其下限并不严格，有些讨论已经延展到当代。早在 20 世纪五六十年代，大规模的建设事业为历史地理学的进步提供了社会机遇。城市规划、水利兴修、区域开发、沙漠治理、交通改造、气候演变、中外交通、边界争端等领域的不少问题，都需要在充分利用历史文献记录和考古发现的新资料的基础上，做出历史地理的探讨。进入 20 世纪 80 年代以后，历史动植物地理、历史人口地理、历史文化地理、区域历史地理、历史地图、历史地名的研究都取得了明显进展。全球环境恶化引起世界的普遍关注，"环境变迁"随之成为热门课题，相关专业都试图通过研究区域人地关系的发展过程来揭示地理环境演化的规律。历史上某个范围内的人类活动与自然环境之间相互影响的关系，凝聚在"区域人地关系"的概念里。对于历史地理学而言，环境变迁只是这门学科的一部分研究内容。当代往往把属于古地理的某些内容也包括在环境变迁的研究范围之内，比历史地理范畴的环境变迁跨越的时段更长。

基于上述学术背景，环境史或环境史学、生态史学，遇到了一个关乎学科建设方向的重要问题。环境史学者王利华先生指出：

> 最麻烦的是环境史与历史地理学的关系。历史地理学家将考察历史上的人地关系及其演变作为自己的主要职责，不仅气候、土壤、河

湖、森林、动物……被视为历史地理环境的重要结构性要素，人口、产业、聚落、社会风俗乃至思想观念等等亦逐渐成为他们考察的对象。在历史地理学家看来，自人类诞生以后，自然环境和人类社会之间始终存在着密切的关系，研究这些关系及其变化，是历史地理学的重要任务之一。回顾学术史，我们可以发现，地理学强调人类社会与地理环境的相互影响至少有100年的历史，"地理决定论"和"文化决定论"的大论战几番兴息，虽未最终决出胜负，但围绕地理环境与人类社会的关系这个论题所开展的大量实证研究却取得了丰富的成果，其中不少成果在今天被理所当然地视为"环境史"。一个心怀创立环境史学科宏愿的人，只要稍微浏览一下现有的环境史研究综述和论著索引，肯定会感到有些沮丧：眼下在中国环境史研究方面较有成就的学者，大多出身于历史地理学，目前被归类为"环境史"的很多研究课题，是由历史地理学者率先提出并开展研究的，中国环境史的学术空间似乎已被历史地理学抢先占领了。那么，中国环境史学者能否找到自己的专属"领地"？安身立命之处何在？[①]

在京津冀地区，区域历史地理研究同样捷足先登、成果丰硕，如何显示环境史的学科特性也非易事。兹举几例，以见其一斑。

（1）海河水系的形成与变迁，是历史地理与环境变迁研究的重大课题之一。海河水系是构成京津冀地区血脉的水系，永定河是其分支之一。海河在历史上的变化极为复杂，河流改道数见不鲜，河床淤积非常频繁，洪水灾害相当严重。人类在海河平原上发展了灌溉农业，关于河流水利开发、淀泊环境改造、区域土地垦殖的记载比较丰富。北宋时期利用白洋淀和沿线其他淀泊，组成了限制契丹骑兵南下侵扰的军事防线，今人或将其比喻为"水长城"。诸如此类的人类活动以及河湖泥沙的自然淤积，都对该区域的生态环境造成了直接影响。最明显的例证就是，历史上曾被形容

---

① 王利华：《生态环境史的学术界域与学科定位》，《学术研究》2006 年第 9 期。

为"九十九淀"的众多湖泊，晚近时期绝大多数已经湮废。海河平原是研究历史地理与环境变迁的典型区域，迄今为止的重要工作有：谭其骧《海河水系的形成和发展》，^①利用文献和考古资料，深入分析了海河水系的来龙去脉以及相关的历史自然地理问题；侯仁之《历史上海河流域的灌溉情况》，^②为研究区域水利事业的进展提供了比较完整的史料线索；王会昌《一万年来白洋淀的扩张与收缩》^③，是古地理与历史自然地理的综合，明确了继续探索区域人地关系的地理坐标；邹逸麟主编《黄淮海平原历史地理》^④，勾勒出海河平原历史自然地理和历史人文地理的变迁轨迹；吴忱主编《华北平原古河道研究论文集》^⑤，代表了河北省地理研究所在古河道研究方面的突出成就，研究内容涉及古地理、地貌学、历史自然地理等多个领域。

（2）尹钧科、吴文涛著《历史上的永定河与北京》^⑥，从自然地理环境、人文社会变迁等多方面入手，论证了"永定河是北京的母亲河"这个重大学术命题，系统阐释了一条河流与一座城市之间的相互影响和相互作用，揭示了区域人地关系的互动过程，为解决当代面临的环境问题提供了历史借鉴。作者在追寻永定河源流、探讨河流改道问题时，涉及的区域包括源头的山西省，上游的河北张家口地区尤其是怀来盆地，下游的河北省固安、廊坊、永清、雄县以及天津、武清等地，从整个流域而不是局部着眼。他们对永定河泥沙淤积的分析，不仅关注怀来盆地的官厅水库一带，还到下游的河北廊坊、永清、霸州等地调查取证，发现了京津冀地区环境变迁的很多生动例证。

（3）清代皇帝行宫所在地承德避暑山庄、皇家演武围猎举行"木兰

① 谭其骧：《海河水系的形成和发展》，《长水集续编》，人民出版社，1994。
② 侯仁之：《历史上海河流域的灌溉情况》，《历史地理学的理论与实践》，上海人民出版社，1984。
③ 王会昌：《一万年来白洋淀的扩张与收缩》，《地理研究》1983年第3期。
④ 邹逸麟主编《黄淮海平原历史地理》，安徽教育出版社，1993。
⑤ 吴忱主编《华北平原古河道研究论文集》，中国科学技术出版社，1991。
⑥ 尹钧科、吴文涛：《历史上的永定河与北京》，北京燕山出版社，2005。

秋狝"的木兰围场，与北京具有非常密切的政治关联。从清末到民国时期，木兰围场被迅速开垦，此前的森林草原变成农田，产生了许多以一号、二号直至数十号为名的村庄。对于这个区域环境的剧烈变迁过程，韩光辉、钮仲勋等历史地理学者做过研究。如果以今天的环境史视角来解释它的变迁过程，还有很多问题需要继续探讨。

（4）区域灾害的发生及其救治，既是社会史的研究内容，也是历史地理学大显身手的领域。历史地理学关于灾害成因、空间分布、社会后果、生态效应等问题的探讨，有助于深刻理解相关区域在特定时段内的地理环境及人地关系。仍以北京地区为例，历史灾害地理的研究遍及干旱、洪水、地震、风暴、瘟疫、战争等方面。尹钧科、于德源、吴文涛《北京历史自然灾害研究》，[①] 依据丰富的历史文献，分析了北京及周边地区自汉代至清代发生的自然灾害，在以水灾和旱灾为主要研究对象的同时，兼及其他气象灾害与地质灾害、生物灾害。作者阐述了自然灾害发生的基本过程、重要史实、为害程度、发生频率、地理分布、区域差异，提炼出关于自然灾害的某些规律性认识，为当代北京防灾减灾提供了历史借鉴。于德源《北京灾害史》，[②] 上编为"北京历史上重大灾害个案研究"，详细论述了洪涝、干旱、蝗虫、瘟疫、地震等典型事例，逐次分析每类灾害的成因和防御措施，深入思考未来的防灾减灾问题；下编为"北京历史上灾害编年"，爬梳辑录了北京地区自汉代至民国时期的灾害史料。上述历史地理学界的工作，为开展环境史研究奠定了坚实基础。

那么，同样关注人类与环境关系的历史地理学，与环境史有什么相同点和不同点呢？历史地理学者侯甬坚先生认为，其一，研究重点不同：历史地理学重在地理变迁，复原过去的地理面貌；环境史重在研究人类与环境的互动关系，并且解释影响这种关系的变化过程。其二，学科渊源不同：历史地理学植根于历史学、地理学及其他相关学科；环境史学是将生

---

① 尹钧科、于德源、吴文涛：《北京历史自然灾害研究》，中国环境科学出版社，1997。
② 于德源：《北京灾害史》，同心出版社，2008。

态学的原则运用到历史学之中，将生态分析作为理解人类历史的一种手段。其三，对于人的角色和作用的理解不同：历史地理学把人类活动作为环境变迁的驱动因子；环境史研究把人类看作环境的一部分。其四，研究内容与特点不同：历史地理学以区域研究为主，通常阐述一定区域在某个时段的地理面貌如何，强调地理现象的空间特点，地理味道浓厚；环境史研究以事件过程为主，强调环境问题在时间上的进展，突出事件的起源、过程与结果，历史的味道更浓。其五，在研究内容、方法上可以互相借鉴、融会贯通。① 基于上述认识与学术背景的影响，我们对京津冀地区环境史的探索，一方面以历史地理学与中国古代史、区域史、专门史为基础，另一方面力求体现环境史的历史学色彩。

三　关于若干问题的说明

1. 研究宗旨与基本思路

北京、天津与环抱着两直辖市的河北省，以海河平原为主体，兼及太行山东麓、燕山南麓地区，构成了一个完整的自然地理单元。在历史上，北京近千年来基本连续地长期作为国家的首都，天津是自明代以后逐渐崛起的港口城市，河北省是环绕首都的畿辅之地，彼此在政治、经济、军事、文化等方面具有密不可分的关联。今天我们有必要清晰地认识京津冀地区当代生态环境问题的来龙去脉，科学地总结历史上人与自然互动的经验教训，为制定相关政策和规划提供理论支撑。

中国环境史的研究在译介国外论著、进行大尺度的专类问题探讨方面已有多项成果，但选取某个自然地理单元或行政区域为研究范围，相对系统地阐述多种自然因素与人文因素作用下的各类环境事件对区域社会发展的影响，进而为构建中国环境史的学科框架提供实证支撑的论著仍然较少。我们致力于通过典型区域的研究实践，突破京、津、冀三省市在行政

---

① 　侯甬坚：《历史地理学、环境史学科之异同辨析》，《天津社会科学》2011 年第 1 期。

分界影响下"各自为政""画地为牢"的局限，把京津冀地区视为统一的整体，为促进中国环境史学科理论与方法的健全和成熟做出有益探索。我们将探讨区域自然环境在人类历史时期的变迁，梳理生物要素与非生物要素的存在、变迁及其相互影响的历史；阐释区域自然环境与人类社会的关系，展现人与自然相互依存、共同发展的"和谐史"，自然环境制约人类生存发展、人类改造自然与生态恢复重建的"斗争史"；分析区域环境变迁的因果关系，归纳其动因、规律及其对区域社会发展与未来趋向的影响。

本书按照下列思路展开研究工作：

说明京津冀地区自然环境的基本特征：根据自然地理学的已有研究，简要交代作为人类活动舞台的地理空间与生态条件，包括地形、水系、植被、土壤等自然要素的主要类型、空间分布、环境特点等，为阐述人与自然的互动关系奠定基础。

反映人与自然互动的历史进程：已有研究表明，先秦时期聚落、城市的选址和资源获取，反映了早期人类对自然的敬畏与顺应。秦汉至隋唐五代时期，京津冀地区成为幽州所辖区域的主体部分，人类对自然资源的有限索取，维持了环境状况的相对稳定。作为北方军事中心城市的幽州，其兴衰过程与人类开发利用自然资源的程度有所关联，但这个时期人类活动尚未对区域环境产生根本性的冲击或破坏。辽至清代，围绕着陪都尤其是首都的资源供应而日益频繁的人类行为，加深了对自然环境的多重扰动。辽南京、金中都、元大都、明清北京对畿辅甚至周边更远区域的资源需求，促使国家为保障北京及其他城市的水源、建材、能源、交通而不断加大对环境的干预和改造力度。晚近时代的工业化使人类获取自然资源的技术手段急剧发展，人与自然的相互关系发生根本性转折，由此带来的大量环境问题，成为导致当代某些区域生态失衡的最直接的历史之源。

分析人类社会与自然环境相互依存与相互制约的典型表现：水环境、水资源对社会发展的重要作用，决定了人类对水环境的依赖和改造。以海河水系为主的区域水环境，对聚落选址、水源供应、农业灌溉、交通运输具有决定性意义，历史上的水利工程具有正反两方面的环境效应和社会作用。太行山、燕山的森林演替，是人类影响植被变迁的重要见证。历代城乡建设和社会生活对木材、柴炭的需求，北京宫廷和各类机构对易州柴炭的大量征索，各级统治者为大肆牟利造成的森林过度采伐，是加速局部或整体性环境恶化的社会根源；部分山区从郁郁葱葱到童山濯濯的转变，成为历史上河流中下游区域水土流失逐渐加重的主导因素。土壤条件深受地形、气候、植被、水环境的制约，盐碱治理与农业开发是人类改造环境的重要配套措施。京津冀地区气候多风沙、河流易泛滥、土地多低洼盐碱，这样的自然环境严重制约了农业生产，历史上兴修水库和治理盐碱也各有其利弊得失。自然异变与人类不当行为带来的环境灾害和社会灾害，包括洪水、干旱、沙尘、地震、虫害、瘟疫等在内，对自然环境和社会发展造成了严重影响，此外还有战争引起的环境破坏。区域自然环境深刻制约地域文化与社会风尚的某些特征，从社会文化与自然环境相互关系的角度入手，可以认识"一方水土养一方人"的历史过程，揭示人与自然的相互作用在社会风尚和地域文化方面的具体表现和地域差异。

归纳人与自然相互作用的基本规律和历史启示：在完成上述研究的基础上，本书提炼关于区域环境变迁的动因和规律等认识，预测人地关系的未来趋向和社会效应，提出解决京津冀地区当代环境问题的历史借鉴与保护自然环境、促进协调发展的决策参考。

2. 主要内容

本书"绪论"交代学术背景与基本思路，"结论"归纳研究心得与规律性认识，其余各章主要内容如下：

第一章：说明京津冀地区的自然地理环境是历史的舞台，历代政区设置是国家进行社会管理的基本手段，区域环境史的演变深受自然和人文因素的影响。

第二、三章：依据地方志资料，追溯太行山区、坝上高原、燕山山地在历史上的森林分布状况，显示森林植被作为环境因子的重要价值。选取以森林采伐、土地开垦、林权之争为核心的环境事件，揭示人类活动与森林变迁之间的密切关系。

第四章：依据历史文献和相关学科进展，揭示京津冀地区湖泊沼泽的特征和变迁，尤其是在晚近时期普遍萎缩乃至完全湮废的历史地理过程，反映自然因素与人类活动对环境变迁的巨大影响。

第五、六、七章：鉴于河湖沼泽众多的环境引起土壤盐碱化、泥沙淤积以及水灾频发，选取白洋淀、文安洼、坝上诺尔等低洼多水区域，分析自然环境变迁对社会发展的制约作用；借助永定河治理与明清时期的畿辅水利营田，说明人与水的共生关系。

第八章：保障大运河畅通是维护古代北京经济命脉的关键，本章分析京津冀地区运河的发展历程，尤其是河道清淤、水源开辟等造成的社会负担，以此表现人地关系变迁的一个侧面。

第九、十章：辩证分析"人水争地"背景下永定河治理的环境效应；通过历史上白洋淀水系改造、晚清民国时期北京南苑皇家园林与承德地区木兰围场放垦等环境事件，说明人类在顺应和改造区域环境方面的主导地位。

第十一章：说明古今地震灾害的成因及其分布状况，反映自然灾害对社会生活和自然环境造成的严重破坏。

第十二章：以官厅水库为典型案例，探讨现当代水利建设及其连带产生的环境问题，进而认识从传统农业社会进入工业社会之后的人地关系。既肯定其水利成就，更实事求是地评析相伴而生的环境问题，这两方面恰恰都是环境史的必备内容。在这之后，以宏观尺度梳理当代水利建设与环境治理的主要脉络，从整体上评价这个过程对区域环境的影响。

3. 本书的局限

一部区域环境史理应以贯通古今、包罗广泛、多时空、多要素为追求目标，以此为标准衡量，本书在研究时段的整齐划一与环境要素的均衡齐备等方面的局限一目了然，因此有略加说明的必要。

环境史研究强调以环境事件为中心，但在一般情况下，所涉时代越早，可以利用的相关文献越少。因此，也就无法要求对每个环境要素与人类活动的相互作用都从先秦时期讲起，而只能根据所掌握的材料多少量体裁衣，这就势必呈现以晚近时期为主的面貌。另外，研究区域越小越需要相对微观的材料，但这些仅仅涉及局部地区的人类活动及其连带发生的环境事件能否被记录下来，是一个在多种因素影响下的小概率事件，决定了我们并不总是能够获得从微观角度考察其来龙去脉的材料支撑。这样，当我们讨论多个问题时，其起始时间并不统一，研究时段则侧重于明清与民国年间，这也是无可如何的事情。

　　分析各个环境要素与人类活动的相互作用，需建立在已有研究的基础之上。如果史料相对丰富、前期研究又比较充分，自当在每个方面都上溯远古、下迄当代，但实际情况并非如此，也就只能以环境事件为中心，无从追求各个要素的均衡齐备与起始时间的整齐划一。此外，对于已有研究较多的问题，如果没有找到新材料或形成新观点，自然以暂付阙如为宜。例如，关于自然灾害与社会发展的研究，尹钧科、于德源等先生已经对环京津地区做了很好的工作，本书因此选择了破坏效果最直接的地震灾害做出进一步说明，对沙尘暴、瘟疫等造成的环境效应则未予置评；在人与自然共同影响下的区域动植物分布变迁、历史上的战争对人类社会与区域环境的破坏等方面，同样需要来日弥补空缺、加以完善。

第一章　上下四方：环境史剧的空间舞台

京津冀地区的行政区域包括北京、天津两直辖市与河北省，面积较小的京津两市又被河北省包围。这样，整个区域自然地理的主体部分是河北省，北京与天津则是其间具有独特性的组成部分。就人文地理环境而言，北京近千年来的首都优势，决定了它在整个京津冀区域的主导地位。河北省作为环绕京津的广阔腹地，发挥了从政治、经济、军事等方面支持首都的辅助作用。伴随着这样的历史进程，天津逐渐崛起为首都的军事门户与漕运保障、腹地的经济出口和水运枢纽。

第一节　人类与环境互动的自然地理空间

地貌、气候、河湖、植被、土壤等自然地理因素，是人与环境互动的物质基础，由此筑造的地理空间也是人类活动的舞台。地貌是地理空间的骨架，再与其他要素相互作用，在为自古至今的人们提供各类资源的同时，也制约着人们的生产和生活。参考《河北地理概要》[①] 与《北京自然地理》[②] 等文献的记载，就地貌总体特征而言，京津冀地区背倚山地和高原，面向渤海，表现出自西北向东南、自西向东、自北向南海拔迅速降低的大势。北部属燕山山脉；西部边缘属太行山脉；东北隅的渤海北岸为滦

---

① 邓绶林主编《河北地理概要》，河北人民出版社，1984。
② 霍亚贞主编《北京自然地理》，北京师范学院出版社，1989。

河冲积平原；中东部和南部广大地区为海河洪积冲积平原，是华北平原的重要组成部分。平原、山地、高原，自东南向西北井然有序地排列开来，海拔高度由海向陆急剧上升，既便于暖湿气团深入内陆，也使境内的各条河流最终顺势回归渤海。

京津冀地区地貌类型多样，山地、丘陵、高原、平原、盆地一应俱全，高低差别显著。西北部的高原山地海拔多在 1000 米以上，部分地区超过 1500 米。小五台山、茶山、灵山、东猴岭、大海坨山、桦皮岭、甸子梁、雾灵山、冰山梁、云雾山、白石山等山峰，海拔都在 2000 米以上。小五台山的东台海拔 2882 米，为境内第一高峰。东南部的平原地区大部分海拔不足 50 米，渤海沿岸平原海拔为 2~10 米。山地确定了区域地貌结构的骨架，丘陵主要分布在燕山山地南麓、太行山地东麓以及西北一些盆地的边缘，一般海拔在 500 米以下，相对高度在 300 米以下，包括黄土丘陵和石质丘陵。高原大多在西北边缘，海拔 1200~1500 米，上面有山丘、岗梁、平原等次一级地貌。在以桑干河盆地、洋河盆地为主的盆地区，河流沿岸发育为坡度平缓的冲积洪积扇或平原。太行山以东、燕山以南的海河、滦河平原地域广阔，地势平缓，也有废河道、洼地等造成的微小起伏。

从人类活动与地理环境相互影响、相互作用的历史进程出发，我们可以把京津冀地区划分为若干个次一级的区域。这种划分既以区域自然地理特征为基础，又有别于地理学家所做的力求完备的自然区划，实际上就是从"人地关系"以及"环境史"的视角确定将在本研究中重点涉及的几个典型区域（见图 1-1）。

1. 燕山山地丘陵区可以细分为冀北山地丘陵与燕山山地丘陵两个区域，位于河北省北部与北京市的北部边缘区，也就是广义的燕山山脉之所在。冀北山地丘陵是从张北围场高原向南部燕山山脉的过渡地带，海拔 1300~1500 米，相对高度 500~800 米。滦河、潮河水系的支流由西北向东南流，森林覆盖面积较广，历来是用材林基地之一。崇礼、赤城境内的白河上游河谷地区，有清水河、白河、黑河、汤河上游等季节性河流，河床多沙砾，当地称为沙河。丰宁、隆化的山地丘陵区大部属于滦河水系，水量比较丰富，小河谷盆地有较好的农耕条件。燕山山地丘陵区位于冀北山地丘陵区以南、长城南北。区内河流大部属于滦河水系，在与山脉汇合处成为峡谷，区内丘陵密布、谷地盆地交错，俗有"九山半水半分田"或"七山二水一分田"之说。小片平原集中在山间盆地和河谷之中，以遵化、迁西、抚宁等山间盆地和承德、平泉、隆化等谷地为典型。南部降水丰沛，是历史上森林植被集中分布的区域。

2. 坝上高原区包括张北高原与围场高原两部分，位于张家口、承德两地区北部，平均海拔 1200~1500 米，是内蒙古高原的南沿部分。"坝"是蒙古语"达板"的简译，意为山岭之上。张北高原包括张北、沽源、康保三县全部以及尚义、崇礼二县的部分地区。南部坝头及其附近的笼状低山，统称大马群山，最高峰桦皮岭海拔 2129 米。北部为燕山主脉尾闾，大部分是舒缓丘陵，中部是岗梁、残丘、滩地、湖泊组成的波状高原。风力剥蚀与流水冲蚀造成的洼地有不少积水成湖，形成了以安固里淖尔为代表的星罗棋布的湖群。湖泊周围普遍分布沼泽滩地，是牧草肥美的天然牧场。围场高原位于丰宁、围场的北部，气候比张北高原温润，也是境内著名的天然牧场。历史上的不合理利用使得不少地方草场退化，土壤盐渍化严重，风沙盛行。当代在营造林带防风固沙、防止草原退化方面多有成就。

3. 桑干河盆地区或称冀西北间山盆地区，位于张北高原与小五台山之间，山地、丘陵、河谷、盆地相间分布。山地有军都山、大海坨山、燕然山、黄杨山、熊耳山等，最高的大海坨山主峰海拔 2241 米。在山地丘陵之间，沿着洋河一带有怀安盆地、张宣盆地，桑干河沿途有蔚县盆地、阳原盆地、涿鹿盆地以及两河合流后的怀来盆地。穿越其间的桑干河及其支流洋河、壶流河，如串珠一般将它们连接起来，组成桑干河、洋河两大盆地。盆地中部为冲积平原，边缘是洪积裙和冲积洪积扇。盆地内部地势平坦，有发展农耕的水土条件，但边缘山麓水土流失严重，应提倡荒山造林，禁止坡地开垦。

4. 太行山地丘陵区是绵延分布于河北与山西之间，基本呈南北向的狭长地带。这里是华北平原与山西高原的天然分界线，地处黄土高原的东部边缘，第四纪黄土分布普遍，降水丰富，河流众多，因而成为京津冀地区历史上森林分布与开发利用的主要区域。北段的山地海拔多在 1000 米以上，高峰超过 2000 米，中南段地势比较低缓，海拔多在 1000 米以下。低山丘陵间有河流辗转穿越涉县、武安、井陉、涞源等盆地，其中包括井陉等煤盆地。

从山西高原或太行山发源的永定河、拒马河、滹沱河、漳河等大小河流奔腾而下，成为海河水系的主要水源。它们横切山地形成的峡谷，即山间断开之处称作"陉"。自南而北的"太行八陉"，包括轵关陉（今河南济源西北）、太行陉（沁阳西北）、白陉（辉县西）、滏口陉（今河北磁县西北）、井陉（井陉西）、飞狐陉（蔚县东南）、蒲阴陉（易县西北）、军都陉（今北京昌平西北关沟），是太行山东西之间相互往来的天然孔道。

5. 燕山山前平原和滦河三角洲平原区位于燕山以南、渤海湾以北，主要由潮白河、蓟运河、滦河及其他小河挟带的泥沙堆积而成。滦河上游为高原、山地、丘陵，自滦县附近进入平原，泥沙大量堆积形成巨大的冲积扇。其中，三河、昌黎山前平原区，面积比较小，有的仅为 10 公里左右，地下水比较丰富，近山一带水土流失相当严重，晚近兴建的水库有助于水土保持。滦河三角洲平原区，自滦县附近的顶部到海岸，幅度达 60 公里，坡降较大，排水良好，但滦河口东北沿岸至秦皇岛有高可达 40 米的海岸型沙荒。海岸和大陆架浅缓部分的海底沙坝有的露出海面，有的在沿岸形成沙嘴和潟湖，后者最大的属昌黎以南的七里海。三角洲南侧因海潮淹没形成盐荒地，通过放淤洗碱、育草育林，有望改变沿岸的土地利用状况。

6. 海河平原区是京津冀地区南部面积最大的地理区域，东临渤海，西至太行山东麓，北至燕山以南，南与山东、河南相接。这里在地质史上是中新生代以来的凹陷区，此后堆积的第三纪和第四纪地层最厚处有

5000 多米，由此掩盖了群山、河谷和盆地而形成海河平原，历史上黄河、海河的泥沙冲积和泛滥改道对此具有显著影响。近山一带海拔约 100 米，向渤海湾逐渐降低至 3 米左右。根据形状和成因，可分为山前冲积洪积平原、中部冲积平原、滨海冲积平原。地面基本平缓，但平原、缓岗、沙丘、洼地等微地貌差异很大。

海河平原如果再进一步区分，可以划分为 5 个地理区域。

太行山山前平原区大致以海拔 100 米等高线与太行山地丘陵区为界，北起永定河，南至漳河，呈带状分布。北段属永定河—大清河水系、中段属滹沱河水系、南段属滏阳河水系的冲积洪积扇连成的平原。这里是古代太行山东麓大道经行之地，也是古代城市最发达的地带，自北而南，各个主要冲积扇的中心，培育了北京、保定、定州、正定、邢台、邯郸等重要城市。

白洋淀与文安洼区位于大清河水系中下游，以白洋淀和文安洼为中心，是地质史上的交接洼地。这里可能曾与河北平原南部的大陆泽、宁晋泊连为一片，后由于古黄河、古漳河、滹沱河、滏阳河、永定河的沉积而逐渐分隔开来。白洋淀、文安洼也因淤浅而萎缩成两部分，土壤盐渍化严重。湖淀与洼地的利用方式大不相同，当代白洋淀的生态功能已经超过了从前作为水产基地的作用。

冀中平原区指的是白洋淀以南的海河平原中部区域，位于太行山前平原以东、渤海西岸的滨海平原以西。子牙河水系、潴龙河、古漳河、古黄河是塑造区域地貌的主要力量。区内面积超过 1 万亩的各类洼地有 30 多处，黑龙港是其间最大的河间洼地。因地势低洼，排水不畅，该区成为著名的低洼易涝地区。东南部的吴桥、东光、南皮等县，是古黄河三角洲的地域范围，常见缓岗夹洼地的地貌形态。南运河因泥沙淤积抬高河床以及人工筑堤的影响，成为典型的地上河。附近的小河不能注入其中，只能通过开渠引河入海，此即所谓"减河"。防洪排涝与治理土地盐渍化，对于该区农业的发展至关重要。

冀南平原区位于河北省最南部，滏阳河流经本区低洼地带。大约

4000年前，古黄河在本区南部分为二支，其北支在巨鹿再分为九河，至天津以东汇入渤海。经过长期的河流淤积泛滥，形成平原、缓岗和洼地。丘县和南宫之间的缓岗，限制了滏阳河的流向，因而构成以大陆泽、宁晋泊为中心的交接洼地。春秋至西汉末年，古黄河在南乐与大名之间的泥沙沉积和泛滥改道，形成了洼地与缓岗交错的地貌。漳河上游的浊漳河，挟带了山西黄土高原的大量泥沙，到平原地区形成巨厚的沉积层。河流泛滥改造和风力搬运堆积，形成了古河床型的沙荒与河岸型的沙荒。南宫附近的沙荒面积最大，巨鹿、清河、威县、大名的卫河沿岸也有沙荒，晚近时期的育林固沙已见成效。宁晋至曲周之间有大陆泽与宁晋泊的遗迹，南北长约90公里，东南宽约30公里。滏阳河干支流长期的泥沙沉积，使湖泊逐渐淤浅，继而缩小或消失。当代，利用古河道寻找地下水成效显著。

滨海平原区包括河北省与天津市的渤海湾沿岸地区。受河流与海水共同作用，海拔在5米以下，地势低平，洼地众多。境内河流除海河之外，还有子牙新河、漳卫新河、捷地减河、南大排河、大浪淀排水渠、宣惠河、潮白新河、独流减河、永定新河等人工河流。古黄河三角洲范围内的盐山、黄骅一带，多缓岗和洼地。沿海平原地下水位在一米以内，土壤及地下水的盐分很高。沿岸沼泽洼地呈弧形带状分布，一般宽5~10公里。海岸有沙坝、沙嘴和潟湖等地貌，海潮将贝壳带到海边，在天津以及河北黄骅南大港等处形成贝壳堤，记录着历史时期海水进退的历程。

第二节　作为社会管理基础的历代行政区划

国家对领土实施行政管理的手段和途径之一，就是将其划分为若干个不同等级、层层辖制的行政区域，在此基础上安排官员履行职责。历代区划系统的设置反映了社会管理体制的延续与变迁，制约着人类活动的区域和执行相关制度的范围。不同区域、不同城市之间的政治、经济、军事地位的差异，决定着它们在国家总体格局中的位置和职能，进而成为影响区域环境史走向的人文要素之一。尹钧科主编《北京建置沿革史》①、河北省地名办公室编《河北政区沿革志》② 等，分别梳理了本地的行政区划发展过程，再加上关于天津市辖境行政区划问题的若干成果，都为从整体上考察整个京津冀地区（以下简称为"本区"）历代行政区划的变迁轨迹奠定了基础。

一 先秦时期的区划与地名

北京周口店、河北涿鹿泥河湾、北京门头沟东胡林等地的考古发掘证实，本区的人类活动由来已久。商代的部落和部落联盟转化为方国，今卢龙、承德、邢台等地即有孤竹、土方、苏等方国。今北京西南的蓟国至少应出现于商代后期，因此在西周初年得以被武王褒封。春秋时期，本区北部主要为北燕，西部及中南部为晋国，南部为卫国，东南部为齐国属地，其他地区有邢、孤竹、令支、无终、代、鲜虞、肥、鼓、甲氏等小国。北部有山戎、东胡、楼烦、北戎等游牧民族活动。西周初年周成王分封的燕国，在今北京房山董家林附近。大约在西周中后期，燕国吞并蓟国并将国都迁到蓟城。春秋中后期，诸国在边远地区设郡、县，开始了郡县制的初级阶段，晋国的邯郸、任等县即为此时所设。起初一县领若干郡，后来变为郡大而县小。战国时代，本区北部为燕国属地，燕都蓟城（今北京），又以武阳（今易县）为下都。中西部属于狄人建立的中山国，始都顾（今定州），后迁灵寿（今平山三汲）。本区中、中南、西北部，在韩、赵、魏三家分晋后即属赵国。赵都晋阳（今山西太原西南古城营），后徙邯郸（今邯郸西南）。今邯郸南部一隅属魏国，沧州东南部属齐国。公元前 296 年赵灭中山后，本区主要属燕赵两国。战国后期，燕国在边界修筑长城，置上谷、渔阳、右北平、辽西、辽东五郡以拒东胡，赵国置代郡、

---

① 尹钧科主编《北京建置沿革史》，人民出版社，2008。
② 河北省地名办公室编《河北政区沿革志》，河北科学技术出版社，1985。

河间郡。代郡、上谷各辖 36 县，其余诸郡辖县不等。

本区之内的"河北"及其简称"冀"，其地名语源或出自春秋战国时期。《左传》已有"河东""河西"这样的区域名称，至少在人们的意识中也存在与之对应的"河北"与"河南"。汉初学者将周秦诸书的旧文缀辑起来，经过陆续增补，汇为解释名物语义的《尔雅》。《尔雅·释丘》云："天下有名丘五，三在河南，其二在河北。"[1] 彼时河水（黄河）从今大名、馆陶向东北流，至沧州以东注入渤海。"河北"无疑泛指本区大部，从具体的语境看来，其语词搭配尚未达到固定为一个专有名词的程度，但也不妨作为当代省名的词源。今之河北简称"冀"，出自《尚书·禹贡》。战国时人怀着大一统的理想，假托上古大禹之名，把天下划分为虚拟的九州，为首的就是冀州，从而为自古至今在河北设置冀州奠定了自然地理与历史文化的基础，唯其辖境变得越来越小。《尔雅·释地》说"两河间曰冀州"[2]，指其虚拟的范围在两河之间，或称"两河之地"。以冀州为参照点，山陕交界地带向南流的黄河位于其西，因称"西河"；在今河南省北部转为东流，因称"南河"；沿着太行山转到河北省的东北境，因称"东河"。周匝三面包围起来、位于东河与西河之间的区域，包括山西与河北大部的地域范围，称作冀州，河北大地后世遂简称"冀"。东汉刘熙《释名·释州国》称："冀州，亦取地以为名也。冀，易也，其地有险有易也。又帝王所都，乱则冀治，弱则冀强，荒则冀丰也。"[3] 据此，冀州之"冀"意为希冀、希望。河北别称"燕赵"，出自其辖境的主体在战国时代北属燕国、南属赵国之故。

二　秦汉时期的政区建置

秦代将郡县制推行于全国，郡下辖县。本区在燕国故地新设广阳郡，沿用上谷、渔阳、右北平、辽西、辽东郡；在赵国故地设邯郸、巨鹿、代

---

① 《尔雅·释丘》，《黄侃手批白文十三经》。

② 《尔雅·释地》，《黄侃手批白文十三经》。

③ 刘熙：《释名》卷二《释州国》，《丛书集成初编》本，中华书局，1985，第 22 页。

郡，后析邯郸郡北部增置恒山郡。此外，今大名一带属东郡，沧州东南部属济北郡，唐山、秦皇岛一部属辽西郡，赞皇一部属太原郡，涉县一部属上党郡。

西汉时期郡与国并行，武帝分全国为十三刺史部作为监察机构，或称十三州。本区北部属幽州刺史部、中南部属冀州刺史部、西北隅属并州刺史部，张家口北部为匈奴、乌桓活动区域。幽州刺史部包括渔阳、上谷、涿、勃海、右北平、辽西郡，燕国（汉初在蓟城置，后改广阳郡、广阳国）。冀州刺史部有巨鹿郡、恒山郡（后改常山）、清河郡、中山郡（后改中山国）、广川郡（后改广川国、信都国）、赵国（后改邯郸郡）、河间国、平干国（后改广平国）、真定国。并州刺史部所辖的代郡原属幽州，后归并州。今涉县西北部属上党郡。

西汉末年王莽大量更改郡、国、县名，不久东汉恢复旧有名称，汉末诸刺史部成为一级政区，形成州、郡、县三级制。本区北部主要属幽州，中南部属冀州，西部一隅属并州，今张家口、承德、北京以北为乌桓、鲜卑活动地区。经过一系列调整与更名，东汉末期本区内的州、郡、国，有幽州的上谷、涿郡、广阳、渔阳、右北平五郡国，今张家口西部属代郡，唐山东部及秦皇岛一带属辽西郡；冀州有勃海、巨鹿、魏郡，河间、中山、常山、安平、赵国五国；今衡水东南部、邢台东南部属清河郡。

三　魏晋北朝的政区变动

三国时期，本区是魏国辖境，沿袭汉制。北部属幽州，中南部属冀州。州下所领郡国，多有更名与治所迁徙。就其主脉来看，幽州有右北平、渔阳、上谷、范阳、代郡、辽西六郡以及燕国；冀州有常山、河间、勃海、安平、巨鹿、广平、阳平、魏郡八郡，另有中山国、赵国，东南部属清河郡、平原郡、乐陵国。今涉县北部属并州上党郡，张家口、承德以北为鲜卑活动区域。

西晋时期，本区自北而南依次为幽州、冀州以及新设的司州所辖，州下的郡国有更名、析并与徙治。其间比较稳定的情形是，幽州有北平、上谷、广宁、代郡、辽西五郡和燕国、范阳国；冀州有常山郡、勃海郡和中山、高阳、河间、章武、博陵、安平、赵国、巨鹿八国；司州辖原属冀州的广平、魏郡、阳平三郡。本区东南部为冀州清河、乐陵郡地，涉县北部及元氏西部为并州乐平国地，张家口、承德北部仍为鲜卑活动区域。

十六国时期，本区先后有后赵、前燕、前秦、后燕活动。后赵建都襄国（今邢台），前燕先后定都蓟城（今北京）与邺城（今临漳），前秦都长安（今陕西西安），后燕建都中山（今定州）。诸国历时短暂，政区变动有限，鲜卑段部、宇文部活动在本区东北部与西北部地区。

北朝时期，本区先后为北魏、东魏、北齐、北周所辖，政区实行州、郡、县三级制。北魏将幽、冀故土析为八州，郡的数量也有增加，因此辖境变小。燕州治广宁（今涿鹿），辖上谷、广宁、大宁、偏城、昌平、东代郡；安州治燕乐（今隆化），辖广阳、密云、安乐郡；平州治肥如（今迁安东北），辖辽西、北平郡；幽州治蓟县（今北京），辖燕、范阳、渔阳郡；定州治卢奴（今定州），辖中山、博陵、巨鹿、常山、赵郡；瀛洲治河间（今河间），辖高阳、章武、河间、浮阳郡；冀州治信都（今冀州），辖长乐、武邑、勃海郡；相州治邺县，辖魏、阳平、广平、南赵郡。此外，桓、肆、并、营诸州的部分辖境，亦在本区之内。今张家口中部设置怀荒、御夷二镇，其北为鲜卑高车部活动区域。东魏将安州治所燕乐县内徙侨置于今密云燕乐庄，对北魏的其他政区设置也有所调整，其基本架构被北齐、北周沿用。

四　隋唐五代的政区更替

隋代政区更替的主要特征，是州县与郡县两级制的变化。文帝开皇三年（583）罢诸郡，在本区置幽、玄、平、蔚、易、瀛、定、恒、赵、冀、沧、贝、洺、魏诸州，其后又增置观、磁、景、蒲、并、栾、深、邢、檀诸州。炀帝大业二年（606）废除蔚州等七州，三年（607）又改州为郡：幽州改涿郡，檀州改安乐郡，玄州改渔阳郡，平州改北平郡，易州改上谷郡，瀛州改河间郡，定州改博陵郡（九年改高阳郡），恒州改恒山郡，赵州改赵郡，冀州改信都郡，沧州改渤海郡，贝州改清河郡，邢州改襄国郡，洺州改武安郡，魏州改武阳郡。此外，本区南部有少量区域属魏郡，西部有少量区域属雁门、太原、上党郡，东南小部分区域属平原郡，东北小部分区域属柳城郡，北部的今承德一带为奚族人活动区域。

唐朝实行道、州（郡）、县三级制，除了州、郡、县的新置及析并以及大批羁縻州县的内徙安置，州与郡之间的几度更替使政区沿革变得更加复杂。高祖武德年间改郡为州，太宗贞观元年（627）加以省并，玄宗天宝元年（742）又改州为郡，肃宗时复为州制并逐一恢复原名。以玄宗开元二十九年（741）的"州"与天宝元年（742）逐一更改的"郡"相对照，本区有妫州（妫川郡）、檀州（密云郡）、幽州（范阳郡）、蓟州（渔阳郡）、平州（北平郡）、易州（上谷郡）、莫州（文安郡）、恒州（常山郡）、定州（博陵郡）、深州（饶阳郡）、瀛州（河间郡）、沧州（景城郡）、赵州（赵郡）、冀州（信都郡）、邢州（巨鹿郡）、贝州（清河郡）、洺州（广平郡）、魏州（魏郡）等。此外本区西部属河东道云州、蔚州、潞州、仪州及太原府，西北与北部属饶乐都护府，再北为突厥活动区域。肃宗至德二载（757）又改诸郡为州，此后复置磁、涿、景、祁等州，少量州名也有更改。

唐代还有两件事情，影响到今天的河北与北京的地名问题。其一，太宗贞观元年（627）"因山川形便，分天下为十道"，其中之一为"河北道"①，显系以其大部分位于黄河以北而得名。这是本区的主体部分真正以"河北"作为称谓专名的开端。此后，北宋设河北路，又分为河北东路、河北西路。1928年直隶省改为河北省，直接承袭了萌芽于春秋战国时期、再经唐宋作为区域专名使用而扩大了影响的名称，其历史文化可谓源远流长。其二，玄宗天宝年间发生"安史之乱"，延续到肃宗乾元二年

---

① 《新唐书》卷三十七《地理志一》，中华书局，1997，第959页。

（759）时，史思明称"大圣燕王"，"以范阳为燕京"①。这是今天的北京在历史上首次有了"燕京"之号。辽太宗会同元年（938）把幽州提升为陪都"南京"，继史思明之后亦称之为"燕京"。传统观念至此不得不接受这一事实，"燕京"的出现是北京城市性质至少从辽代开始转变与地名发展史上的重要标志。

五代十国是隋唐过后的分裂时期，本区先后为梁、唐、晋、汉、周以及一些割据势力管辖。在此期间，本区北部属于契丹（辽），涉及领土归属的最重大事件是后唐节度使石敬瑭以割让幽蓟等十六州（后世俗称"燕云十六州"）土地为条件，换取契丹出兵支持其灭掉后唐建立后晋，时为后晋天福元年（936）。战争过后完成交割手续的十六州及其治所和对应的今地分别是：幽（蓟县，北京西南）、蓟（渔阳，天津蓟州）、檀（密云，北京密云）、顺（宾义，北京顺义）、儒（缙山，北京延庆）、妫（怀戎，河北怀来）、涿（涿县，河北涿州）、瀛（河间，河北河间）、莫（莫县，河北任丘）、蔚（安边，河北蔚县）、朔（善阳，山西朔州）、云（云中，山西大同）、应（金城，山西应州）、新（永兴，河北涿鹿）、武（文德，河北宣化）、寰（寰州，山西朔州东北）。其中有十二州在本区之内。后周世宗北伐契丹，收复易、瀛、莫三州，增置霸、雄二州。

五 辽宋金时期的政区格局

辽与北宋签订澶渊之盟后，以白沟（拒马河—大清河）一线为界。本区北部为辽境，实行道、府、州、县四级制，辖有南京道析津府、平州，中京道西南部的泽、迁、润、北安州，西京道东南部的奉圣、儒、蔚州。会同元年（938）升幽州为陪都之一南京，又号"燕京"。

本区中南部为北宋所辖，地方行政以路、府（州、军）、县三级制为主，初为河北路，雍熙四年（987）分为河北东路、河北西路，嗣后又有分合。河北西路治真定（今正定），辖真定府与定、保、祁、深、赵、

---

① 《旧唐书》卷二百上《史思明传》，中华书局，1997，第5380页。

邢、磁、洺诸州，广信、安肃、顺安、永宁诸军。河北东路治大名（今
大名东），辖大名府、河间府与冀、恩、沧、青、莫、霸、雄诸州，永
靖、信安、保定诸军。本区边缘部分区域，属相州、辽州、平定军、隆德
府所辖。宣和四年（1122）金与宋联合灭辽后，把空城南京及山前六州
交予北宋，宋置燕山府路及燕山府，不久又被金占据。

金代贞元元年（1153）自上京会宁府迁都燕京，改燕京为中都，成
为北半个中国的首都，这是今北京地区成为政治中心的标志性事件。金代
行政区划实行路、府、州、县四级制，经过增设析并与改名等调整，到大
定二十九年（1189），本区形成如下政区格局：中都路（治宛平），辖大
兴府与涿、易、遂、安肃、保、安、雄、霸、通、顺、蓟、滦、平诸州；
河北西路（治真定），辖真定府与定、祁、威、沃、邢、磁、洺诸州；河
北东路（治河间），辖河间府与清、莫、蠡、深、献、沧、冀、景诸州；
大名府路（治大名），辖大名府等。今承德大部属北京路大定府，秦皇岛
市东北属宗州，张家口市大部及保定西北部属西京路桓、宣德、奉圣、
弘、蔚诸州及大同府辖境，元氏县西部属河东北路平定州，涉县属辽州、
潞州，临漳县属河北西路相州。

六　元明清时期的政区系统

元大都崛起为统一国家的首都，标志着全国政治中心已经转移到幽燕
地区，这是中国历史上的重大事件。这样的历史基本连续地从明、清递进
到民国前期，进而影响了 1949 年以后的当代北京。

元代实行省、路、府、州、县五级制，本区位于大都周围的腹里地
区，直属中书省。在中书省之下，大都路辖涿、霸、通、蓟、漷、顺、
檀、东安、固安、龙庆等州；上都路辖顺宁府与保安、蔚、兴、云等州；
永平路辖滦州；保定路辖易、祁、雄、安、遂、安肃、完诸州；真定路辖
中山府与赵、冀、深、晋、蠡诸州；顺德路不辖州；广平路辖磁、威州；
河间路辖沧、景、青、献、莫诸州。南部邯郸等地属大名路、顺德路，北
部承德、秦皇岛一带属辽阳行省大宁路。值得注意的是，元代河间路的海

津镇，开始充当海上航路与南北大运河这两条漕运通道的中转枢纽，为此后天津的崛起奠定了基础。

明代实行省、府、州、县四级制，洪武元年（1368）八月攻取元大都后改置北平府，次年置北平行中书省，九年（1376）改北平承宣布政使司，全国的其他行省也是如此更名。永乐元年（1403）改北平为北京，这是今天的北京得名之始。永乐三年（1405）设天津三卫，既作为北京东南军事防御的海上门户，又是海运与河运的漕粮中转枢纽，地位比元代的海津镇变得更加重要。永乐十八年（1420）迁都北京，又称京师。洪熙、宣德年间仍有还都南京之意，正统六年（1441）正式定都北京，此后一直为京师，京畿地区又称北直隶。本区范围内的府州，包括顺天府辖通、霸、涿、昌平、蓟州；保定府辖祁、安、易州；河间府辖景、沧州；真定府辖定、冀、晋、赵、深州；还有顺德府、广平府，以及大名府北部，延庆、保安二直隶州。本区边缘的若干州县，隶属山西大同府、河南彰德府、山东东昌府。府州所辖的县，已与今天基本相近。长城以北地区，为蒙古朵颜部驻牧地。

清代大致沿袭明代行政建置，实行省、府、州、县四级制，后改为县由府直属的三级制。北京仍称京师，但作为政区的京师（北直隶）改为直隶省。本区主要属直隶省（治保定），嘉庆二十五年（1820）府与州的分布格局是：顺天府领通、蓟、涿、霸、昌平州；永平府领滦州；正定府领晋州；保定府领祁州、安州；河间府领景州；天津府领沧州；广平府领磁州；顺德府不领州；大名府北部亦在本区之内；还有遵化、易、定、赵、冀、深六个直隶州和口北三厅。此外，本区边缘的部分地域，分属河南彰德府，山西大同府、平定州，山东临清府、济南府。在这期间，天津的地位显著上升。雍正三年（1725）改置天津州，九年（1731）升为天津府，治所在天津县（今天津市）。咸丰十年十二月（1861年1月）在天津设三口通商大臣，同治九年（1870）以后，直隶总督兼北洋通商大臣大多驻在天津，到冬季才回到保定，天津成为实际上的省会所在，由此为天津成为当代京津冀中的一方奠定了直接的基础。

七 民国以来的政区调整

民国初年基本沿袭清代政区系统，1928 年之前仍以北京为国都。本区的主体为直隶省辖境，省会在此前实际上已迁到天津。1912 年，顺天府改为直属于中央政府的京兆地方。1913 年，直隶省各府、州统一废改为县，不久全省又分为四个观察使，俗称为"道"，从而形成省、道、县三级制。渤海道驻天津，范阳道驻保定，冀南道驻大名，口北道驻宣化，其名称嗣后都有变更。以直隶省东北部原承德等府设置热河特别区，驻热河（今承德）；以原口北三厅及山西省五县设置察哈尔特别区，驻张家口。本区南部数县，分属河南、山东二省。1928 年 6 月 20 日国民党中央政治会议第 145 次会议决定，直隶省改名河北省，6 月 28 日明令公布。废除道的设置，政区系统改为省、县两级制，京兆地方并入河北省。与此同时，国民政府定都南京，改北京为北平特别市，直属中央行政院，这是北京建市的开端；在天津县的城区部分，设立直属行政院的天津特别市。7 月初，察哈尔、热河特别区改为察哈尔省、热河省。1930 年，北平、天津两个特别市降为河北省辖的普通市，此后其地位屡有升降。北平、天津都曾做过河北省会，天津与保定更是河北省会多次轮换的城市。

1949 年北京与天津成为中央直辖市，1958～1966 年天津是河北省辖的省会城市，到 1967 年 1 月又恢复直辖市的地位。至此，北京、天津与河北"三足鼎立"的局面最终形成。自 1950 年 10 月到 1958 年 10 月，北京市分 7 次划入了河北省昌平、宛平、房山、良乡、通县、大兴、顺义、平谷、密云、怀柔、延庆的部分或全部，辖境从 1928 年至 1949 年初的大约 707 平方公里扩大为 16410 平方公里，并延续至今。天津市自 1950 年到 1979 年先后划入了河北省的宁河、天津、静海、蓟县、宝坻、武清、遵化诸县的部分乃至全部，形成今天的辖区范围。

区域自然地理条件为人类在创造物质与非物质文化的进程中书写京津冀地区的环境史提供了空间和资源，古今行政区划系统则为人的活动规定了空间坐标与约束其社会行为的地理界线。京津冀地区的环境史，就是人类在这样的空间舞台和社会限定之下从事与环境相关的各类活动的历史记录。当人类应对诸如城市水源的探寻开辟、传统社会的农田水利、河流泥沙淤积的利害、大运河的环境效应、古今湖泊的萎缩湮废、森林从郁郁葱葱到童山濯濯的变迁、气象异常与地震破坏、战争危害与灾后凶年、海岸淤积与海域污染、兴修水利与土壤改良、资源短缺与环境污染等问题时，举凡他们的思想、决策、行动、结果与环境之间相互作用、相互影响的每一个方面，都是区域环境史应当展开讨论的内容。

第二章　曾经葱郁：林木分布的历史记录

　　森林是涵养水源、调节气候等环境功能最强的生态系统，也是人类在很长的历史时期内建材和能源的主要来源。自然资源本来就应当被人类用来造福社会生活，问题的关键在于人类对它的利用是否适度。如果限定在森林自身能够自然更新的幅度之内，人与环境之间就能维持长期的可持续发展关系。但是，人们对森林的认识首先出于它的物质功能，建筑用的木料、做饭烧的木柴、取暖用的木炭，无一不是取自原生的或次生的森林，或者人工栽植的树木。"天下熙熙皆为利来"的人性亘古不变，决定了人类向自然索取的贪得无厌，只是由于国家制度与其他因素的限制而不得不有所顾忌。至于森林系统的生态价值，两千多年以来诸如孟子倡导的"斧斤以时入山林，材木不胜其用也"等观点①，体现了古代哲人的远见卓识。今人谈到许多地方森林变迁的原因时，最常用的一个语词就是"乱砍滥伐"，其间无疑忽略了人类利用自然资源的天然合理性。即使确实存在超越森林系统自然更新程度的行为，大多也不能归罪于百姓的"无法无天"，起主导作用的是以帝王为首的各级统治者。由统治者以国家力量发动的森林砍伐，远非百姓自发的小规模砍伐所能比拟。森林的存在与否，是区域环境变迁最突出、最显眼的标志。在京津冀地区，数千年的垦殖使平原上鲜有真正意义上的森林植被，山区的原始森林也在人类日益强劲的干预下迅速消失，即使是次生林在当代也已变得弥足珍贵。文献

---

　　① 《孟子》卷一《梁惠王上》，中华书局影印《诸子集成》之《孟子正义》本。

记载显示，历史上的森林资源曾经相当丰富，人类的生存需求尤其是过度索取是森林退化的根本原因，京津冀地区的森林环境也大体沿着这样的方向发生变迁。

第一节 太行山区的森林分布

南北蜿蜒耸立的太行山脉北段，是京津冀地区与山西高原的天然分界线。历史上太行山东麓区域各州县的方志等对林木状况多有简要记载。其中既包括普遍存在的原始森林或次生林，也有若干人工栽培的经济林木。某些区域，森林是普遍存在的植被，但这种普遍性有时反而削弱了方志纂修者记载它们的主动性和必要性。但对方志文就要辩证认识，如某些独一无二或数量屈指可数的巨大树木，往往因其独特性而成为所在山岭或地域的地理标志而被载入文献。显然，这些记载只能表明该地可以生长并且确实存在某类树种，但显然不足以表明存在真正意义上的成片森林。方志等类文献往往缺乏数量统计，因此，根据方志所载对太行山东麓区域各州县森林状况的说明，只能解决定性的"有无"而不是定量的"多少"问题。这些方志有少量出于明代，大多数纂修于清代与民国时期，其间定性描述的森林状况，是经历长期自然变迁与人类影响之后的结果。

一 邯郸地区的山区森林状况

地区原是省政府的派出机构，每个地区领有若干市县，事实上已经具有作为一级政区的地位。尽管当代各地已普遍采用"市管县"的行政区划系统，但为了称说方便，这里仍然以"地区"指代包括某个中心城市及其周边若干区县在内的地域范围，各个地区的辖境则延续其撤改以前的界线以顺应传统习惯。

京津冀地区位于太行山东麓的各山区州县，大小山岭既有草木不生或有草无树者，也有森林植被比较茂密者。沿着太行山脉由南向北，在最南端的邯郸地区涉县，柏台山位于县东南三十里，"峭壁巍峨，翠柏阴翳。每当夕阳返照，光彩耀目"；风洞山"在县西南十里，古积布山。松柏苍翠，有穴深不可测"；青龙山在县北十五里，"形势蜿蜒，乍起乍伏，佛阁麟集，有千枝古柏，类观音手。飞桥烟霭间，时见元鹤翔集，亦异境也"；灵山一名八宝山，在县北六十里。"左右八峰环列，万树阴森，望之蔚然。上建卫公祠及龙母庙，祠前古柏数十株，轮囷连抱，奇状不一。有如龙头者，有如凤尾者，有如狮子蹲踞者。"① 清代县令任澄清《熊耳寺亭池记》说："熊耳六峰摩天，林木蔽日，达人高士，每至于斯，岂不称壮游哉？"修建落霞亭"望林壑而舒目，仿佛虎溪之境也"。②

上述记载中的涉县看似万树葱茏，实际上却是林木匮乏之区。在清代，"山不产木，屋材难得。虽富家无华构，贫者或穴土而居"。柿子、核桃、花椒，是涉县最重要的经济林木。③ 太行山区崎岖不平，内外交通不便。山岭以石山居多，林木难以生长。居民生活常受水源、能源困乏之苦，从山间小路运来的煤炭价格昂贵，粮食、棉花、肉食等之"官价"也比别处"民价"昂贵。清代嘉庆时人评述道："惜其崇山峻岭，居其过半。周视四境，大率循山附水辟置村墅，各相耕凿栖息耳。其道路往来，唯有奔走脚力驮负，不能驰车转毂也。况冈峦重复，悉块垒乱石，木植岂能根深荫茂？煤炭皆自外至，居民首苦乏水，次苦乏薪。诸物昂贵，官府所市大米斗三百钱，小米减半，衣棉斤一百八十钱，猪肉斤六十钱，羊肉斤四十钱。名为官价，视他处民价加贵。称曰瘠土，信不虚矣。"④ 涉县并无郁郁葱葱的森林，点缀其间的林木亦非百姓所有，几乎所有山区州县"各相耕凿栖息"。

在涉县东北的武安，民国年间的文献虽有松、柏、榛、栗等记载，实

① 嘉庆《涉县志》卷一《疆域》。
② 嘉庆《涉县志》卷八《艺文》。
③ 嘉庆《涉县志》卷一《疆域》。
④ 嘉庆《涉县志》卷一《疆域》。

际上它们的数量极少，点缀其间的是县西北八十里定晋岩（或称定静岩），"其山高百余仞，悬崖如盖，松柏森蔚"①。

二　邢台与石家庄地区的山林

在今邢台地区与石家庄地区，历史上属于太行山区与山麓地区的州县，除了平山等县有较多的林木分布之外，见于文献记载的成片林木不多见。

邢台县仙翁山在县城西北四十里，"一名果老山，山左右相抱，中多鸟纹柏"。方山在城西北六十里，"西北麓有泉，名圣水。树木丛杂，蔚然深郁"。此外，羊冈脑在城西南三十五里，"有水涌出，为穆家林泉"，②应是一处人工改造的园林而不是天然林。

临城位于邢台以北，县城西北十里有白山，清康熙年间乔已百《天台诸山正名》称其"长可二十里，县城之主山也。古皆林莽，久已童然"。③ 据此可知，此前曾经茂密的森林，至少在明代后期已彻底消失。

临城西北的赞皇县，"十八盘岭在县西六十里，通山西乐平县路。山势嵯峨，林木郁茂，中有小径萦纡，上下凡十八盘"。④

石家庄以西的井陉县，县城以西三里的护城寨，又名西顶，"古名雪花山，满山丛林，尽开白花，故名"。⑤ 东南七十里苍岩山，"桥楼结构空中，庙宇辉煌。崖里古木环围，烟云飘渺，宛如图画"。县东南十五里的柏山岩，"山多产柏，甘淘河绕其下"。⑥ 民国时人称：柏山岩"环山之上部，柏树成林，常年青翠可爱"。⑦ 清雍正年间的县志编纂者认为："井陉环山带水，岂徒竞名胜哉！窃以为，天地自然之利亦于是乎在焉。盖山虽

---

① 民国《武安县志》卷二《地理志·山川》。
② 民国《邢台县志》卷一《舆地·山川》。
③ 康熙《临城县志》卷七《艺文志》。
④ 乾隆《赞皇县志》卷一《地里志·山川》。
⑤ 光绪《续修井陉县志》卷一《山川》。
⑥ 雍正《井陉县志》卷一《地里志·山川》。
⑦ 傅汝凤：《井陉县志料》第二编《地理·名胜》，天津义利印刷局，1934。

穷而终资樵采，水虽激而终资灌溉。生斯地者，苟怠惰自安而取资之道不讲，予惧其重为山川负也。"① 换言之，井陉的山水提供了樵采与灌溉之利，人们对这些资源的利用应当遵循自然规律，否则将有负于这些山川的恩赐。考察其间蕴含的思想，颇有强调人与自然和谐相处之意。

与井陉毗邻的获鹿县，光绪年间县志对林木分布的记载很少，但有一则植树故事。清乾隆三十五年（1770）五月，县令谢清问《禁鹿泉山文》写道："鹿泉为获邑名区，群山峭崻。……村民近植松柏，甫成活数十株，正宜陪护，乃无知樵牧，肆行侵扰。邑绅崔东阳公，据舆情，请禁于余。"② 县令应乡绅的请求，发出禁止在鹿泉山樵采放牧时伤及新植松柏的文告，这是古代支持植树造林的事例之一。

获鹿正北的平山县，在明代一度做过供应宫廷柴炭的基地，虽然为时短暂，但也表明这里以往应是林木丰茂之地。十八盘岭在县西一百三十里，"山势磋峨，林木丛茂"。天桂山在县西一百二十里，峰峦奇峻，"天桂樵歌"为县内十景之一。清代以前之人论述平山的地理形势时称："北岳控其东，太行揖其西。背倚林峰，面对光禄。右襟冶水，左带滹沱。山势高下错落，地脉树木阴森。设险之守，所在多有，屹然百里之固。燕赵之交，雄于河朔，亶然！"③ 其中的"背倚林峰"与"地脉树木阴森"，足证平山林木之普遍，与明代曾经在此设置宫廷柴炭厂的历史相呼应。

太行山东麓山前平原地带，历史上也曾有过森林或树木密集的区域。随着晚清至民国时期的社会变动，不少地方的林木也被砍伐殆尽。在石家庄以南的元氏县，"庚子（光绪二十六年，1900）以前，境内森林及大树甚夥，邻封亦然。准以植物呼氧吸炭之理，宜尔时雨量之多。辛丑年（1901），京汉铁路兴修，不肖工人勾结沿路附近地痞，敲诈乡民。见村有大树者，即树干画一白圈，扬言敷设道木所需，官用不给价。乡愚无知，央地痞贿工人将白圈擦去，暗自砍伐者比比然也。此风一播，沿路州

---

① 雍正《井陉县志》卷一《地里志·山川》。
② 光绪《获鹿县志》卷一《地理上》。
③ 咸丰《平山县志》卷一《舆地》。

县村镇不转瞬而大树以尽。自清末以迄民初，上宪屡促造林，谆谆提倡。虽各县奉行培植，实则等于具文。乡农遇旱，仅知仓促凿井，不思雨量过少则河流绝；河流久涸，虽有井而无泉，何足以资灌溉。造林乃根本计划，而民间忽视之，此雨量之所以少欤"。① 在石家庄以东的藁城县，"邑东南一带，森林旧称茂密。后因乡民采伐不时，贪目前之利，而忘森林之大益。以致木材缺乏，财源外溢。兴一学舍，建一巨室，往往取材异地，运自外埠"。② 各种因素彼此影响导致环境恶化，诸如此类的事情在其他地区同样存在。

三　保定地区的山区森林分布

由石家庄以西的山地继续向北，保定以西、以北的山区州县，历史文献中记载的森林或成片林木比较丰茂。

阜平县境内既有森林分布，也有灌木丛生、可以樵采的山岭。城北七十五里的铁岭，"其上多草木"。东北七十里的神仙山，"跨据百里，备有群芳，四时盛开"。西北五里的大派山，"为邑后屏，奇峭阻深，多草木鸟兽，贫民樵猎所资也"。东北一里左右的小派山，"上有庙数间，产古柏甚茂"。城东十八里的万松山，"其木多松柏"。东南六十五里的大白蛇岭，"山峻多草木"。③ 阜平总体上是地瘠民贫之区，清乾隆二十二年（1757）至三十四年（1769），福建上杭举人邹尚易担任阜平知县达十三年之久，得到乾隆帝的嘉奖和赏赐。④ 他来自盛产桑蚕的南方地区，上任后不仅拓展了前任知县罗仰镳兴修水利、开辟土地的事业，而且结合阜平的地理条件，鼓励村民在住宅四周栽种桑树，号召妇女养蚕纺织。为此专门发布的《劝民种桑谕》，首先强调栽桑养蚕是阜平可望开辟的发展之路："农桑为衣食之源，人无贫富贵贱，非此不能生活。阜平土瘠民贫，

① 民国《元氏县志》卷三《气候》。
② 林翰儒：《藁城县乡土地理》上册，1923 年石印本。
③ 同治《阜平县志》卷二《地理·山川》。
④ 同治《阜平县志》卷三《人物上·循良》。

地亩之荒，今已渐次开垦矣。惟蚕桑之利，尚未尽兴也。"随之广泛征引《礼记》《诗经》《孟子》以及诸葛亮的表章，借助前人关于种桑养蚕的诗文，说明"古公卿大夫至士庶人，亡有不树桑为蚕者"的道理。最后阐述阜平适宜栽桑养蚕的地理环境和人力条件，告诫百姓认真施行："阜平地虽瘠薄，而土性宜蚕。温北、温南、龙川三社，山桑尤多。远近乡民携筐执斧、采叶饲蚕岁千户，第罕见有以种桑为业者。近验树桑最易生长，每岁春分后入山挑取子桑，日可种植一二十本。栽培修剔，弗使践害。数年之后，舍傍隙地，遍成桑林。妇女就近取摘，不尽不竭。用力少而获利多，无逾此者。再取鲜桑椹散布地中，当年即生长一二尺。随时保护，次年亦可分种。子曰：因天之时，乘地之利，尽人之力。种桑养蚕，乃天地自然美利。资益匪细，愿吾民相与共勉之。毋忽，特谕。"① 栽桑养蚕在我国具有悠久的历史，也是农耕之外的经济支柱，由此营造的经济林木既是百姓的富源，也是以人工措施改善局部植被条件的有效途径。

曲阳县以出产汉白玉以及雕塑闻名，恒山在县北一百四十里，又名大茂山。由于政区界线的调整，其地今属阜平县。五岳之一的北岳恒山，原本指曲阳境内的大茂山，明代以后才将北岳移至今山西浑源县东南的恒山。明代石珤诗称："百里见恒岳，葱茏布阵间。""飞来翠色多随盖，吐出青烟半是莲。"李梦阳诗称："回岩日射千松暗，绝顶风来六月霜。"诸如此类的描述，足证大茂山林木的茂盛，这也是大茂山得名的依据。嘉禾山，在曲阳县东北十里，旧志记载："山本多乔木，因定州造浮屠，采伐一空。谚云：砍尽嘉山木，修成定州塔。"这是人类活动影响区域植被面貌的一个典型事例，木材供应地的自然环境由此变得大不如前。县南十八里有少容山，明代李昌龄诗称："遥望峰峦碧四围，兴来联辔叩山扉。村村林麓横青霭，曲曲河流泻翠微。日暮寒云迷古洞，秋深落叶点征衣。素书疑在烟霄上，坐对长松了道机。"诗中的村村林麓、深秋长松等，都是

---

① 同治《阜平县志》卷四《政典下·艺文》。

树木丛集的写照。县西北六十里柏林岩，因"上有柏林寺，其山多柏"得名。① 清人评价说，曲阳"县境三面皆山，土石相间，多不能种禾麦，尚宜树木"。在所出产的林木中，除了少量栽培的梓、楸、椿、桐之外，柏、槐、榆、白杨、柳、桑最受重视。"柏，有香柏、侧柏、刺柏各种，曲阳土性最宜，价亦极昂。其材可为棺椁，柏叶、柏子仁皆入药，县境栽者极多。""槐，其质最坚，可为车材、农器。花未开者为槐子，可染色、入药。实，服之益人，可度荒年，县属栽者亦广。""榆，种类甚多，有刺榆、粉榆、姑榆之分。惟粉榆一名白榆，有荚如钱，可蒸食，皮可作炷香，磨粉亦可度荒。可为屋材、车辕诸物，曲阳种者极多。""白杨，一叶圆而大，纹理细腻。一叶圆而小，次之。其性端直易长，十余年可至数围，高数丈，堪为屋材、器具，曲阳种者极多。""柳，种类甚多，易生易长。材可解板，细者可为椽，枝可编筐，曲阳种者尤多。""桑，种类甚多，韧者为鲁桑，柔者为胡桑。曲阳土性，无处不宜。蚕为美利，宜普种之。叶与根皮，亦可入药。"② 在包括京津冀地区在内的整个中国北方，槐、榆、杨、柳、桑等都是最易成活、普遍分布、效益可观的树种。天然森林绝大多数因为人类干扰而日渐萎缩，人工栽培的林木尤其值得重视。

唐县位于曲阳东北，县西三十五里的罗乔山"四山环抱，松柏交翠"。齐云岩在县西北七十里的葛洪山以西，"岩壑崒嵂，古木奇萝，盘旋蓊郁"。一亩石葛洪山龙门湖内，其势自山麓连壤而起，"林壑幽深，泉声如雨，观览栖息，最为盛概"。龙母巘，在县东北故城村，"三面高山环绕，独出一原，阔十余亩，高数十丈"，"清流激湍，映带左右，树木葱茏，幽雅宜人"。③ 森林植被为动物提供了良好的栖息地，除了常见的品类之外，唐县境内还有狼、獾、麂、獐、狸、兔等。"山中野猪尤为民田害，其可供服御者，有虎，有豹，有熊，有狐，偶一见于深山。"清代之前的方志亦称："山中野猪尤夥，害民田。而虎豹熊狐，深山间一有

---

① 光绪《重修曲阳县志》卷六《山川古迹考第一·山川》。
② 光绪《重修曲阳县志》卷十下《土宜物产考第六·林木》。
③ 光绪《唐县志》卷一《舆地志·山川》。

之。"栗树产于深山但数量不多，因此深受百姓重视。"至于木炭，皆取给于山林。山民焦额爆背、隳指裂肤，约用三日之力，仅得炭数斤。第山之生材有限，而民之采取无穷。山麓既尽，取之危崖；危崖既尽，取之虎穴矣。噫，亦难以哉！惟枣子果味甜，贫民杂糟糠以救饥。山有茅薪，野民樵爨自给，为邑之利也夫。"日常生活与生产需要的能源，使用最久的类型是木柴以及用此烧成的木炭。这些都取之于山林，一旦樵采的速度超过山林自然更新的速度，森林植被的残破甚至消失就成为必然的结果，唐县诸山在清代已经遇到了这样的问题。当时也在推广栽桑养蚕，方志中附录《栽桑法》就是证明。①

完县（今称顺平）位于唐县东北，"柏山，在县治北三十里红毛山之西南。山势平坦，阔五百余步，周回居民甚众。昔时山多柏树，因名。山出泉水，民多灌溉"。林尖山，在县治西北八里，"其下多茂林，山如在其尖，故名"。② 但从总体上看，森林植被并不太多。为了维护河堤安全，清代也曾沿着堤岸栽植柳树。康熙五年（1666）刘安国就任知县后，北城、苏头、子城等村的乡民在唐河沿岸修筑堤堰，"刘知县安国，曾栽柳树五百余株以护堤势，殊为良策"。到1932年之前，"今树为人盗伐，或风雨损折，所存无几。为堤计者，似不可忽"。③

满城县在完县东北、保定西北，明代与平山县一样，朝廷一度在此设置炭厂，做过京城宫廷柴炭的供应地。《畿辅通志》称，满城西南有松山，"山多松树，风雨撼之，作笙簧声"。但民国《满城县志略》编纂者写道："查今满城西南三里为陵山，先时亦不产松。"他们根据《读史方舆纪要》记载的方位与《水经注》提到的古城，考订产松的地点应在今满城正北的钟家店、巩庄西南三里的山岭。④ 县西十里抱阳山"花木蓊

---

① 光绪《唐县志》卷二《舆地志·物产》。
② 民国《完县新志》卷二《疆域第一下》。
③ 民国《完县新志》卷二《疆域第一下》。
④ 民国《满城县志略》卷一《疆域一·山脉》。

郁"，"山树自石隙出，虬苍奇古，千岁前物也。"① 满城"境内古庙、古寺多松柽檩，足证古时境内多松"。到民国时期，"今惟一亩泉、永安庄有此树，他处不概见"，"林木以榆、槐、杨、柳四种为最多，近来提倡林业，桑、柏、杨、槐日益多，但尚未普及全县"。② 古代松林到晚近时代的消失，是环境变迁的重要见证。

从满城继续向东北，是历史上著名的易州（今易县）。清乾隆《直隶易州志》虽然仅记州西九十里的紫荆岭（亦名万仞山）"多荆树"，③ 但从明代至清代数百年间，易州山厂一直是京城宫廷柴炭最主要的供应地，当地也由此付出了巨大的环境代价，本章嗣后将详细讨论。

易县以西的涞源县，西汉以来大多称作广昌，1914 年才改为涞源县。清光绪《广昌县志》记载，青龙山，在县西北三十里，一名朝阳洞。光绪年间河间人李翰垣《游朝阳洞》诗写道："石磴沙鸣若急溜，苍藤老树相纠缠。荆棘丛中见虎迹，松阴飞瀑奔寒泉。"虽是文学的描写，却也是山间树木年深茂密的证明。香山在县西十里，"上有古寺，花木茂盛"，说明应有天然植被与人工栽培。七山，在县西南三里，亦名旗山，"其东岗峦秀结、乔松蔚然"。白石山，在县南二十五里。康熙年间内阁中书、蔚州人魏学诚《望白云山》诗称："便思入深谷，松下刬云苓。""林深晴作雾，涛急夜惊雷。十里钟相接，千年木不灰。"④ 这些文学的描写，也显示了山间植被的某些特征。所谓"千年木不灰"，或许指山上出产一种称作"不灰木"的石类中药材，⑤ 更可能是对山上绿树葱郁的形容。另外，同治九年（1870）任知县的刘荣，其《广昌十二景诗》之一《东塔松涛》云："古松古塔两争传，松字轻轻塔自圆。风雨半天龙作吼，烟云满树鹤常眠。山前有影悬霄汉，月下流音播管弦。莫谓涛声惊不定，终年

---

① 民国《满城县志略》卷二《疆域二·名胜》。
② 民国《满城县志略》卷九《风土·物产》。
③ 乾隆《直隶易州志》卷二《建置沿革·山川》。
④ 光绪《广昌县志》卷一《舆地志·诸山》。
⑤ 光绪《广昌县志》卷一《舆地志·物产》。

苍翠本森然。"① 东塔周围的古松未必成林，但至少表明这里在历史上曾是宜林的区域。

涞水县在涞源东北、易县正北，三者都以河流为名，涞水即今拒马河。县西北二百三十里的马水口（今涿鹿县东南一百二十里马水村），在历史上是北京西南的著名关隘，清代方志称其"山势雄壮，岩岫相连，峰峦互出，兼之林木阴翳，溪径转折，东至京师二百八十里，实为右辅"。② 檀山在县西二十里，"与易州西北界之白杨岭相连，濡水经其下，峰峦秀丽，中多檀木"。紫凉山在县西北三十里，"高百余丈，山深谷空，树木阴翳，凉气逼人"。③ 境内以西北部山区为主，出产松、柏、桧、槐、榆、杨、柳、桑、柘等木植，山中森林成为鹿、獐、山羊、野兔、野猪、虎、豹、熊、狼、獾等动物的栖息地。④

太行山东麓平原地区植树，有助于森林覆盖率的提升。在保定西南的望都县，据清光绪时人所见，"所属各村，弥望青葱。杨、柳、榆、槐居多，惟屡伐屡栽，巨树绝少，亦贫乏使之然也。大道南北，所栽柳树五千一百八十五株，责成邻近二十七村庄保地、地户等保护，严定赏罚，以示董劝。而每逢冬令，辄被偷伐。向春勒令补栽，多有以细小柳株插地率责者。民之疲玩，至于赏罚俱穷。兴利之难，于此可见一斑"⑤。民国《望都县志》亦称："本邑土地狭隘，无大森林。各村隙地、沟坡栽植树木，以榆、杨、柳、槐为多，椿、柏次之。近年洋槐盛行，种者渐多矣。"⑥ 在望都西南的定州（今定州市），清乾隆五十八年（1793）知州郭守璞撰《大道柳株记》回忆说：国家出于取用木材和方便行旅的考虑，"每岁初春，令地方官在道旁、河畔、田头、屋角广为种植，务期成活，是诚不言利而利自溥也"。但他在乾隆五十三年（1788）夏就任知州时，"查南北

① 光绪《广昌县志》卷一《舆地志·十二景》。
② 光绪《涞水县志》卷一《地理志·形胜》。
③ 光绪《涞水县志》卷一《地理志·山川》。
④ 光绪《涞水县志》卷三《食货志·物产》。
⑤ 陆保善：《望都县乡土图说》。清光绪三十一年铅印本，第3~4页。
⑥ 民国《望都县志》卷一《舆地志·物产》。

旧有杨柳，翦伐殆尽矣，为之慨然"。适逢上官督促道旁植树，郭守璞"遂率同城僚属，分段经理，督令书役、乡地等，购备条枝加培养，以存活之多寡，定赏罚之重轻。其毗连民间垄畔、屋角之处，亦令一体栽植，无稍参差"。这些措施推行到乾隆五十六年（1791），已经大见成效。"屈指三年内，计种活新柳一万五千余株，渐次长成，枝柯交接。从兹浓荫密布，居者有资，行者有庇，赖有此也。"为解决种树与看护的责任与人力问题，"因与僚属公立条规，以专责成。查州境南北绵亘六十余里，凡道旁隙地，向系汛兵开种。遂选其父兄子弟，充膺柳长。间段置屋一椽，为栖身之所。隙地在三里内者，令其承种。仍给口粮，赖以养赡。庶几稽查培护，不致有初鲜终也"。郭守璞希望继任者持续种柳，不仅能够"壮中山郁葱耸秀之观"，还能使百姓受惠。① 咸丰四年（1854）王榕吉就任定州知州时，尚有"老柳婆娑，荫暍人于道左"。不料，种树之事在官府和基层都是弊端丛生，"屈指七年中，翦者翦，伐者伐，风摧雨剥，销蚀殆尽"。他在《定州大道补种杨柳记》中，述说自己就任后加意剔除弊端的种种做法与效果："首罢购栽、验栽之役。每岁春仲，出俸钱取稚柳之可活者，夹道补种，并间以青杨。逐段亲履，必躬督其事。一枝一干，不复仰给闾左。惟培植沃灌，仍附近村氓是赖。种树扰民之秕政，庶几永除矣。比年且槁且补，杨柳丛生，接叶交柯，次第茂密。计绵亘六十余里，成拱成握者得五千数百株。其种而未荣，荣而复悴者，盖数倍。是气佳哉，郁郁葱葱，州境四达之衢，蔚然改观。"王榕吉作于咸丰九年（1859）的《西关河柳记》又称："环州治之西北，浮沙无际。每当春夏风作，尘埃蔽日，漫散河干，易致壅塞。城迤西一带，缘堤种树，用障风沙，由来久矣。嘉庆辛酉岁（六年，1801）大水，城四面隍均被泥淤。遂有缘以渔利者，河身、河岸犁为平田。州同知岁征其租，以为常。"修建河堤后，"又虑其难固也，复令关民缘堤种柳三百六十余株，以复旧观。既御风沙，亦防颓岸。俟成材出售，并可备修葺之

---

① 道光《直隶定州志》卷二十二《艺文志》。

资，其为计至深远矣"。① 由此可见，植树造林也需要主事者革除弊政，从而取得良好效果。

四 北京西山地区的森林状况

北京西山是太行山北端的余脉，自北京西南的房山至西北作为太行山脉与燕山山脉分界的关沟。这个区域在历史上主要归属房山县与宛平县，今为房山、门头沟两区的辖境。

清康熙《宛平县志》载，西山在城西三十里，"发脉太行，拱护京邑。层峦积翠，叠嶂环青。梵宇琳宫，何止千百。春夏之交，晴云碧树，花气鸟声。秋则乱叶飘丹，冬则积雪凝素。帝里大观，莫是为最"。平坡山也在城西三十里，"其上平原百亩，草树在目。春夏间晴雨初歇，烟云变幻，金碧万状"。柏山位于"城西北青白口社，山寺旁多产柏"。② 清白口社，即今门头沟区青白口。西山邻近京城，山林多被历代所修寺庙占据。明代权势熏天的太监为求身后多福，以受贿所得修建的寺庙尤其众多。王廷相《西山行》诗云："西山三百七十寺，正德年中内臣作。……土木横起西山妖，忍见苍生日憔悴。"③ 寺庙与山林的相辅相成，再加上保护京城风水的需要，西山林木水泉的保护格外受到朝廷重视。

北京西山的南段，元代以来大体在房山县辖境内。大房山，古名大防山，屈曲二百余里皆大房山脉。主峰茶楼顶，在其东南麓的九座支阜中，仙台山又名小白山，在县城西南二十余里，"老柏参天，危崖泻瀑，野花自放，山鸟时鸣，为一山之胜"。大房山的另一主要山岭连泉顶，在县城西北三十里。其东南的七座支峰之一老虎山，位于城西北十多里，"山多橡，为东北沙河之上源"；荆子山，在县城西北八里，"山多荆，故名"。④ 房山境内的树种，也是北方常见的一些物产种类。松树生长缓慢，获利太

---

① 咸丰《直隶定州续志》卷四《艺文》。
② 康熙《宛平县志》卷一《地理·山川》。
③ 沈榜：《宛署杂记》卷二十《志遗三》引，北京古籍出版社，1983，第256页。
④ 民国《房山县志》卷一《地理·山脉》。

迟，农家鲜有栽植者。柏树在县境西南的上方山云居寺等处甚多，还有山柏生在石隙中。槐树既可作为材用，也可装饰环境，种植普遍。桑有花桑、椹桑两种，民国时期提倡移植新树种，但响应者甚微。榆树的叶子、榆钱、榆皮都是救荒之物，树干可做房料，"沿圣水、拒马两岸，此种多植成林，为大宗产物"。椿树"其木高大，可供人用"，杨树、柳树多植于道旁或河边，山村有楸树，白水寺等处多橡树。①

在燕山南麓靠近山地的平原上，植树造林往往出于固堤防水与治理沙地的需要。在蓟县以南的宝坻县，蓟水横溢，往往成灾。地方人士认识到，"筑堤以捍水，尤须栽树以护堤，诚使树植茂盛，则根柢日益燔深，堤岸亦日益坚固"。由于地方官员更换频繁，植树护堤不免敷衍了事。"乾隆六年（1741）后，知县洪肇楙之任，即传谕老人先期栽树，惰者惩之。数年以来，夹岸成林，四围如荫，不独护堤，且壮观焉"。② 在宝坻西邻的香河县，"本县无大森林，仅沿北运河堤、清龙湾河堤栽树护堤而已，并非专营林业者"。在民国二十五年（1936）稍前，"年来提倡造林，旷地沙田，多已种树。苟培植得法，十年后定有可观也"。③ 其余诸县也都有此类做法。

附带指出，在太行山以东、燕山以南的海河平原上，原始森林虽然早已消失，但在堤岸植树以卫护河堤，在道旁广栽行道树以稳固路基、方便行人，或因地制宜种植各类经济林木，都曾进行过有效的实践。在清代河间府位于大运河西岸的阜城县，御路北自刘鳞桥北的交河界起，南至漫河南的景州界止，计长二十八里。"雍正十二年（1734）三月间，知县陆福宜重修，并植官路柳树一万二百六十二株，茂密成林。"④ 乾隆九年（1744）二月二十七日，直隶总督高斌建议在省内广植经济林木，按照河工栽柳定例，将植树成活数量作为考核地方官的政绩加以记录。嗣后朝廷

---

① 民国《房山县志》卷二《地理·物产》。
② 乾隆《宝坻县志》卷十六《集说·河堤》。
③ 民国《香河县志》卷三《实业·林业》。
④ 雍正《阜城县志》卷三《疆域·山川》。

题准："直隶天津、河间各属，土性宜枣，种植最多，深、冀亦产桃、梨。至于榆、柳、杨树之类，河洼、碱地，各有所宜。令民间于村头屋角，地亩四至，随宜广种，始足以资利益。如有旗地可种树木之处，广令该管各官，劝谕旗人，亦可多为栽种。"[1] 以上做法对于直隶境内各州县的植树造林，应当都具有推进作用。在阜城以南的景州（今景县），乾隆十年（1745）方志记载："河堤栽柳共六千余株，现在茂荫可观。"[2] 民国时人充分认识到栽柳护堤的重要性："查此项树株关系极重：第一，根株盘结可以坚固堤岸；第二，遇河水涨发时，可伐取其枝干，缚挂于堤内近水处，免致堤岸为水浪所冲刷，是极当严加保护、不可毁伤者。"但是，民国二十年（1931）之前的社会实际，却是这些树木已被严重损毁："无如近十余年来，因军事支应，砍伐无数；又因管河官夫疏于看守，不时有窃盗毁伤之虞，现所存者亦寥寥无几。嗣后如何保护旧株，如何补栽新株，是亟当研究者也。"[3] 类似的盗伐或官民通同作弊，历史上并不罕见。在景州西南的冀州枣强县，同治十年（1871）夏大雨成灾，三道堤埝皆被冲坏。时任知县方宗诚"督修之后二年，河涨不为灾。复令民种树护堤，以持永久"。[4] 历经水灾之后，种树护堤的意义变得更加显著。

第二节　坝上高原与燕山山地的森林分布

就地貌类型而言，河北省张家口地区通常被称为坝上高原，属于内蒙古高原南部边缘的一部分；实际上可分为坝上与坝下两个次一级地理区。坝上高原向东延伸，属于燕山山脉。二者之间的地理界线，或称是赤城等县境内的白河谷地，或称是万全、怀安等县境内的洋河，可见并不明确和统一。对于京津冀地区最北部的这个区域，本节径以"坝上高原与燕山

---

[1]　光绪《大清会典事例》卷一百六十八《户部·田赋·劝课农桑》。

[2]　乾隆《景州志》卷一《河防》。

[3]　民国《景县志》卷一《舆地志·水利》。

[4]　光绪《枣强县志补正》卷四《记杂记后》。

山地"称之。坝上高原海拔 1300～1500 米，地面起伏不大，分布着许多内陆湖淖、草坡、草滩。坝下地区则是山峦起伏、沟壑纵横，山地、丘陵、盆地相间分布。当代这个区域残存少量的原始森林，分布在蔚县和涿鹿县的南部山区，大面积天然次生林分布在蔚县、涿鹿、赤城、崇礼等地，树种主要有油松、华北落叶松、云杉、桦、杨、柳、榆、山杏等。坝上的张北、康保、沽源、尚义等县，自列入国家"三北"（东北、华北、西北）绿色万里长城总体规划之后，植树造林、封沙育林取得了显著效果。至于古代的森林和其他重要林木的分布，通过各州县方志的记载也能看到大致情形。

一　张家口地区的森林分布

张家口地区包括今张家口市及其所辖的张北、尚义、康保、崇礼、沽源、万全、怀安、阳原、宣化、涿鹿、怀来、赤城诸区县，民国以前的方志记载了山区森林与其他重要林木的分布情形，草原地区的植被以牧草为主，农耕地区除了栽培农作物之外通常只有零散的林木。张家口地区西南一隅的蔚县，自金代开始就是重要的木材出产地，本章嗣后将予以详细讨论。

民国时期的张北县，大致包括今张北、尚义、康保、崇礼、沽源等县的全部或部分。县志记载：境内各山脉，西部、中部产煤者居多，"东部山脉，多产林木，虽无乔木栋梁之材，尚可做建筑椽木之用，获利亦不少"。其中，黑林沟山在县城东南一百二十里新营子村（今崇礼西南四十余里上新营、下新营）南三里许，"面积约四方里，高约二百余丈。山背产林木、烧柴，山阳花草畅茂，每遇夏季游览，赏心悦目，甚为可爱"。杨老公山，在县城东南一百二十余里，与黑林沟山东西相对，三间房子村（今崇礼西南四十里三间房）东南十里许，"面积约二方里，高约一百五十余丈。山北有林木、山柴，约一方里，山内掘有银矿遗迹，山巅有长城墩台"。大南沟山，在县城东南一百四十里，榆树林村（今崇礼西南二十二里榆树林）南五里许，与杨老公山相连，"面积约四方里，高约二百余丈。山背产生林木、山柴，六顷余。山麓之间，尚可牧畜"。红花背山，在张北县第四区太平庄（今崇礼北六里太平庄）北四里，"面积约三方里，高约一百丈。山背产生林木、山柴，三顷余。山有可耕之田约五十亩，尚可牧畜"。鼻子山在县城东南一百五十里西湾子村（今崇礼区所在地）河东，与大南山南北遥遥相望，"面积约三方里，高约二百余丈。山背产生林木、山柴，约三顷余"。野鸡山在县城东一百七十里野鸡山村（今崇礼东北四十里野鸡山）北，"与鼻子山相连，面积约二方里，高约百余丈。山背有林木、山柴，山麓有可耕之田三顷余"。大南山，在县城东一百五十里，西湾子（今崇礼）东南，"面积约二十余方里，高约四百余丈。山背产生林木、山柴，七十余顷。花木甚多，及一切药材，为他山所不及。且有一种野花，俗名羊腰花，其颜色有紫、粉、红各种，美丽无比。山之北麓，有水泉一处。水性清淡，饮之清凉适口，水量每小时可灌田一亩余"。西庙沟山，在县城东南一百三十里，地上村（今崇礼西南三十里地上，或称场地）西五里许，"面积约四方里，高约百余丈。山阳多石，无草木。山背有林木、山柴，五顷余。所产林木，分山杨、山桦二种，可做椽木之用"。① 据此可知，民国以前张北县辖境出产林木的山岭，位于其东南部即今张家口市崇礼区范围内。县内其余部分主要是草原和湖淖，分布在今张北、康保、尚义、沽源等县。

万全在张北和尚义县以南、张家口以西，处于冀西北尖山盆地西北部，北与坝上高原相接。其方志地理卷无林木记录，物产卷却显示境内仍有些林木。民国时期，果品类的桃、杏、楸，"以第四区之柳沟窑（今万全县南五十四里柳沟）出产最多。计桃树约一千六百余株，杏树约三万余株，楸树约一百余株。统计其每年产量，如不遭风雹摧残，不下二十万斤。多行销张北、宝昌、康保、兴和、怀安及本县张家口等各乡镇，每年收入对于该村经济大有裨补"。材用类的松树、柏树、桑树间而有之，成大材者极少。槐树"可供建筑之用，本县各机关、学校多植之"。杨树

---

① 民国《张北县志》卷一《地理志上·山脉》。

"多用以制造或建筑，惟不耐久。县境各地成林者多系此树，以三区洋河南北岸为最多。因地土潮湿，适于生活故也。县境普通建筑物及制造品，多用此木"。榆树，"五区山沟多产。其材贵于杨柳，县境居民多以此制造精良器具"。柳树，"三区洋河两岸，此树最多"。总体来看，万全县"三区沿河各村培植杨柳最多，榆树则五区山沟自然生成者居多。其余各处，树株极少。木材固感缺乏，景象亦属荒凉。积极造林，实为急务"。①

怀安县位于万全以南、洋河南岸，西邻山西天镇县。自唐末设置怀安县以来，治所一直在柴沟堡东南四十里的怀安城（1951年迁治柴沟堡）。县境大部分为盆地，西、南、东三面被高山包围。榆树，县内各处均产，为数亦多，"有高至五丈、圆直达丈余者，但成林者少。其皮与叶，遇饥年均可供食"。杨树，"产于南山者为青杨，用于建筑，差强他处之出产，但均可供建筑及制造木器。本县南山一带及柴沟堡，栽植者颇多"。柳树，以县内五区特多。松、柏，栽植者甚少。桑树，怀安城及柴沟堡各试验场栽植尚多。槐树，各寺庙及居民院中多栽植。县试验场及各学校，均有生长迅速但不耐寒的洋槐。臭椿，柴沟堡一带多栽植。桦树，"性宜山地，干高直，皮色赤黑而内纯白。木质坚于杨而逊于榆，可作农用之杈、扒、木锨等具。产于县属黑龙寺沟最多"。② 围绕黑龙寺沟一带桦树林的所有权归属问题，光绪三十一年（1905）直隶怀安县与山西天镇县之间展开了一场诉讼纷争，这也可以算是一个比较典型的环境事件，本章嗣后再予以说明。

阳原县位于怀安以南、蔚县以北，北、西两面与山西天镇、阳高县交界，桑干河自西南向东北流贯县境中部。西汉置阳原县，东汉时废，清代称西宁县，1914年改称阳原县。据同治《西宁新志》载，境内除了果木之外，木材类也有若干种。观山有檀木，其地在今县境东北隅天台山一带。"南山多桦，皮可贴弓，桦山以之得名"，其地在今县境西南隅的揣

---

① 民国《万全县志》卷二《物产志·植物》。
② 民国《怀安县志》卷五《物产志·植物》。

骨疃村以南。椵树，"土人纫其皮为绳，木理坚腻。斫为尺，可利刃，皮工用之。烧为灰，可拭铜，冶工用之"。茶树，"有蒙山、石华二种。蒙山者佳，土人不解制法，树多为樵牧所夷。其根纯黄色，削少许投火酒中，色浓而味醲，俗名酒药"。此外还有刺柏、刺榆、暖木、六道木、松、柏、山槐，"榆、柳尤易生，插之即活"。① 另据民国《阳原县志》记载，境内多"无草木，多奇石"的山丘，惟有县城西南约四十五里的天门山，"磴道绝险，须攀林末缒身而进"，可见山上有林木分布。时人认为，县内林业最不发达，城堡周围都不植树，境内村镇一览无余。"统计全县，南北多山，耕种不宜，故多人工林木区。而县境中央桑干河贯东西，树木易成，故多天然林木区。"栽植树苗育成的人工林也比较有限："公有林，共二处，面积共计十亩。杨榆七十八株，柳树九百二十三株，在治城（今阳原县治所西城镇）外。纪念林，共三处，面积共计十七亩。杨树千二百三十株，柳树五十二株，榆树三百三十四株，在治城外。私有林，共二十三处，面积共计四百九十二亩。杨树六万一千二百五十株，柳树三万六千一百一十株，榆树九百五十株。私有林每年可产杨木二千零八根，柳木五百七十六根。最可知者，开阳堡（今县城东南二十七里开阳）有林场六十余顷，西马圈（今开阳西南五里西马圈）有林场二十余顷。其余村堡，二十年（1931）春植树节时，建设局提倡林木栽植，派员宣传，令每户植树二株。甘棠遍植，量已成林矣。又青元山中，竹林寺（今东城镇西北十五里竹林寺）之南，面积约数十亩，有柏干、山榆、山杏（肉酸不可食，核可作油）等树。鳌鱼山中，昆仑峒庙（今县城东北四十里元同寺）之西，面积亦有数十亩，遍植杆桦等树。以外如路旁、田畔或山坡、河滩间，多由村民自行栽植。山坡多植桃、李、果、杏等树，其余多植杨、柳、榆、槐等树，各因其土质而异。至于松、柏，植者颇鲜，盖亦土质不宜故也。"② 上述统计数字，是 1931 年稍后实地调查的

① 同治《西宁新志》卷九《风土志·物产》。
② 民国《阳原县志》卷八《产业·林业》。

结果，记录了林木贫乏的阳原县民国时期植树造林的努力。

宣化因在历史上作为军事重镇而声名远播，金代宣化州、明代宣府镇、清代宣化府，都以宣化县（或宣德县）为治所。宣化县晚近由后来崛起的张家口市管辖，其地今又改作宣化区。地形与气候决定了此地林木的稀少，民国《宣化县新志》写道："本县四乡木产，以西乡为最优，北乡次之，东乡又次之。南乡地狭人稠、山重水复，鸠形鹄面、终身不出井里者居大多数，故植树之利皆漫不经心。惟沿浑河一带，桑干河两岸，深井堡汉海子（今宣化西南四五十里的深井海子，即水泉、海儿洼、罗家洼至深井镇一带的湖泊）四围，皆多植杨柳。又以路政不修，艰于转运，获利甚微，不肯多种。高冈之地，惟榆树尚易生活。然闲地甚少，牧畜惟难。牛羊踏践，不加保护。近年植树令下，村民稍不动机。而无赖之徒任意樵折，不讲公理。数十小栽，不足供一夕之薪爨。村长村佐，照例补栽，成活甚少。若不严加取缔，欲其成材难已。谨志数语，以俟观风者察焉。"[1] 鸠形鹄面，用以形容身体瘦削、面容憔悴。一地的林木既受自然条件制约，也与社会氛围密切相关。县志纂修者的慨叹与无奈，是民国时期宣化县植树造林难以推进的记录。

涿鹿县处于张家口地区的最南端，位于宣化以南、蔚县以东、怀来以西，南与保定地区涞水县及北京市房山区交界。今涿鹿的绝大部分区域位于桑干河以南，存有少量原始森林的南部山地在历史上大多属于涞水县辖境。涿鹿县历史上很长时期以保安州闻名，元、清两代以及明代前期的保安州治所都在今涿鹿，其辖境一般包括今宣化、怀来等县在内。俗云"自古名山僧占多"，保安州的不少寺院，都是林木葱茏之地。清道光《保安州志》载："灵胜寺，即塔山寺。前峰如屏，皆松萝垂荫。"其地在今涿鹿以西十八里的塔山。"柏林寺，在州西四十里，高唐神僧卓锡处。冈陇围合，苍柏万株。"其地位于保安州与宣化县交界处，今在宣化一侧，仍名柏林寺。"清凉寺，在州西北黄阳山之隈，自蛇谷十里盘道登

---

① 民国《宣化县新志》卷四《物产志·木属》。

山，松影参云，钟声度壑，为一州最胜之区。"① 光绪二年（1876）六月，知州寻銮晋携友人到清凉寺，其《游清凉山寺》诗序称："寺在州城西北黄羊山之西，距城二十五里。自下视之，高不可以寻丈计。及至寺，则环望四山，寺依然居釜底。山中松树甚多，他山皆无之，故土人亦名万松寺云。"② 这座寺院被民众俗称为万松寺，是其周围松树众多的写照。保安州境内的其他木类物产，包括柏、槐、椿、椴、榆、柳、桦、杨、桑等。③

怀来县位于涿鹿以东、宣化以南，历史上曾是保安州的辖境。清道光《保安州志》载："黄山在沙城堡（今怀来县治沙城镇）正北，发脉延庆州之火焰山，绵亘百里，至此列张如屏，四时苍翠。每夕阳夕照，掩映万状，为一堡胜观。"④ 城西北六十里这座"四时苍翠"的山岭，应是林木葱郁之地。光绪《怀来县志》载，城东北三十里佛玉山，"山坡老松万株，涛声汹涌"。县南三十里宝凤山"产黄木长柴"，亦即供应宫廷与其他机构的杨木长柴。⑤ 明代宣府镇（清宣化府）是北京能源的重要供应地，杨木长柴成为怀来等州县卫所的"土贡"之一。光绪年间追述："杨木长柴，产宝凤山，即现之南山，为京师坛庙祭祀之用柴。烟直，土产他处者皆不堪用。四月初入山斫伐，九月中编筏，由浑河起解，十月中投部，必冬至前交纳，方无遗误。"由此可知，采办杨木长柴需分步骤、按月份施行，历时既久则变为惯例和制度。从明到清，要求怀安县每年上缴的杨木长柴不断增加："明万历间，岁贡八百斤。本朝康熙初年，怀、保二卫额共三千二百斤，自三十八年（1699）奉部文，额外增三千八百斤。二卫请动支钱粮采办，上司批令：自三十一年为始，除怀、保二卫原额三千二百斤外，量各卫钱粮之多寡，各捐俸帮办，合成七千斤之数（宣化

---

① 道光《保安州志》卷四《古迹》。
② 光绪《保安州续志》卷四《艺文·诗》。
③ 道光《保安州志》卷八《物产》。
④ 道光《保安州志》卷二《山川》。
⑤ 光绪《怀来县志》卷三《山川志》。

一千二百零六斤，怀安七百五十六斤，蔚州八百八十五斤，赤城六十四斤，龙门二百八十四斤，万全五百零九斤，延庆一百斤，保安州四百斤）。今自道光十二年（1832）前岁额九千五百斤，以后又加一千五百斤，共一万一千斤，俱由本县与各村堡购办，其各处帮办裁免，年月无稽。"① 上文"自三十一年为始"于理不合，应是康熙四十一年（1702）之误。《清圣祖实录》称康熙年间宫廷和有关衙门耗用木柴的数量比明代大大减少，但作为"局部地区"的怀来县（或怀来卫、保安卫）上缴柴炭的负担成倍加重，甚至到了必须动员宣化府所辖州、县、卫"捐俸帮办"的地步。道光年间不仅数额再增，而且此前某年又把"各处帮办"裁免，原来各地分摊的负担转由怀来独自承担，其经济压力以及生产木柴对森林植被的影响势必继续加重。

今怀来县沙城镇以东约五十七里西榆林、六十里东榆林、六十一里北京延庆区榆林堡，三个邻近的村落在历史上都曾是重要的驿站或城堡。据《元史》与《元经世大典》等文献的记载以及今人的实地考察，蒙古忽必烈中统三年（1262）在燕京（稍后为大都）至开平（元上都，在今内蒙古正蓝旗闪电河畔）的御路沿途设置驿站，榆林驿为其中之一，其旧址在今怀来县西榆林。明洪武二十七年（1394），在北平至开平一线设置十三处驿站，其中包括怀来境内的榆林驿、土木驿（今土木），同时各修城堡一座。明榆林驿的堡城旧址在今怀来县东榆林，比元代的榆林驿略有东移。明正统十四年（1449）八月发生"土木之变"，在今东榆林的堡城遭到严重破坏。战争过后，于谦主持重建城堡和驿站。榆林驿的堡城位置继续稍稍东移，其地即今北京延庆康庄镇西南的榆林堡，景泰五年（1454）建成，正德、隆庆、万历年间加以扩建或重修。清代延续了榆林堡的邮驿功能，光绪年间驿站随着新式邮政的开办而衰落，民国二年（1913）与全国其他驿站一起被裁撤。② 不论是榆林驿还是榆林堡，最初自然是因为

① 光绪《怀来县志》卷四《土贡志》。
② 王灿炽：《北京地区现存最大的古驿站遗址——榆林驿初探》，《北京社会科学》1998年第1期。

榆树成林得名，但元末时人亲眼所见，此地的植被已与"榆林"名实不符。至正十二年（1352）七月，监察御史周伯琦跟随元顺帝从上都返回大都，八月初经行怀来县榆林驿（今西榆林）。他在《扈从诗后序》中写到，榆林驿"即汉史《卫青传》所谓榆谿旧塞者"；① 其《榆林驿》诗自注亦称，"汉史称榆林长塞，即此也"。② 但是，汉武帝时卫青进兵抵达的榆林塞（或称榆谿塞），在今内蒙古河套以北。周伯琦把卫青之事系于毫不相干的怀来县榆林驿之下，显然是对同名异地问题缺乏辨析之误。尽管如此，他对怀来榆林驿自然风物的描述，仍然不失其作为环境变迁证据的意义。诗云："昔人多种榆，今人惟种柳。坚脆虽不同，气尽同一朽。此地名榆林，自汉相传旧。但见柳青青，夹路忘炎昼。行旅苏汗喝，车骑借阴覆。培植将百年，柯叶日滋茂。驿亭当要冲，人烟纷辐凑。崇山峙东西，步障明锦绣。辇路中平平，形胜信天授。宛如道衡庐，中流望云岫。初夏别都成，攀条集亲友。兹还秋将中，凉飔满衣袖。物态有变容，岁月如反手。不问柳与榆，生意要悠久。"③ 元末君臣经行榆林驿，沿途为路人遮阳的是枝繁叶茂的柳树，与命名之初榆树成林的面貌已经大不相同。

如果按照现代地理学的一种观点划分山脉起讫，燕山山脉的西端始于白河河谷。这条河谷自北而南，纵贯张家口地区东北隅的赤城县中部。赤城县位于崇礼、宣化以东，清康熙年间置县，治所即今赤城镇。在今县域西南部，唐末已置龙门县，治所在今赤城镇西南五十里龙关镇。元初废龙门县，清康熙间复置，1914 年改称龙关县。1958 年赤城县被并入龙关县，龙关县移治今赤城镇。合并后的龙关县 1962 年复称赤城县。在今赤城县境内，延续至今的村落有不少以树木为名，这应当就是其所指村落附近的代表性植被。如果以赤城镇为十字的交叉点，把县域切分为四部分：西北隅的榆树湾、柳沟梁、松树堡、黄木梁、黄榆沟、桦岭；西南隅的菜木沟、椴木沟、大榆树、松树沟；东北隅的松桦沟、梨木梁、椴木村、柳

---

① 周伯琦：《周翰林近光集》卷三《扈从诗后序》，国家图书馆藏清抄本。
② 《周翰林近光集》卷三《纪行诗·榆林驿》。
③ 《周翰林近光集》卷三《纪行诗·榆林驿》。

林、大榆沟、小榆沟、柳条沟、抱榆沟、松树沟、大榆树沟、小榆树沟、柏木井、松树台子、椴木沟、炭窑沟；东南隅的柳林屯、梨华山、杨林、杏树洼、梨树沟、六棵树、柳滩、榆树湾、抱榆洼、抱榆梁、柳树底下等，都是当地典型植被乃至成片林木的象征，并且以榆、椴、松、柳等树种为主。另据乾隆《赤城县志》，滴水崖在雕鹗堡（今赤城镇南三十五里雕鹗镇）以东四十里（今二道梁东南），"千松岭松阴茂密，其上平冈蜿蜒，有松十二株，亭亭如排衙"，也就是像衙署里的仪仗那样分两排站立。桦岭在马营（今赤城镇西北六十里马营乡）北五十里，"多产桦木"，[①] 此地应就是今崇礼东北隅海拔 2129 米的桦皮岭。民国《龙关县志》记载：云霞洞在今龙关镇东三十里，图上标高为海拔 1784 米，"为东山最高峰，山腰有石洞，内多古佛。山间林木森然。"浩门岭在雕鹗堡北二十五里（今蒿门岭村附近），"岭北多松，苍秀如画，与长安岭松并称奇胜"。浑元洞在雕鹗堡东南二十五里石头堡（今石头堡村）以东，"全山林木森然"。东山在雕鹗堡东四十余里（今赤城东南隅后城一带），两山之间有村落，山民以林间打猎和养殖为业。西天山在雕鹗堡西二十六里官地沟（今官地沟村）东，"山中松树颇多"。[②]

二　承德地区的森林分布

清代承德府的辖境相当广阔，当代概念中的河北承德地区大约只占过去的四分之一，其余四分之三今已属内蒙古和辽宁所辖。这里处于农耕和游牧两种经济形式相互交错的塞外地区，清代长期作为蒙古诸部的牧场。更为重要的是，随着承德避暑山庄成为京师之外的皇帝休闲中心与政治活动中心，围场作为保持礼制传统同时训练武备的"木兰秋狝"的活动场所，进一步促使承德及其以北地区保持原始的森林草原风貌。因此，该区域的府州县设置较晚而且数量较少，这也是区域自然环境受到农业开发扰

①　乾隆《赤城县志》卷一《地理志》。
②　民国《龙关县志》卷一《地理志·山川》。

动较小的反映。在当代的河北省范围内，清乾隆四十三年（1778），改热河厅、喀喇河屯厅、四旗厅、八沟厅，并依次设置承德府、滦平县、丰宁县、平泉州，今河北省围场、隆化、兴隆、宽城、青龙诸县的设置则是更晚的事情。兹据道光《承德府志》所载，择要述其森林分布情形，实际存在森林的区域远比地方志提到的范围广阔。

承德府，治今承德市。青云山，在府治南稍东一百二十里白河之滨，"林木翳蔚，泉响潺然，出丛薄间"。滴水崖，一名珍珠崖，在府治东南一百三十里，滦河流经其下，"山势盘旋数十里，松柏丛郁，积翠成屏"。广仁岭，古称墨斗岭，在府治西十一里。自滦平县至热河，为辇路经行之处。乾隆帝《雨中乘舆过广仁岭》诗称"烟迷万树幻离奇"，吴锡麒《广仁岭》诗云"松声吹水入，云气压山低"，[1] 都是森林密集分布的写照。

滦平县，治今承德以西三十余里滦河镇。双塔山，在县治北八里。蒋廷锡《双塔峰歌》称其"石屏方正卓然起，峰巅绿树阴濛濛"。十八盘岭，在县西南一百一十里，又称德胜岭、思乡岭。高士奇《十八盘岭》诗云："前旌趋涧底，后队出灌木。蒙茸草树繁，鸟往殊逼矗。"椴树岭，在县西南二百五十余里，潮河流经山麓，以山中生长的椴树为名。青石梁，在县治西南九十里。嘉庆帝《过青石梁》诗云："纡回幽谷留云影，潇飒寒林恋日光。"查慎行《过青石梁》诗称："鸟啄槐花雨，蝉嘶槲叶风。林峦行不尽，长在画图中。"《乙酉五月扈从过青石梁新开路》又云："松声落涧风泉合，药气浮山路草香。"其《从新开石梁至喀喇河屯》诗，亦有"云根倒拔树干霄"之句，[2] 这些都是山地森林茂密的文学化反映。

丰宁县，治今丰宁县驻地大阁镇东九十余里凤山镇。赫山，即今海拔1532米的黑山，"在县土城子（今凤山镇）西稍北二十五里，锡喇塔拉川（今牦牛河下游段）之西。山峰峭拔，林木蔚然，为县西胜境"。喇嘛山，在郭家屯（今凤山镇北八十里郭家屯，属隆化县）北三里，"林壑幽绝"。

---

① 道光《承德府志》卷十五《山川一》。
② 道光《承德府志》卷十六《山川二·滦平县》。

同名的另一喇嘛山，"在县大阁儿（今丰宁县治大阁镇）北稍西六十里。群峰回合，山有月珠寺，金碧觚棱，隐出林杪，最为幽胜"。玲珑峰，"在县黄姑屯东六十里，当中关行宫东十五里，旧名兴隆山"。由于晚近行政区划的变动，清代丰宁县黄姑屯，即今隆化县治所安州街道皇姑屯；中关，即今隆化东南五十二里中关村；中关以东的兴隆山，在今承德东北四十五里兴隆山村附近。查慎行《重过玲珑岭看霜林作》描述其森林面貌："二月花相似，千林景特奇……浓淡丹黄叶，交加烂漫枝。"① 宣统二年（1910）置隆化县，治所在唐三营（今隆化北七十五里），1915 年移治黄姑屯，即今县城。民国《隆化县志》载："自盘道梁东南行二十余里，又折而西，曰北平顶山。周境约三十里，中多巨木、药草、鸷兽。"② 石洞沟，位于中关西北三十里。清康熙间蒋廷锡《云光洞碑》记载，这里是塞北草原诸部到热河觐见皇帝、商贾贩货往来的必经之路，"其地山曲势阻，草深林茂。流泉绕山之右，澎澎东出，合黑水汤泉，南流为热河，所谓十八台河也"。③ 此地即今隆化东南约十八里的十八里汰一带。

平泉州，治今平泉市。浑石山，"在州北九十里，高百余仞，山势陡绝。岭半古松，皆大十余围"。凤凰岭，"在州东五十里，复障中开，为州东境之门户。岭上山桃极盛，春时遥望如红霞。东即建昌县界"，④ 这里也是今河北、辽宁二省的分界。

清代设在承德以北的木兰围场，是皇家的休闲游猎之地。光绪二年（1876）设围场厅。今河北省围场县是木兰围场的主体部分。《承德府志》称："木兰围场，在承德府北境外蒙古各部落之中，周一千三百余里，东西三百余里，南北二百余里。东至喀喇沁旗界，西至察哈尔旗界，南至承德府界，北至巴林及克什克腾界，东南至喀喇沁旗界，西南至察哈尔正

---

① 　道光《承德府志》卷十六《山川二·丰宁县》。
② 　民国《隆化县志》卷一《地理志一·山川》。
③ 　民国《隆化县志》卷五《碑志一》。
④ 　道光《承德府志》卷十六《山川二·平泉州》。

蓝、镶白二旗界，东北至翁牛特界，西北至察哈尔正蓝旗界。"① （见图
2-1）。

图 2-1　围场全图

资料来源：唐晓峰主编《京津冀古地图集》，北京出版集团文津出版社，2022，第656页。

自康熙年间开始，皇帝秋季到塞外巡行狩猎兼习武备，即所谓"木兰秋狝"，作为朝廷的礼制延续下来。满洲语把"哨鹿"即吹哨模仿鹿鸣以吸引鹿群叫作"木兰"，狩猎的场所就是"围场"，二者合称"木兰围场"。围场四周密植柳树作为与蒙古各部放牧区域的分界线，称作"柳条边"。每年行围时，从承德取道波罗河屯（今隆化皇姑屯），由此再分为东西两道：东道沿着伊逊河谷北上，从崖口（或称石片子，今隆化东北

① 道光《承德府志》卷首二十六《围场》。

约九十里石片村）进入围场；西道沿着蚁蚂吐河谷向西北，沿途经过济尔哈朗图行宫（今隆化西北约六十里上牛录村）等处，北上进入围场。晚清时期木兰秋狝难以为继，围场之内人口迅速增加，大片土地开垦为农田，原先的森林草原被农田村落取代，这是环境史变迁的又一代表性区域，本章嗣后将予以说明。

古代承德地区的天然植被良好，林木多样。根据道光府志等提供的线索，北宋王曾出使契丹时看到，"自过古北口，山中长松郁然"。明朝嘉靖年间，巡行边防的都御史胡守中大肆斩伐边地树木，"辽、元以来古树略尽，然山中尚多松林。以黄松为贵，又有白松，《广群芳谱》谓之杆松。其干直上，枝叶如盘。下枝长，以上渐短，遥望无异浮屠，其体最轻。蒙古谓松为纳喇苏，今塞外诸山多有称为纳喇苏台者，皆以有松处得名。山庄内，则乔松尤多。"北宋出使契丹的使者苏颂《摘星岭》诗云："远目平看万岭松。"落叶松，生在独石口外黑龙山等山中，"其干直挺参天，枝叶蔚然，恍若九霄羽盖。经秋叶脱，至春复生"。此外，凤尾松以松叶与凤尾相似得名，桧的形态也与落叶松相似。枫，塞外山间常见，"秋初未经霜已有红叶，秋深则全染红，山庄内北岭尤多"。榆，承德府境内称榆树沟及榆树林者甚多。蒙古语称榆树为海拉苏，围场内有地方称作海拉苏台，也是因为有榆树而得名。滦平县内有椴树岭，蒙古语称椴树为"多门"，围场有地称"多们"，都是以椴树得名。滦平县有大小桦榆沟，蒙古语称桦树为"威逊"，平泉州的多处山岭称作"威逊图"，皆以有桦树生长而得名。杉树，蒙古语称为"楚古尔苏"，围场中有地称"楚古尔苏"，即以杉树得名；晒树，开黄花，滦平县有大小晒树沟；六道木，"干有纹六道，细如线而界画甚均"；明开夜合也是塞外山中的树木，"结实累累，色粉红，状如秋海棠，中含红珠，晨放暮敛，故名"。此外还有柏、桑、柘、槲椤、槐、杨、柳、夜亮木、金莲花等。[①] 承德地区在历史上农业开发时代较晚，清代所设避暑山庄与围场的皇家苑囿性

---

① 道光《承德府志》卷二十八《物产》。

质，客观上也为保护该区域以森林草原为主的原始植被提供了国家层面的政治保障，由此养育了面积广大、储量丰富的森林草原，种类繁多的林木亦非河北、京津的其他区域可比。

三 唐山地区的森林分布

当代的唐山地区，在清代大致分属永平府（辖卢龙、迁安、临榆、滦州、昌黎、乐亭诸县）与遵化直隶州（辖玉田、丰润二县）。长城以北今属承德青龙县、宽城县的部分区域，在清代尚未置县，是永平府的辖境。

清代遵化州治今河北遵化，根据康熙年间的州志记载：桃花山，在州南二十五里，"崇山叠嶂，上多桃树"；葡萄山，在州东南三十里，"多葡萄"；松亭山，在州东北一百二十里，"多古松"。① 实际上，遵化境内存在的林木远比这些丰富。另据光绪《遵化通志》载，在玉田县境内，徐无山，位于县城东北二十里，"绵延深广，出不灰之木、生火之石"；麻山，或称古溪山，在县北十五里，相传是阳雍伯种玉之处。本县张含秀《种玉歌》，有"麻山不高郁苍苍"之句。楸子峪，在县西北约二十五里，"逶迤曲折，可五里许。林木纷披，步步入胜"。清人张鹏翼诗，称其"凤仙花老红轻褪，马尾松乔绿更殷"。丰润曹鼎望诗云："阴森冥万象，高旷接诸天。最羡林中衲，松风抱月眠。"② 康熙《玉田县志》称楸子峪"忽见林木纷披，松涛楸韵"，所作的描述更具文学性。此外，县城西北二十五里有文龙山，"以其地多梨花，故亦名梨花庵"；西北三十里有东桃花峪，当以山上桃树为名。③ 在丰润县境内，枇杷山，在县北三里，清人张如骞诗，有"林静丹枫遥振动响"之句。本县曹铃《登枇杷山》诗云："落日红云带鸟飞，重来登眺坐松扉。秋林寒渚千家晚，山寺无人月送归。"松林山，在县东北三十里，清人谷一桂诗，有"石挂藤萝月，松

---

① 康熙《遵化州志》卷二《方舆志·山川》。
② 光绪《遵化通志》卷十三《舆地·山川》。
③ 康熙《玉田县志》卷一《舆地·山川》。

回古殿风"之句。白云岭，在县东北四十里，"飞青舞碧，樵径入云，为一邑胜境"。清人曹銘诗云："岸脚柴扉迎绿水，林腰茅屋倚青山。"狐儿崖，在县北四十里，清人曹钊诗有"松密晴还雨"之句。念经峪，在县东北四十五里，"涧谷逶迤，多产榛"。① 另据光绪《丰润县志》载，本县产松，"百木之长，邑北山多植"。柏，"侧叶者可入药，香者可供香料，邑山中多有之"。此外，境内还有桧、榆、桑、椿、槐、杨、柳、梧桐等树木。②

　　永平府治今河北卢龙，光绪《永平府志》记载了境内州县部分山岭的林木。千头岭，在城南十五里。清人咏千头岭诗称"石径一线通，日影蔽云树，险巇少人行，足底河声怒"。佛洞山，在城南三十五里，一名窟窿山。清人纪游诗文称："虽有幽林邃谷，不能复穷矣"；"攀林目屡眩，憩石胆稍壮"。千松岭，在城东三里，当以松林葱郁得名。③ 另据民国《卢龙县志》，桃林山，在城北五十里，"昔人于此种桃成林，故名"。松崖，在城北五十七里，显然以松树为名。梧桐峪，在城北六十里燕河营北，当以梧桐为名。福珠山，在城西七十里九百户庄西，"山阳有王室墓，其中树木皆三百年物，浓云密布，老干参差，王氏族人无敢毁伤"。④ 民国时人说，卢龙地处长城沿线，"山则童山濯濯，林业向不讲求，间有意在造林之人，亦因无相当保护，难资提倡。……境内植桑既多，大可养蚕，只需人工经营，非若种田尚需耕牛、籽种及施肥等费。而在春末夏初、青黄不接之时，售茧可博厚利，实为良好副产。乃仅以售卖桑皮、桑条为目标，以秋季桑叶为饲畜佳品，而不知育蚕"。⑤ 在当年的社会背景下，当地人对自然环境和自然资源的利用还相当有限。

　　永平府迁安县，治今迁安县城。其辖境包括今迁安、迁西二县，后者

①　光绪《遵化通志》卷十三《舆地·山川》。
②　光绪《丰润县志》卷九《物产·木属》。
③　光绪《永平府志》卷十九《封域志一·山川一》。
④　民国《卢龙县志》卷三《地理志·山脉》。
⑤　民国《卢龙县志》卷九《实业志》。

1947 年才由迁安县析置。分属岭在县东南二十五里，俗名分水岭，路旁有牌与卢龙分界。本县马恂《分属岭倒垂古松》诗，有"龙饮喷山雨，松回压岭烟"之句。黄台山，在县西南三里。清代知县张一谔《登黄台》诗云："林峦树色起晴光，野翠溪风入草堂。……清分萧寺松前月，逸醉香山社里觞。"柏山，在县西百里，"多柏树"。采树岭，在县西北五十里，亦称偏崖子。"昔人行兵至此，曾采树依山麓为营"。大黑山，在县西北七十里。明崇祯七年（1634）游人刻在山石上的诗，有"缪尔山川气，苍染桧柏心"之句。榆木岭，在县西北百里，明洪武初设关，当以物产为名。元武山，在县西北百二十里，知府李奉翰《登元武山瞻礼》诗，有"石磴纡回碧树巅，界人指点入苍烟"之句。喜峰山，在县西北百六十里，即古松亭山。明兵备副使姜永《喜峰口关》诗，称其"悬崖松影遥摩汉，绝顶泉声半入空"。白羊山，在县北四十五里，南皮张太复《白羊峪敌台怀古》诗云"老树青苍被冈岭"，因"山下人家多植梨树，一望无际"，遂有"薄薄落落开雪花，踏遍银云十万顷"之句。栅子岭，距县二百里，"山多柴木，故名"。黄崖，距县二百五十里，清人高士奇《黄土岩》诗，有"藤梢与葛刺，蒙密何阴森"，"杳霭青松际，白云迷至今"等句，[①] 都是关于本地林木和其他植被的形象化记录。另据民国《迁安县志》，松汀山，在县西南三十五里，"高六十余丈，矗立沙河中，巉岩峭壁，松柏丛翠"。城山，在县西南五十里，"层峦叠翠，林木郁然，多花果"。宁山，在县西南七十里，"林木幽静，溪谷秀雅"。观音岩，在县西南八十里，"清溪荡漾，夹山绕林，山势清幽"。葫芦峪，在县西五十里，"高峰挺秀，苍松翠柏，虎狼为穴"。团山，在县东南二十里，旧名覆釜山，明万历间县令"禁民采取木石"，表明山上有林木。龙泉山，在县东南十五里，"山屏耸秀，苍松林立，滦水环带，中有古刹"。[②] 民国时期，迁安县所产的松木"为用甚繁，行销于滦（滦州）、乐（乐亭）、

① 光绪《永平府志》卷二十《封域志二·山川二》。
② 民国《迁安县志》卷一《舆地志·疆域篇·山川》。

丰润等县，为邑之木产大宗"①。

在永平府临榆县，冯家山在县东南二十五里，清人记游诗有"虽无千尺松，嘉木荫参错"之句。兔耳山在县西十五里，赵端《兔耳山行》回忆旧时风景时称："忆昔公余蜡屐来，汲泉终日坐松斋。"蜡屐，即涂蜡的木屐，比喻生活的闲适。兔耳山南，本县宋赫《登罗汉峰》诗称此地"长林叠叠水湾湾"；石佛峪，"耸秀深茂，多果实"。楸子峪，在距城四十余里的熊山以东，以出产楸树得名。黄崖山，在县东北五十里，知县赵端诗云："木落郊原淡绿芜，山行处处见樵苏。"十八盘岭在界岭口东十五里，知县张上和诗云："残雪半在林，败叶乱沟积。"此地接近长城沿线，森林因为修筑工事而被过度砍伐，战争更加剧了自然面貌的改变，"所产松与柏，翦伐亦殆尽"。有诗云："养树得生意，伐木时丁丁。佳城占高垄，双润流清泠。松柏发古茂，下有千岁苓。"② 山中人家虽然身在优美的自然环境中，但他们的实际生活条件相当艰苦。响彻山中的伐木之声不断，他们赖以生存的自然环境也在走向衰败。花果山在界岭关外，当以所产林果为名。③ 另据民国《临榆县志》，角山，在县城北六里，"旧多长松，葱茏蓊蔚，壮一邑之观，皆数百年物。嘉庆间，因差务采取殆尽。历经滋培，仍未复旧"。区域森林植被在人类砍伐下发生变迁，此事不失为典型事件之一。明兵部职方司官员马敭诗中，有"佳气分郁葱""松露滴石响""山烟横野碧，洞林带晨光"等句。明永平太守刘隅诗云："白石留仙篆，青松覆绮筵。"悬阳洞在县城东北二十里，清代知县钟和梅《悬阳洞》诗序，称其"树木丛茂，怪石嵯峨。有天桥、天门诸胜，山多花木，深秋果熟，野猿成队，颇擅林壑之美"。五泉山，在城西北十五里，"群峰环列，林木掩映。秋深时，苍松、红叶相间，望如锦绣"。蟠桃峪，又名盘道峪，在城西北三十五里，"林峦苍秀，岭路崎岖，多栽桃杏，春中花发，烂如霞绮"。清刘允元《游蟠桃寺》云："苍松环寺立，

---

① 民国《迁安县志》卷十八《故实志·物产篇·木类》。
② 光绪《永平府志》卷二十一《封域志三·山川三》。
③ 光绪《永平府志》卷二十一《封域志三·山川三》。

溪水绕村过。月阔听山静，林深思鸟歌。"汤泉山，在城西北六十里，"有泉冬夏常温，建寺其旁，引泉为二池，浴之愈疾。烟云林壑，境绝幽邃。春时梨花盛开，约十数亩。一望如雪，尤为大观"。箭笴山，在县城西北七十里，"其峰万仞，窅身环碧，林壑幽靓"。①

　　永平府昌黎县，两山，在县东八里，以路旁两石为名。卢龙辛大成《两山道中看花》诗，有"淡林斜阳花万树"、"野棠如雪小桃红，半放苹婆醉晚风"等句。樵夫山，在县东十二里，应是以樵夫在此砍柴得名，间接反映出其间林木众多的特征。桃花山，在县北五里，当以山间植被为名。碣石山在县北八里，秦始皇沿着驰道巡行全国时抵达碣石，这座海滨山岭由此载入史册。东汉末年曹操北征乌桓安定北方，归途中登碣石山。他留下的著名诗作《观沧海》，不仅使碣石更加声名远播，而且描绘了碣石山"树木丛生，百草丰茂"的地理风貌。水岩，在县北八里，"有寺，林木繁茂，苹果最佳"。黑鹰峪，在县北十里，乐亭赵建邦《由黑鹰峪过马秀才山庄》诗云："石蹬矗千曲，山村三两家。压檐羊枣树，夹路马兰花。云过松阴暗，泉通藓径斜。卜邻待他日，长此伴烟霞。"诗中不乏传统山水诗中的隐士情怀，关于山中景物的描写显示出多种林木的分布情形。县北十里的柳峪、紫草峪，皆以所生的植被为名。仙台山，在县北十二里，山麓的宝峰台"花木森然"。东五峰，在县北十五里，清代龚应霖《游五峰山》诗，有"古木千寻夹道生"、"老松如虬不盈尺，霜皮黛色岩之巅"等句。凤凰山，在县西十八里，旧志说"上多奇花，名穿花凤"，但到清末已经不见。② 另据民国《昌黎县志》，时人认为本县"峰之高，石之峭，丘壑之多，林木之荟蔚，花草之美丽，果品之饶富，亦遂为畿东诸邑冠"。牛心山，在县西北三十里，"果木甚多"。孤山，在县西三十里，"上有双峰寺，木多松、柏、橡、栗"。金矿山，在县西北三十里，"东接孤山，树多松、柏"。骆驼山，一名白草洼，在县西四十里，"树多

---

① 民国《临榆县志》卷五《舆地编·山水》。
② 光绪《永平府志》卷二十二《封域志四·山川四》。

胡桃"。坟山，在县西北五十里，"产苹果、花红最多"。① 昌黎境内的木类物产丰富："松，遍山皆是。大者数围，小者拱把。居山之人，多伐其枝以当薪"，"柏，有扫帚柏、片柏等类。其产亚于松，而以生于混沌洞前者为最古"，"槐，有青、黄二种，而以五里营村外者为最古"，"皂树，俗名皂角树。多刺，叶羽状，结荚，长尺许，可为洗涤之用"，"白果树，即结银杏之树，龙山龙翔寺有此树"，"楮，一名谷桑，似桑而丛生不成树。皮可作纸，条可为器"。此外，还有桧、杨、柳、椿、樗、楸、桑、橡、槐、乌叶树、杜、榆、椴、槲、明开夜合等树木。②

永平府滦州，小山，在州西南四里，本州吴晋之诗，有"城连草树低"之句。万石山，在州西五十余里，本州李思捷诗云："路转一峰高，烟笼千树密。"九里长山，在州西七十五里，"林果茂密"。唐山在州西七十里左右，清人诗云"孤风秀耸陡河边，松带虬形柳带烟。"偏山，在州西北九十里，"涧谷透迤，草木丛茂，土厚居繁，有榛、栗、枣、梨之利"。州西北九十里的桃山、杏儿山，当以山上的桃树、杏树为名。横山，在州北四里，明代丘濬《偏凉汀记》称其"林壑幽胜，草木葱茜"。③

四　京津山区的森林状况

今北京市、天津市所辖的山地区域，包括延庆、昌平、怀柔、密云、平谷、蓟州诸区。这些区域处在燕山南麓，历史上曾设州或县管辖，境内不少山岭有林木分布，是燕山山脉森林植被的一个组成部分。

延庆处在坝上高原、燕山山脉与太行山脉的交接地带，历史上曾设隆庆州、延庆州等，州县治所即今延庆。明嘉靖《隆庆志》载："螺山，在州城西北五十里，下有奉化寺"，"树木森茂，多资民用。元兀颜子中有'螺山翠可掬'之句"。柏铃山，在州城西南四十里，"山木多柏，因以名

---

① 民国《昌黎县志》卷二《地理志上·山阜》。
② 民国《昌黎县志》卷四《物产志·山林》。
③ 光绪《永平府志》卷二十三《封域志五·山川五》。

焉。"松峰山，在州城西南七十里，应以松树为名。榛子坡，在州城西北十五里，"山产榛子，守边内臣禁民采取，岁收进贡。今垦做征粮地"。嚼草坡，一名白草坡，在永宁城西北十五里。"赵尚书诗云'嚼草坡前辨药苗'即此"，应是林丰草密之地。冲，在延庆是峪的别名。核桃冲，在州城东南三十里，"产山核桃，故名"。西桑园，在州城西十二里，"其地宜桑，故名"。东桑园，在州城南七里。杏园，在州城南五里，"其地宜杏，相传前代尝植杏于此，故名"。榆林，在州城西南三十里，"为妫川八景之一，其名榆林夕照"。杨木林，在州城西北四十五里，"山多杨木，故名"。① 明代本州"岁办药物四品，差官解太医院收用"，包括"甘草三百斤，黄芩三百斤，苍术二百斤，芍药二百斤"。② 到清朝，每年作为土贡的药材种类依旧但数量减半，计有"甘草一百五十斤，黄芩一百五十斤，苍术一百斤，芍药一百斤"。此外，清代土贡还有"每岁杨木长柴八十斤，后改折色"，从数量来看只有象征意义。时人评论说："延庆物产与他邑无大异，惟八仙洞山坡松柏及居庸关沟香柴，内务府委员采取进贡。其余金刚山金钩如意草，治诸毒；金刚参，其力不减辽东；八达岭杏仁，俗名叭哒杏仁；张山营王瓜，黄柏寺西瓜，西胡家营甜梨，杨董家庄苹果、槟子，及木炭、洗绿、刺皮、山货，皆适于用也。"③ 这些土产有不少出自山间或林木，也是延庆植被状况的间接反映。

昌平是明代帝陵所在区域，森林植被条件较好，陵区周边尤其如此。明代王嘉谟《北山游记》，清初顾炎武《昌平山水记》、谈迁《北游录》等，对昌平一带的植被状况有详细记载，我们将在讨论区域林木变迁时再予详述。光绪《昌平州志》引用若干前代文献，对昌平的物产做了极其简单的说明，从中也可见到昌平林木分布的一些端倪。其中，"炭，出北山，有乌、白二种，白者坚而耐燃"。这里的炭不是指煤炭，而是用木柴烧制的木炭，所用的材料则是取自北山的林木。在果树类的林木中有苹婆

---

① 嘉靖《隆庆志》卷一《地理·山川》。
② 嘉靖《隆庆志》卷三《食货·土贡》。
③ 光绪《延庆州志》卷一下《舆地志·山川》。

果，即苹果。《帝京景物略》称："昌平玉峰山，树尽苹婆果。又出镇边城者，圆小而坚实，曰冷果子，入坛可经冬。"沙果，畿辅旧志称："绵而沙者曰沙果。又秋子，似沙果而小，州人多爆为干。"杏，明蒋一葵《长安客话》称："杏仁皆味苦，甘者名八旦杏，或谓之八达。又有白色者，名山白八达。"这里的八旦杏或八达杏，就是延庆境内所谓"八达岭杏仁，俗名叭哒杏仁"，亦可见昌平境内杏树不少。枣，白浮、白羊城、崔村树最多。栗，出北山。榛，《畿辅土产志》云："榛出北山黄花镇者，良。"《黄花镇记》云："镇有礼鼠，冬聚榛实为粮，于穴中储之，皆美好，价倍于人，山氓多掘取之。"此外还有梨、核桃、山核桃、葡萄、杜梨、桃、李、樱桃、山楂、奈子、槟子、柿子等。木之类有松、红柏，黄柏"明陵诸山最盛"，榆"有赤、白二种"，此外还有槐、冬青、椿、樗、杨、橡、楸、桑、檀、柳、三春柳、桦、椴、苦栎、梓等。[①] 十三陵及其周边的林木经过明末清初的战争破坏，再加上清代对陵区保护的逐渐懈怠，到顾炎武、谈迁等谒陵时已变得面目全非。明代在昌平各陵墓附近设置果园，以每年出产的果品供应诸陵的祭祀活动之用，这些果园实际上就形成了一片片人工栽培的经济林木，成为当地重要一种植被类型。

　　怀柔位于昌平以东，二者的地形特征都是北部为山区、南部为平原。晚近行政区划的调整，使怀柔、密云、平谷、顺义的辖境多有变动，以往的行政界线与当代有所差异。康熙《怀柔县新志》记载：黍谷山，在县东四十里，一名燕谷山。刘向《别录》称战国时期邹衍在此吹律使寒冷气候变暖，因此得以种植五谷。丫髻山，在县东九十里，有碧霞元君庙，是京畿地区的道教信仰中心，康熙帝等多次到此。这两处山岭的特殊性，有助于山中植被得到较好的保护。徐家峪，在县东四十里，"山下有古庙，清流围绕，林树茂密，产梨颇佳"。[②] 红螺山，在县北二十里。元代樊从义《红螺山大明寺碑》称："环寺诸峰，如鸾如凤，嘉林蓊郁，微径

---

①　光绪《昌平州志》卷十三《物产志》。
②　康熙《怀柔县新志》卷一《山川》。

幽邃。"凤林山，在县东六十里，山下有宏善寺。明代李时勉《凤林山宏善寺碑》称其"林树茂密，森荟苍蔚。万山之中有此盛境，若天造地设者焉"。景山，在县北十八里，山麓有定慧寺。明代胡濙《景山定慧寺碑》称："京都城东北，怀柔县景山之阳，去人境虽不远，而岩壑郁纡，峰峦峭拔，泉清木深，最为胜处。"正统七年（1442）修建寺院之前，"久蔽翳于荒榛草莽之中"。① 怀柔物产种类繁多，果类包括各种李、桃、柿、梨，还有杏、沙果、樱桃、郁李、苹婆果、槟子、核桃、酸枣、枣、瓶儿枣（较常枣大而圆，其顶突起，如瓶之有盖）、栗、葡萄（有绿色、白色、牛奶、玛瑙各种）、琐琐、葡萄、杜梨（一名倒挂果）、榛。木类包括松、柏、榆、槐、檀、柳、枣、椿、白杨、椴、桑、楸、橡、柞、暖木。② 这些物产或依赖天然林木，或出于人工栽培，都是区域植被条件的反映。

　　密云位于怀柔以东、河北兴隆县以西，境内地貌以山区为主。民国《密云县志》载，九松山，"县东北三十里，西及九岭庄也。以奇松九株，得赐今名"。五峰山，"县东北七十五里，耸立如指，一名五指山，……为樵采罕迹之所"。③ 这里的"樵采罕迹之所"一语，意味着五峰山有可供砍伐的林木，但其山势陡峭、难以攀援，樵采者无力前来留下自己的足迹，山上的天然林木因此很少受到人类的干扰。密云位于燕山南麓山区，境内森林植被远比方志的记载丰富。就出产木材类的植被而言，密云有松、柏、榆、暖木、柳、槐、椴、椿、桑、杨、楸、苦栗、橡、桐、栎、柞、柘、檀、楮等，果树类的植被有榛、栗、梨（种类不一）、刺儿梨、桃、枣（小者佳）、胡桃（核桃）、樱桃、杏（杏干、杏仁为密云出产之一大宗）、李、槟子、苹果、沙果、郁李、山楂、棠棣（俗称海棠）等。④ 这些植物类的出产，既有天然林木也有人工栽培的经济林木，分布在密云

---

① 康熙《怀柔县新志》卷五《文》。
② 康熙《怀柔县新志》卷四《物产》。
③ 民国《密云县志》卷一之四《舆地·山》。
④ 民国《密云县志》卷二之七《舆地·物产》。

的山岭和村旁。密云在晚清至民国初年推广栽植桑树以养蚕产丝，民国三年（1914）之前，"古北口蚕桑局据前清光绪季年册报，前后种活桑秧二十余万株：前栗园庄罗振声植桑五千株，本城傅东山、石匣镇张寀等植桑三千八百余株，金叵罗张应基植桑九千余株"。此前在光绪三十年（1904）、三十二年（1906），郭以保、陆嘉藻相继担任密云知县。在他们的提倡和支持下，"由农务局领到四川及湖州桑秧三千余株，与本地桑秧杂植其中"。到民国三年（1914），"现已成林"。① 此外，植树保护河堤与农田历来是被人称道的善举。民国《密云县志》记载："曹士瀛，两河庄人。庄在县南二十五里，白河挟潮河南注，双流夹之，岁受水患。每逢伏雨盛涨，良田漂没，悉成沙砾。士瀛于光绪十余年间，联合沙坞、夹山诸庄，于田畔遍植杨、柳、榆、槐诸树，以杀水势。数年后，树皆拱把，水至果为所格，无大患。里人咸获其利，遂相率益于沙田种树。现已弥望蔚然，并享林业之利矣。"② 曹士瀛植树防灾使乡亲们一同受益，由此带动了村民自发植树的积极行动，实际上也推进了本地的环境建设。

平谷位于密云以东、河北兴隆西南、天津蓟县（今蓟州区）西北，地处京津冀三地交会之域。著名的风景名胜地盘山，位于平谷与蓟县交界之地。民国《平谷县志》记载：岳山，在县城东四十里，"峰峦峭峻，林谷深邃，上有双泉寺"。盘山，在县城东三十里。"本名四正，古有田盘先生居此，因名盘山，亦名东五台。高二千仞，周百余里，分为上盘、中盘、下盘。清高宗屡幸此，建行宫曰静寄山庄，平邑八景之一曰盘阴积雪"。③ 鸡足山，在县城东北四十里，下有三泉寺，是平谷胜地。民国志称："邑东鸡足山，中峰南向而高耸，左右两峰若相拱揖，万株翠柏，郁密满山。其中古寺，建于金大定年间。寺前泉水杂出，而三泉独大，因以名寺。众泉汇流，自寺至南山口，弥望汪洋，水石相激，潺潺有声。山之东，地名黄草凹，复有泉水一道，与山口之水汇而西流，即成巨川，有水

---

① 民国《密云县志》卷二之七《舆地·物产》。
② 民国《密云县志》卷六之三《事略·善迹》。
③ 民国《平谷县志》卷一《地理志·山脉》。

碾数盘。迤南又有横山远照，境异景幽，为盘阴第一名胜也。"① 鸡足山
"万株翠柏，郁密满山"，堪称森林茂盛之区。对于县内出产的植物类产
品，纂修于 1934 年的民国《平谷县志》对此前的基本产量和销路做了说
明。其中的"木用木本植物"相当于用材林，"果用木本植物"相当于经
济林。"木用木本植物"以砍伐下来的木材出售，其中："榆，九万立方
尺。槐，五千五百立方尺。松，四百立方尺。柏，四百五十立方尺。椿，
六千四百立方尺。桑，三百五十立方尺。杨，三万五千立方尺。柳，二万
八千立方尺。橡，五百三十立方尺。椴，五千五百立方尺。楮，一千三百
立方尺。以上树木，均供给本县利用。"与用材林不同，经济林范畴的
"果用木本植物"以树上结出的果实作为商品出售，包括："红枣，一万
五千斤，销路本县暨北平。栗，五千斤，销路本县暨天津。杏，五六万
斤，销路本县暨天津。葡萄，八九千斤，销路本县。樱桃，二三百斤；金
桃，五六百斤；秋桃，七八千斤；宣桃，八九千斤；麦熟桃，五六千斤。
以上桃类，销路均在本县。羊枣，八九千斤，销路本县暨天津。胡桃，七
八十万斤，销路本县暨天津。沙果，五六千斤，销路本县暨北平。石榴，
七百万个，销路本县暨天津。银杏，三四百斤，销路本县。苹果，五六千
斤，销路本县暨北平。虎喇宾，二万二三千斤；香水梨，五六千斤；红销
梨，一万三四千斤；鹤顶梨，二三千斤；红雪梨，七八千斤；花额梨，四
五千斤；锦棠梨，一二千斤；秋白梨，二三万斤。以上梨类，销路本县暨
北平。无花果，三四十斤，销路本县。"② 这组数据可视为 1934 年稍前平
谷县所产植物类商品的统计清单，反过来证明了县内天然林与人工林的总
体情况。

蓟县（今之天津市蓟州区）是天津市唯一有山区地貌的区县，历史
上以蓟州闻名。民国《蓟县志》记载：渔山，在州西北三里，"高百余
丈，周五里许。形如圆丘，景色翠秀"。桃花山，在州东十八里，"山有

---

① 民国《平谷县志》卷一《地理志·名胜》。
② 民国《平谷县志》卷四《物产志·植物》。

桃花，放时较他处独先，以此得名"。川芳山，在州东北三十里穿芳峪之西，"高二里许，峰峦森蔚，花草缤纷"。黄花山，在州东北四十五里，"山势雄曲，松林葱翠"。翠屏山，在州东南八里，"山色郁蓝苍翠，连亘如屏，故以名字，金章宗曾猎于此"。皇帝在此打猎，可知山林茂密。别山，在州东南三十里，"峻秀鲜妍，逶迤绵亘"，当有山林点缀其间。罗山，在别山东十里，"金世宗曾猎于此"，当有山林分布。① 蓟县北部与平谷交界处的盘山，是境内最有历史影响的风景名胜。在这个区域内，九华峰，一名东台，一名削玉峰，在定慧寺，"此峰林壑佳丽，冈峦挺秀"。翠屏峰，在天成寺后，"古木千章，悉从石罅中迸出，层层鳞砌。春夏之交，绿翠参天。霜黄碧叶，纷披遍地"。松树峪，在自来峰东七里。白岩，在九华峰，"万松蓊郁，席地幕天"。投闲桥，俗名大石桥，在晾甲石北上半里。泉流怒激怪石，"作镗鞳声，松声和之声益厉"，可见此桥附近松树不少。青沟，一名盘谷，"上有青沟禅院，杏花甚盛。朴尝有诗云：杏花万树开，映日光皎洁。东风过岭来，满地翻晴雪。"朴，指清康熙《盘山志》纂修者智朴。万松寺，旧为李靖庵，清初宋荦改称卫公庵，康熙四十三年（1704）改名万松寺，应是对此地有较多松林的形容。②

　　民国时人已经觉察到，蓟县北部皆山，"其实物产丰富，犹在深山大泽之中。矿则金、铁、锰、钨之属无所不备，果则梨、柿、苹、奈、桃、杏、榛、栗之类随处成林"，但山区开发滞后。因此，1944 年之前，段宝森提出《蓟县北部山岳地区开发山林意见书》。他指出："蓟之北部，皆系山岳川原。故老相传辄称，昔时遍山林木，满川花果。木材既不胜其用，而果品获利更超越乎农耕。厥后不善经营，修养缺识，致使尽山皆童，果林枯槁。历年消减，有少无增，此山地居民之所以贫也。今欲补偏救弊，转窭为丰，自非开发山林，无以转其机捩。择川原肥沃之区培养果树，于山岩硗薄之地栽植木材。务使地尽其利，人尽其责。不出十年，则

　　① 民国《蓟县志》卷一《地理·山脉》。
　　② 民国《蓟县志》卷一《地理·盘胜》。

李艳桃夭，桐梓拱把，非复濯濯牛山矣。事关国计民生，故不揣。彼且鄙浅，谨贡刍言，以备采择云尔。"这份开发山林计划包括 9 项内容：设立县林场，研究改良修养方法，领导村民改进；设立区村林会，秉承县林场之指导，督率村民实行开发山林工作；果树经营之实施，有粗放与集约两方法；肥培（施肥补充土壤养分）；采收及贮藏；果产制造；防除病害虫；果品之销售；森林造植之实施工作。关于最后一项植树造林，该计划对树种选择、树苗培育、栽植时节和方法、灌溉、幼树保护、枝杈修剪、除虫害等步骤，做了更加详细的说明。① 关于段宝森的生平事迹，见于文献记载的很少，估计是当时蓟县的中下级行政或技术人员。这份计划的提出，表现了民国年间试图恢复区域森林植被的强烈愿望。

从整体上看，京津冀地区的天然林与人工林，既经历过人与环境的和谐相处，也曾发生人类活动对林木的过度索取和战争破坏。不同历史时期呈现的区域林木状况，都承接了此前的历史累积，也是嗣后继续发生环境变迁的基础。

---

① 民国《蓟县志》卷一《地理·开发山林》。

第三章　森林之变：采伐利用与生态代价

不论原始森林还是成片的人工林木，都是地面上最具标志性的植被。在今人特别强调的生态环境价值之外，历代最容易认识到的是森林作为木材资源的实用价值。因此，为了取得木材、燃料（木柴、木炭）等而砍伐森林，由于开采石料或煤炭而毁坏地表树木，长期以来是森林变迁的主线。林木受到保护的区域，或是出于统治者惧怕破坏皇家风水，或是因为他们的狩猎区需要依靠森林哺养足够的动物以供射猎。清代以来的人口增长，迫切要求开垦出更多的耕地，以围场为代表的皇家苑囿开始从森林草原变为耕地。围绕着天然森林或人工林木发生的林权之争，在一定程度上也可视为值得注意的"环境事件"。

第一节　人类活动与太行山地区森林变迁

历代方志展现了各地天然森林与人工林的分布情形，实际情形比志书的记载也更丰富，在太行山地区与燕山地区都是如此。本章结合其他文献对此略作补充，再从人类的各种活动对森林资源的索取和环境影响等方面，选择典型区域说明森林变迁的基本过程和结果。

一　太行山东麓森林环境的其他线索

五代后梁贞明三年（917），沙陀部落首领李克用的大将周德威被契丹困在幽州城，李嗣源、李存审等奉命率步骑七万北上解围。这支援军从易州（今河北易县）出发，越过大房岭（今北京房山西十五里），在幽州城西六十里与契丹遭遇。"李存审命步兵伐木为鹿角，人持一枝，止则成寨。"[①] 砍伐树木的规模间接表明，今北京西山一带有丰富的森林资源。北宋端拱二年（989）正月，宋太宗征集北伐契丹的建议，蓟县人宋琪提出重走李嗣源当年的进兵路线。"自易水距此二百余里，并是沿山。村墅连延，溪涧相接，采薪汲水，我占上游。东则林麓平冈，非戎马奔衢之地"，[②] 从安祖寨（今石景山区衙门口）俯瞰幽州城。森林既是行军的掩护，也是采薪汲水、出奇制胜的有利条件。

契丹圣宗统和四年（986），耶律休哥与北宋军队交战，他在涿州"设伏林莽，绝其粮道。曹彬等以粮运不继，退保白沟"[③]。云居寺等地的辽代碑文称：涿州白带山"嘉木荫翳于万壑"[④]；城西北的丰山"土厚肥腴，草树丛灌。……奇兽珍禽，驯狎不惊"[⑤]。这些林木丰富的区域，已是太行山东麓山地与平原的交接地带。爱好游猎的辽圣宗，在统和十年（992）九月"射鹿于蔚州南山"、十月"射熊于紫荆口"，二十三年（1005）十一月"猎于桑干河"，开泰五年（1016）四月"猎于浑河之西"[⑥]。蔚州治今河北蔚县，紫荆口即河北易县西八十里紫荆关，桑干河、浑河泛指今北京西北地区。这些区域既然可以捕获熊、鹿，其植被类型应当是以森林为主，否则无法养育这些大型动物。

太行山东麓的平原地带以农业植被为主，正如苏颂出使辽国途中所写的《初过白沟北望燕山》诗所云："青山如壁地如盘，千里耕桑一望

---

① 司马光：《资治通鉴》卷二百七十《后梁纪五》，均王贞明三年，中华书局，1956，第8818页。
② 脱脱：《宋史》卷二百六十四《宋琪传》，中华书局，1977，第9123页。
③ 脱脱：《辽史》卷八十三《耶律休哥传》，中华书局，2016年修订本，第1432页。
④ 王正：《重修范阳白带山云居寺碑》，陈述辑校《全辽文》，中华书局，1982，第79页。
⑤ 了洗：《范阳丰山章庆禅院实录》，《全辽文》270页。
⑥ 《辽史》卷六十八《游幸表》，第1163、1165、1168页。

宽。"① 在山区与平原交界的区域，人工林木已经较多地替代了天然森林，辽代行政系统中的南京栗园司，就是专门用来"典南京栗园"的机构。② 早在战国时期，苏秦就称赞燕国多枣栗之饶，辽代一直延续着这样的传统。萧韩家奴回答圣宗的询问说："盖尝掌栗园，故托栗以讽谏。"③ 道宗清宁五年（1059），懿德皇后之母秦越国大长主施舍南京私宅兴建大昊天寺，此外还有"稻畦百顷，户口百家，枣栗蔬园"以及各类其他器物④，都是南京地区枣栗等经济林木面积广大的反映。

早在北宋熙宁年间，沈括就已指出："今齐鲁间松林尽矣，渐至太行、京西、江南，松山大半皆童矣。"⑤ 这里的"京西"指开封以西的山地，太行山区的松林也在大半砍伐殆尽之列。金代海陵王迁建中都，势必加剧对太行山、燕山地区森林的砍伐。天德三年（1151）三月，"命张浩等增广燕城。……浩等取真定府潭园材木，营建宫室及凉位十六"⑥。真定府治今河北正定，根据《梦溪笔谈》等记载，潭园是五代时期镇州（治今正定）节度使王镕的海子园，或称潭园。结合当代地理环境推断，其遗址应在今紧邻正定县城东北角的海子岸村。张浩所取"真定府潭园材木"，应是从太行山砍伐后积存于潭园的木材，也可能包括潭园内外的林木。稍后的贞元三年三月乙卯（1155 年 4 月 11 日），"命以大房山云峰寺为山陵，建行宫其麓"⑦。《大金国志》称这里"峰峦秀出，林木隐映"⑧。世宗大定二十一年（1181）明确指出"其封域之内禁，无得樵采弋猎"⑨。此前在大定四年（1164）十月，"命都门外夹道重行植柳各百

---

① 苏颂：《苏魏公文集》卷十三《前使辽诗》，中华书局，1988，第 161 页。
② 《辽史》卷四十八《百官志四》，第 904 页。
③ 《辽史》卷一百三《文学列传上·萧韩家奴》，第 1594 页。
④ 即满：《妙行大师行状碑》，《全辽文》，第 301 页。
⑤ 沈括：《梦溪笔谈》卷二十四《杂志一》。
⑥ 脱脱等：《金史》卷二十四《地理志上》，中华书局，1997，第 572 页。
⑦ 《金史》卷五《海陵本纪》，第 104 页。
⑧ 宇文懋昭：《大金国志》卷三十三，中华书局，1986 年《大金国志校证》本，第 474 页。
⑨ 《金史》卷三十五《礼志八》，第 821 页。

里"①。明昌年间，金章宗多次到西苑、香山、玉泉山等地击球射柳、游赏山水②。以"西山八院"为代表的西郊园林风景地，已经初具规模并得到朝廷保护。

元代吟咏大都及其周边地区的诗歌，不乏关于林木状况的文学描写。刘因《易台》诗中的"无限霜松动岩壑，又教摇落助清吟"，是在今河北易县一带所见③。明万历年间蒋一葵《长安客话》记载，出北京西直门向西山，高梁桥一带"春时堤柳垂青"；向西约三里到极乐寺"马行绿阴中若张盖然"；广源闸"缘溪杂植槐柳，合抱交柯，云覆溪上"；功德寺前"古木三四十围，半朽腐，若虬蛟出穴，爪鬣撑拿，大皆三四十围。寺两侧皆古松，枝柯青翠，蟠屈覆地，盖塞外别种"；金山口明景泰皇帝陵一带"林木阴翳"；进入西山后"香山流泉茂树"，来青轩西南的护驾道旁"松阴密覆，因呼为护驾松"；从香山到洪光寺"历十八盘而上，级级树松柏一行，如列屏嶂，诸山所无"；自洪光寺至碧云寺，"取道松杉中二里许，从槐径入"；卓锡泉旁"修竹成林"④。戒台寺"辽金时所植松今尚在，围抱可四五人"⑤。万历年间宛平知县沈榜撰《宛署杂记》，辑录了大量描述县境林木的诗文。文徵明《西山杂咏十二首》称香山"青松四面云藏屋，翠壁千寻石作梯"，称弘济寺"空中群木夜鸣涛"；王世贞《西山诗》称"菀菀好鸟，栖栖中林。……峨峨隧途，松柏郁杞"⑥。如此等等的诗歌，指示着森林或局部地区树木的存在地点与形态。刊行于明末崇祯八年（1635）的刘侗、于奕正《帝京景物略》称：香山寺"冈岭三周，丛木万屯"；通往洪光寺的道路两旁，"柏左右葺之，空其间三尺，俾作径"；水尽头"其南岸皆竹，竹皆溪周而石倚之"；卢师山"树声逢

① 《金史》卷二十四《地理志上》，第573页。
② 《金史》卷九《章宗本纪一》、卷十《章宗本纪二》，第212~231页。
③ 孙承泽：《天府广记》卷四十二《诗一》，北京古籍出版社，1984，第651页。
④ 蒋一葵：《长安客话》卷三《郊坰杂记》，北京古籍出版社，1994，第45~47、52~56页。
⑤ 蒋一葵：《长安客话》卷四《郊坰杂记》，第78页。
⑥ 沈榜：《宛署杂记》卷二十《志遗四》，北京古籍出版社，1983，第259、260、266页。

逢"，嘉禧寺"址高林深"。① 仰山附近有枣林和梨园，"岁梨花时，山则银色"；百花陀山脚下的道路上，"树阴云影，荫盖密稠"。② 诸如此类的林木形态描写，在涉及整个太行山区的文献中俯拾即是，这里无需再多举例。

二　蔚州等地伐木及其环境代价

蔚州即今河北蔚县，这里处于太行山地的北缘，北面即是与坝上高原的交接地带。至少自金代开始，蔚州就是官方大规模砍伐林木的区域。元代在蔚州及其以东的怀来盆地设置专管伐木的机构，这个区域以及北京西山为元大都的崛起提供了大量建材和能源。明代依然把包括蔚州在内的浑河（桑干河）上游地区作为采伐木料的重点区域，清代也在一定程度上延续了这个传统。明代以长城作为先后防御北元骚扰与满洲南侵的军事防线，北部边界尤其是重要关口周围的森林具有阻挡敌方军队尤其是骑兵的作用。明代官员、军人、商人联手作弊伐木谋利，对军事和环境都造成了严重破坏。

清光绪《蔚州志》记载了本地有林木的山岭，文学的描写也有定性的意义。石门山，在城西南四十里，两壁屹立，青绿相间。知县王育榀诗称其"一壑开万山，绿树缘翠壁"；李舜臣称其"青翠浓欲滴""曲径走老樵"。玉泉山，在城西南二十里。江禹绪诗称"坐听涛声远，衔杯柳色多"；李周望诗称其"地幽人迹少，树密鸟声多"。灵仙山，在城西南三十里，尹耕诗云："丹崖分远近，樵人各还家。"翠屏山，在城南三十里。"山横亘二十余里，直达故代王城，苍翠如屏，故名。"知州靳荣藩《望南山雨雪》云："翠影参差见，瑶林断续声。"飞狐口，在城东南三十里，又称北口峪、神通沟、黑风峪。杨嗣昌《飞狐口记》称，沿途三十余里"石总无肤，而有青松产其骨际。高不数尺，恒赋怪形。山桃花者，三四

---

① 刘侗、于奕正：《帝京景物略》卷六《西山上》，北京古籍出版社，1983，第229、257、264、271、277页。

② 《帝京景物略》卷七《西山下》，第320、325页。

月间烂漫无隙，夏结小实如弹丸，他处亦未之闻也"。孤峰，在城东南六十里太白山北。尹耕诗云："林空露鹤巢，径狭通鸟路。"黑石岭，在城南七十里。李予望《岭上双松歌》云："嵯岈石畔树双松，干霄直上二千尺。挺身特立峰峦低，群松仰视莫与齐。"九宫山，在城东三十里，"世传金章宗避暑于此，踪迹尚存，又名殿子山"，尹耕诗有"松风撼晨风"之句。永宁山，在城南五十里，"世传金章宗游猎驻跸于此"。松子山，在城东南六十里。尹耕诗云："九宫松子千年已，金帝辽主此旧游。"五台山，在城东一百里。"其山五峰突起，俗称小五台，又曰东五台。"李周望《台山春望赋》，有青帝"振条风于春林"等句。最著名的采木之地，是城南的交牙山。①

金朝为支持对南宋的战争，首开在蔚州大规模伐木之例。金天会十三年（1135）夏，"兴燕、云两路夫四十万人之蔚州交牙山，采木为筏，由唐河及开创河道，运至雄州之北虎州造战船，欲由海道入侵江南"。② 北宋《太平寰宇记》引《水经注》："广昌县南有交牙城，未详所筑，以地有交牙川为名。"③ 今本《水经注》未载该城，但在滱水"东南过广昌县南"下注云："滱水东迳嘉牙川，有一水南来注之。水出恒山北麓，稚川三合，迳嘉牙亭东而北流，注于滱水。水之北山，行即广昌县界。滱水又东迳倒马关。"④ 广昌县，治今河北涞源县城，滱水系唐河之古称，倒马关在唐县西北与涞源交界之处。以《水经注》所载地形与现代地图对照，嘉牙川相当于涞源县城西南四十八里、南城子村周围的山间平川。唐河流经此地时，有"南河"从西南方向汇入。向东南再流大约十里，即至倒马关。山区地形往往很难被人类活动改变，古今之间通常能够高度契合。嘉牙、交牙，显系近音异写；据此，交牙山就是嘉牙川周围的山岭，处于蔚州最端端的飞狐县的南界。当代此地分布的松树柸、榆树林等聚落，其

---

① 光绪《蔚州志》卷四《地理志中·山川》。
② 宇文懋昭：《大金国志》卷九，第138页。
③ 乐史：《太平寰宇记》卷五十一《河东道十二》，影印光绪八年金陵书局刻本。
④ 郦道元：《水经注》卷十一《滱水》，上海古籍出版社，1990，第236页。

名称语义也透露出历史上林木繁多的生态环境。唐河自西北向东南流过交牙山谷地，证明《大金国志》记载的水运路线完全正确。尽管"既而盗贼蜂起，事遂中辍，聚船材于虎州"，① 但金代上山伐木者多达四十万人，即使持续的时间不长，亦可想见其砍伐规模之巨大，蔚州森林资源之丰富也就不言而喻了。木材的聚集地虎州，位于雄州之北，此地即今雄县正北的村落浒洲。在这里造好的战船，可由大清河水系的河道通达直沽（天津）一带，再从海上运兵南下进攻南宋。古人认为，金朝之所以打算从海路南下伐宋进而先派四十万人到交牙山伐木，是因为听从了伪政权首领刘豫献计。"此刘豫遣人持海道图及木作战船小样献于大金，故有是役。"② 清嘉庆年间汤运泰《金源纪事诗》写道："南人乘船如乘马，越海渡江无不可。北人乘马如乘船，追风蹑电争一鞭。无端北人不安北，漫道行水胜行陆。参天拔地蔚州山，四十万人同采木。同采木，木不足，人人思啖刘豫肉。焉得手裂海道图，木自在山人在屋。"③ 他们设想，若非这个缘故，南北之间可能相安无事，交牙山的树木仍然在山上生长而不会被砍伐，服劳役的人们也不致遭受困苦甚至死亡，因此恨不得亲手撕碎海道图、亲口生食刘豫肉。这既是对历史的反思，也是对卖国者的痛斥。此后的海陵王正隆四年（1159）二月，金朝"造战船于通州"，④ 以备继续征伐南宋。此次造船所用的木材虽然不知出自何地，但蔚州一带可能仍然是主要采伐区，为准备战争而引起的林木耗费与社会动荡都相当剧烈。

元代大都城的建设，有赖于西山、蔚州等地供应的大量木材，西山一带的石料开采也势必破坏地表的森林植被。在面向全国的建材采办之外，西山的木材与石料是元大都建设的物质基础之一。此前的金代已经做过尝试，从金口（今北京石景山以西的麻峪村附近）把卢沟水的一支引出西

---

① 李心传：《建炎以来系年要录》卷九十六"绍兴五年"条，中华书局，1956，第1594页。
② 宇文懋昭：《大金国志》卷九，第138页。
③ 光绪《蔚州志》卷四《地理志中·山川》。
④ 《金史》卷五《海陵本纪》，第110页。

山。蒙古中统三年（1262）八月，郭守敬提出"请开玉泉水以通漕运"[①]；"今若按视故迹，使水得通流，上可以致西山之利，下可以广京畿之漕"[②]。这里的"西山之利"，就是建设大都所需的木材、石料和燃料。至元三年十二月丁亥（1267年1月30日），始命张柔、段天祐等负责实施郭守敬的方案，"凿金口，导卢沟水以漕西山木石"。[③] 过了75年之后，元顺帝至正二年（1342）二月，右丞相脱脱主张恢复郭守敬疏通后来又被堵塞的金口河，出发点仍然是追求"西山之利"。其奏疏称："如今有皇帝洪福里，将河依旧河身开挑呵，其利极好有。西山所出烧煤、木植、大灰等物，并递来江南诸物，海运至大都呵，好生得济有。"[④] 尽管元末重开金口河失败，却也表明西山始终是大都建材与燃料的重要供应地，其间被砍伐的林木以及石料开采对地表植的破坏显然不会轻微。

在元代的行政系统中，柴炭局负责木柴与木炭的生产、储存和发放，材木库是储存和发放木材等建筑材料的部门[⑤]。除了这些部门与林木相关之外，蔚州定安等处山场采木提领所、凡山采木提举司等[⑥]，则是直接管理林木采伐、运输等事宜的机构。蔚州定安等处山场采木提领所，行政中心在蔚州的定安县。定安县始置于辽代，但《辽史·地理志》却将其所在位置错误地定在蔚州东南[⑦]，实际上应在蔚州的东北方向。《嘉庆重修一统志》载："定安废县，在蔚州东北，辽置，属蔚州。金贞祐三年，升为定安州。元复为县。明初省。《蔚州志》：定安废县，在州东北六十里。"[⑧] 在当代地形图上，蔚县东北30公里处，壶流河的一条支流叫作"定安河"，河流东岸至今仍有村落称为"定安县"（图3-1），此处无疑

---

① 宋濂等：《元史》卷五《世祖本纪二》，中华书局，1997，第86页。
② 《元史》卷一百六十四《郭守敬传》，第3847页。
③ 《元史》卷六《世祖本纪三》，第113页。
④ 熊梦祥：《析津志》，北京古籍出版社，1983年《析津志辑佚》本，第243~244页。
⑤ 《元史》卷八十九《百官志五》，第2251、2256页。
⑥ 《元史》卷九十《百官志六》，第2281页。
⑦ 《辽史》卷四十一《地理志五》，第584页。
⑧ 《嘉庆重修一统志》卷四十《宣化府三·古迹》。

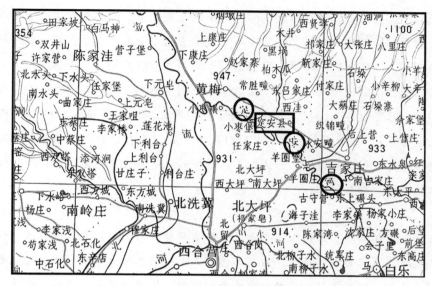

图 3-1 辽代至元代的定安县方位

资料来源：河北省测绘局：《河北省地图集》，1981。

就是定安县（或定安州）在辽、金、元三代的治所。元代设立蔚州定安等处山场采木提领所，主管朝廷在桑干河流域采伐林木等事务。明初将定安县省并，原来的县治逐渐衰落为普通村庄，但村名依然是与众不同的"定安县"，堪称近千年来区域历史与环境变迁的生动写照。凡山，即今河北涿鹿县东南六十里矾山镇。这两处相距不远的采木管理机构的设置，表明桑干河流域是元代木材采办与木柴生产的核心区域。在元朝存在的将近一百年间，在蔚州、凡山等地究竟采伐了多少森林，现在已不易推测，但元代开始桑干河（永定河）中上游地区森林发生实质性减少，应当是无庸置疑的事实。现藏中国国家博物馆的绘画作品《运筏图》，近年来被称作元代的《卢沟运筏图》，但也有人认为是明代的作品，画中的拱形桥面也与实际上平直的卢沟桥相去甚远。如果画家所绘确为卢沟桥，不失为元代或明代采木繁忙情形的生动记录。画中的桥梁两岸店铺林立，桥上行人来往穿梭，河岸堆积着大量木材。来自上游的一排排木筏顺流而至，忙碌的筏工把木排拖向岸边。岸上的木材越积越多，北岸的夫役把木材装车起运，还有许多马车在排队等待。桥梁两岸变成了忙碌的木材转运站，河中的木排仍在顺流东下。画面左下角戴帽子的端坐者，应是官府督运木材的官员。这些木材的来源，只能是桑干河中上游的蔚州、凡山等地。

元代在蔚州采木不仅见于文献记载，而且留下了当年的实物证据，其中之一是竖立在今蔚县南杨庄乡麦子疃村西北 500 米处杨家坟的《杨氏先茔碑铭》。此碑于至治元年（1321）十一月二十七日立石，书法家赵孟頫撰文并书丹。通过碑文所述墓主人杨赟的生平事迹，可见元代在蔚州伐木的情形。碑文写道：

> 侯名赟，蔚州人。年十二，给事马驿，马肥好。十六岁，祖母代之，还家为农。稍长，右三部俾领三千人采木做大都城门，时至元四年也。俄佩银符，见世祖皇帝于广寒殿，授蔚州采木同提举。十六年佩金符，凡四为采木提举，由奉训大夫改奉直大夫，泰安州、莱芜等处铁冶提举，寻知岚州、平定州。皇太后幸五台，以侯为忠顺大夫，知宣德府，仍领采木之役，特赐钞二千五百贯，貂裘一。至大二年，除晋宁路治中。……葬以墓在蔚州麦子疃。[①]

据此并结合其他文献所载可知，元代蔚州人杨赟在至元四年（1267）奉右三部（兵、刑、工部合称右三部）之命，率领三千人在蔚州交牙山伐树，为正在着手营建的元大都提供制作城门的木料。不久他在广寒殿（今北海一带）拜见元世祖忽必烈，被授予蔚州采木同提举之职。至元十六年（1279），因政绩突出得佩朝廷赐予的金符。杨赟平生四次担任主管伐木的采木提举，还在泰安州、莱芜县（今山东泰安、莱芜）等处做过负责炼铁的铁冶提举，不久升任岚州、平定州（今山西岚县、平定）知州。他在担任宣德府（治今河北宣化）知府时，仍是朝廷采木的组织管理者，得到皇太后赏赐。元武宗至大二年（1309），升任

---

① 承蒙《蔚县志》编辑部刘国权先生 2016 年 4 月提供碑文校订稿，谨此致谢！

晋宁路治中之职。英宗至治元年（1321），以七十六岁寿终，葬在蔚州麦子疃。杨赟的事迹与史籍所载元代在蔚州等地采木之事完全相符，也是元大都的建设影响周边森林环境的生动证明。清代方志所载的碑文多有错讹，今蔚县地方志办公室派员到麦子疃村杨家坟对照石碑逐字校对，纠正了误传的字句，上面征引的碑文就承蒙他们提供。此碑在1982年7月公布为河北省重点文物保护单位，成为元代区域历史发展与人类活动的宝贵史料。

　　明清时期继续在蔚州及其附近区域采木，乾隆《蔚州志》称："山木，前明时以南山一带近紫荆关，禁人砍伐，特命守备官及时巡逻，今则资之以为利矣。"① 明代虽然禁止在重要关口附近采木，但广泛采木的局面越来越难以控制。清代的所谓"资之以为利"，实际上就是砍伐树木更加不可遏止的另一种说法而已。仅就采伐建筑之用的木材而论，官方的行动就发生过许多次。

　　明代朱国桢记载："昔成祖重修三殿，有巨木出于卢沟。"② 可见，永乐年间修建北京的宫殿，除在四川、云南、湖广等地采伐森林外，还曾利用卢沟河漂运巨大木材，其开采地点应是西山乃至上游更远的蔚州一带的山林。嘉靖十五年（1536）《敕建永济桥记》碑说："乃今乙未岁，肇立九庙，创史宬，恭建慈庆、慈宁二宫，修饰诸陵，缵续垂休，巍乎成功，昭播宇内，粤惟经始，庶务咸熙，乃以工曹官往督西山诸处石运。"③ 乙未年即嘉靖十四年（1535），朝廷委派官员督运西山诸处石料，势必毁掉大片地表植被。嘉靖四十六年（1567）《敕修卢沟河堤记》碑称："凡为堤延袤一千二百丈，高一丈有奇，广倍之，崇基密楗，累石重甃，鳞鳞比比，翼如屹如，较昔所修筑坚固什百矣。"④ 支撑"崇基密楗，累石重甃"的是大量石材和木料，西山盛产石材，木料的开采除了西山之外还可能广

---

① 乾隆《蔚县志》卷十五《方产》。
② 朱国桢：《涌幢小品》卷四"神木"条，中华书局，1959，第78页。
③ 沈榜：《宛署杂记》卷二十《志遗一》，第240页。
④ 沈榜：《宛署杂记》卷二十《志遗一》，第241页。

及蔚州等地。在明末刘侗、于奕正的笔下，潭柘寺的柘树"僧所说林林千万章者"，此时已经变为"乌有"。① 之所以发生这样的环境变迁，人为因素应当超过了自然因素。西山地区的观音山"旧有菩提树、仙人桥、望海石。盗伐树矣，桥石则存"。② 与朝廷大规模的砍伐森林相比，这样的局部盗伐造成的生态破坏已是微不足道。

《明实录》显示，包括蔚州在内的桑干河中上游流域，是明代获得建筑材料而采伐森林的基本地区。宣德七年十二月丁未（1433 年 1 月 13 日），"停蔚州伐木之役。行在工部先奏：作京城仓廒，发民取材于蔚州。至是又奏请遣官监督。上曰：今正严寒，姑停止，俟春暖为之可也"③。这只是暂停冬季作业，春天还要继续在蔚州采伐树木。宣德十年八月丁卯（1435 年 9 月 20 日）行在工部奏："修安定门城楼，欲拨旗军协助及拨官匠赴紫荆关支用松木。"④ 紫荆关位于今河北易县西北六十里，这一带也成了供应松木建材的基地之一。正统三年六月壬戌（1438 年 7 月 1 日），"行在工部言：近者，修德胜等门城楼，将在京各厂局物料支给殆尽。明春，当修正阳门城楼，乞发后军都督府军千名，给与口粮，令于蔚州、保安等处山场，采木编筏，自浑河运至，贮小屯厂，以备支用。从之"。⑤ 砍下的木材被编成木筏顺水漂运到小屯厂（今卢沟桥以东五里小屯村）贮存，伐木地点除了蔚州之外，还包括蔚州以东的保安州（治今涿鹿县），这是与蔚州毗连的又一个采木基地。

过度伐木不仅引起森林资源的破坏，还逐渐危及京师的战略安全。景泰元年二月己卯（1450 年 3 月 17 日），"兵部奏：紫荆、居庸、雁门一带等关口，绵亘数千里。旧有树木，根株蔓延，长成林麓，远近为之阻隔，人马不能度越。近年以来，公私砍伐，斧斤日寻，树木殆尽，开山成路，

---

① 刘侗、于奕正：《帝京景物略》卷七《西山下》，第 314~315 页。
② 刘侗、于奕正：《帝京景物略》卷七《西山下》，第 325 页。
③ 《明宣宗实录》卷九十七，宣德七年十二月丁未。
④ 《明英宗实录》卷八，宣德十年八月丁卯。
⑤ 《明英宗实录》卷四十三，正统三年六月壬戌。

易险为夷，以此前日虏寇不由关口，俱漫山而入。乞敕各关守备、内外文武官，严加禁约，仍差人巡捕，敢有仍前砍伐者治其罪。从之"①。北京西南至西北部失去了森林的屏障作用，导致敌人翻过山野入侵，促使兵部要求禁止砍伐森林。弘治十八年六月丁巳（1505 年 7 月 4 日），"经略边务太常寺少卿孙交上言：永乐时，边关林木茂密，……其后无木可采，又有伐木之禁"②，这是一个由过度采伐到严令禁止的变化过程。官员、商人与地方通同枉法，朝廷的禁令并未收到预期效果。成化、弘治年间，马文升《为禁伐边山林木以资保障事疏》，综合分析了沿边森林遭到过度砍伐的原因及其严重性："永乐、宣德、正统年间，边山树木无敢轻易砍伐，而胡虏亦不敢轻犯。自成化年来，在京风俗奢侈，官民之家争起第宅，木植价贵。所以，大同、宣府规利之徒、官员之家专贩伐木，往往雇觅彼处军民，纠众入山，将应禁树木任意砍伐。中间镇守、分守等官，或徼福而起盖淫祠，或贻后而修造私宅，或修改不急衙门，或馈送亲戚势要，动辄私役官军入山砍木，牛拖人拽，艰苦万状。其本处取用者，不知其几何；贩运来京者，一年之间岂止百十余万？且大木一株，必数十年方可长成。今以数十年生成之木，供官私砍伐之用，即今伐之十去其六七，再待数十年，山林必为之一空矣。万一虏寇深入，将何以御，是自失其险阻而撤其藩篱也。静言思之，实可寒心。"③ 原来禁伐区的山林已有百分之六七十被砍光，其军事屏障与生态功能自然也就无从谈起。

有些工程项目的建筑材料虽无具体出处，但从文献可以估计其来源。成化十二年六月丁亥（1476 年 7 月 6 日）浚通惠河完工，"费城砖二十万，石灰一百五十万斤，闸板、桩木四万余，麻、铁、桐油、灰各

① 《明英宗实录》卷一百八十九《景泰附录》卷六，景泰元年二月己卯。
② 《明武宗实录》卷二，弘治十八年六月丁巳。
③ 马文升：《为禁伐边山林木以资保障事疏》，陈子龙等选辑《明经世文编》卷六十三《马端肃公奏疏》二。

数万"。①其中的石灰、闸板、桩木等，采自西山与浑河上游山区的可能性极大。弘治七年九月壬寅（1494 年 10 月 15 日）工部奏："自永乐以来，本部所用竹木，率于芦沟桥客商所贩木筏抽分。"②抽分，就是向商人抽取的实物商税，明代在卢沟桥以北的浑河北岸设置了抽分厂。既然工部数十年间所用的竹木都来自抽分厂，浑河中上游山区的森林采伐不曾停止，日积月累的结果，就是相应的植被破坏与生态危机不可避免。

随着人口增长与建设需求的加大，清代北京周边地区面临着更大的环境压力。顺治初年工部监督开采石材、烧造石灰，"于大石窝（今良乡西南 34 公里石窝村）采白玉石、青白石，马鞍山（门头沟区西南 8 公里）采青砂石、紫石，白虎涧（今昌平西南 14 公里前、后白虎涧村）采豆渣石，牛栏山（今顺义牛栏山）采青砂石，石景山（今石景山）采青砂石、青砂柱顶、阶条等石。其青白石灰，于马鞍山、磁家务（今良乡西北 14 公里）、周口（今良乡西南 17 公里）、怀柔（今怀柔）等处置厂烧造，运京应用"。③开采石材与石灰石，势必毁坏作业区的植被，烧制石灰也会波及原生或次生的森林。在太行山以及永定河中上游的传统采木区，康熙二十六年（1687）议准："直隶省房山县额存楸棍山地，每岁应解楸棍十九万一千二百九十八根到部，以备各工取用。"④这对于当地的森林资源形成了较大压力，直到康熙六十年（1721）才决定"房山县额征楸棍，俱停办解"。⑤乾隆年间北京西南的戒台寺尚有"古松百余株，参天偃盖，皆千年物也"，⑥西郊的蓝靛厂"地平土沃，古树颇多"⑦，但森林被砍伐的危机并未缓解。嘉庆八年（1803），房山县的上方山"松桧荫翳"，龙

---

① 《明宪宗实录》卷一百五十四，成化十二年六月丁亥。
② 《明孝宗实录》卷九十二，弘治七年九月壬寅。
③ 《大清会典事例》卷八百七十五《工部》。
④ 《大清会典事例》卷八百七十五《工部》。
⑤ 《大清会典事例》卷八百七十五《工部》。
⑥ 励宗万：《京城古迹考》，北京古籍出版社，1981，第 24 页。
⑦ 汪启淑：《水曹清暇录》卷十一"蓝靛厂"条，北京古籍出版社，1998，第 168 页。

虎岼"古松黛色参天"。不过，"闻往时有议采为内殿栋梁者，以道险难运至得全"，① 艰难的交通条件使古树免于砍伐。

三 易州等地的柴炭供应及其环境代价

元明清时期北京（大都）的能源构成，以木柴、木炭和煤炭为主。虽然煤炭的使用越来越多，但木柴和木炭仍然不可或缺，采煤也会加剧对地面植被的破坏。在这样的背景下，易州的森林植被明显衰退，蔚州等地以及长城沿线的森林也被大量砍伐，门头沟等地煤矿开采的消极作用也逐渐暴露出来。

元代詹事院下设柴炭局等机构，负责管理采薪、烧炭及宫廷柴炭分配等事务，生产地就是西山至更远的蔚州一带。中统三年（1262）设立养种园，"掌西山淘煤，羊山（仰山，今门头沟上苇甸镇一带）烧造黑白木炭，以供修建之用"②。淘煤，或称洗煤、选煤，将开采出来的原煤分类筛选利用。至元二十年（1283），"以东宫位下民一百户烧炭二月，军一百人采薪二月，供内府岁用，立局以主其出纳"。至元二十四年（1287），徽政院下设西山煤窑厂，"领马安山（今马鞍山）、大峪寺（今门头沟大峪村）石灰、煤窑办课，奉皇太后位下"。③ 同年设上林署，除了"掌宫苑栽植花卉，供进蔬果，种苜蓿以饲驼马"，还要"备煤炭以给营缮"。官府所设烧制琉璃、砖瓦等建筑材料的窑厂，也加剧了大都城的燃料需求。元末宛平县"煤炭出城西七十里大峪山，有黑煤洞三十余所，土人恒采取为业。……其用胜于然薪，人赖利焉。又西南五十里桃花沟（今房山大安山乡一带）有白煤十余里。水火炭出城西北二百里斋堂村（今门头沟斋堂），有炭窑一所"④。熊梦祥记载了煤炭运输与买卖的情形：

① 谢振定：《游上方山记》，《小方壶斋舆地丛钞》第四帙，杭州古籍书店 1985 年影印光绪十七年上海著易堂排印本。
② 《元史》卷九十《百官志六》，第 2282 页。
③ 《元史》卷八十九《百官志五》，第 2251、2252 页。
④ 《顺天府志》卷十一《宛平》，北京大学出版社，1983，第 295~296 页。

"城中内外经纪之人，每至九月间买牛装车，往西山窑头载取煤炭，往来于此。新安及城下货卖，咸以驴马负荆筐入市，盖趁其时。冬月，则冰坚水涸，车牛直抵窑前；及春则冰解，浑河水泛则难行矣。往年官设抽税，日发煤数百，往来如织。二三月后，以牛载草货卖。北山又有煤，不佳。都中人不取，故价廉。"① 由此可见，大都冬季用煤量已相当可观。到明清时期，门头沟等地的煤炭开采更加广泛。

明代北京对木柴、木炭、煤炭的消耗与开发规模，都超过了元大都时代。万历年间刘若愚记载："凡隆德等殿修建斋醮焚化之际，用杨木长柴；宫中膳房，用马口柴；内官关领，则片柴也。外有北厂、南厂、西厂、东厂、新西厂、新南厂等处，各有掌厂、佥书、监工，贮收柴炭，以听关支。"② 御膳房专用的马口柴最昂贵，"其长约三四尺，净白无点黑，两端刻两口，故谓马口柴"③。《宛署杂记》显示，石景山"近浑河有板桥，其旁曰庞村（今石景山区庞村），曰杨木厂（今养马场），沿浑河堆马口柴处"。"火钻村（今门头沟斋堂镇火村），有清河，即放马口柴处"。④ 专供御用的红箩炭造价昂贵，"凡宫中所用红箩炭者，皆易州一带山中硬木烧成，运至红箩厂，按尺寸锯截，编小圆荆筐，用红土刷筐而盛之，故名曰红箩炭也。每根长尺许，圆径二三寸不等，气暖而耐久，灰白而不爆"。⑤ 今北海西侧的大红罗厂街，历史上是存放红箩炭之所。正阳门外柴胡同（今茶儿胡同）、炭胡同（今炭儿胡同），明代是存放或交易木柴和木炭的地方。

北京城的柴炭在永乐年间主要出自今昌平境内的白羊口、黄花镇与怀柔的红螺山等处，永乐二十二年（1424），即位不久的明仁宗"命工部弛

---

① 熊梦祥：《析津志》，《析津志辑佚》本，第 209 页。
② 刘若愚：《酌中志》卷十六《内府衙门职掌》"惜薪司"条，北京古籍出版社，1994，第 107 页。
③ 嵇璜等：《皇朝文献通考》卷三十九《国用考》，清光绪二十八年上海鸿宝书局石印本。
④ 沈榜：《宛署杂记》卷五《街道》，第 40~41 页。
⑤ 刘若愚：《酌中志》卷十六《内府衙门职掌》"惜薪司"条，第 106 页。

西山樵采之禁"①。宣德三年（1428）三月谕工部："自今止发军夫于白河、浑河上流山中采伐，顺流运至通州及芦沟桥，积贮以供用，可少苏民力。"② 宣德四年（1429）"始设易州山厂，专官管理。景泰间移于平山，又移于满城，天顺初仍移于易州"。③ 山厂选择的地点即今河北易县、平山、满城，都在太行山东麓山区与平原交界地带。根据《大明会典》，朝廷下达的山厂烧炭指标日渐增长，天顺八年（1464）430 余万斤，成化元年至三年（1465～1467）增至 650 余万斤、1180 余万斤、1740 余万斤，以后又陆续有所变化。嘉靖二年（1523）奏准，皇帝与宫廷所用柴炭各20 万斤，由山厂拨夫采运。惜薪司每年供应各宫及内官内史人员木柴2456 余万斤，其中包括本色柴（杨木长柴、顺柴）1812 万斤、折色柴（改征其他实物或银两）644 万余斤；木炭 608 万斤，其中包括长装炭（红箩大炭）55 万斤、白炭 543 万斤、坚实白炭 10 万斤；荆条 2 万斤。④这些柴炭的运输，按照军三民七的比例分派。民柴由工部指派山东、山西两省及顺天、保定、真定三府负担，军柴由后军都督府派所属各卫完成。其余各衙门也按规定每年采办大量柴炭，光禄寺、礼仪房、银作局、御用监、御马监、织染局、翰林院、太常寺、神乐观、太医院、会同馆、西舍饭店、坝上大马房等，总计需要木柴约 1964 万斤、木炭约 246 万斤。其中光禄寺一处就占了柴 1392 万斤、炭 123 万斤⑤。鉴于官府征收的指标与虚报的运输损耗时常上涨，实际上缴的数量远不止此，正统七年（1442）十月奏报，"易州山场岁办柴炭已九千四百余万"⑥，百姓的负担日益加重。

　　柴炭供应不仅使百姓难以承受，山厂周围地区付出的环境代价也触目惊心。弘治年间进士戴铣《易州志》记载：专门供应内府薪炭的山厂，

① 《明仁宗实录》卷二上，永乐二十二年九月癸酉。
② 《明宣宗实录》卷四十，宣德三年三月癸巳。
③ 申时行等：《大明会典》卷二百零五《工部二十五·柴炭》。
④ 申时行等：《大明会典》卷二百零五《工部二十五·柴炭》。
⑤ 申时行等：《大明会典》卷二百零五《工部二十五·柴炭》。
⑥ 《明英宗实录》卷九十七，正统七年十月丙申。

宣德五年（1430）设于平山，随后迁到沙峪口（今易县西北18公里沙峪口村），景泰年间迁到满城县西十里，天顺元年（1457）移置易州城西北二里许，即今易县西北的厂城村。"民之执兹役者，岁亿万计。车马辏集，财货山积，亦云盛矣。然昔以此州林木蓊郁，便于烧采，今则数百里内山皆濯然。举八府五州数十县之财力屯聚于兹，而岁供犹或不足。民之膏脂日已告竭，在易尤甚。"① 历经四五十年无休止的砍伐之后，易州周围数百里之内的森林变成了荒山秃岭，生态破坏的程度比其他地区严重得多。弘治初年丘濬建议："京城渠路及边境地宜多种柳树，可以作薪，以备易州山厂之缺。"② 万历十三年十二月初一（1586年1月20日），颁诏裁减惜薪司冗员，减大炭十五万斤。"时山厂设于易州，而数百里外林麓都尽，长装大炭岁五十五万斤，嘉靖间以建醮复加三十万，又各厂中贵五百六十八员皆有分例，边商苦之。"③ 即使减掉十五万斤最昂贵的红箩炭，易州山区童山濯濯的命运也依然如故。

伐木生产建筑材料，或伐木烧炭，都是有利可图的行业。在明代的易州等地，生产任务的繁重导致周边森林不敷其用，官员和商人因此把目光转向朝廷此前禁止伐木的区域，削弱了长城沿线重要关口附近的森林屏障。汪道昆指出："马水口（今涿鹿东南60公里马水村）沿边林木，内边修者百里，次者数十里，紫荆关（今易县西北30公里紫荆关）、虎张石（或称张虎石，在今涞源东25公里）、倒马关（今唐县西北48公里倒马关）、茨沟营（今阜平西北34公里次沟村）等处，亦不下数十里，此皆先朝禁木，足为藩篱。访得易州炭厂奸商，假借烧炭为名，通同守关隘官，侵伐沿边树木。近该工部郎中杨归儒出示禁约，第恐此辈犹复觊觎；况今并赴台工，有事采办，止许折薪，以克烧造，勿及树株，亦恐违法官军因以为利。"④ 据此，嘉靖之前在马水口等处已修筑了数十里至上百里

① 戴铣：《易州志》卷三《山厂》，上海古籍出版社，1981，第7~8页。
② 《天府广记》卷二十一《工部·树植》，第290页。
③ 《明神宗实录》卷一百六十九，万历十三年十二月朔。
④ 汪道昆：《经略京西诸关疏》，《明经世文编》卷三百三十八《汪司马大函集二》。

的边墙，周围禁止伐木。汪道昆调查到易州炭厂奸商与守关者勾结起来侵伐林木，担心他们继续无视新颁布的禁约，并在修筑沿边敌台的过程中再次违法牟利。嘉靖年间的魏时亮也指出，紫荆关一带"今者木炭加增，林木砍尽，隘口之险难据，而神京边关之忧最大。倘得圣明少念边防，大减木炭，不至砍尽林木以充烧解，岂非守边关、奠宗社之大庆也哉?"[①]违禁者的行为对军事和生态都造成了破坏。

由于煤炭的使用趋于普遍，清代宫廷柴炭的消耗量显著减少。西山煤炭主要分布在宛平、房山二县，乾隆二十八年（1763）直隶总督方观承奏报：房山县有煤窑196座，仍在采煤的有123座，"一窑煤旺者，日可出四五千斤，少亦一二千斤"。[②] 嘉庆六年（1801）五月二十三日，直隶总督姜晟奏报：近京及房山、宛平境内旧有煤窑778座，废闭176座，停止未开417座，在采煤窑185座。[③] 这些都是历年持续积累的结果。康熙二十九年（1690）查阅宫廷用度，明代"每年木柴二千六百万斤，今止七八百万斤；红螺炭（红箩炭）一千二百余万斤，今百余万斤；……至各宫殿基址墙垣，砖用临清，木用楠木。今禁中修造，出于断不得已，第用常砖松木而已"。[④] 康熙五十六年（1717），"令煤炭监督于易州地方采办供应，每岁与煤炭一并报销"。[⑤] 清初内廷所用的杨木长柴由直隶省承担，永宁卫（治今延庆东北18公里永宁城）八百斤、保安卫（治今涿鹿县城）二千斤、怀来卫（治今怀来东南官厅水库淹没区）八百斤、美峪所（治今涿鹿县南27公里下关村）四百斤、宣府前卫（治今宣化县城）六千斤、蔚州卫（治今蔚县）一万五千斤、宣府南路广昌城守备（治今涞源县城）五千斤。咸丰三年（1853）怀来县增至岁额一万一千斤，负

---

① 魏时亮：《题为摘陈安攘要议以裨睿采疏》，《明经世文编》卷三百七十一《魏敬吾文集二》。

② 方观承：《方恪敏公奏议》卷八。《近代中国史料丛刊》本，第19~21页。

③ 中国人民大学清史所等编《清代的矿业》，中华书局，1983，第411~412页。

④ 王庆云：《石渠馀纪》卷一《纪节俭》，北京古籍出版社，1985，第1~2页。

⑤ 《大清会典事例》卷九百五十一《工部》。

担明显加重。① 由此可见，明代长期依赖的易州山厂，到清代仍然是宫廷木炭的供应地，无法得到生态恢复所需要的时间。蔚州自金代就已成为木材基地，明代出于军事考虑禁止砍伐。到清乾隆时期，"则资之以为利矣"，② 也就是获取木柴、建筑用材以及砍柴烧炭之利。清代仅冀州（治今冀州）每年都要派出"易州山场斫柴夫一千一百五名"，③ 据此可以约略推知其他府州派出斫柴夫之多，意味着易州等地山场砍伐林木的规模仍然不小。

砍伐树木、开采煤炭连带产生的生态环境问题，在后世逐渐累积与暴露出来。中国第二历史档案馆藏的一份档案提到，近代门头沟矿区多年采煤导致"山上全无树木"④。如此直截了当的历史文献并不多见，明清时期限制煤炭开采的谕旨与官府碑刻，可从侧面提供认识问题的线索。这些禁令大多属于煤矿已经开采并危及环境之后的补救措施，原本带有迷信色彩的"龙脉"之说，反而成了保护区域环境的理论根据。举凡《明实录》《大清会典事例》等，都有此类记载。门头沟戒台寺明成化十五年六月二十二日（1479 年 7 月 11 日）宪宗《敕谕》碑写道：寺院"近被无籍军民人等牧放牛马、砍伐树株、作践山场，又有恃强势要、私开煤窑，挖通坛下，将说戒莲花石座并折难殿积渐坏动。"因此强调："今后官员、军民、诸色人等，不许侮慢欺凌；一应山田、园果、林木，不许诸人骚扰作践；煤窑不许似以前挖掘。敢有不遵朕命，故意扰害、沮坏其教者，悉如法罪之不宥。"折难殿，是明代寺内的大殿之一，应即今戒坛大殿。这是明代采煤已经危及戒台寺僧人利益与寺院安全的见证，由此开始的官方限制在寺院周围采煤的政策，一直延续到清代直至民国时期。清康熙二十四年（1685）《御制万寿寺戒坛碑记》，在赞叹"林壑深美"之后写道："朕以时巡，偶至斯地，辄为驻跸。顾近寺诸山，为产煤所，居民规利，

---

① 《大清会典事例》卷九百五十一《工部》。
② 乾隆《蔚县志》卷十五《货属》。
③ 王树枏：民国《冀县志》卷十五《起运表》，1929。
④ 罗桂环等：《中国环境保护史稿》，中国环境科学出版社，1995，第 310 页。

日事疏剧。念精舍之侧，凿山采石，良非所宜。爰命厘定四止而禁之。俾梵境常宁，旧观弗替。于以葆灵毓秀，山川当益增辉泽尔"①。皇帝重申划定戒台寺的范围加以保护，限制采煤区向寺院蚕食，与明朝成化年间敕谕的宗旨完全一致。诸如此类的碑刻，记录了明代直至民国时期能源开采对生态环境的影响，其间也包括对于居民安全、水源归属等问题的诉讼纠纷。今人记载，门头沟区"现在的东、西板桥村，因地处采空区，居民早已迁往新址。原有的东、西板桥村，已是一片残垣断壁"。② 两村的居民 1974 年以后全部迁入新板桥，俗称唐家坟，位于东板桥与西板桥的西南。新板桥西南的庄户村，也因为"原址地下已为采空区，西迁 0.5 公里至现址"③。这些问题出现在当代，其根源则可追溯到民国乃至明清时期。

第二节 人类活动与燕山地区森林变迁

在京津冀地区范围内，燕山一线在历史上长期作为北方农耕与畜牧两种经济形态的交错带，也是汉族与北方非汉族民众集中分布的大致界线，此即苏辙所谓"燕山如长蛇，千里限夷汉"。明代基本上以燕山一线的长城作为与北元及满洲的分界，燕山地区的森林植被由于处在具有军事意义的禁伐区而在客观上得到保护。当清朝定都北京之后，长城内外的隔阂消失，明代不曾触及的口外森林成为蕴藏丰富、品质极佳的木材来源，随着清朝允许出关采伐贩运而大量进入关内，从而构成了区域森林变迁的一项重要内容。

一 燕山地区森林环境的相关记载

除了明清州县方志之外，其他历史文献也为认识燕山地区的森林环境

---

① 于敏中等：《日下旧闻考》卷一百零五《郊坰》，北京古籍出版社，1985，第 1741 页。
② 北京市门头沟区文化文物局：《门头沟文物志》，北京燕山出版社，2001，第 279 页。
③ 门头沟区地名志编辑委员会：《北京市门头沟区地名志》，北京出版社，1993，第 59 页。

提供了线索。《辽史·游幸表》载：会同三年（940）二月，太宗"猎于盘山"；穆宗应历五年（955）九月，"猎于西山"；乾亨二年（980）十二月，景宗"猎于檀州之南"；圣宗统和四年（986）五月"猎于燕山"，六年（988）十二月"猎于沙河"，七年（989）十二月"猎于蓟州之南甸"，八年（990）三月"幸盘山诸寺，猎西括折山"，十年（992）五月"射鹿于汤山"，十二年（994）十二月"猎于顺州西甸"，太平五年（1025）八月"猎于檀州北山"①。檀州、顺州、蓟州分别治今北京密云、顺义与天津蓟州，盘山位于平谷、蓟州之间，沙河、汤山在今昌平境内。兴宗重熙五年（1036）八月"猎于炭山之侧"，② 其地在今河北沽源县东南一带。"九月癸巳，猎黄花山，获熊三十六，赏猎人有差。冬十月丁未，幸南京。……壬子，御元和殿，以《日射三十六熊赋》《幸燕诗》试进士于廷"。③ 黄花山，应为今昌平以北 40 公里黄花城一带。可以捕获熊、鹿之处，尤其是一天之内能够获熊多达 36 只的山岭，必定分布着茂密的森林。

金代以皇帝为首的女真贵族，同样酷爱畋猎，动物的哺养无疑需要良好的森林环境。《金史》记载海陵王、世宗、章宗、卫绍王"猎于近郊"26 次，"猎于良乡"1 次，"猎于密云"1 次，"猎于香山"2 次，实际狩猎的次数应当远不止此。金章宗到昌平西南二十五里的驻跸山游玩，"下而观于野，盖燎而猎焉"，④ 也就是把树林点燃，趁机猎取四散奔逃的野兽，大片森林因此被毁。金末成吉思汗率领的蒙古军队进攻居庸关不利，曾经出使金朝的札八儿献计："从此而北，黑树林中有间道，骑行可一人，臣向尝过之。若勒兵衔枚以出，终夕可至。"蒙古军队遂以札八儿为前导，"日暮入谷，黎明，诸军已在平地，疾趋南口，金鼓之声若自天

---

① 《辽史》卷六十八《游幸表》，第 1151、1153、1159、1161~1164、1171 页。
② 《辽史》卷六十八《游幸表》，第 1174 页。
③ 《辽史》卷十八《兴宗本纪一》，第 246 页。
④ 王嘉谟：《蓟丘集》卷三十九，《北山游记》，国家图书馆藏明刻本。

下，金人犹睡未知也"。① 居庸关以北的黑树林大致在燕然山、大海坨山一带，它们都属于燕山的支脉。由此表明，金末元初在延庆以西、以北的山区，有郁闭度极高的森林植被。

元人诗文不乏关于大都周边尤其是居庸关附近森林的记载，至正二年（1342）在昌平南口修建永明寺过街塔，欧阳玄《过街塔铭》称其"势连冈峦，映带林谷"；陈刚中《居庸叠翠八咏》称其"槎枒古树无碧柯"②，显露出树木年代久远、盘根错节的情形。萨都剌《过居庸关》称"居庸关，山苍苍，关南暑多关北凉"，苍茫之色即是林木葱郁所致。廼贤《发大都》云："云低长城下，木落古道旁。"《龙虎台》诗称："晨登龙虎台，停骖望居庸。绝壑闪云气，长林振悲风。"《居庸关》诗，又有"落日带乔木"之句。柳贯《度居庸关》诗云"半林漏晨光"，生动再现了森林的茂密。③

在明代嘉靖年间蒋一葵笔下，昌平万寿山皇陵区森林密布，"阁道阴森盘树杪""松柏平临御道开""松桧新培辇路同""翠滴松楸碧殿寒""嘉树茏苁樵采稀""高林回合九龙池"。金山口景泰帝陵墓，"树多白杨及椿，皆合三四人抱，高可二十丈"。④ 顺天府及周边地区，蓟州盘山"多泉多松"，袁宏道《入盘山》称其"虬松百万株"，王嘉谟《登盘顶》诗云"绕径云松迷鸟道""草树茫茫动客愁"，杨忠裕赞叹"半岭松风破寂寥"⑤。昌平西南二十五里驻跸山，西侧的寒崖洞"中多异草奇木"；怀柔红螺山，相传潭中二螺吐出的红光"照映林木"。⑥ 天寿山北面的黄花镇，"二百年来，松楸茂密，足为藩蔽"；京东的喜逢口，"高岩松长枝摩汉"；古北口外黄崖峪，徐渭称其"谷口进来三万丈，数株松柏似江南"；黄崖峪西南的潮河川，"宽处可一二里，前人砍大树倒着川中。狭处仅二

---

① 《元史》卷一百二十《札八儿火者传》，第2960页。
② 熊梦祥：《析津志》，《析津志辑佚》本，第253、255页。
③ 孙承泽：《天府广记》卷四十二《诗一》，第654、659、660、671页。
④ 蒋一葵：《长安客话》卷四《郊坰杂记》，第83、85、86页。
⑤ 蒋一葵：《长安客话》卷五《畿辅杂记》，第103、104页。
⑥ 蒋一葵：《长安客话》卷六《畿辅杂记》，第122、126页。

三丈，以巨木为柞"。① 以巨木为柞，即砍削巨大树木之意。黄花镇北的四海冶山，"万壑长松不记年"；龙门所（今赤城县东三十里龙门所）"北有万松沟，万松森郁不可进"。② 这些树木或大片成林，或沿线成带，或者以点状散布于北京及其周边地区。

明末的《帝京景物略》，描述了北京外围地区的林木。在昌平境内，"过沙河二十里，至新井庵。松有林，声能鼓、能涛，影能阴亩"；向西数里有景梁台，"柳林如新井庵松，照行人衣，白者皆碧"；狄梁公祠前有古木，"木旁数株，柏也，盘结，不可以绪"。昭陵以北的岣峋崖，"泉为绕陵而幽幽，树为禁陵而郁郁"。天寿山东北六十里，"银山近皇陵，故禁樵采。松不胜其柯而偃，柏拂地而已枝，橡子落而无人收，榆柳条繁而禁老秋，壁生树顶，泉流叶间"。③ 由于受到朝廷保护，森林植被比较丰茂。

明代出于军事防御和保护皇陵的需要，对军都山与燕山山脉的森林保护得比较好。成化、弘治年间马文升《为禁伐边山林木以资保障事疏》称，明初设置北方军事防线，"其宁夏有贺兰山、黄河之险，复自偏头、雁门、紫荆，历居庸、潮河川、喜峰口，直至山海关一带，延袤数千余里，山势高险，林木茂密，人马不通，实为第二藩篱"。④ 此后的庞尚鹏《酌陈备边末议以广屯种疏》亦称，嘉靖二十年（1541）之前的"蓟昌二镇，重冈复岭，蹊径狭小，林木茂密，官军可以设伏，胡马不得直驰"。⑤ 万历年间王嘉谟《北山游记》记载，驻跸山以北的崇山峻岭，是"樵采不达"的险要地段。高崖村"崖下有泉绕其聚，四面皆山，蔚洞森萧"。其西北约十里处的清水涧，"山中飞泉彪洒，或决地，或分流，淙汩树木之间"。在鳌鱼岭以西一里左右，"其上独多松，合抱而数丈者有三，朴

---

① 蒋一葵：《长安客话》卷七《关镇杂记》，第 143、151、153 页。
② 蒋一葵：《长安客话》卷八《边镇杂记》，第 161、170 页。
③ 刘侗、于奕正：《帝京景物略》卷八《畿辅名迹》，第 331、337、339 页。
④ 马文升：《为禁伐边山林木以资保障事疏》，《明经世文编》卷六十三《马端肃公奏疏二》。
⑤ 庞尚鹏：《酌陈备边末议以广屯种疏》，《明经世文编》卷三百五十七《庞中丞摘稿一》。

楸者万计"。了思台约有两亩，"莎、苹匝之，楸、檀、柏、柏之木宛宛相构"。[①] 军都山一带的植被在明朝保存相对完好，包括森林在内的生态系统维持着良性循环。直到清乾隆年间，燕山南北仍然是森林茂密之区，"盘山之松以百万计，……口北多松柏，蔽云干霄，为千里松林"，[②] 长城以北在清代成为森林采伐的主要区域。

二 元明清时期的燕山木材采伐

位于今北京密云与河北兴隆交界处的雾灵山，是森林广布的燕山山脉一个组成部分。元世祖"至元十三年（1276），雾灵山伐木官刘氏言，檀州大峪、锥山出铁矿，有司复视之，寻立四冶"。[③] 元代专门设立了负责采伐雾灵山木材的官员，这里无疑是木材供应的重点地区之一。当檀州的大峪（今密云东北二十六里达峪村）与锥山（今密云东北五十里锥峰山）发现铁矿后，新设的四个冶炼厂需要就地取材烧炭炼铁，雾灵山的森林砍伐力度无疑显著加大。在燕山以北地区，至元二十四年（1287）八月，"以北京采取材木百姓三千余户，于滦州立屯，设官署以领其事"。[④] 这里的"北京"是对从元初到至元七年（1270）所设"北京路"（治今内蒙古宁城县大明镇）的沿用。据此可知，这三千多户百姓先是在燕山以北的宁城一带伐木，至元二十四年（1287）基本完成任务后，才迁到滦州（治今河北滦县）继续屯田。全部伐木者或许不止此数，足证元代森林采伐规模之大与范围之广。

明代长城沿线的森林既是构筑军事屏障的组成部分，也是修建关口及其他设施的材料来源。"嘉靖中，胡守中以都御史奉玺书行边，乃出塞尽斩辽金以来松木百万，于喜峰口创建来远楼"[⑤]，喜峰口在今河北迁

---

① 王嘉谟：《蓟丘集》卷三十九《北山游记》。
② 于敏中等：《日下旧闻考》卷一百五十《物产》，第 2394 页。
③ 《元史》卷五十《五行志一》，第 1069 页。
④ 《元史》卷一百《兵志三》，第 2562 页。
⑤ 蒋一葵：《长安客话》卷七《关镇杂记》，第 151 页。

西以北六十里，胡守中指挥士兵出关砍伐的森林，应在长城以外的宽城、青龙、兴隆一带，将燕山南麓部分区域历时数百年长成的大片森林迅速砍光。元代著名的黑松林（或称黑树林），到嘉靖年间的面貌已经变得与此前迥然不同。兵部尚书郑晓指出，当年"旧有松林数百里"，"今以供薪炭荐伐条枝，林木日疏薄。树渠藩塞，岂无谓耶?"① 同一时期的陈时明也谈到这片森林，"后以供薪烧炭之利，取者无禁。如近日黄花镇守备张楠之所为者，遂使林木日就疏薄"。② 万历年间王嘉谟从北京前往坝上，在了思台（今昌平西南与门头沟交界地带）以西十里的灰岭"远闻伐木，嶷嶷留滞"。③ 远处传来砍伐树木的声音在山间回响，这是军都山局部地区砍伐森林的信号。万历十二年（1584）十月，"以预建寿宫，于大峪山择吉伐木"。④ 大峪山东麓伐掉森林后清理出来的土地，即今昌平以北的定陵所在。

　　长城以北原本就是满洲诸部的兴起之地，清朝定都北京后，木材采伐的范围顺理成章地推进到此前较少触动的口外地区。顺治九年（1652）题准："各工需用木料，招募商人，自备资本，出古北、潘家、桃林等口采伐木植，运至通州张家湾地方。"⑤ 由此至康熙初年，一直通过减少征税以鼓励采木。除了密云东北的古北口之外，迁西西北六十里与宽城交界处的潘家口，卢龙东北六十里桃林口村东南隅的桃林口，都是古代卢龙塞的组成部分。出了这些长城关口，向北即进入燕山所属林区。在潮河与滦河的上中游地区砍伐的林木，顺流辗转漂到通州张家湾，与永定河中上游地区一起支撑着北京对森林资源的需求。康熙十八年（1679）议准："潮河川（今古北口西南潮关一带）、墙子路（今密云东六十里墙子路）、南冶口（今怀柔西北约五十里铁矿峪村北）、二道关（今怀柔西北约六十里

① 郑晓：《书直隶三关图后》，《明经世文编》卷二百一十八《郑端简公文集二》。
② 陈时明：《严武备以壮国威疏》，《明经世文编》卷二百二十九《陈给谏奏疏》。
③ 王嘉谟：《北山游记》，《蓟丘集》卷三十九。
④ 《明神宗实录》卷一百五十四，万历十二年十月丁巳。
⑤ 《大清会典事例》卷九百四十二《工部》。

二道关村）等处，有愿采伐木植者，照例将人畜数目报部，转咨兵部，给票出关"。十九年（1680）题准："喜峰口外庄头人等所砍木植，愿交税者由水路运送，给票照例征收。又题准：龙井口（今迁西西北六十里龙井关）产有大木，愿采伐者，给发关票出口，令潘家口差官照例收税。"① 此后，伐木的范围继续向北推进，康熙二十年（1681）议准："科尔沁蒙古有愿伐木进关照民商纳税者，许由潘、桃等口放入贸易。"三十八年（1699）题准："大青山等处木植甚多，有殷实商人愿往采取者，该部给票，令守口官验明放行，照例输税，入口贩卖。"② 大青山在内蒙古呼和浩特以北，"口外诸山，前代为匠所不经之地。蓄积既久，菁华日献，视内地庇纵寻斧者相悬万万"。③ 口外山林的资源优势，造就了新的木材基地。

随着森林采伐地逐渐向北推进，运输距离的加大势必提高成本、减少利润，从口外进关的木材数量迅速回落。雍正七年（1729）覆准古北口税课"每年额征银四万三百四十一两五钱"，第二年就不得不做出调整，"古北口一路，近年木植进关甚少，额征银一千十有二两五钱一分"。④ 到嘉庆七年（1802），这个只有一千余两的税额仍然无法完成："今据称，该处商贩寥寥，无人领票办课。山场砍伐既久，近年以来止有小民在附近各山采取柴薪，照例输课，每岁不过三四十两至五六十两等语，自系实在情形。"⑤ 事已至此，朝廷只得把税收定额取消。口外木材既有多条路径进关，单一关口的税额自然被分散。同治十年（1871），通永道经管"六小口木税"，包括潘家口、界岭口（今抚宁县北六十余里与青龙交界处）、山海关、撒河口（今迁西西北六十里龙井关）、冷口（今迁安东北四十余里与青龙交界处）、沿岩儿口（今丰润东北约五十五里岩

① 《大清会典事例》卷九百四十二《工部》。
② 《大清会典事例》卷九百四十二《工部》。
③ 王庆云：《石渠馀纪》卷六《纪杂税》，第 277 页。
④ 《大清会典事例》卷九百四十二《工部》。
⑤ 《大清会典事例》卷九百四十二《工部》。

口）诸关口①，也是长城以北森林广泛采伐的见证。

燕山南麓的昌平十三陵地区，是明代朝廷特殊保护的区域。原本繁茂的森林植被，经过战争破坏与改朝换代之际的肆意盗伐，变得面目全非。清顺治九年（1652）"敕禁明陵樵采"，十六年（1659）谕工部："朕巡幸畿辅，道经昌平。见明朝诸陵寝，殿宇墙垣，倾圮特甚。近陵树木，多被砍伐。向来守护未周，殊不合理。尔部即将残毁诸处进行修葺。见存树木，永禁樵采。添设陵户，令其小心看守。"实际上，直到乾隆五十二年（1787），"数十年来，地方官并未小心稽查"，"复不免有私行樵采及殿宇墙垣间被风雨损坏等事"。②顺治十一年（1654）八月，历史学家谈迁拜谒埋葬崇祯帝的思陵，看到了"牧围之不戒"造成的荒凉景象，"今一抔之土，鞠为茂草，酸枣数本，高不四五尺，求一号乌之树不可得"。③顺治十六年（1659）到康熙十六年（1677），著名学者顾炎武六次拜谒天寿山。他在《昌平山水记》中写道："自大红门以内，苍松翠柏无虑数十万株，今翦伐尽矣。"④大红门以内，即指此门北面的整个陵区。长陵、献陵、永陵、昭陵、定陵、德陵，都是"旧有树，今亡"或"树亡"。⑤顾炎武见到的陵区树木只剩二千株左右，比起昔日的数十万株已有天壤之别。此外他还注意到，从前在昌平城东门八里"有松园，方广数里，皆松桧，无一杂木。嘉靖中，俺达之犯，我兵伏林中，竟不得逞而去。今尽矣"。⑥这里是明代为绿化陵园建立的培育松柏树苗的基地，今昌平东北三里有居民区亦称松园，其命名之源就是明代的松园。依据地形、地名、相对方位等推断，明代"方广数里"的松园，大致应在今十三陵乡仙人洞村以东的汗包山一带。自嘉靖二十九年（1550）依靠这片森林御敌，到顾炎武看到"今尽矣"的清初，也不过一百年的时间，实际消亡可能还要快些。

---

① 《大清会典事例》卷九百四十一《工部》。
② 于敏中等：《日下旧闻考》卷一百三十六《京畿》，第2185、2188页。
③ 谈迁：《北游录·纪文·思陵记》，中华书局，1960，第247、248页。
④ 顾炎武：《昌平山水记》卷上，北京古籍出版社，1980，第5页。
⑤ 顾炎武：《昌平山水记》卷上，第6~9页。
⑥ 顾炎武：《昌平山水记》卷上，第12页。

三　柴炭生产造成的森林变迁

与太行山区一样，燕山地区的森林也是元明清时期柴炭生产的物质基础。除了日常生活使用的柴炭之外，古代官方设置的窑厂、冶炼厂等，也需要以木炭等作为能源。今河北遵化市辖境内，很早就开始冶炼铁矿。"唐天宝初，始于其地置马监铁冶。居民稍聚，因置县，以遵化名。"① 冶铁的传统延续下来，"元时置冶于沙坡峪"②，其旧址即今市区西北二十余里的沙坡峪村，村南二里处在当代仍有一座铁矿。元代在此建立炼铁厂，既能就近取得矿石，也便于在周围山岭伐木烧炭。

明永乐年间供应北京城的柴炭，主要在属于燕山地区的白羊口（今昌平西）、黄花镇（昌平东北）、红螺山（怀柔北）等处伐木烧制。如同元代一样，明代继续在遵化县的砂坡谷（今遵化西北沙坡峪村）设置冶厂。其后，迁到松棚峪（今遵化东北 12 公里松棚营、小厂一带）。正统三年（1438），再迁到白冶庄（今遵化东南约 25 公里铁厂村）③。促使冶厂迁移的主导因素为燃料（木炭）的供应状况。随着附近林木逐渐不敷烧炭之用，冶厂从遵化县城西北相继迁到东北、东南。正德年间工部上书："彼时林木茂盛，柴炭易办。经今建置一百余年，山厂树木砍伐尽绝，以致今柴炭价贵。"④ 到万历九年（1581）三月，终因所产铜铁的价值不抵为此投入的人力物力，亏本的冶厂宣布废弃。⑤ 此前为了保持遵化冶厂的运转，朝廷专门设置山场伐木烧炭，"蓟州、遵化、丰润、玉田、滦州、迁安，旧额共四千五百六十一亩九分六厘，采柴烧炭。成化间，听军民人等开种纳税"。⑥ 直到嘉靖四十五年（1566），还在调整垦种者纳税的数额。由此可见，大片森林因为冶炼铜铁而被砍伐后，并未人工造林或

① 蒋一葵：《长安客话》卷五《畿辅杂记》，第 111 页。
② 《嘉庆重修一统志》卷四十五《遵化直隶州一》。
③ 申时行等：《大明会典》卷一百九十四《工部十四·冶课》。
④ 孙承泽：《天府广记》卷二十一《工部·铁厂》，第 287~288 页。
⑤ 《明神宗实录》卷一百一十，万历九年三月甲戌。
⑥ 申时行等：《大明会典》卷一百九十四《工部十四·冶课》。

等待次生林的天然恢复，而是将其顺势开垦为农田，从而彻底改变了这些区域的植被特征。

明代中后期，蓟州、昌平的军费在三十年内增加了数十倍，却仍然换不来边境地区的安宁。以善于理财闻名的大臣庞尚鹏认为："盖由嘉靖廿年间，沿边诸臣以营缮之故，辄伐木取材，不思为边关万世虑。其后积习相仍，遂弛厉禁。烧柴为炭，折枝为薪，益无复顾忌。驯至今日，殆有甚焉。或伐木遍搜于绝峤，以给修边之工；或采薪贸易于通衢，以供抚夷之费。斧斤剥削，萌蘖殆尽。无惑乎蹊径日通，险隘日夷也。"① 依靠森林出产的木材、木炭、木柴等，既是不可或缺的生产生活资料，又是能够带来厚利的商品。在多种因素综合作用下，森林砍伐的势头无从遏止，明朝也在腐败与危机之中走向灭亡。

清代允许越出某些关口到长城以北砍柴烧炭，康熙元年（1662）提准："砍柴烧炭，许出古北口、石塘路、潮河川、墙子路、南冶口、二道关，其建昌、居庸等十四关口永行禁止。"乾隆六年（1741）奏准："鲇鱼关、大安口、黄崖关、将军关、镇罗关、墙子路、大黄崖口、小黄崖口、黑峪关等九处，商民出口砍柴烧炭。"② 这些开放的关口，沟通了燕山长城南北的经济往来，也极大地加快了口外森林的砍伐速度。清代逐渐放开商民到口外砍柴烧炭，不仅出于人口增长造成的生存压力，也是长城以南可供烧炭的林木已经储量不足的反映。

第三节　围场与塞外其他地区的开垦

清代的围场本是皇家延续满洲射猎传统的象征，也是演练武备、融洽诸族之地。其森林草原植被之繁盛，以林木与兽类为主的物产之丰富，史书多有记载。"木兰秋狝"在清朝后期已经难以为继，关内人口的迅速增

---

① 庞尚鹏：《酌陈备边末议以广屯种疏》，《明经世文编》卷三百五十七《庞中丞摘稿一》。
② 《大清会典事例》卷九百五十一《工部》。

长加剧了土地的紧张，战争与自然灾害迫使直隶、山东、山西等地的百姓冒险突破朝廷的禁令出关谋生。除了大量流民"闯关东"之外，承德地区以围场为中心的大片区域、张家口地区北部诸县，也是外来流民开垦种田的目的地。晚清包括围场在内的塞外开垦已不可遏止，并在国家的管理下逐步走向合法化。随着森林草原的骤减乃至消失，这片区域出现了一个个以农耕为生、人口日渐稠密的乡村聚落，自然环境与社会面貌都发生了巨大变化。

一　从皇家围场到农垦新区

关于围场一带的植被状况，主要活动在嘉庆至道光年间的昭梿追溯道："其地毗连千里，林木葱郁，水草茂盛，故群兽聚以孳畜，实为天畀我国家讲武绥远之区。"[1] 光绪《围场厅志》称："围场为山深林茂之区，历代之据有此地者，皆于此驻牧。"[2] 尤其值得注意的是，"围中及西北一带，则大木参天，古松蕃阴。千百年来，绝鲜居民之迹。意辽金以前只资游牧，自元迄明，终未垦辟"。[3] 如此优越的森林植被，为清代在此建立围场奠定了足可依赖的自然条件。清康熙十六年（1677），塞外诸蒙古部落将这一带牧场献给巡行至此的皇帝。二十年（1681）四月，设置隶属于理藩院的木兰围场。其间进一步划分为七十二围，由蒙古王公分别管理相关事务，由此形成了每年举行木兰秋狝的制度。此后，保护围场环境与采伐林木之间的矛盾，一直存在于朝廷与官员、商人以及其他盗伐者之间。以皇帝为首的统治集团既是围场林木的刻意保护者，同时又是最大的木材砍伐者，构成了矛盾的集合体。康熙年间基本是为了打通进入围场的道路而有限度地伐木，乾隆年间则因为建设避暑山庄、修造皇帝陵寝、满足北京之需而大量砍伐围场森林。从乾隆三十三年（1768）至三十九年

---

① 昭梿：《啸亭杂录》卷七《木兰行围制度》，中华书局，1980，第 219 页。
② 光绪《围场厅志》卷一《疆域》，清代稿本。
③ 光绪《围场厅志》卷二《沿革》。

（1774），从英图等三围砍伐木植"三十六万五千五百四十九件"。① 至乾隆四十一年（1776），福隆安奏："砍伐英图、莫多图等围场木植共二十四万二千三百五十七件。"② 修建乾隆帝裕陵的工程持续了五十多年，嘉庆四年（1799）至九年（1804），因为莫多图等十四围"大件木料不敷"，于是扩大搜寻大木的范围，"砍伐至四十余处之多"。③ 至此，朝廷大量砍伐林木已经遍及围场七十二围中的一半以上。道光元年（1821）秋狝之礼宣告废除，基本上为随之而来的皇家围场开垦解除了制度的羁绊。

同治元年（1862），瑞麟出任热河都统，"疏请招佃围边荒地八千顷充练饷"。④ 次年得到朝廷允准，遂按照他的主张"展垦闲荒，以济兵食。令招富户承领，禁占毗连民地，于红桩外定界立卡伦"。此项计划一经实施，就迅速出现了由"边围"向"正围"即围场中心地带推进蚕食的问题，"时全围已放其半，领荒者渐侵正围"，朝廷因此又颁布法令予以遏制。⑤ 此次在围场开垦的边荒，分布在二道沟、克勒沟、博立沟（下伙房）、城子、三座山、黄旗等处。⑥ 在开垦围场荒地的过程中，各种违法之事逐渐显露出来。同治四年（1865）得到地方奏报："热河围场地面，曾经奏明，红桩以外准开垦升课。上年春间，该都统出示招垦。乃商佃人等，竟在红桩内开大川九道，掘井数十口，盖房百余间。甚至奸商戚大详擅将御道顶梁古松大树并杂木等全行砍伐，又在东陵背山赛罕坝岭掘井烧窑，卡伦均被侵占。"此外，社会也不得安宁，"热河地方，现有马贼出没"。⑦ 朝廷随后惩办了"阻挠垦荒之围场旗员"⑧，处理了"围内顽佃聚

---

① 中国第一历史档案馆、承德市文物局：《清宫热河档案》第3册，中国档案出版社，2003，第406页。

② 中国第一历史档案馆编《清代档案史料丛编》第7辑，中华书局，1981，第249页。

③ 《清仁宗实录》卷一百三十二，嘉庆九年七月己酉。

④ 《清史稿》卷三百八十八《瑞麟传》。

⑤ 《清史稿》卷一百二十《食货志一》，第3519页。

⑥ 围场县地名办公室：《围场县地名资料汇编》，1983，第9页。

⑦ 《清穆宗实录》卷一百三十五，同治四年四月朔。

⑧ 《清穆宗实录》卷一百七十九，同治五年六月甲辰。

众抗官"等事件①，致力于消除围场开垦中积累的弊端。

光绪年间继续推进围场开垦，但《清史稿》所称光绪初"确勘热河五川荒地顷数，都二千三百有奇，平川地仅及其半，旋即招垦，以押荒抵饷"②，可能是把光绪二十六年（1900）热河都统色楞额的建议误植于此所致。是年十一月，"热河都统色楞额奏：请开垦围场荒地以济饷需。得旨：著照所请，仍应宽留围座"。③二十九年（1903），上任不久的热河都统锡良提出了新的建议，此即《清史稿》记载的"季年，都统锡良论开放围荒十事。大要留围座，编号目，增荒价，杜揽售。事皆允行"④。这里的"热河五川"，当指今围场县境内的布敦、伊逊、孟奎、卜克（或称卜格）、牌楼五条川原，依次相当于今腰站、夹皮川、孟奎、石桌子、牌楼等乡（村）所在之处。围场放垦引起移民激增，光绪二十八年（1902）围场人口 36399 人，到三十四年（1908）已迅速增至 75728 人。⑤人口增长构成了垦荒的强大动力，垦荒面积扩大就意味着森林砍伐与动物捕杀的加重，区域自然环境随之迅速改变。

清末民国时期，围场一带的地方行政系统逐渐健全。光绪二年（1876）设立围场粮捕厅（或称围场厅），驻地位于罕特穆尔川二道沟（今县东南 27 公里二道沟）；六年（1880）九月移至克勒沟（今县东约 35 公里克镇）；三十一年（1905）十月改粮捕厅为抚民厅。三十二年（1906），各地设置木植局，着手把所有围荒尽数招垦。民国元年（1912）建立围场县，十九年（1930）六月，将县治从克勒沟移到锥子山（今围场镇）。⑥1934 年根据日本人著作编译的《热河概况》记载：木兰围场"为清皇室狩猎地，多森林猛兽。然最近因采伐过甚，已成秃山"。在围场内外的广大地区，"热河境内之良材，几已采伐殆尽，所有者唯杨柳与

① 《清穆宗实录》卷三百四十七，同治十一年十二月戊寅。
② 《清史稿》卷一百二十《食货志一》，第3519页。
③ 《清德宗实录》卷四百七十五，光绪二十六年十一月乙未。
④ 《清史稿》卷一百二十《食货志一》，第3519页。
⑤ 光绪《围场厅志》卷六《田赋》，清抄本。
⑥ 《围场县地名资料汇编》，第9～10页。

榆树。良材仅围场之深山尚有若干存在，赤峰地方尚有稍许之松椴槐桦等，然其他地方，除杨柳外，别无可使用之材木"。[1] 这个过程显示，昔日的皇家围场已经完成了向农垦新区的转变，不仅地方行政建置越来越与传统的农耕区无异，区域植被更是不复当年森林密布、郁郁葱葱的景象。

二 直隶塞外地区垦殖的历史进程

直隶塞外地区处在我国东部传统农牧交错带的南缘地带，既利于放牧又具备农业开发条件，历史上长期是以农耕为主的汉族同北方游牧民族相互冲突与融合的区域。自清代以来的农业开垦导致森林草原纷纷变为农田，同时还出现了从事农耕的众多移民定居的聚落。现有聚落绝大部分形成于清朝与民国两个时期，而且也只是经过若干分合增减之后的最近结果，与历史上的实际情形不能完全等同，但是，偏远地区的农业聚落大多以自然状态存在，受社会政治经济影响而发生变迁的可能性远远小于经济发达的城镇。因此，这些聚落的数量、定位虽有古今差异但相差不大，依然能够通过聚落的兴衰看出农垦发展与森林消失的历史进程和基本特征。1980 年以来的地名普查，进行了聚落形成年代的追溯。尽管其间不可避免地存在疏漏和错误，但总体上仍然可以据此判断其所在区域的农业开发与聚落增长的变化，当然这也是关外森林草原被开辟为农田的宏观走势。据此，在今河北省塞外地区诸市县的现有聚落中，始建于清朝之前的有230 个，仅占总数的 5%，并且集中分布在靠近农耕区的长城沿线。崇礼境内始建于元明两朝的聚落有 105 个，约占 212 个现有聚落的 50%，由此可见其他市县在清代之前确属土旷人稀。

顺治年间朝廷规定，不得出关开垦口外牧地。但是，口外牧地毕竟面积广大、适合农耕，出关垦殖事实上是不可阻挡的趋势。清初"山海关外荒地特多"，[2] 辽东招垦带动了周围地区的农业经济，开辟了直、鲁、

---

① 洪涛编译：《热河概况》，内外通讯社 1934 年，第 17、73~74 页。
② 《皇朝通志》卷八十一《食货略一》。

豫、晋各省农民投身关外垦耕的道路。距离辽东招垦区较近、水热条件也更宜农耕的热河一带，也有不少移民出关从事熟悉的农耕，带动了居民和聚落的增加。在塞外的东部区域，即今承德地区，初步判断现有聚落始建于顺治时期者，平泉 121 个，兴隆、滦平、承德、隆化、宽城诸县为 31 个至 45 个不等。尽管在如此广阔的范围内仍显荒凉，但比清朝之前的聚落已经增长了 250 多个。平泉相对适宜农耕的自然条件，促使现代行政村有 37% 在顺治年间奠定了初步基础。

康熙年间致力于消除此前八旗贵族在中原地区圈地造成的农业萎缩，同时鼓励旗人出关垦种。康熙八年（1669）"谕户部：将本年所圈房地悉还民间，其无地旗人，令于古北口边外空地拨给耕种。寻以贝勒大臣议奏，张家口、杀虎口、喜峰口、古北口、独石口、山海关外旷土实多，如宗室官员以下愿将壮丁地亩退出，取口外闲地耕种者，令都统给印文咨送，按丁分给"。① 这些政策的提出虽然只是针对关内日益增多的旗人，但客观上有利于在塞外尤其是靠近长城一线的区域推广农耕。康熙三十年（1691）十二月，"移旗庄壮丁赴古北口外达尔河垦田"②。朝廷对汉族贫民出关开垦限制极为严格，却无法阻止关内人口大增、地狭人稠的发展趋势。人与地的矛盾愈加突出，自然灾害比较频繁，百姓迫于饥馑也只得冒险出关，并且逐渐成为一股不可遏止的潮流。到康熙四十八年（1709），"河南、山东、直隶之民往边外开垦者多"。③ "其山东民人徙居口外者，在康熙五十一年已有十万余人。"④ 康熙帝重视农业生产，在边外出行时，每到一地就研究其气候与土壤，"备知土脉情形，教本处人树艺各种之谷。历年以来，各种之谷皆获丰收，垦田亦多，各方聚集之人甚众，即各山壑中皆成大村落矣"⑤。在今承德地区诸市县，现有聚落的 18% 以上始

①　《皇朝通志》卷八十二《食货略二》。
②　《清史稿》卷七《圣祖本纪二》，第 234 页。
③　《清圣祖实录》，康熙四十八年十一月庚寅。
④　《清史稿》卷一百二十《食货志一》，第 3484 页。
⑤　《庭训格言》，清光绪二十二年刻本，第 37 页。

建于康熙年间，数量达到 860 个。其中，承德县 220 个，占县内现有聚落总数的 51%；青龙县 172 个，占 41.4%；滦平县 167 个，占 40%；隆化县 101 个，占 30%。康熙四十年（1701）修筑热河行宫（承德避暑山庄），在一定程度上带动了周围地区的开发。康熙一朝历时 60 年之久，为各州县在这一时期出现远多于其他各朝的聚落提供了足够充分的时间。

雍正朝把兵屯推进到此前不准开垦的长城以北地区，"顾其地丰博宜农，雍正初，遣京兵八百赴热河之哈喇河屯（今承德市西约 15 公里滦河镇）三处创垦，设总管各官"。① 雍正二年（1724），对承德西部与北部传统的蒙古诸部牧厂地带，"派官员查明可以垦种者，交与地方官招民垦种"。② 四年（1726）"设张家口外同知一员，管理口外地亩，分为十分，限年招垦"。③ 当代河北塞外地区诸市县，有 125 个聚落始建于雍正年间，占总数的 3% 左右。

乾隆年保持了口外农垦政策的连续性，"洎乾隆初，热河东西共画旗地约二万顷。古北口至围场旧无民地，历年民垦滋纷"。④ 这种情形，正是土地垦殖被官方和民间共同推进的写照。乾隆十二年（1747），"准提督拉布敦议，于口外八沟（今平泉）、塔子沟（今辽宁凌源）等处设兵屯田"。⑤ 早期的耕作难免流于粗放，"关外多辟山为田，刀耕火种"。⑥ 山场与平原的开垦，迅速改变了森林广布、人口稀少的原始面貌，也产生了若干商业兴盛的集镇。在区域中心热河，街市上多有"越酒"和"山绸"，"买卖街在山庄西，最称繁富，南北杂货无不有"。⑦ 平泉州城"街长十六里，瓦屋鳞次，商贾辐辏，人烟稠密，口外最繁华处也"。⑧ 集镇

---

① 《清史稿》卷一百二十《食货志一》，第 3518 页。
② 《皇朝文献通考》卷十二《田赋考十二》。
③ 《皇朝通志》卷八十一《食货略一》。
④ 《清史稿》卷一百二十《食货志一》，第 3519 页。
⑤ 《皇朝通志》卷九十二《食货略十二》。
⑥ 吴锡麒：《热河小记》，《小方壶斋舆地丛钞》第六帙，杭州古籍书店，1985。
⑦ 吴锡麒：《热河小记》，《小方壶斋舆地丛钞》第六帙。
⑧ 李调元：《出口程记》，《小方壶斋舆地丛钞》第六帙。

与周围聚落的发展，带来了行政建置的变革。"热河旗民交处，地方辽阔，周环二千五百余里，向未设有州县，惟置理事、同知、通判管辖。乾隆四十三年（1778），奉旨改六厅为六州县，改热河同知为承德府知府以统之。其六厅，一曰喀喇河屯，今改滦平县；一曰八沟，今改平泉州；一曰塔子沟，今改建昌县；一曰三座塔，今改朝阳县；一曰乌兰哈达，今改赤峰县；一曰四旗厅，即土城子，今改丰宁县。"① 行政建置的全面更替，客观上是对农耕区向外扩展的承认和鼓励。"热河自改州县后，山场平原，讲求开殖，悉向蒙古输租，沿袭已久。"② 畜牧业的萎缩与私垦牧地的增加，已成必然之势。乾隆四十六年（1781）奏报："近来王公大臣等牧放牲畜渐稀，而流寓小民在该地方居住者，亦渐渐聚成村落。伊等衣食无资，日守无粮，闲地势难禁其私垦。是虽定有严禁之名，究无严禁之实。似不若准其耕种，作为有收之土，照例升科所有。"③ 这就表明，官府不得不默许私垦而调整其垦田政策。即使皇帝每年举行秋狝的木兰围场四周，也渐有流民私垦。今围场县石桌子乡碑梁沟与隆化县交界的山顶上，矗立着乾隆帝《于木兰作》诗碑。其中，作于乾隆二十四年（1759）的《过卜克岭行围即景四首》之一云："本是贤王游牧地，非牟农父力耕田。却因流寓增于昔，私垦翻多占界边。"聚落的增长与垦殖的扩展同步，在今河北塞外现有聚落中，始建于乾隆年间的达 751 个，占总数的16.3%，大部分出现在东南部的承德地区。其中，青龙县形成于乾隆年间的聚落有 170 个，占本县现有聚落的 41%；相应地，滦平县有 158 个，占38%；承德县 108 个，占 25%；隆化县 84 个，占 25%。

道光《承德府志》称："热河本无土著，率山东、山西迁移来者。口外隙地甚多，直隶、山东、山西人民出口耕种谋食者，岁以为常。今中外一家，口外仍系内地，小民出入，原所不禁。一转移间，而旷土游民兼得其利，实为从古所未有。东自八沟（今平泉市平泉镇），西至土城子（今

---

① 李调元：《出口程记》，《小方壶斋舆地丛钞》第六帙。
② 《清史稿》卷一百二十《食货志一》，第 3519 页。
③ 《皇朝文献通考》卷十二《田赋考十二》。

丰宁县北二十五里土城子）一带皆良田，直隶、山东无业贫民出口垦种者不啻亿万，此汉、唐、宋、明所无。热河土地丰腴，沟塍绣错。至于境内各蒙古，皆渐知稼穑。刀耕火种，斥卤日开。昔时龙沙雁碛之区，今则筑场纳稼、烟火相望。太平景物，亘古未有也。"[1] 来自直隶、山东、山西等地的人民，成为开垦塞外地区的主力。

自道光年间开始，经过同治与光绪朝的大规模开垦，皇家的围场迅速变为以农耕为主的围场县，整个过程已如前所述。位于直隶西北隅的张家口外地区，虽自雍正四年（1726）开始限年招垦，但真正迅速发展却在同治和光绪年间。在今张北、围场等 12 县，有 94 个行政村始建于同治时期。与此相比，今河北塞外地区始建于光绪年间的聚落多达 900 个，占现有聚落总数的 20%。其中，围场县为 227 个，相当于县内现有聚落的 69%。相应地，其余各县的这两项数据为：张北 212 个，占 54%；丰宁 94 个，占 26%；沽源 65 个，占 25%；尚义 39 个，占 22%。这个数据显示，今张家口地区的垦殖得到了前所未有的发展。在短暂的宣统朝，河北塞外又出现了 112 个聚落，并且集中分布在康保、张北等县，同光年间开垦的余波仍然比较强劲。随后的民国年间，来自关内的垦殖者建立的聚落迅速增加。在今河北塞外地区现有聚落中，始建于民国时期者达到 744 个，占区域聚落总数的 16%。其中，康保县现有聚落中有 265 个始于民国时期，占该县现有聚落总数的 76.6%，其余各县相应的数据为：沽源 125 个，占 48%；丰宁 110 个，占 32%；张北 62 个，占 16%；兴隆 74 个，占 24.3%，几乎都集中在农业开发较晚的西北部牧区。

长城以南地区的移民历经艰辛的塞外垦殖，改变了区域自然和社会经济的面貌。乾隆年间进士吴锡麒指出："热河地苦寒，无土著，多山西、山东流寓者。近以人烟凑集，寒气渐减。"[2] 迁安县令靳荣藩，赋诗记载乾隆三十五年（1770）与三十六年（1771）山东、山西、河南等地百姓

---

① 道光《承德府志》卷二十七《风土》。
② 吴锡麒：《热河小记》，《小方壶斋舆地丛钞》第六帙。

出关垦荒之事："冷口迢迢近热河，八沟三塔广坡坨。陪都内外年年熟，容得中原万灶多。"① 冷口，在今青龙县白家店乡西二道河村南；八沟、三塔，分别代指今河北平泉与辽宁朝阳。地名普查资料统计显示，今河北塞外现有聚落中，据称由山东移民始建者，滦平 249 个，平泉 134 个，青龙 100 个，隆化 91 个，围场 47 个；由关内直隶迁安等县移民始建者，青龙 240 个，平泉 75 个，围场 63 个。其余各县由某地移民建村者多少不等，开垦森林草原与建立聚落的总体顺序，是从东南向西北、由长城沿线向北部牧区推移。

三　聚落地名群见证自然与社会的变迁

清代与民国时期对今河北塞外地区的迅速开垦，促使许多农业聚落纷纷出现，在具有大体相同的社会人文背景、相对一致的自然地理基础之上建立起来。这些聚落的通名是对所处自然或人文环境的反映，在各类聚落通名集中分布的某些区域之内构成了若干个地名群。这些地名在特定的自然条件和农业开发过程中形成，反过来又显示着所指区域的环境特征与农业开发的某些历史事实。

（一）标志区域地貌特征的"沟""梁"群

在坝上高原和冀北山地两个地貌单元，高原、丘陵、低山、岗梁俱全，河流切割侵蚀造成沟谷纵横，在此居住者通常将所在聚落命名为××沟（梁）。此类地名分布广泛，各市县都能发现以沟、梁为通名的聚落地名群。例如，隆化县七家乡 148 平方公里范围内有 70 个自然村，称"沟"或"沟门"者多达 50 个，并且集中分布在占该乡面积 3/4 的西部和东南部，此地有茅沟川纵贯中部，沟梁交错的地理环境成为影响聚落命名特点的主导因素。

（二）反映初期居住环境的"窑""房子"群

塞外垦荒者最初依傍山丘挖掘窑洞居住，以此为中心逐渐形成聚落，

随之称为××窑。例如，尚义县套里庄、土木路、小蒜沟、甲石河四乡交界地带，约 210 平方公里内的 54 个自然村，以"窑"为通名者有 22 个，约占 41%，已具备集群分布的特征。有些地方以开垦初期比较醒目的独立房屋为参照，以"房"或"房子"为通名，以始居者的姓氏或居民来源之地的名称为聚落定名，如戈家房、天镇房子之类。在张北县黄石崖乡与公会乡接壤处近 124 平方公里范围内，这样的聚落名称有 18 个，占全部村名的 60%，由此构成了一个小规模的地名群。

（三）显示驻军或屯垦痕迹的"营"群

在张北、丰宁、沽源、康保等县，都有以"营"为通名的聚落的集中分布区。它们或在历史上曾有军队驻扎，时称××营，嗣后在此聚成的村落沿用了军营名称；或是后起者在"营"前冠以居住者的姓氏或其他饰词，借用已被当地惯用的通名，以从众从俗的原则为自己的聚落命名；或是从垦田的意义引发出来，表示最初由某姓或某地之人聚集于此，亦称为××营。塞外地区历史上既有军队驻扎，又有兵屯和关内流民垦荒建村，出现这样的地名群并非偶然。

（四）记录官方招垦围荒的"号"群

清代光绪年间，热河都统锡良提出关于开放围荒的十件要务，其中之一是"编号目"，即以一地为起点，以一定面积为单位划分地段，按顺序编号排列，以区别垦荒者承担的地段和范围。在人烟稀少的森林草原地区，这是标志垦区方位的临时性应急措施，满足了有组织地进行大面积垦荒的迫切需要。嗣后以此为中心自然形成的聚落，遂沿用土地区段编号为名，但也显得命名形式单调、同名异地问题突出。这样的地名群集中分布在张北、沽源、崇礼等县，以同光及民国时期才成为开垦重点的围场县最典型。围场县内今有以××号为名的自然村 558 个，约占其所在 20 个乡内自然村总数的 40%。在以围场镇、桃山、姜家店为顶点的三角形区域内，这类地名所占比例高达 50%，从"头号"至"八十五号"应有尽有，显示出短时期内垦荒规模巨大并且进展迅速的特点。

（五）源于垦荒者栖身处所的"窝铺"群

窝铺是为暂时居住而搭起的简陋棚屋，清代塞外垦荒者创业之初往往以窝铺栖身。这是聚落诞生的开端，也使得此前十分空旷的地域出现了分别不同区域的醒目标志。它们常被冠以居民姓氏、排列序号或方位词，称李家窝铺、四道窝铺、南窝铺等，其后又变为在窝铺基础上形成的聚落的名称。这类地名主要分布在隆化（230个）、丰宁（189个）、滦平（96个）三县及围场南部（69个），基本处于大分散小聚集的状态。围场县黄土坎乡，丰宁县石人沟乡、波罗诺乡，滦平县周营子乡等地，都有典型的集群分布。隆化县内以滦河西岸至蚁蚂吐河西岸最为稠密，伊逊河沿线也有若干比较集中的小区域。

（六）出自垦民防御设施的"杖子"群

承德、平泉、宽城、兴隆、青龙诸县处在半农半牧区，水热条件比北部和西部牧区更适宜农耕。关内百姓到来之初，为避免森林草原各类野兽的袭扰，遂以木制栅栏把自己居住的房屋包围起来，俗称"障子"，后渐变为"杖子"。再冠以某种饰词，称"刘家杖子"与"二道杖子"之类相互区分，进而变为聚落名称并被后来者所仿效，其渐变过程与"窝铺"如出一辙。称作"××杖子"的聚落名称，平泉有300个，承德有106个，宽城有79个，兴隆有39个；青龙县更是多达347个，占本县聚落的15.6%，几乎遍及各乡。它们在青龙河、起河流贯的青龙县中部和东部大面积密集分布，在西部的沙河沿岸也相对集中。这些典型地名群沿着河流两岸展布，也显示出水文条件对农业垦殖和日常生活的极端重要性。

（七）保留多民族活动印记的非汉语地名

今河北塞外留存的非汉语地名虽未达到集群的程度，但也堪称历史上民族活动与环境变迁的重要线索。清代全面开垦之前，西部和北部长期是帝王围猎场所和蒙古各部牧厂，许多地方以蒙古语命名。来自长城以南的移民进行垦耕后，经过一个时期的蒙汉杂居，习惯于畜牧业的蒙古族相继北迁，汉族百姓接受了原有的部分蒙古语地名，在使用中很自然地用汉字记录蒙古语地名的谐音，或给汉译的蒙古语地名加上汉语的前冠后缀，从而形成两种语言合而为一的聚落名称。例如，围场县杨家湾乡的小乌梁苏沟门，"乌梁苏"是蒙古语的音译汉字，意为"树林"，其他语词则是纯粹的汉语成分。现已确认，源于蒙古语的几十个地名以及少量的满语地名，大致反映了聚落所在区域的山丘、沼泽等地貌，泉水、河流等水文，野猪、水獭等动物，蝎子草、杨柳等植物以及某些社会人文特征，其中尤以地貌、水文类的语源居多，这也同游牧民族逐水草而居的悠久传统相符。非汉语地名记录了民族活动的变迁过程，也是晚近塞外放垦使森林草原变为农耕区域之后留存至今的文化印记。

第四节　辽金与民国时期的林权之争

关于森林所有权的法律纠纷，实际上也就是关于土地所有权的争执。产生这种纠纷的双方可能来自民间，但被记录下来的案件往往牵涉各级官府之间、官府与寺院之间以及其他力量之间的矛盾冲突。天然森林或其他林木既是环境要素也是物质资源，围绕林权归属展开的种种交锋在一定意义上也接近于环境事件。

一　辽代蓟州盘山上方寺土地纠纷

辽乾统七年（1107）南抃《上方感化寺碑》记载了蓟州（治今天津市蓟州区）盘山上方寺的一桩土地纠纷，也体现了土地权属和植被变迁的一个侧面。除去开头的铺垫、结尾叙述撰文始末之外，碑文的主体部分如下：

> 魏太和十九年，无终县民田氏兹焉营办。唐太和、咸通间，道宗、常实二大师，前季后昆，继踵而至。故碑遗像，文迹具存。尔后人多住持，处亦成就。布金之地，广在山麓。法堂佛宇敞乎下，禅宝经龛出乎上。松杪云际，高低相望。居然缁属，殆至三百。自师资传

衣而后，无城郭乞食之劳。以其创始以来，占籍斯广。野有良田百余顷，园有甘栗万余株。清泉茂林，半在疆域。斯为计久之业，又当形胜之境。宜乎与法常住，如山不骞。是使居之则安，不为争者所夺。

奈何大康初，邻者侵竞，割据岩壑。斗诤坚固，适在此时。徒积讼源，久不能决。先于蓟之属县三河北乡，自乾亨前有庄一所。辟土三十顷，间艺麦千亩。皆原隰沃壤，可谓上腴。营佃距今，即有年祀。利资日用，众实赖之。大安中，燕地遣括天荒使者驰至，按视厥土。以豪民所首，谓执契不明。遂围以官封，旷为牧地。吞我林麓既如彼，废我田壤又若此。使庖舍缺新蒸之供，斋堂乏饼饵之给。可叹香火，而至于是。

寺僧法云暨法逍，次言及众曰："先世有所遗籍，吾侪不能嗣守，亦空门之不肖者也。安忍坐受其弊，拱默而已！"相与诣阙陈诉，历官辩论。一旦得直其诬，两者复为所有。寻奉上命，就委长吏。辨封立表，取旧为定。自是樵爨耕获之利，随用而足。以小大协力，始终一心，而令释氏家肥不减畴昔。赫矣能事，于前有光。虽汶阳归已侵之疆，兴平还既夺之地，不是过也。[①]

上述碑文表明，蓟州盘山上方寺，创始于北魏太和十九年（495），经过唐文宗太和年间、懿宗咸通年间等重要阶段及其以后的持续经营，寺院拥有的田产在辽代已发展到"野有良田百余顷，园有甘栗万余株，清泉茂林，半在疆域"的巨大规模。如此相安无事的宁静局面，在辽道宗大康初年（1075年或稍后）被打破。当时，寺院受到邻近的豪强侵扰，寺产被强行占据。双方激烈的斗争持续很久，几经诉讼而迟迟没有判决结果。此外，早在辽景宗乾亨年间（979~982）之前，上方寺就在蓟州三河县（治今三河市）北部有一所田庄，开辟土地30顷即3000亩，其中1000亩种植小麦。这里土地肥沃，已经租佃多年，用以满足本寺僧众的

---

① 　南抃：《上方感化寺碑》，《全辽文》，第 289~290 页。

日常生活所需。但是，辽道宗大安年间（1085~1094），朝廷在燕地即南京地区派出的"括天荒使者"到此视察。他们接到了当地豪强的举报，谎称寺院的土地产权存疑，于是把这些土地圈起来不许耕种，天长日久就变得荒草离离。豪强先是吞并寺院的林木，接着又使寺院的土地荒废到如此地步。这样一来，僧人的衣食之源被断绝，佛殿摆放的贡物无从供给，导致香火寥落，令人徒唤奈何。

面对困境，寺僧法云、法逍依次对众僧说："前辈留下田产用来维护寺院发展，传到现在却不能继续守护，我们这一辈岂不成了佛门不争气的人了吗？我们怎能甘心忍受欺凌却束手无策、默不作声！"于是众僧一起到官府申诉，多次与官员辩论是非曲直。最后终于申雪冤枉，盘山山麓的林木与三河田庄的耕地重新判归寺院所有。不久上峰派员对山林和耕地划定边界、建立标志，恢复旧有规模。寺院的日常所需从此再无后顾之忧，僧人同心协力不仅使佛家的经济权益丝毫无损，还能继续发扬光大。南抃赞颂道：即使是南齐萧道成的部将刘伾收复蛮人侵占的汶阳，唐代郭子仪部将李奂在陕西兴平击败安禄山叛军，其光彩也不过如此。

案件判决后，上方寺请南抃撰写碑文，记下这场持续数年的产权纠纷。碑文展现了寺院占有的林木之多、土地之广，也留下了大安年间"括天荒使者"与地方豪强造成大片良田撂荒的史实，成为寻找辽代区域环境变迁轨迹的重要线索。

二 金代宛平西山栖隐寺山林讼案

明代万历年间的宛平知县沈榜，曾在西山栖隐寺（仰山寺）得到一块断碑，上面镌刻着金朝大定十八年十月初一日（1178 年 11 月 12 日）的一则公告。这则公告出自当时的宛平县令等人，记载了地方人士李仁莹等诬告僧人法诠侵占山林的诉讼过程和公文往还，间接证实仰山寺附近在金代分布着大片森林。沈榜《宛署杂记》称此事为"元时僧人告争山林，该管官司为之听理，僧因刻石以志不朽"，并将这块石碑所载的公告列入

"元朝公移"栏目之下①，其年代判定显然不确。

这篇碑文长约1400字，记述了案件诉讼的来龙去脉。起因是宛平县人李仁莹等来到县衙，状告仰山寺僧人法诠，称其非法占据寺院附近的山林，从而引起一场关于土地与林权的诉讼。此案由宛平县、大兴府、工部、大理寺、都察院层层审理批复，再由大兴府、工部批转宛平县宣告判决结果。文告称："今月二十六日，奉大兴府指挥，奉尚书工部符文：今月初八日，承都省批，大理寺断，上工部呈，大兴府申，宛平县李仁莹等每、仰山寺僧法诠，争山林事来断。李仁莹等告仰山寺僧法诠占固山林，依制，其僧法诠不合占固。外据李仁莹等到官虚供不实之罪，合下本处契勘，照依制法决遣施行。"文告写于大定十八年十月初一日，则"今月"最早可能指该年九月。这一系列司法过程完成于九月初八，二十六日又大兴府与工部批转宛平县，知县在十月初一日发布了判决公布晓谕众人。宛平县李仁莹等显然是地方的豪强势力，先是状告仰山寺僧人非法占据山林，随后又在衙门撒谎，犯了"到官虚供不实之罪"。经过逐级审理与核对查验，李的伪证罪行被发觉，因此做出了山林归仰山寺所有的判决。僧人出示了多项重要证据，年代由远及近，包括：金太宗天会年间"皇伯宋国王书示"，即太宗之子、熙宗伯父、宋国王完颜宗磐的指令；天会九年（1131）"其山林系是本寺山坡"的施状碑文；熙宗"天会十五年（1137）二月为恐人户侵斫山林，此时僧存帅告本管玉河县申覆留守司文解"；海陵王贞元二年（1154）关于山林"休令采斫，依旧为主占固施行"的谕旨；正隆二年（1157）确认"禁约军人不得采斫"寺院"诸杂树木"的榜文。此外，还有附近村民与寺院订立的"抽到四至内安斫打柴文约"，也就是按时、分批进入山林打柴的约定，以及某些村民因违反约定偷偷进入山林砍柴而被判赔钱的记录。寺院与官方及民间关于山林归属的证据，"委官辩验得别无诈冒。兼见告人李仁莹等别无供揩，见得是官山显迹，亦无官中许令百姓采斫文凭，又已招讫虚告"，因此裁定"本寺僧法诠元告争山林，东至芋头口，南至逗平

────────────

① 沈榜：《宛署杂记》卷二十《志遗七》，第295页。

口，西至铁岭道，北至搭地鞍，其四至分明，断本依旧为主"。应法诠的请求，按照判决结果"出给执照，仍出榜禁约施行"。官府因此强调"不得于本寺山林四至内乱行非理采斫。如有违犯，许令本寺收拿赴官，以凭申覆上衙断罪施行。不得违犯，各令省会知委"。① 宛平张知县等发布的上述公告，标志着寺院取得了山林归属诉讼的胜利。公告刻在石碑上既有宣示作用，也是防备日后再起纷争的法律凭证。

三　民国怀安云头山桦林交涉始末

直隶怀安县位于张家口西南、阳原县以北，东邻宣化，西与山西天镇县交界。自唐末设置怀安县，其治所一直在今县境南部的怀安城，1951年才迁到今县境西北部的柴沟堡。关于境内的林木情况，民国《怀安县志》记载：榆，"本县各处均产之，为数亦多，有高至五丈、圆茎达丈余者，但成林者少，其皮与叶遇饥年均可供食"。杨，"本县南山一带及柴沟堡，栽植者颇多"。柳，"本县五区特多"。松，"本县栽植甚少，所得见者亦属凤毛麟角而已"。柏，"现虽提倡栽植，然以不善培养，成活者亦少"。桑，"本县县城及柴沟堡各试验场栽植尚多"。槐，"各庙寺及居民院中多栽植"；其中有一种洋槐，"本县试验场及各学校均有之"。臭椿，"本县柴沟堡一带多植之"。桦，"性宜山地，干高直，皮色赤黑而内纯白，木质坚于杨而逊于榆，可作农用之杈、扒、木锨等具。产于县属黑龙寺沟最多"。②

黑龙寺及其附近的六条南北向延伸的大沟，位于直隶怀安与山西天镇的交界处，因其出产桦树最多而具有极高的经济价值，从而引起两省属县之间的纠纷。清光绪三十一年（1905）本已划定辖境与林权的分界线，到20年后的民国十三年（1924）却再起纠纷。经过两省官员的实地踏勘，议定仍然遵守光绪年间的勘界结果，山林分属两县所有。北起怀安县魏宁庄（今魏家山村），向南沿着界碑西侧的山间小径抵达黑龙寺以东，

① 沈榜：《宛署杂记》卷二十《志遗七》，第295~297页。
② 民国《怀安县志》卷五《植物·林木》。

116

是为两省暨两县的分界线。此线以西、自西向东排列的桦林头沟与桦林二沟，连同黑龙寺一起，归属天镇县；此线以东的桦林三沟至六沟，亦即庙东第一沟至第四沟，隶属于怀安县。有关法律文件与亲历者的记述相互印证，生动地记录了事件的全过程。民国《怀安县志》专门列出《桦林交涉》一节，可见此事对于该县关系之重大。兹转录如下：

> 本县西南，接壤天镇县。两界之间，有黑龙寺焉。左右有大沟六道，满山悉为桦树。而因附近居民，不时任便砍伐，以致惹起经界纠纷，迭为构讼。光绪三十一年，经怀安知县普，天镇知县邓，会同到山勘验，并会讯明确。仍依界碑，以黑龙寺略东之南北大沟一道为界。东隶怀安，西隶天镇。当场取具两方甘结，并联衔出示在案。民国初年，经教育局呈准，即将黑龙寺界东所有桦林，完全划为学校公有林，亦在案。而天镇人民盗伐如故，于十三年又起交涉。各由县长据情分报上峰，经直隶省派阳原孟县长，山西省派阳高李县长，会同两县长官，及地方士绅，重行勘察。咸以光绪三十一年划分县界原案，公道无偏，令各仍旧，永遵勿替，并各分报备案，迄今相安无事。然以事关重要，特将会衔盖印布告，除另摄照外，并将黑龙寺山沟全图，一并附后，以备考征云。

光绪三十一年会刊告示，明确了黑龙寺沟桦林的归属，也奠定了晋冀两省在这个局部的分界基础。这张由两县行政官员共同分布的告示如下：

> 钦加同知衔、赏戴花翎、特授正定府阜平县、调署怀安县正堂，加六级、纪录八次普。
> 钦加同知衔、特授山西天镇县正堂，加五级、纪录十次邓。
> 为会衔示谕事！照得天邑黑龙寺，介居两邑之间，所有山上一带树株，往往为附近居民乘间砍伐，以致迭次构讼。前经两县到地勘验，并会讯明确，其黑龙寺应归天邑管辖。仍以黑龙寺之东面有南北

大沟一条为界，东隶怀安，西隶天镇，界限极其分明，均已各具甘结在案。第恐无知愚民，不谙界限，仍蹈从前覆辙，合亟会衔出示晓谕。为此，示仰两邑附近村民，并诸色人等，一体知悉：嗣后采樵放牧，务当各守各界。倘敢越界砍伐树株，一经查获，或被告发，该管地方官定传案重究，绝不宽贷，勿谓言之不预也。其各凛遵，毋违，特示。

右仰通知。光绪三十一年四月十三日。实贴魏宁庄，告示。

作为行政分界与林权归属说明的《黑龙寺山沟全图》（见图3-2），清楚地展现了清代光绪年间与民国时期山岭亦即山林划界的具体情形，该图如下：

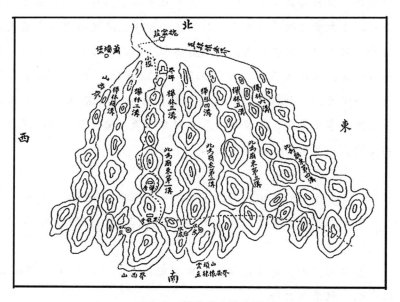

图3-2　黑龙寺山沟全图

资料来源：民国《怀安县志》卷十《志余·桦林交涉》，1934，第20页。

民国十三年（1924）九月，怀安县法院推事郭濬哲撰写《桦林交涉记》一文，详细叙述与天镇县之间交涉黑龙寺沟桦林归属之事，兹节录如下，以见其来龙去脉：

　　吾邑云头山，有桦林焉。面积约五方里，偏西则为天镇境。两邑人民，常往砍伐。后起争端，两邑长官，遂有划界之举。以云头山中之黑龙寺为界，东隶怀安，西隶天镇，界限极其分明，此清光绪三十一年事也。数年之间，相安无事。后因越界砍伐，又起争端。直省长与山西省长，各派委员重行勘界。两邑人民，因言语冲突，几致用武。此案遂悬隔数年，未经解决。

　　今年秋，吾邑教育局长钟业丰以此案极待解决，于是柬邀各区绅士，及各机关人员，群往勘界，以资结束。并与天镇县，约定九月二十日会勘。予蒙东区绅士，推举为代表，遂于十七日欣然登程，泊抵治城，寓教育局内。翌日开一预备会，到会者颇不少，齐县长耀琛亦到会。县议会副议长李钟瀛谓："桦林界限，曾经划清，并经两邑长官，会衔出示晓谕附近居民在案。今天镇人士仍缠讼不休者，其曲固不在吾邑也！此次交涉之手续，自当根据原案。"群意曰然。第三日，适自治讲习所举行毕业，齐县长、陶科长，以及各机关人员，均到场。予亦参与典礼，颇极一时之盛。第四日，因候阳原孟县长未到，在局颇觉倦闷。出外散步，信足所之，不觉到自治讲习所，因与家兄镜卿往游文昌阁。……

　　第四日，为出发之期。出西清风习习，胸襟荡然。及抵位凝庄，下榻于曹绅家。虽山村小舍，颇清雅洁净。至此次所到交涉人员，则有县长齐耀琛，教育局长钟业丰，县议会副议长李钟瀛，劝业所长李曦，自治讲习所长郭溶明，教育局董事程厚、宗翰章，视学张履中，中区委员冯光科，西区巡官刘月菴，县署书记魏宝琮，劝业员岳秀。其余为法警二人，马步队十余人，仆役数人而已。位凝庄距云头山为五里，距治城约四十里。地势较高于治城数十丈，气候寒冷。所种有豆麦谷黍，居民勤苦异常。惟一湾清湍，映带左右，夏日避暑，此为最宜。相传此地有明季曹尚书府第，然只见有砖窑三间，已坍塌不堪，无复旧观。然欤否欤？无从考证。

第五日，为会勘之期。出村中向南行，入乱山中。瀑布飞流，银河倒泄，诚奇景也！而道路崎岖，良不易行。怪石嵯峨，时虞滑足。行至半山，已汗流浃背。稍憩片时，复鼓余勇，再接再厉。峰回路转，始抵黑龙寺。回顾来路，曲似长蛇，险若羊肠，真不亚蜀道难矣！黑龙寺位于云头山巅，院落一层，房屋数间。左右有三泉，水清激照人，故亦名神泉寺。再上数丈，则为山之最高峰。大石一方，矗立云端，棱角嶙峋，有云即雨，所谓"神石生云"者是欤！寺无围墙，举目四望，则满山遍野，俱成桦林。碧草葱茏，弥望皆是。而山中野花，千红万紫，犹有开者！

入寺中，先有天镇人民相候，强欲予等登两界台会勘。无如两界台为我县之马鬃山，况此案所争之点，在黑龙寺，而不在两界台，本无往登之必要，故拒绝不往。未几，阳原孟县长、阳高李县长、天镇承审员某，偕同绅士任乃铨、阎厚、薛殿元、冯尔霖等均来寺内，叙寒暄毕。吾邑人士出前次两邑会衔布告，由孟、李二县长合阅，并邀同登寺之最高处，以测量寺侧之大沟，果否为南北大沟。再证之于指南针，确为布告中所载之南北大沟。

于是下山，到位凝庄会餐毕，开会讨论。首由阳高李县长开言，谓："桦林界限，予已了然。布告所载，已成铁案。但予系直隶人，如辅助天镇，君等将谓予为卖国。如辅助怀安，予作宰山西，又无以对山西。好在呈报时，两不伤感情。此予之苦衷，君等其谅之。"劝业所长李曦曰："县长亦何难之有？惟有据实呈报，吾邑人士将感激之不暇也。"询诸阳原孟县长，亦以据实呈报为言。予等深表谢忱。散会时，已明月在天，星河皎洁矣。

是役也，用费达三百元！最出力者，为李钟瀛、钟业丰、李曦，功固不可没也。惟天镇人士，强欲予等登两界台划界。如以此划界，则六沟桦林，尽属天镇矣，美可哉！尤可笑者，天镇所绘之图，竟将吾邑之位凝庄绘入柳树屯附近，是吾邑西南半壁，亦尽属天镇矣。夫

120

于两界台划界，既乏根据；所绘之图，又系伪造，此吾邑之所以终能获最后之胜利也。是为记。……民国十三年九月二十三日。①

　　关于黑龙寺沟桦林所有权的交涉过程表明，民国年间地方行政事务的办理程序相当严谨。两省边界地区出现经济权益纠纷历来不可避免，清光绪年间的判定结果在民国年间得到确认并继续予以执行，不失为解决此类问题的成功例证。位凝庄，是魏宁庄的同音异写，其地即今怀安县西南隅、怀安城西南三十二里的魏家山村。在当代的桦林沟所在区域，黑龙寺以西的山西天镇县建立了黑龙寺林场，黑龙寺以东的河北怀安县建立了面积更大的东方红林场，以桦树为主的森林资源得到了保护和利用。

---

① 民国《怀安县志》卷十《志余·桦林交涉》。

第四章　昔日明珠：湖泊沼泽的萎缩湮废

京津冀地区地处华北平原北端，西倚太行，北靠燕山，南据黄河，东临渤海。从太行山、燕山等山脉发源的河流向东、南汇入京津冀地区。京津冀东、南部地势平坦，容易汇水成洼，历史上曾分布着大量湖泊。这些湖泊或以面积较大的单一湖泊存在，如大陆泽；或以面积不大的湖泊群构成，如白洋淀湖泊群。随着自然环境的变化及人类的改造，许多历史上曾存在的湖泊今天均已湮废消失。梳理京津冀地区湖泊的产生与消失过程，有助于我们理解京津冀自然环境与人类社会的互动关系。

第一节　追溯京津冀湖泊变迁的学术历程

1934 年 3 月 1 日，取名自《尚书·禹贡》的《禹贡》（半月刊）正式发行，以顾颉刚、谭其骧、史念海、侯仁之等为代表的中国历史地理学者走进了大众视野。自 1934 年 3 月 1 日发行的第一卷第一期，至 1937 年 7 月 16 日发行的第七卷第十期，《禹贡》见证了中国历史地理从传统的沿革地理向现代历史地理学的转变过程。在《禹贡》中，直接涉及京津冀地区湖泊研究的有杨毓鑫《〈禹贡〉等五书所记薮泽表》[1]、马培棠《"冀

---

① 杨毓鑫：《〈禹贡〉等五书所记薮泽表》，《禹贡》（半月刊）第一卷第二期，1934 年 3 月 16 日。

州"考原》①、贺次君《〈水经注〉经流支流目（浊漳水—易水）》②、贺次君《〈水经注〉经流支流目（滱水—巨马河）》③ 等。④《禹贡》所发表的诸篇文章，是有关京津冀地区湖泊演变的早期探索。

在京津冀区域史研究中，对历史时期自然环境的研究是重要一环。1987 年，邹逸麟发表《历史时期华北大平原湖沼变迁述略》一文，对华北地区的湖泊沼泽变迁进行了全面梳理。⑤ 1997 年，邹逸麟主编的《黄淮海平原历史地理》⑥ 出版，该书是较为全面梳理京津冀地区环境变迁的著作。该书上篇"历史自然地理"第五章为《黄淮海平原湖沼的演变》，这一章是对 1987 年文章的充实与完善，书中梳理了黄淮海平原的湖泊自先秦以来的演变趋势。对于京津冀地区的湖泊与沼泽，该书中以考古资料与文献资料论述了自然湖泊与人工陂塘。该书对先秦汉唐湖泊的稳定发展与唐宋以降湖泊的迅速演变，都做了学理性探讨。该书认为，人为改造与自然环境的互动共同影响着湖泊、沼泽的形成与消失，其论证的实质本身已超越了历史自然地理的学术范畴，开始有了环境史的思考路径。在《黄淮海平原历史地理》之后，以京津冀地区为主体论述的区域环境史著作中，也多有涉及湖泊演变者。

以京津冀水环境变迁为研究对象的还有学位论文。陈茂山的博士学位论文《海河流域水环境变迁与水资源承载力的历史研究》⑦ 专辟一章研究海河流域湖泊洼淀的历史变迁，在历史文献梳理之外，作者利用遥感资料分析了海河流域湖泊变迁的地域特点及白洋淀的演变过程。潘明涛的博士

① 马培棠：《"冀州"考原》，《禹贡》（半月刊）第一卷第五期，1934 年 5 月 1 日。
② 贺次君：《〈水经注〉经流支流目（浊漳水—易水）》，《禹贡》（半月刊）第三卷第七期，1935 年 6 月 1 日。
③ 贺次君：《〈水经注〉经流支流目（滱水—巨马河）》，《禹贡》（半月刊）第三卷第十一期，1935 年 8 月 1 日。
④ 资料来源：中国社会科学院民族研究所图书室编印《〈禹贡半月刊〉总目》，1982。
⑤ 邹逸麟：《历史时期华北大平原湖沼变迁述略》，《历史地理》第 5 辑，1987。
⑥ 邹逸麟主编《黄淮海平原历史地理》，安徽教育出版社，1997。
⑦ 陈茂山：《海河流域水环境变迁与水资源承载力的历史研究》，中国水利水电科学研究院博士学位论文，2005。

学位论文《海河平原水环境与水利研究（1360-1945）》① 全面研究了明清近代海河平原地区的水环境变迁与水利设施建设过程。论文对历史时期海河平原湖淀的变迁、明清以来湖淀蓄水能力的下降都有分析。作者将水环境变迁与水利设施、水利社会相联系，为我们勾勒出明清以来京津冀平原地区的人水关系变迁图景。

有关京津冀地区具体湖泊形成与变迁的研究不胜枚举，今择要简述如下。

大陆泽是河北平原南部的早期湖泊，《尚书·禹贡》篇中即有"恒、卫既从，大陆既作"之语。关于大陆泽的研究，目前集中在大陆泽早期形成与明清以来的演变两个重点。据《黄淮海平原历史地理》一书所列表格，今黄河中下游地区在先秦有两处大陆泽，一处位置相当今河南修武、获嘉县境内，另一处位于今河北省南部。张义丰《黄河下游大陆泽和大野泽的变迁初探》② 一文认为黄河冲积扇北端与漳河、滹沱河冲积扇的共同作用造就了大陆泽，黄河下游的频繁决口与改道决定了大陆泽扩张与收缩的规模。随着冲积扇的不断淤积，最终大陆泽湮废。明清时期，大陆泽与北侧的宁晋泊关系紧密，石超艺《15—20 世纪大陆泽与宁晋泊演变的影响因素分析》③ 与《明代以来大陆泽与宁晋泊的演变过程》④ 认为，早期大陆泽在唐代后期已分解为钜鹿泽、广阿泽与大陆泽三处湖泊。明代以来，滹沱河向南摆动促进了宁晋泊的扩大，而大陆泽则不断缩小。最终宁晋泊与大陆泽在清代后期逐渐淤平。海河南系水系的变迁是宁晋泊与大陆泽演变的主要决定因素。滹沱河、滏阳河等河流的泥沙淤积、明清小冰期气候的干冷化趋势以及人为改造水环境加速了湖泊的演变与干涸。常全旺、程森等探讨了明清大陆泽、宁晋泊的湖区开垦及

---

① 潘明涛：《海河平原水环境与水利研究（1360-1945）》，南开大学博士学位论文，2014。

② 张义丰：《黄河下游大陆泽和大野泽的变迁初探》，《河南师大学报》1984 年第 1 期。

③ 石超艺：《15—20 世纪大陆泽与宁晋泊演变的影响因素分析》，《湖泊科学》2007 年第 5 期。

④ 石超艺：《明代以来大陆泽与宁晋泊的演变过程》，《地理科学》2007 年第 3 期。

县际用水情形①。有关宁晋泊的现有研究除了与大陆泽相关联的学术成果外，还有贾昊茹的硕士学位论文《二十世纪五六十年代宁晋泊水环境变迁研究》②。

今邯郸市永年区广府镇，曾是明清广平府附郭县永年县所在地。广府古城周边被水环绕，是永年洼的主要分布地域。据潘明涛研究，永年洼形成于明末崇祯年间，时任知县宋祖乙推行"以水漫城"的防御策略，将大量水体汇聚到广府城周围连片水洼，由此永年洼初步形成。③ 傅豪等考察了永年洼形成时间，认为广府古城的存续时间要早于永年洼。永年洼的变迁始终受人类活动影响，同时，文章认为永年洼是自然湿地。④ 刘淑娟则分析了明清时期永年洼在形成后的水域景观变迁。⑤

海河水系中的大清河流域也是京津冀湖泊集中分布的地区之一。明清时期，大清河分为西淀与东淀两片湖泊群，西淀以白洋淀为主，东淀以三角淀、文安洼为主。白洋淀湖泊群至今仍存，三角淀、文安洼则已消失干涸。借由2017年雄安新区的设立，学界对雄安新区范围内的白洋淀给予了较多关注。

白洋淀的成因是学界较早关注的热点之一。王会昌、朱宣清等分别从较长时段研究了白洋淀湖泊群的盈缩变化及与人类活动的关系。两文均认为白洋淀湖泊群的变化与入淀河流泥沙量不断增加有关，而河流泥沙淤积

① 常全旺：《明清时期大陆泽、宁晋泊湖区垦殖情况及影响》，《邢台学院学报》2011年第1期；程森：《明清民国时期大陆泽流域县际用水秩序与社会互动》，《中国农史》2012年第2期。

② 贾昊茹：《二十世纪五六十年代宁晋泊水环境变迁研究》，河北大学硕士学位论文，2021。

③ 潘明涛：《明末广府城的防御策略与永年洼之初成——兼论军事活动与生态环境的互动关系》，《军事历史研究》2018年第5期。

④ 傅豪等：《历史视角下的湿地演变与恢复保护——以永年洼为例》，《水利学报》2018年第5期。

⑤ 刘淑娟：《明清时期永年城一带的水域景观与士人书写》，《太原理工大学学报》（社会科学版）2017年第6期。

则是人们对上游植被过度采伐的后果。① 张淑萍、张修桂的《〈禹贡〉九河分流地域范围新证——兼论古白洋淀的消亡过程》② 认为古白洋淀的消亡主要是河流泥沙淤积的结果。关于白洋淀湖泊群的变化，吴忱、徐清海认为白洋淀的变迁主要是自然因素的结果，北宋修建塘泺仅是促成白洋淀形成的人为因素，但并非真正原因。③

现今白洋淀湖泊群的形成离不开北宋时期修建的塘泺防御体系，程民生较早研究了塘泺的建设过程、规模与作用。④ 李克武又关注了塘泺的构成与地域分布情况。⑤ 关于塘泺，最新的研究成果是邓辉、卜凡的《历史上冀中平原"塘泺"湖泊群的分布与水系结构》⑥ 一文。该文结合历史文献、地形图、遥感数据、土壤数据等，系统复原了北宋塘泺的空间分布范围与内部水系结构。文章认为，塘泺的构建利用了洼地与河流，出于军事防御目的，塘泺将原有湖泊面积扩大并连成一体。

白洋淀在明清以来的变化过程因材料相对丰富，学界成果较多。关于白洋淀从何时形成规模较大的湖泊，石超艺认为是明代前期。根据明代弘治《保定郡志》，白洋淀在明代中期已成为冀中平原面积最大的湖泊。作者认为，明代前期白洋淀持续扩大的原因在于唐、沙、滋三河改道汇入，使得入淀水量大涨，加之白洋淀周边地势低洼，容易成为汇水区。⑦ 在另一篇文章中，石超艺又以河流水系变迁为视角，分析了大清河南部水系变

---

① 王会昌：《一万年来白洋淀的扩张与收缩》，《地理研究》1983 年第 3 期；朱宣清等：《白洋淀的兴衰与人类活动的关系》，《河北省科学院学报》1986 年第 2 期；何乃华、朱宣清：《白洋淀形成原因的探讨》，《地理学与国土研究》1994 年第 1 期。

② 张淑萍、张修桂：《〈禹贡〉九河分流地域范围新证——兼论古白洋淀的消亡过程》，《地理学报》1989 年第 1 期。

③ 吴忱、徐清海：《"演变阶段"与"成因"不能混为一谈——也谈白洋淀的成因》，《湖泊科学》1998 年第 3 期。

④ 程民生：《北宋河北塘泺的国防与经济作用》，《河北学刊》1985 年第 5 期。

⑤ 李克武：《关于北宋河北塘泺问题》，《中州学刊》1987 年第 4 期。

⑥ 邓辉、卜凡：《历史上冀中平原"塘泺"湖泊群的分布与水系结构》，《地理学报》2020 年第 11 期。

⑦ 石超艺：《明代前期白洋淀始盛初探》，《历史地理》第二十六辑，上海人民出版社，2012。

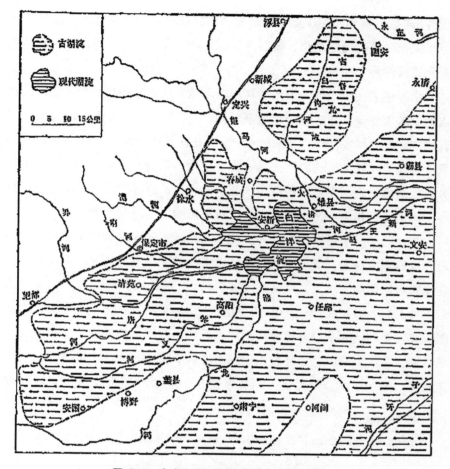

图 4-1　中全新世时期曾极度扩张的白洋淀

资料来源：王会昌：《一万年来白洋淀的扩张与收缩》，《地理研究》1983 年第 3 期。

迁对白洋淀的影响，她认为分析湖泊的入淀水系来源是考察湖泊变迁的重要依据。[①] 王建革研究指出清代大清河下游的治水特点是"清浊分流"，即将唐河、永定河、子牙河等浊流与大清河清流分离治理，为此在河、淀边缘筑堤，但成效不大。永定河的浊流淤积了东淀湖泊群，对西淀白洋淀

---

① 石超艺：《历史时期大清河南系的变迁研究——兼谈与白洋淀湖群的演变关系》，《中国历史地理论丛》2012 年第 2 辑。

也有影响。① 常利伟的硕士学位论文《白洋淀湖群的演变研究》总结了一万年来白洋淀的盈缩变化，将白洋淀湖泊群演变分为四个阶段，又将湖泊变化原因进行了逆推。②

学界还关注了白洋淀的水乡环境与区域发展。孙冬虎研究了白洋淀周边的聚落发展及其命名的历史地理环境③，王永源的硕士学位论文关注了近代白洋淀的水乡环境与乡村社会。④ 肖红松与王永源合作的系列论文涉及了近代白洋淀地区的淤地占垦、经济生活与乡村集市发展等。⑤ 王培华等认为清代永定河下游淤积带来了肥沃的土壤，白洋淀地区的淤地垦殖阻碍了河道行洪和湖淀蓄水的能力，反过来影响了白洋淀的发展。⑥

东淀因已消失不存，学者关注度不及西淀，学界对明清东淀湖泊群的研究目前集中在文安洼与三角淀两处主要湖泊。孙冬虎研究了明清时期文安洼的水体环境、水灾及聚落的发展历程。⑦ 王长松、尹钧科《三角淀的形成与淤废过程研究》⑧ 一文对三角淀的形成与变迁进行了较为细致的复原研究。他们认为，三角淀最初形成于元代，明代至清前期是三角淀的扩张时期，清代中期以后，随着永定河下游筑堤束水，入淀水量减少，三角淀最终淤废。邓辉、李羿《人地关系视角下明清时期京津冀平原东淀湖

---

① 王建革：《清浊分流：环境变迁与清代大清河下游治水特点》，《清史研究》2001 年第 2 期。

② 常利伟：《白洋淀湖群的演变研究》，东北师范大学硕士学位论文，2014。

③ 孙冬虎：《白洋淀周围聚落发展及其定名的历史地理环境》，《河北师范大学学报》（社会科学版）1989 年第 3 期。

④ 王永源：《白洋淀地区的水环境与乡村社会研究（1840—1937）》，河北大学硕士学位论文，2018。

⑤ 王永源等：《清代白洋淀流域的河流与淀区社会发展》，《皖西学院学报》2017 年第 1 期；肖红松、王永源：《白洋淀区域的村庄、集市与社会变迁（1840—1937 年）》，《河北大学学报》2018 年第 6 期；肖红松、王永源：《清代以来白洋淀地区淤地占垦中的官民应对》，《社会科学战线》2019 年第 4 期；肖红松、王永源：《近代白洋淀地区的苇席业与民众生活》，《史学集刊》2022 年第 3 期；肖红松、王永源：《白洋淀地区的棉业发展与乡村集市（1912—1937）》，《河北大学学报》（哲学社会科学版）2022 年第 3 期。

⑥ 王培华等：《清代永定河下游与白洋淀的农业及其环境效应》，《中国农史》2018 年第 2 期。

⑦ 孙冬虎：《明清以来文安洼的水灾与聚落发展》，《中国历史地理论丛》1996 年第 3 辑。

⑧ 王长松、尹钧科：《三角淀的形成与淤废过程研究》，《中国农史》2014 年第 3 期。

泊群的时空变化》① 是研究明清时期东淀湖泊群的较新成果。文章认为明代中期后，东淀湖泊群的基本格局即已形成。东淀湖泊数量在清代康雍年间达到最大，而后迅速减少，至光绪年间基本已消失殆尽。

永定河因历史上频繁改道，故道也形成了多处湖泊，如北京老城的"六海映日月、八水绕京华"格局中，六海便是由永定河故道形成的。"三山五园"中的颐和园昆明湖是人工开凿的湖泊，在京津冀湖泊发展史中也占有重要地位。关于六海、昆明湖等北京市境内的湖泊变迁，学界已积累了丰厚的研究成果，这些成果又以侯仁之的系列文章与其主编的《北京历史地图集》最具代表性。

京津冀沿海平原曾分布有七里海、母猪港等湖泊，今天仅有河北昌黎县境内的七里海仍存。关于七里海的研究目前集中在自然地理学领域。冯金良研究了七里海泻湖的演变过程，认为全新世以来，七里海经历了潟湖—淡水湖—潟湖的几次变化过程。是否与渤海相通及入湖水量变化决定了七里海的水体性质。② 杨静等进一步指出滦河变迁、气候变化及海平面演变、人类活动是七里海变化的共同影响因素。作者还对七里海的生态修复提出了建议。③ 袁振杰等对明代以来七里海的变化过程进行了具体考察，针对七里海湖泊面积缩小、生态多样性遭破坏等情形，提出了若干修复意见。④ 明清时期，天津府境内也有一处名为"七里海"的湖泊，关注此处湖泊变迁的有秦磊等人的研究成果。⑤

总体来看，有关京津冀地区湖泊变迁的学术成果呈大分散与小集中两种趋势。大分散是说对京津冀湖泊群长时段、大尺度、广地域的研究已面世不少，各地的重要湖泊也基本都有研究；小集中是指当前对湖泊群的研

① 邓辉、李羿：《人地关系视角下明清时期京津冀平原东淀湖泊群的时空变化》，《首都师范大学学报》（社会科学版）2018 年第 4 期。
② 冯金良：《七里海泻湖的形成与演变》，《海洋湖沼通报》1998 年第 2 期。
③ 杨静、曾昭爽：《昌黎黄金海岸七里海泻湖的历史演变和生态修复》，《海洋湖沼通报》2007 年第 2 期。
④ 袁振杰等：《七里海潟湖的演化与修复》，《海洋开发与管理》2008 年第 6 期。
⑤ 秦磊：《天津七里海古泻湖湿地环境演变研究》，《湿地科学》2012 年第 2 期。

究集中在以白洋淀为主的湖泊群变迁上。大陆泽等早期古湖、三角淀等淤废湖泊，虽已有相关成果，但仍显不足。早期湖泊变迁以考古、地质材料为主，明清以来多依靠历史文献，这也是当前研究京津冀湖泊演变的主要学术路径。

第二节 以白洋淀为主的湖泊群变迁

白洋淀湖泊群被誉为"华北明珠""华北之肾"，是华北平原最大的淡水湖泊，143个淀泊星罗棋布，3700条沟壕纵横交错，对维护华北地区生态环境具有不可替代的作用。梳理白洋淀的形成与演变，我们可以看出入湖水量、泥沙淤积、人为改造是如何一步步影响白洋淀湖泊群的整体演变的。

一 早期白洋淀的形成

根据地层与地质资料，白洋淀地区在全新世时期曾有诸多河流汇入其中，加之河道没有人工束缚，频繁摆动，因此河流与湖泊沉积物交替出现。具体而言，在早全新世时期，华北地区气候由干冷向湿热过渡，古白洋淀逐渐兴起。中全新世时期，湖泊曾迅速扩张。到了有历史文献记载的先秦时期，湖淀因人类活动而逐渐分化。[1] 有关白洋淀的形成，有气候影响、河流汇入、海侵形成等不同说法，白洋淀作为湖泊群的出现离不开具体的水环境，而今天白洋淀湖泊分布格局的形成，则主要依赖于人为活动。[2]

在京津冀中部出现白洋淀之前，借助历史文献，我们还可发现一些其他湖泊存在的线索。据《汉书·地理志》《续汉书·郡国志》《水经注》等文献记载，京津冀中部在北宋之前曾出现的早期湖泊可见表4-1：

---

[1] 王会昌：《一万年来白洋淀的扩张与收缩》，《地理研究》1983年第3期。
[2] 何乃华、朱宣清：《白洋淀形成原因的探讨》，《地理学与国土研究》1994年第1期。

表 4-1　京津冀中部早期湖泊名称及今地对照

序号	名称	今地
1	谦泽	今三河市西
2	西湖	今北京市西南
3	护淀	今固安县南
4	鸣泽渚	今涿州市西北
5	金台陂	今易县东南
6	范阳陂	今保定市徐水区北
7	曹河泽	今保定市徐水区西
8	小泥淀	今容城县南
9	阳城淀	今望都县东
10	蒲泽	今正定县东
11	夏泽	今香河县北
12	督亢陂	今固安县、高碑店市境内
13	西淀	今永清县西
14	长潭	今涞水县北
15	故大陂	今易县东南
16	梁门陂	今保定市徐水区北
17	大泥淀	今容城县南
18	蒲水渊	今顺平县北
19	清梁陂	今博野县北
20	天井泽	今安国市南
21	狐狸淀	今任丘市东北
22	乌子堰	今石家庄市境内

资料来源：邹逸麟主编《黄淮海平原历史地理》，安徽教育出版社，1997，第 165~166 页。

　　在这 22 处湖泊中，多处湖泊的知名度颇高。例如督亢陂，便是荆轲刺秦王时献上地图所绘制的地域。据《史记》等记载，"燕见秦且灭六国，秦兵临易水，祸且至燕。太子丹阴养壮士二十人，使荆轲献督亢地图于秦，因袭刺秦王。"① 荆轲之所以献上督亢地区的地图，是因为督亢陂是燕国最为富庶的农业区之一。燕太子丹将秦王嬴政最看重的燕国土地奉上，才使荆轲有了接近秦王的机会。又如天井泽，在北魏时期位于定州安

---

① 《史记》卷三十四《燕召公世家》。

喜县（今定州市、安国市附近）境内，《水经注》云"滱水历安喜县天井泽，南流所播为泽"，意思是说，滱水经过天井泽后，向南流动，河道所经之处多有沼泽分布。今白洋淀湖泊群内，也有一湖泊。西晋辞赋家左思的《三都赋·魏都赋》中曾写道："……其中侧有鸳鸯交谷，虎涧龙山，掘鲤之淀，盖节之渊。"唐代注释家李善认为掘鲤之淀的位置在"河间莫县之西"，其位置大体在白洋淀湖泊群内。淀内既可"掘鲤"，可知湖泊绝非普通水洼，而是有一定深度、一定面积的湖泊。

隋唐时期，白洋淀湖泊群有了人工改造的记载。《新唐书·地理志》"莫州任丘县"下记述："有通利渠，开元四年，令鱼思贤开，以泄陂淀，自县南五里至城西北入滱，得地二百余顷。"① 这段文字告诉我们，开元四年，任丘县令鱼思贤为县境内淀泊寻找出水口而开凿了通利渠，通利渠的流向是从城南向西北流。开凿之后，淀泊有了出水口，百姓也得到了二百余顷的耕种土地。通过这段文字，可知隋唐时期今白洋淀地域内的湖泊群不断发展，已影响到县城等重要聚落，因此才会有开渠泄水的举措。

二 北宋塘泺构筑的水体环境

唐代之后是纷争不断的五代十国时期，后唐末年，石敬瑭为获取契丹支持，许诺将燕云十六州划给契丹，不久，十六州正式划归契丹。从此，中原王朝失去了燕山屏障，不得不在千里平原上抵御游牧民族的铁骑。怎样守住北方边界成为宋朝君臣的头等大事。宋太宗端拱二年（989），沧州节度副使何承矩提出了修建塘泊防御带的建议。在给宋太宗的上疏中，何承矩利用他熟悉关南（瓦桥关，即雄州）地形特点的优势，提出如果在顺安寨（今河北高阳县东）西开凿河口，将上游各条河流汇入河北中部的湖泊群内，再向东注入渤海，可以阻挡辽国骑兵南下。同时，在湖泊群两岸筑堤屯田，还能解决驻军的粮食供应问题。这一建议很快得到了宋太宗的认可，并委派何承矩赴雄州等地考察塘泊的具体构筑方案。

---

① 欧阳修等：《新唐书》卷三十九《地理志三》，中华书局，1975，第1018页。

为避免消息泄露引起辽不满，何承矩等人最初的考察是以极为隐秘的方式进行的。何承矩经常与属下泛舟白洋淀，饮酒赏花。他提出以蓼花为题写诗。他们边游览边吟诗赋词。何承矩还将蓼花分布情况绘出图画，传至京师供人欣赏。蓼花是一种常见的水生植物，花色或红或白，对于浸淫奢华的王公贵族而言，本没有多少欣赏价值。因此，《蓼花游》的诗篇和图画在东京城内没有引起轰动，而这正是何承矩的聪明之处。考察蓼花分布就是考察湖泊群的分布，即便辽国有密探知道何承矩带官泛舟游览，也会当作一般文人墨客的雅集。考察后不久，何承矩的沿边塘泊规划就秘密呈送给宋太宗。

淳化四年（993），朝廷任命何承矩为制置河北缘边屯田使，何承矩率边境各州军兵18000人开始修建宏大的国防工程。雄州、莫州（今河北任丘市鄚州镇）、霸州等地修建河堤超过六百里，湖水被引来灌溉农田。宋、辽"澶渊之盟"签订后，塘泊地带的屯田开始大规模展开。至宋真宗天禧年间（1017～1021），河北屯田岁收粮米已达两万九千四百余石，军民大获其利，屯田初见成效。宋神宗熙宁年间（1068～1077），以河渠沟通淀泊而形成的"水长城"，已基本建成。

北宋修建塘泺的作用，是"缘边诸水所聚，因以限辽"[1]。在《宋史·河渠志》中，将塘泺分为九段，具体是：

> 其水东起沧州界，拒海岸黑龙港，西至乾宁军，沿永济河合破船淀、灰淀、方淀为一水，衡广一百二十里，纵九十里至一百三十里，其深五尺。东起乾宁军、西信安军永济渠为一水，西合鹅巢淀、陈人淀、燕丹淀、大光淀、孟宗淀为一水，衡广一百二十里，纵三十里或五十里，其深丈余或六尺。东起信安军永济渠，西至霸州莫金口，合水汶淀、得胜淀、下光淀、小兰淀、李子淀、大兰淀为一水，衡广七十里，或十五里或六里，其深六尺或七尺。东北起霸州莫金口，西南

---

[1] 《宋史》卷九十五《河渠志五·塘泺缘边诸水》。

保定军父母砦，合粮料淀、回淀为一水，衡广二十七里，纵八里，其深六尺。霸州至保定军并塘岸水最浅，故咸平、景德中，契丹南牧，以霸州、信安军为归路。东南起保安军，西北雄州，合百世淀、黑羊淀、小莲花淀为一水，衡广六十里，纵二十五里或十里，其深八尺或九尺。东起雄州，西至顺安军，合大莲花淀、洛阳淀、牛横淀、康池淀、畴淀、白羊淀为一水，衡广七十里，纵三十里或四十五里，其深一丈或六尺或七尺。东起顺安军，西边吴淀至保州，合齐女淀、劳淀为一水，衡广三十余里，纵百五十里，其深一丈三尺或一丈。起安肃、广信军之南，保州西北，畜沈苑河为塘，衡广二十里，纵十里，其深五尺，浅或三尺，曰沈苑泊。自保州西合鸡距泉、尚泉为稻田、方田，衡广十里，其深五尺至三尺，曰西塘泊。[①]

根据这段记载，塘泺穿行的湖淀共有 26 处[②]，其中既有自然形成的湖泊，也有人工修建的陂塘。塘泺的修建，主要出于军事防御目的。塘泺在修建过程中，充分利用了原有区域的自然地理特点，并根据不同区域的微地貌差异，在构筑时采取了各有区别又整体联系的统一河防体系。据《太平寰宇记》的记载，早在修建塘泺前，冀中地区便已有大泥淀、小泥淀、赵淀、狐狸淀等淀泊，在北宋御河以东，今天津以南、河北沧州东北的地区，则属于"泽卤之地"，湖泊广布。北宋构筑的塘泺体系，实际上将区域内原有湖泊进行了疏浚整理并连成一体。

同时，塘泺体系的西端因邻近山前冲积平原，地势向东倾斜，汇水区比中、东段更难实现，北宋采取了人工开挖方田的形式。所谓方田，是引河人开凿形成的人工蓄水洼地，规模大小不一。宋太宗时期，枢密使夏竦建议在宋辽边境的"安肃军、保州而西，接西山路阔一百余里，其间有

① 《宋史》卷九十五《河渠志五·塘泺缘边诸水》，第 2358~2359 页。
② 据邓辉等研究，在比较《宋史·河渠志》与《武经总要》《续资治通鉴长编》后，塘泺所经湖泊共有 32 处。参见邓辉、卜凡《历史上冀中平原"塘泺"湖泊群的分布与水系结构》，《地理学报》2020 年第 11 期。

鲍河、曹河、徐河、叫喉泉、尚泉、方顺河、安阳河、唐河，尽可堰截，引水灌注，以为塘淀。"① 宋真宗咸平五年（1002），顺安军（今河北高阳县一带）守官请求"自静戎军（安肃军）东，拥鲍河开渠入顺安军。又自顺安军之西，引入威虏军（广信军），置水陆营田于渠侧……，逾年功毕"。这片方田分布在鲍河以南，广信军（今河北徐水西部）、安肃军（今河北徐水）之间。

塘泺的修建，形成了有文献记载以来历史上冀中平原最大的湖泊系统。据相关研究推测，塘泺的水面约为 7300 平方公里，其中分布在白洋淀、文安洼一带的各区水面约为 4300 平方公里，御河以东的水面为 2500 平方公里。若以水深 1 米推算，仅塘泺在白洋淀、文安洼一带的蓄水量就达到 43 亿立方米。② 北宋修建的塘泺在具有军事防御功能的同时，也兼具经济生产功能。"塘泺"修建后的北宋末期，朝廷已难以用心治理。金代以后，塘泺体系被废弃，然而由塘泺串联的各处淀泊却在不断发展。

金代塘泺体系虽遭废弃，白洋淀湖泊群仍在持续发育，这从金代白洋淀地区出现的州县就能看出。金世宗大定二十八年（1188），设置葛城县，并设置安州，以葛城为安州附郭。葛城县治在今安新县安州镇。泰和四年（1204），金章宗设置渥城县，隶属安州。渥城县治在今安新县城安新镇。金章宗设置渥城的原因一说是因宠爱元妃李师儿，而在其故里设县。泰和八年（1208），安州又移治渥城县，葛城仍为县。从葛城与渥城的相对方位来看，渥城县更临近白洋淀湖泊群，而从《金史》中也可常见金代帝王"如安州春水"的记载。这说明，白洋淀优美的水乡风光吸引着各类人群，因人群聚集，有了设县的必要。

三　明代白洋淀湖泊群规模的扩张

明代初年，白洋淀曾为一片牧马场所，有"其地可耕而食"的记载。

---

① 曾公亮：《武经总要》，前集卷十六上。
② 邓辉、卜凡：《历史上冀中平原"塘泺"湖泊群的分布与水系结构》，《地理学报》2020 年第 11 期。

到了弘治年间，有关白洋淀的记述变成了"白洋淀，去郡治东九十里，在新安县南十五里，周围六十里，人以水势汪洋故名，内出鱼藕，以利军民"。① 弘治初年，白洋淀一跃而成方圆六十里的大湖，那么，白洋淀是如何演变的呢？

在弘治之前的天顺年间，明廷组织编纂了《明一统志》，作为全国的总志书。在《明一统志》中，并未见到白洋淀的记载，书中记载的冀中平原湖泊有高桥淀、火烧淀、刘家淀、堂二淀、掘鲤淀、五千淀等，地域分布在霸州、文安、任丘、肃宁等州县境内。我们不能完全排除《明一统志》记载阙漏的可能性，不过《明一统志》记载的各湖淀中，最大的高桥淀，也不过"周回三十里"，而弘治初年的白洋淀已是"周围六十里"的大湖，且从《明一统志》到弘治《重修保定郡志》，时间相隔不过三十余年。如《明一统志》与弘治《重修保定郡志》所记正确，白洋淀是突然涨成一个面积巨大的湖泊的。据相关研究，白洋淀的盛涨与元末明初唐河、沙河、滋河三条河流向北改道注入白洋淀有密切关系。②

除白洋淀外，通过现存明代地方史料，我们还可知晓冀中平原的其他淀泊。在嘉靖年间雄县的地方志《雄乘》中，附有《雄县境之图》，图中标出的雄县境内淀泊有苍耳淀、张家淀、莲花淀、李家淀、董家淀、黄淀。嘉靖《雄乘》中，专辟"淀"这一门类，指出嘉靖时雄县的淀泊共有二十九处，面积较大的是苍耳淀，"方三十里，多苍耳，泛则涨，天涸则匝地"③。苍耳淀虽然面积广阔，然而受入淀水量影响极大，如天干，上游来水减少，则变成沼泽，甚或草地。苍耳淀的特性也是京津冀湖泊群演变的共性。

依据明代及清初材料，现将白洋淀湖泊群中有名称者摘录，形成

---

① 弘治《重修保定郡志》卷十二《山川》。
② 石超艺：《明代前期白洋淀始盛初探》，《历史地理》第二十六辑，上海人民出版社，2012；石超艺：《历史时期大清河南系的变迁研究——兼谈与白洋淀湖群的演变关系》，《中国历史地理论丛》2012年第2辑。
③ 嘉靖《雄乘·山河第二·淀》。

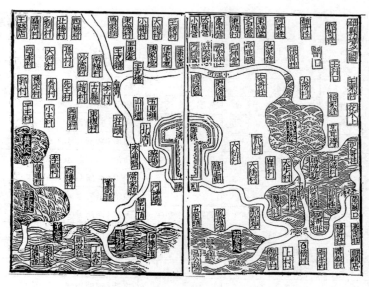

图 4-2 嘉靖《雄乘》附《雄县境之图》

表 4-2。在明代中后期有记载的 65 处湖淀中，记录幅员的有 45 处，其中面积最大的是矛儿湾。周围在二十里以上（含二十里）的湖淀有 14 处。矛儿湾实际上是白洋淀湖泊群的东出水口，矛儿湾面积最广实际上是白洋淀湖泊群东出口宽阔所致。其他幅员较广的湖淀中，在白洋淀东、西、南、北各地都有分布，显示了白洋淀地势低平的特征。明代时，白洋淀湖泊群中已有淀泊内垦殖的现象，其后果必然是湖泊群的日益细碎化与萎缩。

表 4-2 明代及清初白洋淀湖泊群湖泊名称

序号	名称	位置	幅员	资料来源
1	白洋淀	新安县南二十里，高阳县东北；任丘县；雄县西南	周围六十里	顺治《新安县志·舆地志》；天启《高阳县志·舆地志》；嘉靖《河间府志·地理志》；嘉靖《雄乘·山河第二》
2	烧车淀	新安县东十里	周围四十里	顺治《新安县志·舆地志》
3	洛汪淀	新安县南十八里		顺治《新安县志·舆地志》
4	杜家淀	新安县南十里	周围十余里	顺治《新安县志·舆地志》

续表

序号	名称	位置	幅员	资料来源
5	大殷淀	新安县西北五里	周围四十里	顺治《新安县志·舆地志》
6	殷家淀	新安县东三里		顺治《新安县志·舆地志》
7	杂淀	新安县西五里	周围三十里	顺治《新安县志·舆地志》
8	鸭圈淀	新安县东十里		顺治《新安县志·舆地志》
9	杨家淀	鸭圈淀南		顺治《新安县志·舆地志》
10	王家淀	新安县东十五里		顺治《新安县志·舆地志》
11	石丘淀			顺治《新安县志·舆地志》
12	平洋淀			顺治《新安县志·舆地志》
13	大涝淀	高阳县东	周围二十里	天启《高阳县志·舆地志》
14	延福淀	高阳县西南十里		天启《高阳县志·舆地志》
15	罗汉淀	高阳县东南三十里		天启《高阳县志·舆地志》
16	梁淀	高阳县东二十里		天启《高阳县志·舆地志》
17	武盍淀	任丘县		嘉靖《河间府志·地理志》
18	胡卢淀	任丘县		嘉靖《河间府志·地理志》
19	五官淀	任丘县		嘉靖《河间府志·地理志》
20	五龙潭	任丘县		嘉靖《河间府志·地理志》
21	白龙潭	任丘县		嘉靖《河间府志·地理志》
22	洋东淀	肃宁县		嘉靖《河间府志·地理志》
23	五千淀	肃宁县		嘉靖《河间府志·地理志》
24	安哥淀	雄县东	方十里	嘉靖《雄乘·山河第二》
25	张家淀	雄县东	方十里	嘉靖《雄乘·山河第二》
26	姚家淀	雄县东	方十里	嘉靖《雄乘·山河第二》
27	赵家淀	雄县东	方十里	嘉靖《雄乘·山河第二》
28	马山淀	雄县东	方三里	嘉靖《雄乘·山河第二》
29	苍耳淀	雄县大姑	方三十里	嘉靖《雄乘·山河第二》
30	绿须淀	雄县小姑	方五六里	嘉靖《雄乘·山河第二》
31	马务淀	雄县马务	方三十里	嘉靖《雄乘·山河第二》
32	白淀	雄县	方二三里	嘉靖《雄乘·山河第二》
33	稻淀	雄县	方二三里	嘉靖《雄乘·山河第二》
34	西楼淀	雄县西	方四五里	嘉靖《雄乘·山河第二》
35	大李淀	雄县西	方四五里	嘉靖《雄乘·山河第二》
36	小李淀	雄县西	方四五里	嘉靖《雄乘·山河第二》
37	黄淀	雄县西	方十里	嘉靖《雄乘·山河第二》
38	烧车淀	雄县李郎	方三十里	嘉靖《雄乘·山河第二》

续表

序号	名称	位置	幅员	资料来源
39	流通淀	雄县小王	方二十里	嘉靖《雄乘·山河第二》
40	马家淀	雄县平王	方二里	嘉靖《雄乘·山河第二》
41	何家淀	雄县昝村	方四里	嘉靖《雄乘·山河第二》
42	石臼淀	雄县李村	方五里	嘉靖《雄乘·山河第二》
43	董家淀	雄县西南	方五里	嘉靖《雄乘·山河第二》
44	莲花淀	董家淀南	方三十里	嘉靖《雄乘·山河第二》
45	郝家淀	白洋淀南	方七八里	嘉靖《雄乘·山河第二》
46	窝罗淀	白洋淀南	方七八里	嘉靖《雄乘·山河第二》
47	丝淀	雄县邢哥	方十里	嘉靖《雄乘·山河第二》
48	张家淀	雄县神堂	方五六里	嘉靖《雄乘·山河第二》
49	巨须淀	雄县开口	方五里	嘉靖《雄乘·山河第二》
50	菱角淀	雄县东北		嘉靖《雄乘·山河第二》
51	李家淀	雄县东北		嘉靖《雄乘·山河第二》
52	光淀	雄县东北		嘉靖《雄乘·山河第二》
53	浅淀	雄县龙湾	方三十里	嘉靖《雄乘·山河第二》
54	蒲淀	雄县下村	方十里	嘉靖《雄乘·山河第二》
55	张家淀	雄县上村	方二十里	嘉靖《雄乘·山河第二》
56	陈家淀	雄县大葛	方十里	嘉靖《雄乘·山河第二》
57	郑家淀	雄县大葛	方八里	嘉靖《雄乘·山河第二》
58	五官淀	雄县秦哥	方三十里	嘉靖《雄乘·山河第二》
59	马淀	雄县秦哥	方七八里	嘉靖《雄乘·山河第二》
60	柴河淀	雄县秦哥	方七八里	嘉靖《雄乘·山河第二》
61	塘淀	雄县秦哥	方七八里	嘉靖《雄乘·山河第二》
62	青草淀	雄县王村	方五里	嘉靖《雄乘·山河第二》
63	吴安淀	雄县齐观	方十四五里	嘉靖《雄乘·山河第二》
64	长儿淀	雄县齐观	方十四五里	嘉靖《雄乘·山河第二》
65	矛儿湾	雄县留镇	方百余里	嘉靖《雄乘·山河第二》

四 清代白洋淀湖泊群的演变与人为改造

清代是白洋淀湖泊群演变的重要时期。在《清史稿·地理志》中，对白洋淀湖泊群的记载有两处，分别是"保定府安州"下记"西淀，九十有九，白洋最广，次烧车，杂淀最狭。"① "保定府雄县"下也有西淀的记载："西淀，县南。亘安州、高阳、任丘，周三百三十里，汇府境诸水，所谓'七十二清河'。"② 两处记载的差异性是，安州所记的白洋淀湖泊群侧重湖泊数量，文中的"九十九"是虚数。雄县所记的白洋淀湖泊群重点在河流，即"七十二清河"。清代由白洋淀等形成的水网交错、河湖相连的水乡环境，既有白洋淀湖泊自身演变的原因，更可看出人类的水利活动对自然水体的显著影响。

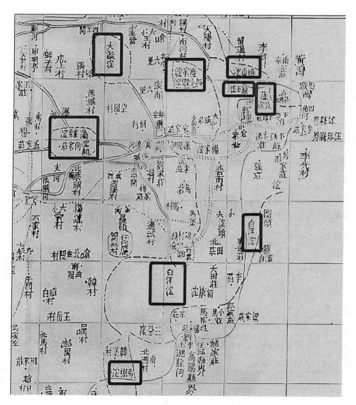

图4-3 光绪《畿辅通志·安州图》之安州淀泊

---

① 《清史稿》卷五十四《地理志一》。
② 《清史稿》卷五十四《地理志一》，第1899页。

清代白洋淀地区水道纵横，汇流入白洋淀的河流众多，其中南部汇入白洋淀的是潴龙河。潴龙河由唐、沙、滋三河汇合而成，携带泥沙量较多。清代后期潴龙河自高阳县北上汇入白洋淀后，将大量泥沙淤积在白洋淀南部。久而久之，在入淀口淤积出大片土地。清廷、地方政府曾多次竖立禁垦碑，禁止百姓在新淤积的土地上耕种，然而收效甚微。

清代白洋淀的出淀口是赵北口及其周边地域，白洋淀出淀口宽阔，清代在白洋淀出淀口修建了十二连桥。在嘉靖《雄乘》中，白洋淀出水口是矛儿湾，据其记载"上汇百川，下通直沽，水至则江海天成，水落则沙渚星见，傍涯田叟时切望洋，而神机之营地在焉"①。白洋淀出水口地域广阔，但受上游来水量影响，变化较大。清代白洋淀出水口的特性也是如此。为保证出水口两侧有足够泄水渠道及便于交通，清代在明代已有石桥的基础上修建了十二座南北相连的桥梁。桥梁初为石质，后改为木质。桥梁下为白洋淀出水口，即大清河正溜。

清代也是白洋淀湖泊群淤积成陆的重要时期，如光绪《雄县乡土志》所附《雄县全图》，就展示了光绪晚期雄县境内淀泊的分布与淤废情形（见图4-4）。明代方圆三十里的五官淀已淤废，淤积的湖泊变成陆地后，很快被当地百姓耕种粮食。2018年《河北雄安新区规划纲要》要求"恢复历史上的大溵古淀"，大溵淀即大股淀，位于白洋淀湖泊群的北部，在清代中晚期的舆图上，仍可见到大股淀的名称。明清以来，为垦种淀中田地，百姓在淀内筑起河堤，即所谓的"格淀堤"。格淀堤的筑成及民间垦殖的发展，造成了大溵淀日益萎缩直至消失。

清代对白洋淀湖泊群的治理措施还有修筑河堤。白洋淀湖泊群的堤防属于"千里长堤"的一部分。在直隶省顺天、保定、河间三府地域内的"千里长堤"始修于康熙三十七年，此后历经康熙三十九年、四十七年，雍正四年，乾隆十年、三十二年数次增筑乃基本成形。"千里长堤"绕行的河、湖有潴龙河、子牙河及西淀（包含今白洋淀等湖泊）、东淀（今已不

---

① 嘉靖《雄乘·山河第二》。

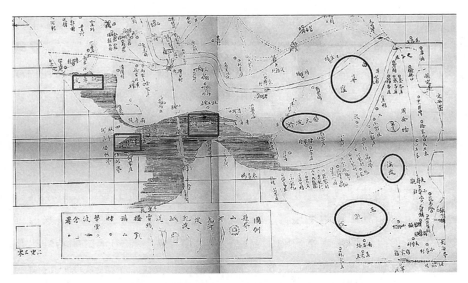

图 4-4 光绪《雄县乡土志》附《雄县全图》局部

存）。同、光之后，淀口淤塞、河身抬升，"千里长堤"作为一个整体遂不复存在，但部分堤堰，如任丘市境内"千里堤"，至今仍发挥着重要的作用。

据最早记述"千里长堤"的雍正《畿辅通志》云："起清苑县界，讫献县之臧家桥，周回于顺天、保定、河间三府之境，长千有余里，沿河绕淀为数十州县生民之保障。"[1] 早在"千里长堤"之名出现以前，白洋淀湖泊群已有堤埝的兴筑。清人亦认为长堤的兴修有前代的基础。[2] 康熙三十五年直隶大水，原有堤防"多漫决坍颓"[3]，康熙帝命已调任河道总督的王新命[4]会同直隶巡抚于成龙治理畿辅水利，王新命"编行查勘一例加

---

① 雍正《畿辅通志》卷四十五《河渠》。
② 民国《文安县志》卷一《方舆志·堤防》："（隆庆五年）史侯天祐创修大堤，自西南王东起，而北，而东，又东南，至王李坟起。延袤百五十里，高广坚致，世世赖之，此千里堤之始。"《日下旧闻考》卷一百二十一引《保定县志》："保定堤即千里长堤，明永乐六年知县王孟原所筑。旧为秋水冲决，乾隆三十七年修筑。"按：此处乾隆当为康熙之误。
③ 同治《静海县志》卷一《山川》，第18页。
④ 《清史稿》卷一九七《疆臣年表》，第7122页："（康熙二十七年）总河：靳辅三月乙酉免。已丑，王新命河道总督。"

修，增设县丞主簿等官管理"①。由于朝廷发帑兴筑②，故定名"钦堤"③。至康熙三十七年，王新命上奏告竣。其奏折详述该堤所经之州县，属于顺天府者有霸州、保定、文安、大城四县，属于保定府者有高阳、清苑、雄县、安州、新安，属于河间府者有任丘、河间二县。

"千里长堤"围绕白洋淀各段河堤分别为：①安州东堤，南自三岔口北堤冯村起，绕过白洋淀西部，止于端村，长五千七百三丈五尺；④ ②安州西堤，西自清苑县界刘民庄起，东北至安州城北之北关桥南，长三千六百二十丈零一尺五寸；⑤ ③安州北堤，西南接安州西堤，东北至新安太平闸，长三千三百一十八丈五尺⑥；④新安南堤，又名大河南堤，在新安县城南，西接安州北堤，绕白洋淀西部，南接安州东堤，长五千七百三十八

---

① 同治《静海县志》卷一《山川》，第18页。

② 如《畿辅安澜志·易水下》，第26页，总第285页云："谨案：新安县西东二隈为古隈，康熙三十五年命总河王新命查勘，遣内阁学士观保赍帑金一万五千两修筑完固。"

③ 光绪《顺天府志》卷四十六《河渠志十一·河工七》："三十七年筑钦堤。堤自何家道口至苑家口西止，二千八百四十七丈九尺；自苑家口起至苏家桥，长五百六十丈五尺，均顶宽一丈五尺至二丈，底宽五六丈，高九尺至一丈。"

④ 道光《安州志》卷二《舆地志·山川·堤圻》："东堤一道自新安端村起至州属冯村南高阳交界止，共长五千七百三丈九尺。"

⑤ 道光《安州志》卷二《舆地志·山川·堤圻》："西隈一道自北关桥西起，至清苑县刘民庄止，共长叁仟陆佰二十丈零一尺五寸。"

⑥ 道光《安州志》卷二《舆地志·山川·堤圻》："北隈一道自北关小圣庙东起，至新安太平闸止，共长三千三百一十八丈五尺。"按：关于安州北堤起点，《畿辅安澜志·府河》，第46页，总第318页云"安州北隈在安州城北，西南接清苑县之三岔口隈，迤东北至于州城之即为依城河北岸，又东入新安是为新安县之西隈。"光绪《保定府志》卷二十《舆地略·堤闸》，第11页载："安州北隈在安州城北，西南接清苑县之三岔口隈，迤东北至于州城之即为依城河北岸，又东入新安是为新安西隈。"又据康熙《清苑县志》卷二《建置·堤闸》、同治《清苑县志》卷二《建置·堤闸》言："三岔口堤，自高阳高家庄至本县夹河铺入安州"。雍正《高阳县志》卷一《舆地志·堤堰》："三岔口堤，在城西南，延袤一十五里，以防土尾河水泛滥。"安州北堤另有一说起于高阳县高家庄，然此说有两点疑问：一是千里长堤起点多数史料作"清苑县界"，而夹河铺在今清苑县东南之前铺村，清代在清苑县内而非县界处。又《南屏山房集》只云长堤起自高阳县，并未明言起于何处。二是此说长堤终点东入安州，具体起讫点亦待考，使得该堤前后难以相连，故舍弃此说而取安州北堤与起于清苑县界之安州西堤相连。要之，该三岔口堤在高阳县西南，而南、北两岸皆筑堤的三岔口堤位于高阳县东南，二堤两不相涉。

丈五尺①；⑤新安西堤，又名长城堤，西北起自与容城县接界之山西村，东南至涞城、留村，在县城东转北至田家庄，自涞城长四千零一十三丈；② ⑥新安东堤，上自田家庄接新安西堤，西北转东入雄县界，长三千八百五十四丈；③ ⑦唐堤，上接高阳县永安堤（即布里河南堤），入任丘后东北绕行西淀，至苟各庄接雄县龙华村老堤，长七十余里；④ ⑧龙华村老堤，上接唐堤入雄县境，沿大清河南岸东北入保定县，长十二里；⑤ ⑨保定堤⑥，雄县千里堤西南经史各庄入县境，沿清河东北经保定县城北

① 光绪《保定府志》卷二十《舆地略·堤闸》："新安南隄在安州新安城南，旧名大河南隄，西南接安州之隄，折北转东，至城南又东转南过端村折而西，又转而南接安州东南之南隄一名阎家湾隄，又曰杨柳口隄，又曰烧场口隄，又曰白家洼隄，共长五千七百三十八丈五尺，嘉庆五年重修。"乾隆《新安县志》卷一《舆地志·堤堰》："大河南堤自在城至马家砦、段村一带田亩夫修筑。……阎家湾堤在县城南，长十五里，直抵安州。杨柳口堤在县城东南长五十里。烧场口堤在县城东南长二十五里，县尹李升筑。白家洼堤在县城东南二十二里，县尹李升筑"。

② 《畿辅安澜志·易水下》第26页，总第285页："西隄在新安县城西，自县西涞城村起，东南至留村，迤东转北至县城西，又东至田家庄名长城隄一名霍河堰（详见后）又曰高家堰又曰瓦口隄又曰圣母淀隄，长四千零十三丈，其自县城东转北者为东隄。"光绪《保定府志》卷二十《舆地略·堤闸》，第13页所记与此相同，只是其时新安县已废，表述时将"新安县"改为"新安城"。乾隆《新安县志》卷一《舆地志·堤堰》："长城堤在城西，延而西北可数十里，三台、张村、涞城、公堤、留村一带共之，旧志云某村修筑，大为民便……霍河堰自黑龙口至红石口，长十七里，县尹李廷璋令枕民独筑者。"按：关于新安西堤起点，今以乾隆《新安县志》为准，使其起点西北延伸至山西村。

③ 《畿辅安澜志·易水下》第26页，总第285页："东隄在新安县，东起自田家庄以为西隄，自田家庄转而北一名股家淀隄，又北折而西，又西北转而东入雄县界，长三千八百五十四丈。"光绪《保定府志》卷二十《舆地略·堤闸》，第13页所记与此相同，只是其时新安县已废，表述时将"新安县"改为"新安城"。

④ 康熙《河间府志》卷三《山川》："任丘县：唐堤：在县西北，高阜绵长十余里，以障水患。宋知县唐介所筑，明知县顾问重修。金事刘渤有记。万历四十一年秋溃，知县贾继春重修。"《畿辅安澜志·清河下》第12页，总第375页："千里长隄，清河南岸也。其在任邱县者西南接高阳县之永安堤，东南至西大务折北至七里店，又北至古佛堂，又北至十方院，折东又南至里长闸，又南折至苟各庄，凡长七十余里。"

⑤ 《畿辅安澜志·清河下》第12页，总第275页引《雄县志》："老堤在县西长十二里，自新立庄至新安界止长九里，康熙三十七年总河王新命筑。"

⑥ 《日下旧闻考》卷一百二十一："增保定堤即千里长堤，明永乐六年知县王孟原所筑，旧为秋水冲决，乾隆三十七年修筑（保定县志）。"按：《日下旧闻考》所记时间有误，应为康熙三十七年。

入霸州界，长二千八百四十七丈九尺。①

"千里长堤"为"缘河绕淀"之堤（见图4-5），所缘之河为大清河与子牙河、滹沱河。大清河本为清流，但自道光十年永定河南徙后，清浊合一，加之上游植被破坏、水土流失，清流亦不复清。所绕之淀为东淀与西淀。河流在淀口沉积旺盛，永定河虽是屡次筑堤，却总是"糜帑鲜效"②，加之堤身窄狭，遂形成多处险工，河堤也变得易溃易决。自然，国家财政捉襟见肘，也使得长堤后期维护难以为继。自光绪十七年筑堤后，便未见对"千里长堤"有何培高加厚之举，以讫于清末。这一地区再

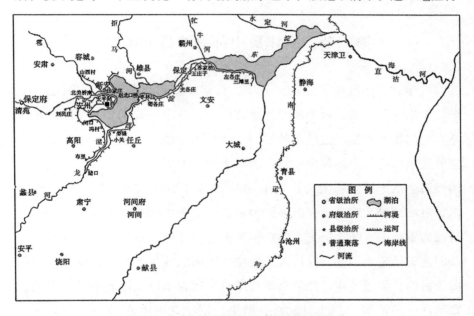

图4-5 康熙三十七年千里长堤修建情形

资料来源：以谭其骧主编《中国历史地图集》（中国地图出版社，1982）清代直隶省地图为底图改绘。

---

① 《畿辅安澜志·清河下》第12页，总第275页："千里长隄，清河南岸也……又自雄县龙华村老堤起下入保定县何家道口长三千三百八十二丈，自何家道口起至霸州苑家口西止，长二千八百四十七丈九尺。"光绪《顺天府志》卷四十六《河渠志十一·河工七》："三十七年筑钦堤。堤自何家道口至苑家口西止，二千八百四十七丈九尺；自苑家口起至苏家桥，长五百六十丈五尺，均顶宽一丈五尺至二丈，底宽五六丈，高九尺至一丈。"

② 《那文彦公奏议》卷六十六《任直隶总督奏议》，道光十年四月初九日。

一次由国家统一安排大规模堤防兴修，引河开挖，河道疏浚要等到 20 世纪五六十年代的治理海河运动了。

清代白洋淀筑堤的初衷是保证沿淀州县安全，却阻碍了淀泊入湖水量，最终导致白洋淀湖泊群的整体萎缩。民国时期，白洋淀湖泊群面积进一步缩小，到了 20 世纪 60 年代后，又曾多次出现主要湖泊的干淀现象，经过上游水源多次补给，才有所缓解。2017 年河北雄安新区设立后，对白洋淀水体环境、水体质量进行了综合治理，目前白洋淀入湖水量与水质已得到基本保证。

第三节　京津冀中部湖泊群的演变

京津冀中部囊括了北京、天津二直辖市及其周边地区，自先秦燕、蓟二国出现后，倚靠背山面海的地理优势，这里曾长期作为中原王朝经略东北的军事重镇。金代定都后，北京政治地位一跃而起，最终成为国家的政治中心。京津冀中部处于历史上农牧交界带的南侧，农业是主要的经济生活方式。从太行山前的山麓地带开始，地势由西北向东南倾斜，沿海地势又略高于中部平原地带，京津冀中部宛如釜底，成为行经河流的重要汇水区。历史上的京津冀中部地区曾广泛分布湖泊洼淀，这些湖淀或是自然形成，或是人工挑挖，或因农业生产需用，或以军事防御为目的。类型多样、数量众多的湖泊，犹如串起京津冀中部平原的颗颗明珠。湖泊群的产生、发育、消失，是华北平原水环境变迁的重要体现。

一　文安洼形成的过程与变迁

文安洼位于大清河南岸与子牙河交汇的三角地带，中心在今河北省文安县东部，海拔仅 2.2 米，周围海拔 5 米以下的区域，包含了文安县的绝大部分以及南邻的大城县北部一部分。清代乾隆年间，划定了东、西淀的地理界限，东淀与西淀以顺天府保定县张青口（今河北雄县张青口）为界，包含文安洼、三角淀在内的湖泊群归属东淀。东淀有三角淀、文安洼两处湖沼，面积比西淀的白洋淀湖泊群要大。东淀的三角淀、文安洼水体性质也有不同。图 4-6 是收藏于日本京都大学的一幅清代东、西淀舆图。

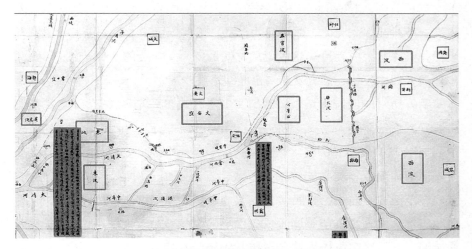

图 4-6 《谨绘大清东西淀并下口河图》局部

　　文安洼产生的历史背景可从先秦时期的古黄河河道说起。文安洼属于古白洋淀的一部分，在先秦时期，这里属于古黄河的九河分流区。[①] 据《尚书·禹贡》导水篇记载，黄河下游北支分流的流踪是"东过洛汭，至于大伾；北过降水，至于大陆；又北播为九河，同为逆河，入于海"。其中，降水即漳水，所谓"九河"即是表示河道纵横之意。据相关研究，黄河北支分流自南向北流至今深州市附近，注入古白洋淀，因黄河携带的大量泥沙长期堆积，黄河入淀所形成的三角洲，就不断地自西南向东北扩展，从而逼使古白洋淀的水域不断向北、东北退缩。黄河在冲积三角洲的扇面上，形成众多的分流河道，同时古白洋淀加速消亡瓦解。这个时间大

---

① 按：学界对先秦古黄河河道多通过不同典籍记载命名以示差异，如《禹贡》大河、《山经》大河、《汉志》大河等。

致在春秋时期或西周时代。① 在古白洋淀瓦解之后，今文安洼所在地域当为湖沼遍布的地势低洼地带。

文安洼的进一步形成也与北宋塘泺的修建有关。在前引塘泺各段工程的文献记载中，"东起乾宁军、西信安军永济渠为一水，西合鹅巢淀、陈人淀、燕丹淀、大光淀、孟宗淀为一水，衡广一百二十里，纵三十里或五十里，其深丈余或六尺"这段记载，就是今天文安洼的地域范围。② 塘泺修建后，原本不相连的文安洼与白洋淀连在一起。

明万历《顺天府志》中记载的文安县境内淀泊有文安潭（文安县北十五里）和火烧淀（文安县东二十五里，聚石沟河、折河、急河三水入卫河）③。从两段不长的文字描述中，可知明代中期文安洼地域的水环境。文安潭的地理位置与文安洼基本一致，万历《顺天府志》并没有对文安潭地域范围进行描述，康熙《文安县志》对文安潭的描述也仅有"在县北"三字。文安潭不能等同于文安洼，应是文安洼范围内一处规模不大的淀泊，且至迟在清代后期已淤废。火烧淀在康熙《文安县志》中也有提及，不过描述不及万历《顺天府志》详细。明代中期火烧淀聚集了三条河流，并汇入卫河，由此可以推测，火烧淀范围当较为广阔。

清代的文安洼并不是整体性的低洼地带，在其地势更低之处分布有一些湖泊，在光绪《畿辅通志》所附文安县图（见图4-7）中，所绘的文安县境内湖泊有白龙淀、火烧淀、牛台淀、麻洼淀等。据康熙《文安县志》记载，文安县境内还有多处积水洼地，如桥儿洼、洋洛洼、莲花池、底洼、红洼等。文安县洼地积水的原因及后果，在康熙《文安县志》中有所记述，文安县境犹如"釜底"，各村庄又有洼口，地势最低洼的地方除了受到河流改道或溃决造成的水患，只要霖雨不停，还必成

---

① 张淑萍、张修桂：《〈禹贡〉九河分流地域范围新证——兼论古白洋淀的消亡过程》，《地理学报》1989年第1期。
② 邓辉、卜凡：《历史上冀中平原"塘泺"湖泊群的分布与水系结构》，《地理学报》2020年第11期。
③ 万历《顺天府志》卷一《地理志·山川》。

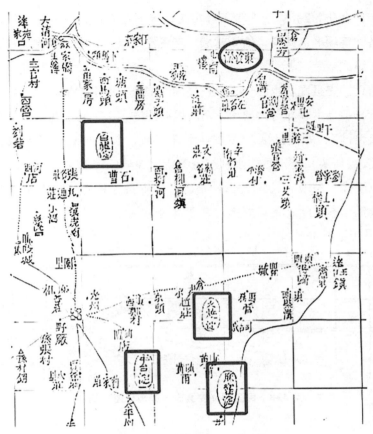

图4-7　光绪《畿辅通志·文安县图》

水灾。当地谚语有"常丰下雨，文安潦也"。①

明清时期，文安洼地势低洼，潦水时常泛滥成灾。据相关研究，明代文安县发生水灾28次，平均不到8年一次。② 文安洼位于大清河与永定河交汇地带，明清时期永定河含沙量巨大，朝廷屡次治理而见效甚微，永定河时常溃决，这也阻碍了文安县的进一步发展。如崇祯《文安县志》说："文邑实系水乡，无论冲决淹没，人马且夕待毙，即秋雨霖淫，便成

---

① 康熙《文安县志》卷三《河渠》。

② 孙冬虎：《明清以来文安洼的水灾与聚落发展》，《中国历史地理论丛》1996年第3辑。

149

巨浸，庐舍化为鸥渚。""其三营四淀，皆不毛之地，……寻有牧马、草场、备边等项名色起科，倍于常额，斯民已不堪命，兼以旱涝不常，相率逃亡，渐成荒芜。"①

清代文安县堤防也属于千里长堤的一部分。民国初期，文安县北部自北向南分别是中亭河与大清河，两河虽有堤防，仍不时溃决，故两河之间为"溢流洼"，即泄洪区。文安县水患不断，加之与霸州、大城、保定（今文安县新镇）等州县的水利纠纷不断，地势低平的文安洼始终无法摆脱水患侵扰。民国《文安县志》指出，文安县号称有三百六十村落，但实际数量远不及此。究其原因，在于"水患频仍，风击浪卷，遂至片瓦无存"②（见图4-8）。

图4-8　民国《文安县志·舆地全图》局部

二　三角淀湖泊群的出现与淤废

三角淀是明清东淀湖泊群的主要淀泊，《元一统志》最早有"三角"的记载，"西出霸州永济镇，东入永清县，东与武清县三角、白河合"。③"三角淀"一词最初出现在明代史料中，记载为三角淀在"武清县南，周回二百余里。其源自范瓮口王家陀河、掘河、越深河、刘道口河、鱼儿里河，诸水所聚，东会叉沽港，入于海"。④三角淀在元代开始形成，明代

① 崇祯《文安县志》卷四。
② 民国《文安县志》卷一《方舆志》。
③ 《元一统志》卷一《中书省统山东西河北之地·大都路》，中华书局，1966，第16页。
④ 《寰宇通志》卷一《京师》。

至清代中期不断发展，清代中期后又迅速淤废。三角淀的形成与消亡过程，体现了人类活动与自然环境的复杂联系。

三角淀在元代位于永定河下游，永定河尾闾将大量流水泻入三角淀地区。元代称永定河为浑河，浑河的河道之一即通过大兴、东安（今廊坊市安次区）一带向东南流动。元代浑河的流向为三角淀形成奠定了地理基础。"三角"之名因此出现。

明代中期时，三角淀范围迅速扩张，已达到二百余里的规模（见图4-9）。明代三角淀的盛涨与浑河（永定河）也有密切关系。明代永定河下游河道分为南、北二支。北支经通州入白河，南支为河道主流，大体流向是从霸州向东南流至天津。南支改道复杂，其决口改道多在固安县西北地段，或向西南经涿州、高碑店市、雄县等州县东境下至霸州；或经固安县西境，下至霸州；或经固安县北境，入永清县界，下至霸州或东安县南境。[①] 明嘉靖之后，拒马河、黄汊河等河流从永清、大城等县汇入三角淀，三角淀不仅补给水量增加，也因此与东淀相连。由于三角淀规模扩张迅速，清代文献又有将三角淀直接等同于东淀的记载。其实，三角淀只是东淀湖泊群的主要湖泊，东淀内还有文安洼等大小不一的湖沼洼地。三角淀接纳了浑河、拒马河、凤河、易水等河流，烟波浩渺，还会出现海市蜃楼的奇观。[②]

清代康熙年间，浑河筑堤并改名为永定河后，三角淀即开始萎缩、解体过程。康熙三十七年（1698）永定河筑堤，下游河道经郭家务、安澜城、王庆坨汇入三角淀。康熙三十九年（1700），永定河东南流向河道受阻，改道南流，汇入霸州等地的胜芳淀。在胜芳淀迅速扩张的同时，含沙量巨大的永定河也在入淀口淤积，并迫使大清河主河道向南迁移。胜芳淀的扩张，使之与下游的三角淀联系。雍正初年，胜芳淀与三角淀相连，形成了规模巨大的东淀水系，甚至可东达天津河头。

---

① 尹钧科、吴文涛：《历史上的永定河与北京》，北京燕山出版社，2005，第212~213页。

② 于敏中等：《日下旧闻考》卷一百一十二《京畿·武清县》，北京古籍出版社，1985，第1852页："武清三角淀，云是旧城，阴晦之旦，渔人多见城堞市里，人物填集。"

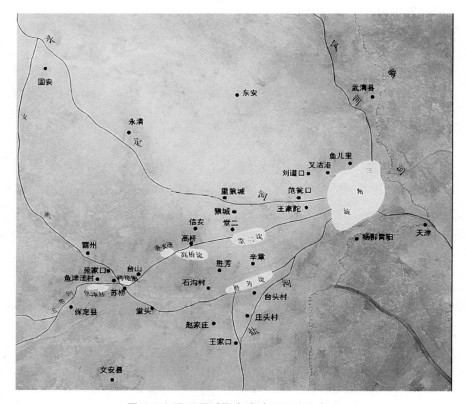

图 4-9　明万历时期东淀地区湖泊分布图

资料来源：邓辉、李羿：《人地关系视角下明清时期京津冀平原东淀湖泊群的时空变化》，《首都师范大学学报》（社会科学版）2018 年第 4 期。

永定河注入胜芳淀加速了该淀泊的扩张，三角淀则不断淤积。雍正四年（1726），怡亲王允祥主持畿辅水系治理，将永定河经王庆坨接长淀河。乾隆十六年（1751），朝廷又将永定河导入三角淀中的叶淀。永定河的浊流施展了淤积湖泊的强大力量，到了乾隆中后期，已有"三角淀尽成沃壤，叶淀亦淤其半"① 的记载。清廷之所以不断试图将永定河导入以三角淀为主的湖泊群，是因为要按照"清浊分流"的治水理念，即将永

---

① 乾隆《东安县志》卷十五《河渠志》。

定河的浊流与大清河的清流分隔治理，同时保证运河水道安全。① 清代为确保永定河浊流汇入三角淀等地，还广修堤坝，这都进一步加速了三角淀的淤积进程。

乾隆后期至光绪年间，永定河尾闾被限制在三角淀北堤与南堤之间，时常汇入母猪泊、沙家淀、叶淀等，永定河浊流所经之处，处处淤积壅塞。② 光绪时期，叶淀、沙家淀等三角淀内湖泊群皆已淤积废弃，土地被百姓垦种（见图4-10）。三角淀在晚清已成为集雨的汇水区。据统计，民国时期，三角淀内村庄已有201个，居民10万有余。③

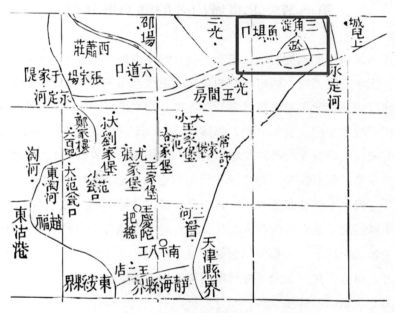

图4-10 光绪《畿辅通志·武清县志》之三角淀

---

① 关于"清浊分流"的治理理念及实践，可参见王建革《清浊分流：环境变迁与清代大清河下游治水特点》，《清史研究》2001年第2期。
② 沈联芳：《邦畿水利集说》卷四："南淤则水从北泛，北淤则水向南归，凡低洼之区可以容水者，处处壅塞。"
③ 华北水利委员会编印《永定河治本计划》，1930，第50页。

三角淀湖泊群的变迁与永定河尾闾的变化有密切关系。一方面，永定河补充了三角淀入湖水量，加速了三角淀的盛涨。另一方面，入淀口的泥沙沉积又加速了三角淀的解体与各湖泊的淤积。到了民国时期，三角淀内的土地竟已普遍比淀外土地高出了 3~6 米。百姓对淀内土地的垦殖加速了三角淀的淤废，最终由能呈现海市蜃楼的大湖变成了处处农田的平陆。永定河的洪水和泥沙淤积问题，直到修建官厅水库与开挖永定新河之后才得到彻底解决。

第四节　北京城内外的湖泊群分布

在京津冀中部湖泊群中，还有一类在城市内的湖泊，与一般湖泊作为泻水、汇水之区不同，城市湖泊的观赏性更强。自先秦燕、蓟并立后，今北京地区便是华北平原北端重要的政治中心和军事重镇。金代迁都后更是长期成为统治中心。金元时期，都城的确定离不开良好的水土环境。从金中都的离宫别苑到元大都的团城，游牧部族统治者都青睐今北京城内西部的六海水系。明清以来，在北京城西北部逐渐构建起的"三山五园"，也离不开对自然水体的人工改造，其中最著名的是昆明湖（瓮山泊）。

中轴线是北京老城的灵魂和脊梁，也是北京城市建设的依据。当今京城的中轴线起源于元大都城的营建。在 20 世纪六七十年代，中国社会科学院考古研究所在对元大都进行勘察和发掘后，证明了元大都城的中轴线与明清北京城的中轴线一致。而元大都城中轴线的确定，则是由一座金代的离宫别苑开始的，这就是金代的大宁宫，即今天北海公园团城一带。

金代的大宁宫位于中都城东北郊的琼华岛上，一作太宁宫，后来又改为万宁宫。关于这座离宫的修建过程，清代乾隆皇帝曾在今北海白塔山竖立的《白塔山总记》中说："白塔山者，金之琼华岛也。北平图经载辽时名曰瑶屿，或即其地。"以博学多才自诩的乾隆皇帝用揣测的语气认为琼华岛在辽南京时已经出现，当时名称为瑶屿。由于年代久远，琼华岛上的宫殿最早为谁使用说法不一，到了清代，有人认为辽萧太后在此梳妆，有人认为曾是金章宗宸妃的梳洗处。清代词人顾太清在《寻辽后梳妆台故址》中曾有"遗编难考当年事，且向居民问讯来"之语，[①] 说明北海最初的开辟过程扑朔迷离，还有许多未解之谜。

金代大宁宫的兴建始于金世宗大定十九年（1179），一般认为这是今天北海公园的历史起点。元代陶宗仪曾在《南村辍耕录》一书中记载了金代堆土成山、营造离宫的故事。书中写到，金代后期受到蒙古的严重威胁，风水学家望气后对皇帝说，在蒙古高原上有一座山，山上的王气不利于金朝，必须挖断山脉才能阻止王气上升。于是，金朝皇帝派人出使蒙古，请求得到这座山，用以镇住本国的疆土。蒙古人觉得可笑，就答应了金人的请求。金朝于是发动士卒凿断此山，把大量土石运至幽州城北，积累成山，并开挖湖泊，修建宫殿，于是便有了琼华岛及大宁宫。金代凿山厌胜挡不住蒙古铁骑的南下，不久，中都城被蒙古占领。元世祖至元四年（1267），忽必烈又命人以大宁宫的湖泊为中心营建宫城，此后元大都逐渐建成。[②]

陶宗仪记录的故事有虚构，也有事实。琼华岛立于湖泊之中，则湖泊的存在早于琼华岛是明确的。实际上是先有湖泊，金代将湖泊加以开凿，又在靠近湖泊东岸的地方，堆筑了一座小岛，这便是琼华岛。经历史地理学家侯仁之等研究，包含今天北海在内的六海水系原是古代永定河的故道，在古永定河改道后，原有的河床积水成湖，并有流经今紫竹院公园的高梁河注入其中。在金代营建离宫之前，附近的居民便已利用湖泊从事捕鱼、种植等经济活动。

元大都城的兴建以北海的团城为中心，团城成为宫城建筑群的交汇点。元代团城是一座位于太液池中的小岛，岛上建有仪天殿。团城两侧，各建木桥，穿过东侧木桥可直达大都城的核心——宫城，在西侧木桥之北为皇太后居住的兴圣宫，桥南是皇太子居住的隆福宫。在三宫鼎立之间的

---

① 顾太清撰，金启琮、金适校笺《顾太清集校笺》，中华书局，2012，第246页。
② 陶宗仪：《南村辍耕录》，中华书局，1959，第16页。

团城，是元大都皇城主要建筑群的连接点，重要性不言而喻。元代在团城周围建有护城河，护城河宽仅 1 米，护墙高约 1 市尺（0.33 米），水深约0.5 米。老北京曾有"一尺高的矮墙跳不过去，三尺高的护栏不敢跳"的说法，这"一尺高的矮墙"便是北海团城的护墙，而"三尺高的护栏"则是紫禁城护城河的护栏。在 20 世纪 50 年代金鳌玉蛛桥的展拓工程中，团城的护城河被填平，成为人行道。

团城周围的湖泊在元代被称为太液池，北京八景中的"太液清波"便是指此。太液池位于皇城之内，是宫廷用水的来源地。为保证太液池的水质，元代将太液池与大运河码头所在的积水潭隔开，又从西郊玉泉山引泉水，在太液池的南北两侧注入湖中，称为金水河，南侧支流因经过隆福宫南侧又被称为"隆福宫前河"。由此，西山泉水为皇室宫苑独享。金水河在穿过金代的高粱河、西河等河流时，采取了架槽引水避免清浊水混淆的措施，名为"跨河跳槽"。最初金水河"濯手有禁"，后来禁令逐渐松弛，到了元英宗时期甚至有人在金水河中洗马，朝廷不得不重申禁令。

元代大运河的终点是积水潭，又称海子。著名水利专家郭守敬为了能让积水潭停泊更多的漕船，引昌平白浮泉等西山泉水入湖，并将海子挖深加固，建起海子总码头，沿运河而来的漕船、商船聚集停泊，一时出现了"扬波之橹，多于东溟之鱼；驰风之樯，繁于南山之笋"的盛况。[①] 元世祖至元三十年（1293），忽必烈从上都回到大都，在过积水潭时，看到湖面"舳舻蔽水"，十分高兴，赐运河之名为通惠河。[②] 与深宫高墙内的太液池不同，积水潭两岸酒楼商铺林立，成为大都城内重要的商业贸易中心。

在北京中轴线的 14 处遗产点中，唯一的古代桥梁是在钟鼓楼与景山之间的万宁桥。万宁桥一名海子桥，是元代大都城的中心点，积水潭连

---

① 黄文仲：《大都赋》，《天下同文前甲集》卷十六，清康熙四十二年抄本。
② 《元史》卷一百六十四《郭守敬传》，第 3852 页。

接通惠河的重要枢纽。在万宁桥西侧，还有一座重要水闸，初名海子闸，后改澄清闸。今天的专家研究后认为，元代规划大都城时，以万宁桥作为切点向南北延伸，设计了全城建筑布局的中轴线：确定都城半径的原则是把原有的自然水面最大限度地揽入大都城内，以此建设大都城的城墙。只是大都城东部有连片的低洼地带，不宜修筑城墙，大都城的东部城墙才稍有内缩。万宁桥及其附近的积水潭，成为确定今天北京中轴线的决定因素。

明代是西六海定型的时期，其漕运功能逐渐被水乡景致取代。洪武元年（1368）明军占领元大都后，为便于防守，将元大都的北城墙向南移动五里，又在积水潭东出下接坝河的河道另筑北城。这样什刹海水域西北部分水域被隔绝在城外，演变为后来的太平湖，因芦苇众多，又称为苇塘，后太平湖被填平，成为地铁车辆修理厂。因明十三陵位于昌平，朝廷以保护皇陵风水为由，废弃了白浮泉瓮山河，汇入太液池的金水河也就日渐湮废，太液池的水源不得不从积水潭处引入，元代分开的太液池与积水潭又得以连接。因上游来水首先要保证皇城用水，西山泉水在流入积水潭后，先经德胜桥、李广桥、三座桥汇入后海，而后倒流入前海，这便是"银锭观山水倒流"的景观。同时，明代将太液池南部继续开凿成湖，今天的南海初步形成。明代又修建了瀛台，北、中、南三海构成的皇家林苑格局基本形成。沟通积水潭与通州的通惠河在明代被圈入皇城内，正统三年（1438）东便门外大通桥建成后，漕船不再进入北京城，积水潭的码头也就逐渐消失（见图4-11、图4-12）。

经过明代的填"海"改造，原本连成一片的海子被分为三处湖泊，德胜门以西仍称"积水潭"，中部的湖泊因有什刹海寺而出现了"什刹海"的称谓，最东面的湖泊因种满荷花而称为"荷花塘"。积水潭的名称指代范围缩小为湖泊的一部分。"什刹海"或写作"十刹海"，不少人以为"十刹海"的命名原因是湖边有十座寺庙，实际上绝非如此。明万历二十二年（1594）三藏法师创建的寺院名叫"十刹海"，根据佛教中的十力、十善、十恶、十谛等观念，以"海"比喻佛教中广阔无边的真理，

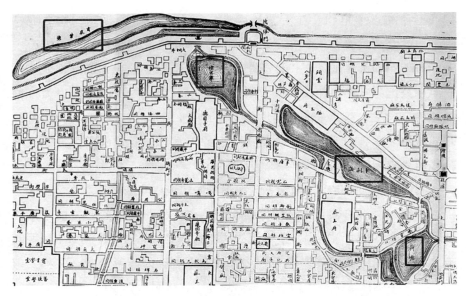

图 4-11　《最新北京精细全图》（1908 年）之北京城外苇塘、积水潭、十刹海

取一刹那间顿悟海量的真理之意命名。这个带有"海"字的寺院名称被巧妙借用，旁边的湖泊遂称"什刹海"。① 清代因人为填"海"的加剧和西山泉水流量的衰减，西六海水域面积逐渐缩小，最终形成现在的六海格局。

在"三山五园"中，颐和园因兼具皇家园林特色、江南水乡风韵与自然山水风景而别具一格。占据园中核心位置和绝大部分面积的昆明湖上接玉泉、下引长河，构成了自元明以来北京城市水系的上源。梳理昆明湖的开凿过程、昆明湖水系的来源及变迁，可看出金元以来，北京城对西北水环境持续不断的改造与影响进程。

颐和园西傍玉泉山，玉泉山以泉水闻名，玉泉山附近的瓮山（今万寿山）也有玉龙泉、双龙泉、青龙泉、月儿泉、柳沙泉等。这些泉水散布在西山脚下。受瓮山阻挡的部分泉水形成了一片半月形湖泊，金章宗在湖畔修建了金山行宫，以此湖为主体的别墅也叫金水院，由此，这片

---

①　孙冬虎：《北京地名发展史》，北京燕山出版社，2010，第 164～166 页。

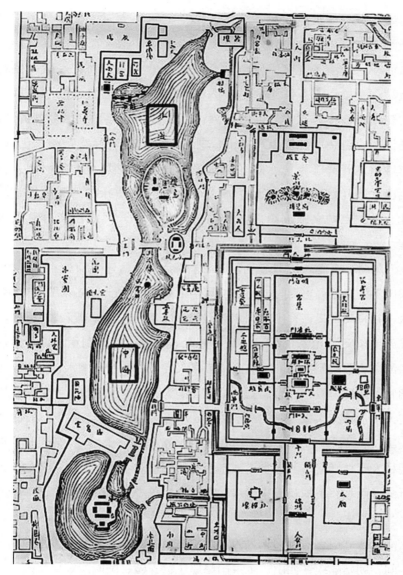

图 4-12　《最新北京精细全图》（1908 年）之北京北海、中海、南海

湖泊出现了最初的名称——"金湖""金海"。这时昆明湖的前身仅是自
然形成的天然湖泊，金代帝王在此修建行宫主要是看此处幽静的水乡
风光。

解决金中都水源问题一直是迁都后的重中之重。金朝为了使高粱河上源的水量更加丰沛，同时扩大白莲潭（今积水潭至三海一带）的水域面积，疏浚了玉泉山水流往金湖的天然渠道，并将水量得到补给的金湖与高粱河水系沟通。这条人工渠道，就是起自今颐和园南门到紫竹院湖、被称为"南长河"的河道。金代既是尝试利用金湖的开端，也是试图改造金湖的起点。借由金湖沟通起的高粱河水系与西山水系，为京城漕运开辟了新的水源，使得以玉泉水为主源、以昆明湖为核心的西山水系开始成为助推北京城发展壮大的主动脉。昆明湖的地位也由此上升到京城水脉枢纽之一的位置，从一个天然湖泊变为重要水利工程。①

元朝时，金湖改称"瓮山泊"，这是元代开凿通惠河的主水源之一。郭守敬主持开挖通惠河时，提出引昌平白浮泉水西行，流路沿途收集各处泉水，并将其聚集在瓮山泊。水流从瓮山泊流出后，沿着疏浚后的长河、高粱河至和义门（今西直门）水关进入大都城，汇聚到积水潭；然后从积水潭东流至通州。郭守敬引西山诸泉入瓮山泊，使入湖水量增加，再加上湖底湖岸的扩浚，元时的瓮山泊湖面扩大，俗称大泊湖。明朝时，明武宗在大泊湖畔建"好山园"行宫，昆明湖除称"金海"外，又称"西湖"或"西湖景"。因其周长约有七里，亦作"七里泊"。明朝时，海淀附近私人园林兴盛，西山水系被不断人为塑造。明末，久已失修的白浮泉水断流，西湖只能依赖玉泉诸水注入。失于疏浚的西湖，渐有泥沙淤塞和山水泛滥之象。

清代建立后，西湖迎来人为改造的高峰，并最终被命名为昆明湖。康熙年间，朝廷陆续在西山、玉泉山修建了畅春园、圆明园等皇家园林。大量自然水体被人工改造后引入园林中，瓮山泊水量不增反减。清高宗为了规治园林、解决漕运和京城用水问题，决定大力开浚瓮山泊，广辟水源。

---

① 吴文涛：《昆明湖水系变迁及其对北京城市发展的意义》，《北京社会科学》2014 年第 4 期。

乾隆十四年（1749），清高宗派遣臣工考察玉泉山水系，当年冬天正式下诏疏浚西湖。

整治西湖首先在于扩大水域面积。疏浚后的湖面向东拓展至畅春园外的西堤，北抵瓮山东麓，原东岸上的龙王庙成为湖中岛屿。为控制西湖出水量，清廷在东堤北段建三孔水闸，称"二龙闸"，又在西湖的西部建起西堤。西堤外侧，则是将原零星小河泡开凿为一浅水湖，作为西湖的备用水源，称为"养水湖"。这样，西湖的水域面积就得到了扩大。同时，清廷还整治了入湖河道，以稳定水量补给。整治的河段主要是在西湖西北新开一条河道，在青龙桥处设水闸，根据入湖水量多寡，决定是否启闭。乾隆十五年（1750）三月，清高宗颁布谕旨，"谕，瓮山著称万寿山，金海著称昆明湖，应通行晓谕中外"。昆明湖名称从此确定并延续至今。乾隆二十四年（1759）在养水湖西南又开辟了高水湖，其作用与养水湖相同，都是昆明湖的备用补给水源。

乾隆年间的昆明湖整治过程，在《御制万寿山昆明湖记》中作了如下总结：

> 夫河渠，国家之大事也。浮漕利涉灌田，使涨有受而旱无虞，其在导泄有方而潴蓄不匮乎！是不宜听其淤阏泛滥而不治。因命就瓮山前，芟苇茭之丛杂，浚沙泥之隘塞，汇西湖之水，都为一区。经始之时，司事者咸以为新湖之廓与深两倍于旧，踟蹰虑水之不足。及湖成而水通，则汪洋溣沆，较旧倍盛。[①]

在扩建昆明湖后，清高宗又欲仿效汉武帝在长安城昆明池训练水军故事，命健锐营官兵在昆明湖定期举行水操（见图4-13）。为保障湖水稳定充足，扩建昆明湖时采用了铺设引水石槽的技术，以汇集更多的西山泉水。设计者为避免引水石槽被偶发的山洪冲毁，还铺挖了专门用以排泄山

---

① 《日下旧闻考》卷八十四《国朝苑囿·清漪园》，第1392页。

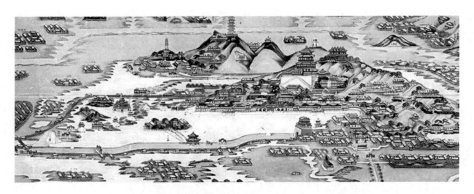

图 4-13　《北京颐和园八旗兵营图》（晚清）之昆明湖与万寿山

洪的水道。昆明湖的水闸还能起到调节水量的作用，不同水闸开启后，可保证京城用水或提供农田用水。整治后的昆明湖成为一座设计精巧，集蓄、排、灌功能于一体的水利枢纽工程，对保障北京城市供水、改善西北部自然和人文环境发挥了巨大作用。①

辽金时期，北京东、南郊也有湖泊分布，成为帝王游猎之地。辽南京平原地区湖淀见于记载者有延芳淀、飞放泊、凉淀、金盏淀、交亭淀等，其中最为有名的是延芳淀。

延芳淀位于辽南京道析津府潞阴县（今北京市通州区潞县镇）境内，在辽代是帝王春猎的场所。据《辽史》记载，辽圣宗多次前往延芳淀游猎，并曾将辽景宗及皇太后石像立于这里。② 关于延芳淀的春猎过程，《辽史·地理志》有如下记载：

> 辽每季春，弋猎于延芳淀，居民成邑，就城故潞阴镇，后改为县。在京东南九十里。延芳淀方数百里，春时鹅鹜所聚，夏秋多菱芡。国主春猎，卫士皆衣墨绿，各持连鎚、鹰食、刺鹅锥，列水次，

---

① 吴文涛：《昆明湖水系变迁及其对北京城市发展的意义》，《北京社会科学》2014 年第 4 期。
② 《辽史》卷十三《圣宗本纪四》，第 159 页。

相去五七步。上风击鼓，惊鹅稍离水面。国主亲放海东青鹘擒之。鹅坠，恐鹘力不胜，在列者以佩锥刺鹅，急取其脑饲鹘。得头鹅者，例赏银绢。①

在元末脱脱主持编修的《宋史》《辽史》《金史》中，辽史因过于简略而常被人诟病。然而，简约的《辽史》却在地理志下详细记载了春猎的过程，可见春猎延芳淀对辽代帝王的重要性。另外，元代帝王同样是游牧民族出身，也看重游猎之事。在辽代时，延芳淀规模达数百里。现有研究推测延芳淀的范围可能是北起张家湾、台湖，南至凤河北岸甚至包括天津市武清区北部，西起羊坊、马驹桥，东到大北关、牛堡屯、于家务、永乐店这样一个广阔地域。② 延芳淀生态环境优良，辽代帝王春猎时，放飞猛禽海东青捕捉天鹅。帝王游猎，延芳淀附近百姓聚集，因此才将潞阴镇提升为潞阴县。延芳淀规模在辽代扩张与永定河下游河道汇入有关。

到了元代，随着浑河的淤积，广阔的延芳淀已经演变为柳林海子、栲栳垡飞放泊、马家庄飞放泊、南辛庄飞放泊等数个较小湖泊，仍属皇室游猎区。元大都城南众多天然湖泊俗称海子，据记载有泉水七十三处，泛称"下马飞放泊"，被指定为皇室游猎处。所谓"飞放"，与辽代春猎相似，"冬春之交，天子或亲幸近郊，纵鹰隼搏击，以为游豫之度，谓之飞放。故鹰房捕猎，皆有司存"。③ 元代各处飞放泊中，柳林海子在今张家湾镇大、小北关村与前、后南关村之间，元世祖、元英宗多次至柳林海子，并在柳林修建了行宫。南辛庄飞放泊遗址在今永乐店镇半截河村、德仁务村南。栲栳垡飞放泊在今于家务乡西垡村、东垡村二村南侧，二村原称东、西栲栳垡，二村东南的小海子村，就是栲栳垡飞放泊的故址。马家庄飞放泊，遗址在今张家湾镇海子洼村以南。

① 《辽史》卷四十《地理志四·南京道》，第 564 页。
② 尹钧科：《北京郊区村落发展史》，北京大学出版社，2001，第 366～368 页。
③ 《元史》卷一百〇一《兵志四·鹰房捕猎》。

在今北京市密云水库一带，辽代曾经有过名为金沟淀的湖泊。北宋大中祥符六年（1013），王曾出使契丹，在过了檀州（今北京市密云区）以后，"五十里至金沟馆。将至馆，川原平广，谓之金沟淀，国主常于此过冬"①。

明清时兴起的南苑，也有湖泊的分布。元大都东南郊的各处飞放泊中，只有下马飞放泊能够留存下来并不断扩大，这与凤河水源密切相关。元代以后永定河南徙，遗留的故道为今凤河河道。凤河水源为一亩泉与团泊泉水。明代永乐年间，元代飞放泊地域扩充。据《日下旧闻考》记载："永乐十二年增广其地，周围凡一万八千六百六十丈，中有海子三，以禁城北有海子，故别名南海子。"飞放泊内景色宜人，明代大学士李东阳誉之为"南囿秋风"，并列入"燕京十景"之内。

清朝建立后，南苑内湖泊南海子成为清朝前期的一个政治中心和文化中心。顺治年间，五世达赖进京觐见顺治皇帝，清世祖就是在南海子旧衙门行宫接见他的。乾隆年间，六世班禅进京朝见，清高宗也是在南海子德寿寺接见他。此外，清廷还在南海子多次组织"大阅"，即阅兵。清代后期，清廷开始南苑放垦，南苑水系格局发生变化，湖泊日渐萎缩直至消亡（见图4-14）。

第五节　冀南古湖的消失

京津冀南部地处今黄河中下游北侧，历史时期古黄河曾在该地区泛流，形成了后世认为的"《禹贡》大河""《山经》大河"等。黄河改道后，故道形成了多条河流，河流之间的低洼地带则形成了湖泊。京津冀南部的早期湖泊可追溯至《禹贡》提及的大陆泽，后来大陆泽北侧又出现宁晋泊。明清时期，广平府附郭县永年县（今邯郸市永年区）又出现了永年洼。随着水环境的变化与人类活动改造，大陆泽与宁晋泊迟至清代后

---

① 李焘：《续资治通鉴长编》卷七十九，"大中祥符五年"，中华书局，1995，第1795页。

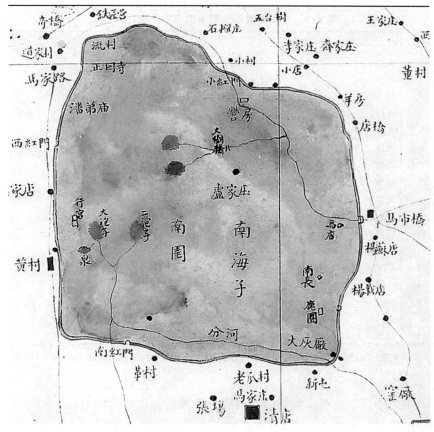

图 4-14 《北京城郊图》之南苑（1886）

期已经淤积干涸，成为季节性过水洼地。近年来，永年洼因地方旅游开发而得以保存。

一 古大陆泽的出现与演变

先秦时期，河北平原南部为古黄河、古漳河、古滹沱河河网交叉地带，在各河流冲积扇内部及冲积扇之间，曾广泛分布众多早期湖泊，今整理如表 4-3 所示。

表 4-3 京津冀南部早期湖泊名称及今地对照

序号	名称	今地
1	大陆泽	今任县、巨鹿、隆尧县境内
2	鸡泽	今邯郸市永年区东
3	泜泽	今宁晋县东南
4	皋泽	今宁晋县东
5	海泽	今曲周县北
6	大泽	今石家庄市北
7	澄湖	今鸡泽县东
8	清渊	今邱县北
9	泽渚	今枣强县北
10	泽薮	今武邑、阜城县间
11	郎君渊	今武邑县北
12	大浦淀	今河间市西南
13	广麋渊	今辛集市西南
14	广博池	今衡水市西南
15	从陂	今景县、阜城县间
16	武强渊	今武邑县西北
17	张平泽	今武邑县西北

资料来源：邹逸麟主编《黄淮海平原历史地理》，安徽教育出版社，1997，第 162~166 页。

古大陆泽是先秦以前形成的河北中南部最为重要的湖泊，"大陆"之名较早见于《尚书·禹贡》，其中先有"大陆既作"之语，又有"北过降水，至于大陆，又北播为九河，同为逆河，入于海"的记载。研究普遍认为，"既作"表明大陆泽在先秦时期已不单纯是自然湖沼，而是有了人工改造的痕迹，并在此基础上出现了早期农业生产。大陆泽"又北播为九河"，则表明了它在先秦时期的水体环境及水系构成。大陆泽位于古黄河（即《禹贡》大河）的下游西侧，河水在大陆泽东侧流过后在河北平原东部漫溢，分为多条河流入海。

大陆泽的形成离不开古黄河的影响，黄河水也塑造着大陆泽附近地貌，并影响了大陆泽的范围。地质时代进入第四纪后，古黄河冲积扇、漳河冲积扇与滹沱河冲积扇相继形成，它们自西向东倾斜，彼此之间的低洼地带容易成为汇水区域。三条河流冲积扇的朝向有细微差异，黄河冲积扇向北、向南、向东倾斜，漳河与滹沱河冲积扇则大体为西—东走向，三条河流交叉处的低平地域就是大陆泽早期的汇水范围。黄河在大陆泽东侧分为多股汊流，河道的分布限制了大陆泽的东部界线，漳河与滹沱河冲积扇则限制了大陆泽的南、北范围，这便是早期大陆泽的形成过程。

　　大陆泽形成初期，地域范围一度较广，包含今天任县、平乡、巨鹿、隆尧等县的全部或部分地域。先秦以来，大陆泽演变的趋势是分化、缩小与淤积。导致大陆泽演变的主要原因还是古黄河的改道。现有研究成果已经揭示，从早期的"《禹贡》大河""《山经》大河"到《汉书·地理志》记载的"《汉志》大河"，古黄河河道的整体走向不断向南摆动，并在东汉中期后出现了长期安流的局面。在古黄河向南摆动的过程中，其冲积扇也在不断迁移，并在大陆泽的东侧形成淤积。大陆泽的东侧地势随之增高。据《中国历史地图集》西汉时期冀州刺史部图，汇入大陆泽的河流有蓼水、渚水等河流，大陆泽出水口在湖沼的东北方向，向北流出为漳河故道。漳河也携带大量泥沙，在大陆泽出水口一带不断淤积，这样，原本一体的大陆泽逐渐解体，分为南部的大陆泽与北侧的宁晋泊两大湖泊，大陆泽本身面积也因此缩小。泥沙淤积带来的后果还有湖水本身日益浅狭，加之人为垦殖，大陆泽最终演变为平陆（见图4-15）。

　　在《魏书·地形志》中，大陆泽的名称为"大陆陂"[①]，记在广阿县下。一字之差，却表明了人工改造水体的程度在增强。在黄河改道南流后，影响大陆泽的主要是漳水。漳水由最初注入大陆泽改为经过其东侧，在注入大陆泽的各条河流中，漳水是流量最大的一条，漳水改道使大陆泽受水量锐减。至隋唐年间，漳水又经大陆泽西侧，并将原注入大陆泽的西部各条河流全部汇入漳水中，大陆泽入湖水量进一步减少。漳水经过大陆泽西侧的河道至元代才改为东侧。长时段受水量的减少，使得大陆泽面积不断缩小。

　　大陆泽的解体过程在唐代便已展开。据李吉甫《元和郡县图志》记

---

　　① 《魏书》卷一百六《地形志上》。

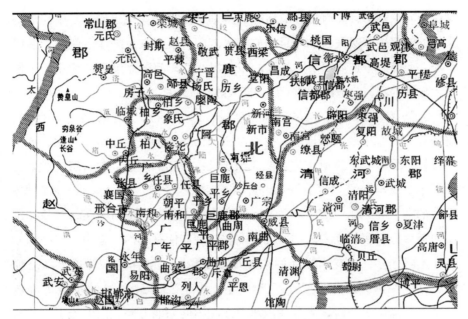

图 4-15　《中国历史地图集》西汉冀州刺史部图之大陆泽

载，唐代中期大陆泽已分为 3 个湖泊：分别是钜鹿泽、广阿泽和大陆泽。大陆泽此时名称也发生了变化，原湖泊主体名称是钜鹿泽，范围为"东西二十里，南北三十里"，地域范围仍在钜鹿县（今巨鹿县）西北。广阿泽在鹿城县（今辛集市）东二十五里；原湖名"大陆泽"已指代北侧陆泽县（今深州市）南十里的湖泊。在唐代之后，后两者均已消失，不见记载。只有西南钜鹿泽仍然存在，而且此后"大陆泽""钜鹿泽""广阿泽"等名号一般均指这一处湖沼。[①]

北宋年间，黄河再次改道北徙，其中北宋末年的部分河道经过大陆泽东侧。大陆泽受黄河泥沙淤积影响，湖底进一步抬升，湖水由葫芦河（今滏阳河）流到宁晋县东南部。此处地势低洼，容易积存潴水，宁晋泊由此开始形成。

明代中期，大陆泽的分布范围仍是任县东北到宁晋县东南一带。据有

---

① 石超艺：《明代以来大陆泽与宁晋泊的演变过程》，《地理科学》2007 年第 3 期。

关研究，大陆泽的南、北两部分差异明显，南部面积更广，水体更深，北部则水浅窄狭。[①] 明末清初，宁晋泊形成，与大陆泽各成独立湖泊。宁晋泊的分离过程下文会有专论。大陆泽自清初以来，因朝廷引漳河济卫河的水利工程，原有入湖水量减少。图4-16为晚清任县舆图，可以看到大陆泽所受之河流有留垒河、洺河、南澧河、百泉河、顺水河等。图中流经大陆泽的各条河流流向仍旧绘出，且大陆泽范围用虚线表示，表明大陆泽已干涸，变为季节性的雨水、洪水汇集区。值得一提的是，晚清滏阳河并未汇入大陆泽，而是流经大陆泽东侧。

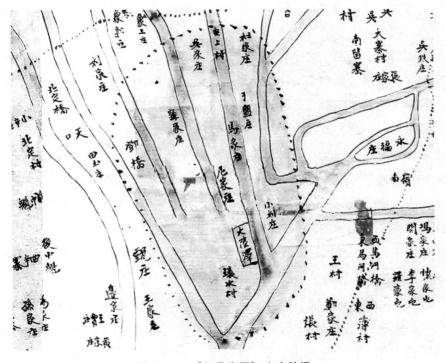

图4-16　《任县舆图》之大陆泽

资料来源：德国柏林普鲁士文化遗产图书馆藏《任县舆图》，编号：Kart. E. 1951-79；华林甫等《德国普鲁士文化遗产图书馆藏晚清直隶山东县级舆图整理与研究》，齐鲁书社，2015。

① 石超艺：《明代以来大陆泽与宁晋泊的演变过程》，《地理科学》2007年第3期。

明清时期，大陆泽干涸的重要原因还有人为因素，即人们对大陆泽湖区的垦殖与利用。清代康熙年间任县境内大陆泽沿岸地区开垦田地现象已经十分严重，这主要体现为大陆泽内日益众多的湖中聚落。清代中期，大陆泽内已近干涸，只有流经大陆泽的众多河流汇聚其中，河流两侧的滩地被不断垦殖，进一步加速了大陆泽的淤废。加之长期以来河流的淤积，大陆泽最终变成平陆。《禹贡》时代记载的大陆泽被广袤的田野取代。

二 宁晋泊与大陆泽的联系与消失

关于宁晋泊的形成过程，学界主要有两种观点。一种观点认为明代由于滹沱河南徙，今宁晋东南一带排水不畅，使原属大陆泽北部的下游地区分离而形成宁晋泊。另一种观点则认为北宋中后期黄河北徙，大量泥沙淤积使得大陆泽北部湖底抬升，而形成宁晋泊。这两种观点都肯定宁晋泊是因为水源的汇涨而形成，但对其成因尚未完全解释清楚。

根据石超艺的研究，宁晋泊的形成及其与大陆泽的分离不是因为入湖水量增加所致，相反，汇入大陆泽的水量减少，其水浅且狭窄的北部，最终独立成为宁晋泊，与大陆泽分为北泊与南泊。[①] 明代前期，滹沱河与漳水都注入大陆泽。这两条河流既提供了足够的入湖水量，所挟带的大量泥沙又加速了大陆泽的淤积进程。明代后期，滹沱河北徙，不再注入大陆泽；漳水也不断迁移，造成入湖水源大幅减少，加之泥沙淤浅湖底，淤高下泄河道等因素，终于造成大陆泽解体，宁晋泊与大陆泽分离。

古代文献历来有前后因袭的现象，清代材料中不乏将大陆泽的范围等同于明代任县、巨鹿、宁晋、隆尧等县境的记载（见图 4-17）。"宁晋泊"在《明史》中已出现，但《明史》系清代编修，因此我们只可推断它在明末清初已经命名。不过，在此前后，指代这片水域的还有其他名称。在康熙《宁晋县志》所附县属图中，将宁晋泊写作"北泊"。该书在"川泽"一门中，以"葫芦河"指代这片水域，写道："葫芦河原在大陆

---

① 石超艺:《明代以来大陆泽与宁晋泊的演变过程》,《地理科学》2007 年第 3 期。

图 4-17　《中国历史地图集》明代北直隶图之大陆泽与宁晋泊

泽中，非谓葫芦即大陆也……其地洼下，又为近邑诸河之所汇，又有葫芦河之名，不知始于何时。"① 葫芦河名称在明代之前已有，清代康熙仍有此名，说明宁晋泊的名称尚不固定。

　　清代初年，滹沱河再度南迁，汇入宁晋泊，促成了宁晋泊的扩大。与宁晋泊扩张相对应的，是大陆泽的不断淤积缩小。到了乾嘉时期，北泊的面积应已超过南泊。道光年间，善徙的滹沱河再度改道北流，宁晋泊失去了主要的入湖水源，也就不可避免地像大陆泽一样日渐淤积湮废。同光年间编修的《畿辅通志》已称宁晋泊"水涨成泊，水落归漕"，附图的绘制形式与德藏任县舆图相同，都是以虚线表示湖区范围并绘出曾经入湖的河

---

①　康熙《宁晋县志》卷一《封域志·川泽》。

道走向（见图4-18）。光绪后期，宁晋泊"已被淤成平陆，不显泊形"。在民国十八年（1929）石印本《宁晋县志》中，编者指出宁晋泊的河流情状是："今则漳徙而南，而滹沱亦徙而北，大陆、宁晋之间只有滏、澧合流矣。水道变迁迥非昔比。"①

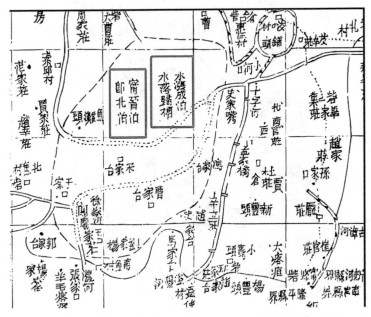

图4-18　光绪《畿辅通志·宁晋县图》之宁晋泊

　　宁晋泊的干涸要晚于大陆泽，但旺盛的泥沙淤积形成的河滩地，同样成为百姓争抢的垦殖土地。随着湖泊面积不断缩小，新的土地露出，由于这些新土地都是无主的，宁晋泊周围的村民开始大肆争夺宁晋泊内露出来的土地，导致争端不断出现。道光年间，地方官府曾对宁晋泊新增土地进行勘察测量，确立土地归属，并收取地租。然而注入宁晋泊的各条河流多没有河堤，一旦夏季涨水极易宣泄不畅，导致洪涝灾害。宁晋泊的干涸，意味着先秦以来河北平原南部的自然湖泊，由此彻底消失退出历史舞台。

---

　　① 民国《宁晋县志》卷一《封域志·川泽》。

三　永年洼的形成过程

与大陆泽、宁晋泊等自然湖泊不同，永年洼的形成更多是依赖人为改造。永年洼指在今邯郸市永年区广府镇附近的洼地湖泊，明清时这里是直隶省广平府附郭县永年县的辖境。城内有广平府署、永年县署等重要衙署机构。广府镇四周地势平坦，对照传统社会以城、濠为主的防御体系，这里缺少足够深度与宽度的护城河（城濠）。因军事防御的目的，地方政府遂开挖护城河。不过，广平府一改常见的城濠模式，采取了"以水漫城"的防御策略，并最终形成了永年洼这一人工改造水体环境的水利工程。

明清时期，流经广平府永年县城的主要河流是滏阳河。滏阳河自城南折向城东北流去。永年县城地势低洼，仅见记载的水患便有 17 次。① 乾隆《永年县志》评论道："永邑之患独水为尤甚，建城之地势处洼下，沙、洺环其西北，漳、滏绕其东南，南距滏水仅四里许，河底几与城平，鼠穴蚁封皆堪逆虑。自有明隆庆以来，堤决之患志不绝书，濒危者屡矣。"② 永年县城极易遭受水患侵袭，为何还会将水引入县城周边，以水代兵呢？

明末，永年县周边动荡的局势为永年洼的出现提供了契机。崇祯年间，当时的痼疾之一——流民开始在直隶南部出现。崇祯十年（1637），宋祖乙任永年县知县。次年，旱灾席卷了直隶南部，永年县饥民骤增。他们与流寇结合，威胁着广平府城的安全。考虑到城濠"水尚溢，不足卫城"，宋祖乙兵行险着，命人扒开滏阳河北堤，造成河流决口，引滏阳河直灌广平府城墙下，广府城孤立于滔滔洪水中，这一奇招收效明显，随后"敌骑前行，至侦其险，叹息而去"③。永年县士绅申佳胤认为，广平府孤城一座却能够在流民侵扰中幸存，得益于前任知县宋祖乙的

---

① 刘淑娟：《明清时期永年城一带的水域景观与士人书写》，《太原理工大学学报》（社会科学版）2017 年第 6 期。

② 乾隆十年增刻本《永年县志》卷十八《灾祥》。

③ 康熙《永年县志》卷四《山川》。

以水灌城策略。他动员乡绅百姓疏浚沟渠，进一步稳固城墙周边的水体，确保四周的河湖不淹没城墙。这种"以水漫城"的策略收到了奇效，直至明末，流寇都未侵占广平府城①（见图4-19）。

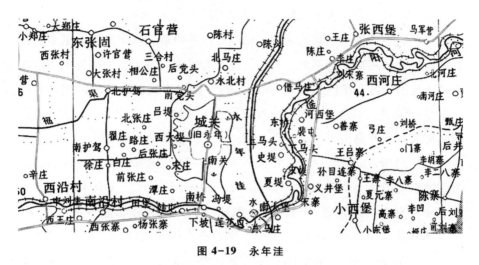

图4-19　永年洼

资料来源：河北省测绘局：《河北省地图集》，1981，第56~57页。

广平府城能够实现"以水漫城"而城墙不被侵蚀，得益于独特的地理环境及附属水利工程。滏阳河相对漳河、滹沱河等河流含沙量较少，引入城周也不易发生淤积变浅现象。广平府城地势平缓，引入河流灌城时控制水量较为便利。在引入滏阳河时，地方政府在府城西侧修建了水闸八座，分别是广仁闸、普惠闸、便民闸、济民闸、广济闸、润民闸、惠民闸、阜民闸，称为西八闸（见图4-20）。

西八闸的主要作用是调节滏阳河灌入城墙周围的水量。据乾隆《永年县志》，惠民闸建于嘉靖九年（1530）；济民闸建于嘉靖四十一年（1562）；普惠闸建于嘉靖四十二年（1563）；阜民闸建于嘉靖四十三年（1564）；广仁闸建于万历四十二年（1614）；便民闸建于万历十五年

---

① 潘明涛：《明末广府城的防御策略与永年洼之初成——兼论军事活动与生态环境的互动关系》，《军事历史研究》2018年第5期。

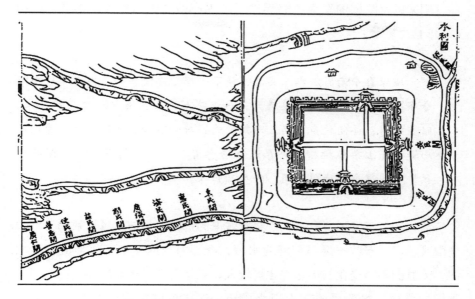

图 4-20　光绪《永年县志》卷首《水利图》

（1587）；润民闸建于万历十六年（1588）；广济闸建于崇祯十四年（1641）。①西八闸大多建于嘉靖、万历年间，修建的背景并非引水护城，而是天旱无水。建闸的初衷在于引水灌田。据乾隆《永年县志》，明代修建的最后一座水闸广济闸初修于嘉靖四十一年，后经重修。崇祯十三年永年县发生饥荒，地方又有建闸呼声。广济闸于次年三月动工，四月告竣。广济闸的修建，为我们提供了明末社会动荡下的地方水利实践资料。

　　明末引滏阳河水灌城的同时，又在府城的东、西、北三门外各修建了水闸，连同城南已有的水闸，府城四周的引水洼地均有水闸控制水量。引水灌城的目的在于军事防御，水渠"外阔三丈深一丈"，康熙《永年县志》评价引水后的府城"俨然又一重城"。②

---

①　乾隆《永年县志》卷九《水利》。
②　康熙《永年县志》卷六《建置·城池》。

明末以水防御的军事策略促进了广平府城周围永年洼的形成。康熙《永年县志》载:

> 城壕自东南引滏水入其地,洼下一望,泺漫如湖,曰老滩;由滩分布绕城,至夏月,芙蕖盛开,白惊窥人,青菰夹岸;每夜静风来,暗香徐引;遥闻蛙声四和,野鹤时鸣,居者不知其在城市也。壕外有小堤,堤上杂植桃柳。每春载酒踏青者,坐卧竹篱菜圃间,探泥出藕,举网得鱼,城门欲闭,醉人始归耳。①

清代初年直隶地方安靖,广平府城壕的护城作用被水乡景致的游览功能取代。广平府城壕以滏阳河为水源,滏阳河与河北中南部河流水性相同,流量的季节变化与年际变化均较大,只是含沙量相对减少。西八闸等闸坝的修建,主要目的在于引水灌田,这样护城之"公利"与灌田之"私利",便因水量不稳定时常发生冲突。康熙《永年县志》记载了"官民分水"争讼及"毁拦河闸"的议论。② 地方政府常以行政权力压制民间引水灌田,民间则一纸诉状讼至道台处。③ 最终,地方政府的"公权"实际上战胜了"私利",城壕用水得以保证,这座城池在晚清捻军袭扰时得以保全,永年洼则在不断扩张。

永年洼因外围堤防阻遏洪水,没有出现泥沙淤积抬高湖底的情况,故一直存在至今。中华人民共和国成立后,在整治滏阳河时,于1957年至1958年修建了永年洼滞洪区。滞洪区利用广府镇的洼地,将滏阳河洪水引入,从而保证了永年洼的常年来水。针对20世纪90年代以来湖面萎缩情况,地方政府将永年洼定位为湿地公园,进行生态补水。④ 在大陆泽、

---

① 康熙《永年县志》卷六《建置·城池》。
② 康熙《永年县志》卷十《水利》。
③ 关于顺治年间永年县地方与民间的争水行为,在《明末广府城的防御策略与永年洼之初成——兼论军事活动与生态环境的互动关系》一文中有简要分析。
④ 傅豪等:《历史视角下的湿地演变与恢复保护——以永年洼为例》,《水利学报》2018年第5期。

宁晋泊干涸消失的背景下，永年洼因人为积极干预而存续下来。如今，永年洼及广府镇已成为地方文旅的金名片。

第六节　沿海地区湖泊的形成与消亡

京津冀地区东临渤海，海河、滦河等从中部、东北两个方向流入大海。历史上的海岸线有过复杂变化，这从今天津等地的多道贝壳堤就可看出。沿海地区地势低平，容易形成汇水之区。京津冀沿海地区历史时期曾有多处沿海湖泊，其中有的是与大海相连的潟湖，有的是河流入海处附近的湖泊。由于河道变迁、泥沙在入海口淤积等因素的作用，这些湖泊目前多已消失。

一　渤海西北岸的潟湖七里海

在河北东北部昌黎县境内，有一条名为"七里海"的河流，以"海"命名河流是因为在 20 世纪末之前，这里曾是一片名为"七里海"的湖泊，湖泊逐渐淤积干涸，最终演化为延续旧名的河道及狭小的一片水域。

七里海位于渤海西北岸，七里海地区因邻近渤海，其形成历史与海陆关系密切相连。在地质时代的更新世后期，滦河在今七里海地区注入渤海，河流的冲积奠定了它的地理基础。全新世后，滦河向西摆动，滦河三角洲随即废弃，随着海平面上升，七里海地区又有了海滩沉积。这样，河流沉积物与海洋沉积物先后汇集在这里。全新世气候变暖期内，冰河沉积融化带动海平面上升，在七里海东部开始堆积起沙坝，七里海成为与海洋相连的潟湖。其后，随着海平面下降，沿海沙坝被风力作用改造为沙丘，成了七里海与海洋相连的障碍，促使前者由开放的潟湖变为半封闭潟湖。① 在明清地图中，七里海与海洋相隔的沙丘被称为"沙岗"或"沙山"，它们的阻碍最终迫使七里海成为全封闭的潟湖。

---

① 冯金良：《七里海泻湖的形成与演变》，《海洋湖沼通报》1998 年第 2 期。

东汉末年，曹操东征乌桓后登临碣石山作《观沧海》。关于碣石山在何处，学界曾长期有争论，目前已基本统一认识，就是今昌黎县北的碣石山。从相对位置来看，碣石山在昌黎县城北，而七里海在昌黎县城东南。曹操既东临碣石俯瞰大海，则距离碣石山更远的七里海也当位于海中。《观沧海》中有"水何澹澹，山岛竦峙"之语，说明以曹操视野观察，大海并非碧波万顷，海中分布有岛屿。东汉末年，七里海的存在状态尚不可知，不过，从《观沧海》一诗可推测出，七里海周边地区尚未成陆。

七里海在《明史·地理志》中称为"溟海"，在《嘉庆重修一统志》中又名"七里滩"。两种名称实际上均是清代的称谓。弘治《永平府志》已绘出"七里海"并且描述道："在昌黎县东南三十里，源自大海，宽广七里，延三十里，或深或浅，有鱼菱，滨海之民衣食赖焉。"[①] 可知明代中期时，七里海与渤海仍有联系，"七里海"之得名源自潟湖宽、广都是七里，而湖水深浅不一，应当是七里海东岸沙丘堆积所致。

清代康熙年间，七里海已有淡水河流注入，水体性质发生改变。康熙十四年刻本《昌黎县志》中，对七里海描述仅有四字"有菱可渔"[②]。到康熙五十年刻本《永平府志》中，对七里海的记载已详细为："溟海在县东南三十里，潴水成泽，一曰七里滩，言其广也。沿三十里，若浅若深，有菱可渔，尝于黎明现城市楼台状。甜水河北入之。"[③] 据康熙《永平府志》，注入七里海的还有饮马河水。甜水河与饮马河淡水河流的注入，促使七里海逐步由潟湖向淡水湖泊转化（见图4-21）。

乾隆年间，七里海的水质已明显转为淡水。《永平府志》记载："七里海纵七里横十余里，水咸可作盐滩，自饮马河由沙河入七里海，海潮淤沙，海水遂淡，盐滩渐沦于水。名之为海，其实褰裳可涉，舟楫不通。旱

---

① 弘治《永平府志》卷一《山川》。
② 康熙《昌黎县志》卷一《舆地·山川》。
③ 康熙《永平府志》卷四《山川》。

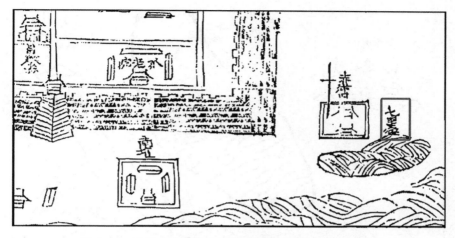

图 4-21　弘治《永平府志》卷前《昌黎县图》之七里海

则成滩，阴雨过多，潴水为泽，遂成巨浸。"①

七里海向淡水湖泊的转变，与饮马河水的注入密切相关。饮马河水量较大，且沿途接纳多条河流。同治时期，随着饮马河水源源不断地汇入，七里海的面积得到了大幅扩张，"今广袤几倍之矣"②。同时，因有沙丘阻挡，七里海与渤海彻底隔绝，潟湖历史成为过往。有研究认为，七里海淡水湖当时"在饮马河与滦河间的沿海形成一狭长的湖面，其北界大致在今赤洋口—潮河庄—团林庄—新立庄—拗榆树—大滩一线；南界则在现今沿岸砂丘与七里海潟湖界线的以南"③（见图 4-22）。

作为淡水湖泊，七里海受河流影响明显。"咸丰八、九年忽竭，民皆种麦，十年复潴水如故"④。光绪九年（1883）滦河下游泛滥，一支河水将七里海沿海沙丘冲开，七里海又与渤海相通，海水再次注入。饮马河汇入七里海的同时，由于泥沙淤积抬升了湖底，河水宣泄不畅，不得不向北改道在蒲河口入海。淡水汇入的减少及与海水的连通，使七里海再次向潟

<hr />

① 乾隆《永平府志》卷二《封域志中·山川下》。
② 同治《昌黎县志》卷二《地理志·山川》。
③ 冯金良：《七里海潟湖的形成与演变》，《海洋湖沼通报》1998 年第 2 期。
④ 同治《昌黎县志》卷二《地理志·山川》。

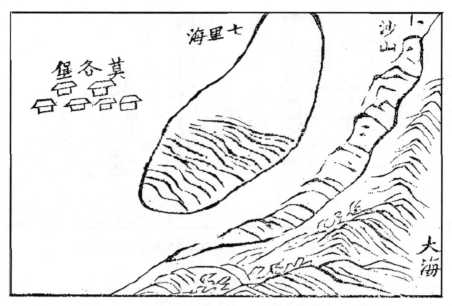

图 4-22　同治《昌黎县志》卷首《县境总图》之七里海

湖转化。清代晚期人口滋生，百姓迅速把淤积的七里海地区开垦为桑田，经呈报官府后名为"海防荒田"。荒田共有数百顷，因人口聚集而出现聚落，命名为大滩庄（见图 4-23）。①

　　清末以来，由于自然淤积，尤其是水利工程、围湖垦田的影响，七里海湖面萎缩，深度变浅，潟湖加速消失。民国初年，七里海地区的稻田主要分布在湖泊的北部，西部、南部有大片沼泽。后来人们在东新立庄以东围建土堤，并开挖稻子沟，从欧坨引滦河水到七里海种植水稻，围垦面积扩张迅速。1958 年后，又围湖建造盐场。20 世纪 70 年代，政府对七里海及周边地区进行综合整治，疏浚附近的河流，增强了排洪能力，但因入湖泥沙量增加，七里海的入海口三角洲不断发育。1977 年修建了七里海防潮闸，试图达到拦潮、泄洪和蓄水的目的。② 然而，潟湖的水质不适于农

---

① 民国《昌黎县志》卷二《地理志上·河流》。
② 袁振杰等：《七里海潟湖的演化与修复》，《海洋开发与管理》2008 年第 6 期。

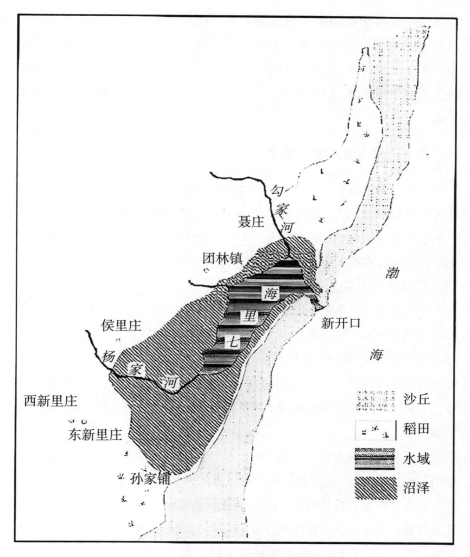

图 4-23　民国八年昌黎县地形图

资料来源：袁振杰等：《七里海潟湖的演化与修复》，《海洋开发与管理》2008 年第 6 期。

田灌溉使用，入湖河流旺盛的泥沙淤积也没有减少，因此七里海不断萎缩，面积远不及前期，综合治理迫在眉睫。目前七里海周边以滨海养殖业为主，兼有旅游业。

从七里海形成和演变的过程来看，这个滨海湖泊经历了"潟湖—淡水湖—潟湖"的两次转化过程，在水体性质变化的同时，湖泊面积也有盈缩。除了沿海沙丘的阻隔、入湖河流的沉积等自然因素影响外，近代以来的人工围湖利用与水利兴修也越来越深远地塑造着七里海。

二 天津市境内的七里海

历史上的京津冀地区，以"七里海"为名的湖泊还有今天津市宁河区的一处湖泊。天津市地处海河下游，海河各支流于此汇合，湖淀众多。宁河七里海的历史也可追溯至地质时代，最初为潟湖，后向淡水湖转化。明清时期七里海的扩张与清代开凿分流北运河水势的王家务减河（或称"引河"）、筐儿港减河有关。

宁河七里海是全新世以来，海退过程在天津留下的古潟湖之一。七里海古潟湖湿地位于京津冀滨海平原，该地成陆时间较晚，地质时代海侵时海水可沿着低洼地带深入陆地内部，海退时则根据微地貌差异，在更低平的地区留下潟湖洼地。古七里海便是这种海退洼地之一。从地貌单元来看，七里海位于滦河冲积扇与永定河冲积扇之间，受蓟运河与潮白河水系影响明显。

郦道元所著《水经注·鲍丘水》中，有"雍奴薮"的记载，"自是水（鲍丘水）之南，南极滹沱，西至泉州雍奴，东极于海，谓之雍奴薮。其泽野有九十九淀，枝流条分，往往径通，非惟梁河、鲍丘归海者也"。据此，北魏时期雍奴薮应是西起雍奴县（今天津市武清区一带）、东至大海的湖泊群总称。《读史方舆纪要》等文献认为，三角淀即古代雍奴薮。实际上，连同古七里海在内的众多沿海湖泊，应该都包含在雍奴薮的"九十九淀"之中。

在天津地区成陆后，七里海与海洋的联系逐渐减弱，水体性质也由潟湖向淡水湖转化。明代时，七里海一带属宝坻县管辖，附近的荒田曾多次被赐予皇室、太监使用。嘉靖六年（1527）十一月，地方奏报七里海周边荒地有"二万一千五百六十余顷计二百五十二里"①，可见当时这里的土地仍比较空旷。清雍正九年（1731），宝坻县临海地区被拆分设置了宁河县，从此，七里海地区属宁河县管理。

清初，七里海仍是"地形洼下，众潦归焉"②的汇水之区。不过，此时的七里海已不再是一片完整的水域，而是分为七里海、后海、曲里海等以"海"作通名的湖泊，还有鲫鱼淀、香油淀等以"淀"为通名的湖沼。七里海分解的原因在于河流补给量的减少及泥沙淤积。清初七里海地区的其他湖淀大多干涸，唯七里海仍有穿行其间的河道"宁车沽"尚未断流。明清时，北运河为大运河北端，在漕运体系中地位重要。为保证漕运畅通，明清在沿岸修建了众多水利工程。雍正年间，怡亲王允祥主持整治畿辅水利时，在顺天府香河县王家务开通引水渠一道，经武清、宝坻，在宁河县汇入七里海。其后，又在武清县筐儿港开凿引水渠一道，也汇入七里海。开凿引水渠的目的在于稳定北运河水量，保证漕运安全。两道引水渠以开通地点为名，分别为王家务减河和筐儿港减河。减河开凿后，七里海水量得到一定补给，但减河也将北运河泥沙运送至七里海地区。雍正五年（1727），朝廷对宁车沽进行疏浚，扩展了七里海规模。同治十三年（1874），地方又在筐儿港减河北侧另开一新渠，以济漕运（见图4-24）。

根据光绪《畿辅通志》附宁河县舆图，清代同光年间，七里海与后海已成为季节性湖泊，可以想见百姓在淤积的湖淀上垦殖的繁忙景象。在七里海之西，有塌河淀等淀泊，萎缩消失历程与七里海基本一致。清代后期，七里海的出水口有两道，或东出晋口桥汇入蓟运河，或南下曲里海流出北塘海口。从明初至清末，七里海渐由"泽宽水深"的湖泊，分化为若干湖淀，其后经人为引水、垦种湖田，最终演化为淀泊与沼泽共存的水体形态。

20世纪50年代，七里海开始改造治理。后海与曲里海因垦种土地而

① 《明世宗实录》卷八十二，嘉靖六年十一月壬辰。
② 《嘉庆重修一统志》卷七《顺天府二·山川》。

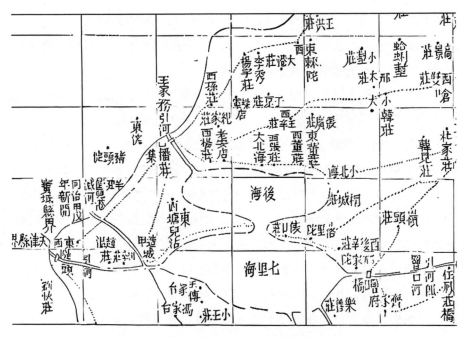

图 4-24　光绪《畿辅通志》宁河县图之七里海

消失。七里海因开挖潮白新河被分为东、西两部分，东七里海被改造为水库，西七里海也日渐萎缩。① 加之水产养殖业兴起，七里海水体、水质出现恶化现象。目前，七里海湿地已成为天津古海岸与湿地国家级自然保护区的一部分。随着湿地生态修复工程的推进，七里海生态环境与生物多样性正在逐步改善。

三　沧州渤海湾的沿海淀泊

在渤海湾的中部，今天津市南部与沧州市交界地带，分布有北大港水库与南大港洼地。北大港水库系 20 世纪 70 年代对独流减河治理后形成，南大港洼地则是历史上曾存在的沿海淀泊的旧迹。明清时期，这里分布有母猪港、大浪淀、蔡家洼等多处湖沼，后逐渐淤积，成为洼地，现在是南

---

① 秦磊：《天津七里海古潟湖湿地环境演变研究》，《湿地科学》2012 年第 2 期。

大港湿地自然保护区。

　　沿海地区的湖泊形成多与渤海的海侵与海退有关，沧州北部的湖淀形成过程也是如此。距今 6500 年前，渤海海平面升到最高处，当时的海岸线在今杨二庄—李村一线，今沧州、天津等沿海地区尚未成陆。随着海岸线向东后撤，在沧州、天津等地都发现了众多贝壳堤。同时，沿海地区形成了众多与海洋相连的潟湖。这些潟湖往往湖沼相连，人迹罕至。唐代乾符二年（875），沧州鲁城县（治今黄骅市西北）发现野生稻谷二千余顷，附近饥民争相就食，鲁城县因此改为乾符县。[①] 野生稻谷出现的地理背景即是沿海平原广泛散布的河流与湖沼（见图 4-25）。

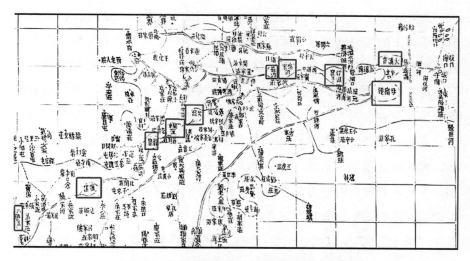

图 4-25　光绪《畿辅通志》沧州图之沿海淀泊

　　沧州沿海地区的湖泊在北宋经历了人为改造，即前文提及的塘泺工程。在塘泺的东段沿海地区，"塘水东起沧州界拒海岸黑龙港，西至乾宁军，沿永济河，合破船淀、满淀、灰淀为一水"，这片塘泊就是今天的北大港、南大港、团泊洼等地。这里是河、海交汇地区，塘泺在构建时充分利用了原有的沿海潟湖，而潟湖也由此与西部的河流、湖淀有了更直接的

---

①　《新唐书》卷三十九《地理志三》，第 1015 页。

联系。

　　明清时期，为保证南运河（时称"卫河"）漕运安全，先后开挖了多道减河，并将减河导入沿海低洼地带。明代中期，先后开挖了捷地减河与兴济减河，两河都以开挖地点命名，乾隆《沧州志》分别称之为南减河与北减河。减河开挖后，南运河水势稍分流至沧州东北部的各处淀泊中，原本也已垦种的湖沼有了水源补给，湖面得以维持。不过，随着运河系统在中国运输体系中地位的下降，运河水量迅速减少甚至断流，原为分流而开挖的减河的水量同样在减少。各处沿海淀泊或被垦种为田地，或改水产养殖，最终成为沿海洼地。

　　此外，历史时期京津冀北部地区是中国的农牧分界线之一段，今张家口、承德市的部分地域属于坝上高原，这个地区长期是中原王朝与北方民族或部族政权的交界地带。虽然汉唐时期中原王朝曾在冀北设立州县，但管理程度远不及内地。金代迁都后开始重视中都以北的地域，元代短暂的统治也没有弥合两种生活方式的差异性。明成祖迁都北京后，随着都司内迁，今河北北部地区再度成为北方民族的游牧地域。清代统一了蒙古各部，冀北地区出现了口北三厅、热河府等行政建制，历史记载也逐渐增加。今河北北部与内蒙古交界的部分湖泊多出现在清代文献中，主要有依克诺尔、巴颜诺尔、罕几图诺尔、乌木克诺尔、科布多诺尔等。"诺尔"又作"淖尔"，是蒙古语湖泊的意思。这些湖泊中既有淡水湖，也有咸水湖。口北三厅中的多伦诺尔厅还有"碱池"的记载。[①]

　　历史上京津冀地区曾湖泊广布，在河流之间、沿海地带、高原盆地都分布有不同水体性质的湖泊。不同地区的湖泊形成背景各有差异，经过漫长的自然环境变迁，尤其是明清以来日益频繁的人工干预，京津冀地区湖泊呈现总体干涸、萎缩的态势。

　　大体而言，河北平原内部的湖泊多受古黄河、古漳水、古永定河等河

---

① 按："碱池"又作"卤池"，光绪《畿辅通志》卷六十五《舆地略·山川九》："碱池在多伦诺尔西北一百六十里正白旗察哈尔境内。"

道影响，湖泊或分布在河流故道之间的低洼地带，或由河道迁徙后的故道形成。这些湖泊受到入湖水量补给的明显影响，如果入湖水量充足，且含沙量较少，则湖泊规模扩张。一旦河流改道他处，入湖水量不足，这些湖泊便会出现干涸萎缩现象。汉唐之后，由太行山麓东流的众多湖泊含沙量与日俱增，大量的泥沙沉积在入湖处、湖底及出水口等处。湖泊的入水口、出水口垫高，且湖底变浅，久而久之，河流难以进入湖泊进行补给，不得不改道迁徙。明清以来，滏阳河在大陆泽的东、西两侧流过，但不注入大陆泽，正是因此。淤积形成的肥沃且无主土地被民间争相耕种，百姓甚至有主动围湖造田的行动，这也加剧了湖淀的淤塞。明清广泛修建的河堤、湖堰，在束缚河流、确保安澜的同时，也限制了河流改道入湖。最终的结果就是，在自然与人为因素共同作用下，湖泊淤成平陆。

城市周边的湖泊人工改造痕迹更明显，不过，农田灌溉已不是这些湖泊的主要开凿目的，形成景致、保卫城市才是改造它们的初衷。因此，这些湖泊在开凿后往往得到持续不断的维护修缮，保证了它们在京津冀湖泊群干涸的大环境下，仍能存续下来。

沿海平原的湖泊形成于海侵与海退的史前时代，当海潮退去后，留下了众多与海洋相通的潟湖。海岸线的沙丘堆积慢慢阻碍了潟湖与海洋的沟通，最终使这些潟湖演变为一处处内陆湖泊。如果没有水量补给，潟湖不久便会干涸。明清时仍存的沿海湖泊，多是因为有淡水河流补给而得以延续。淡水的注入，改变了咸水湖的性质。当沿海湖泊转变为淡水湖时，也不可避免地沿着内地淡水湖演变的轨迹，最终变成沿海湿地沼泽。

第五章　盐碱沙涝：河淀水文与土壤环境

京津冀地区东部处于海河平原范围内，历史上常见的土壤盐碱化（或称盐渍化）、土质沙化与洪涝频仍，严重制约着人们的生产和生活。张北坝上地区气候寒冷干燥，夏季降雨少而蒸发量大，分布着许多盐碱地和咸水湖沼。围绕着这些自然条件进行的人类与环境相互适应、相互斗争的过程，构成了京津冀地区环境史的一个重要方面。

第一节　土壤沙化与盐渍化的地理基础

区域环境特征的形成，离不开地质、地貌、气候、水文等因素的综合作用，京津冀地区之所以产生严重的土壤沙化与盐渍化，同样缘于其固有的地理基础。

一　自然因素的综合作用

京津冀地区东部处于海河平原范围内，总体特征是地势低平、淀泊广布、河流众多。从太行山以及山西、河南等地顺势而下、奔向天津入海的河流，一到比降很小的低缓平原，或河道四处泛溢，或被堤防约束后迅速沉积大量泥沙，进而引起新一轮的溃堤成灾。水文环境与气候条件共同导致土壤的盐碱化、沙化与多洪涝，南北向的运河堤防阻挡了自西向东的天然河道的流路，进一步加剧了盐碱、沙涝在本区的肆虐程度。

土壤沙化的基础是本地的土壤性状与气候、水文等条件，外来影响因素大多是河流挟带泥沙尤其是决口后的洪水淤积。土壤盐碱化的形成，同样是地形、水文、气候等条件共同作用的结果。水流与泉源的停滞不流即所谓"潴水"，导致地下水位上升。海河流域是典型的温带季风气候，这样的水热条件，直接影响着区域土壤状况。夏季降雨集中，土壤表层的盐分虽略向下移，但因地下水位过高，排水不畅，只能季节性脱盐而不能使其顺水淋失。到冬春干旱季节，盐分随土壤水的强烈蒸发析出后，在表层聚集成盐霜、湿盐斑或盐结皮，致使土壤肥力变差，对农业耕作极为不利。多种历史文献尤其是明清至民国时期的地方志显示，京津冀地区的盐碱地分布相当普遍。

二 历史因素的逐渐积累

北宋在宋辽分界线白沟（大清河）以南，利用今白洋淀一带的河湖洼淀，构建了限制契丹骑兵奔袭的"塘泊防线"。这些河淀之水最终在天津附近流入海河，成为后世影响南运河水源与安全的重要因素，南运河则在一定程度上阻滞了它们东流的顺畅程度。

北宋沈括记载："深、冀、沧、瀛间，唯大河、滹沱、漳水所淤方为美田。淤淀不至处，悉是斥卤，不可种艺。异日惟是聚集游民，刮碱煮盐。"[1] 这个变化过程表明，以水压碱是治理土壤盐渍化的有效方式，但在治理之前几乎不能耕种。北宋的深、冀、沧、瀛诸州，正处在当代京津冀地区的中南部，黄河、滹沱河、漳河既决定着南运河的水源与运道安全，同时又因运河的阻滞而在上游积水造成大片盐碱地，这是彼此相互作用的必然结果。

土壤沙化与盐渍化的形成过程，需要较长的时间，越是累积到后世表现得越典型。换言之，明清与民国时期的地方志之类的记载，都是此前数

---

① 沈括：《梦溪笔谈》卷十三《权智》，《元刊梦溪笔谈》本，文物出版社，1975。

代累积的最近结果。综观京津冀地区各水系的州县，从南到北都有不少典型的例证。

第二节　南运河流域的盐碱沙涝

南运河流域所属的漳河、御河（卫河）、滹沱河水系，从河北省南部的邯郸地区一直延续到邢台、衡水直至中部的沧州地区。在相似的地理条件之下，盐碱沙涝普遍存在，兹以若干典型区域加以说明。

一　邯郸、邢台地区的沙卤之地

在本区最南部的邯郸、邢台地区，漳河、御河（卫河）、滏阳河等河流，对地理环境的塑造最强烈。磁县"东部沙漠横亘，交通困难。南北多平原，漳流界其南，滏水贯其中，东、南二部间有盐碱之地"。[①] 鸡泽县"地势洼下，为众流所汇，田皆斥卤"。[②] 威县"全境多系沙质土壤，故纯属旱田。……勿堂村四围皆沙碛，五谷收获甚少，惟果树较多。城东有沙河，春夏间风起沙飞，一望弥漫"。[③] 其余诸县，类似的情形也不少见。

邢台地区的广宗县，有沙卤之地分布的典型区域。民国时人记载："城东出东门数武，即系沙碛，宽五六里余。南自县境东南，东西石井疃村，西北经南北琵琶、张大辛庄、南塘疃、枣园、荆家寨、北寺郭、卫家庄、洪家庄、大王村，至城北洗马、小柏社村，沙冈起伏，高逾寻丈。又县之东北，自槐窝北至杨家庄、核桃园、毕家庄等村，长二十余里，宽数里，居民呼有沙之村曰沙窝。城南如白家寨、田家庄、三周、孝路等村，地质硗薄，杂以碱卤。旧店村东及村西北张葛、马房营迤南，旧系古河所经，地势洼下，每至伏秋雨水稍大，积潦深尺许。……综计全县地亩，沙

---

① 民国《磁县县志》第一章《疆域·地势》。
② 民国《鸡泽县志》卷四《山川》。
③ 民国《威县志》卷二《舆地志上·地质》。

碱约居十之五六，而良田不过十之三四云。"① 古河道所经堆积及其改道淤积的大量泥沙，成为广宗境内沙岗起伏与盐碱易涝的地理基础。

二　清河县的盐碱与民生

清河县位于广宗、威县以东，南运河的南端点临清西北。境内在北魏孝昌三年（527）置清阳县，"唐会昌元年（841），缘地久积碱卤，遂西移于永济渠之东孔桥"。② 历代政区治所受自然因素的影响而引起的迁移，大多是为了躲避洪水造成的危害。清阳县的治所因为本地"久积碱卤"而被迫迁移，这样的事情从古至今非常罕见。据此可知，清河县历史上的土壤盐碱化由来已久而且相当严重。延续到民国时期，"城四隅地皆斥卤，秋来如霜雪平铺，白色无垠。固地质使然，亦因六十二水沟淹没后，水无发泄，积久成壕，渐变咸碱"。③ 显然，地理形势决定的排水不畅与气候条件，决定了土地的盐碱化。

如此严重的土地盐碱化显然不利于农业生产，不少百姓谋生的手段是采用土法生产皮硝和食用的盐，二者居然作为清河县的"特产品"而载入方志。民国《清河县志》记载：

皮硝：环城沿碱河一带均斥卤，不生五谷，惟产硝。春冬雨量少时，经日晒则生白碱。扫碱土入池，水淋之即硝，尤以城内、城西出产为多。淋硝之池棋布，淋余土阜积。洁精粒大者入药，即芒硝，一名朴硝。稍次者即皮硝，用以制皮，枣强县属大营镇业皮者利赖之。计每人每日可淋硝十数斤，业此者均贫民，无税，其利甚溥。

盐：沿碱河东抵张宽、吕家坡一带，城南焦家堂，西南至倪家村，均产盐，计产盐区约占全面积四分之一。秋夏雨稠则盐质下渗，春冬日晒则盐土层出，取之不竭。味少苦，精制之则与大盐无异。据

---

① 民国《广宗县志》卷三《民生略》。
② 民国《清河县志》卷二《舆地志·城池》。
③ 民国《清河县志》卷二《舆地志·城池》。

采访，民九之歉，饥鸿遍野。沿碱河村，每阖村煮盐。扫盐土六十斤，即可得盐十斤。每人每日可煮四十斤，运销于南宫、威县等属。一村得无饥馁，其出量可想。惟格于盐商，不获尽量收获。夫食盐一日不可少，碱河百年不可变，长此弃货于地，殊为可惜。①

碱土经水淋、熬煮、结晶后，生产出芒硝或皮硝。前者可做药用，后者供制皮行业在鞣皮的工序中使用。清河县淋硝的水池星罗棋布，淋余的硝土堆积如山。全县四分之一的土地产盐，流经此地的河流径直以"碱河"为名。土法制成的盐俗称"小盐"，虽然品质并不符合今天的食用标准，但其低廉的价格正适应了当时贫困百姓的需求，因此也得以行销附近地区。盐土六十斤即能产盐十斤，含盐量高达六分之一，足见土壤盐碱化之重。1920 年清河县数村依靠煮盐度过了"饥鸿遍野"的大灾荒，这当然是民众之幸，只是这种恶劣环境下的"因地制宜"，也从反面证明了清河土壤的盐碱化之重与肥力之贫瘠。读着方志的这些记载，令人不免有食用"小盐"一般的苦涩味道。

三 景县的"碱场"与"沙洼"

滏阳河经邯郸、邢台地区再向东北，相继进入衡水、沧州地区，在运河西岸抵达天津附近入海。景县亦即古之景州，位于南运河西岸、吴桥之西、德州西北、故城正北。这里地势低洼，一旦遇到运河西岸决口，或遭逢夏秋大水之年，水势极易从故城汹涌而下，危及县境安全。

在这样的环境中，沙地与盐碱往往相伴而生，"碱场"与"沙洼"成为景县的地理特点之一。民国《景县志》记载：

> 碱场：地在本县西境。南自圣堂村，北至小果义，东至七柳树，西至黄古庄，南北十余里，东西六七里。其地土含盐硝，俗称碱地。

---

① 民国《清河县志》卷二《舆地志·物产》。

惟刮土淋煎，向属例禁。盐法实行，当可设法采取，不致货弃于地
也。……若地虽稍洼，无出口泄水之处，则仅生盐卤菜、碱蓬科而
已。其余皆盐甲寸许，一望无际矣。但此等地域，均系民有，生产虽
乏，赋税照征，此亦邑人所应注意者也。

　　沙洼：南自龙华镇，北至冯古庄，南北十余里。东自台辛庄，西
至瓮柯村，东西七八里。有古沙河一段，相传其地有义和庄，旧迹依
稀，今尚可辨。嗣因漳水泛滥，淤积为沙，致成不毛，村民遂皆迁
徙。今沿河村民，多环筑土墙以避风沙，周植杨柳，内种果树，兼植
五谷，且有凿井种菜者。远观俨若村落，近视则植物茂密，别饶风
景，具有世外桃源气象。但荒地居多，间或生茅，若渐次扩充，未尝
不可尽变为膏腴。沧海桑田、人定胜天之说，古人不我欺也。①

　　景县的碱地面积广大，可以排水之地尚可改造为较好的耕地，无法排
水之地则仅有若干盐生植物自然存活。干旱季节在地表结成的盐壳厚达一
寸左右，但刮碱煮盐又被官府禁止，无法耕种的土地却照样收税，不合理
的制度加剧了地方的困顿。古代河流泛滥形成的沙窝不适于生存，历史上
荒无人烟。民国时期人口增多，这些地方渐显生机，但许多荒地仍然荆棘
丛生，有待人们以人定胜天的精神加以改造。造成这些沙洼和碱场的原
因，"相传系由漳河泛滥遗迹，谓漳水分派曾自县西南入境，由贾吕村经
沙洼、碱厂、苦水营、庄头、野场、李志窑、宋门镇，北入阜城境"。②
从历史地理学的一般规律推断，沙碱之地是历史上运河、滏阳河等决口挟
带泥沙冲积，漳河支脉袭夺境内河道造成泥沙淤垫，境内地势低洼难以排
水导致盐碱聚积等因素共同影响的结果，其形成过程通常要经历多次水文
环境变迁。

---

① 民国《景县志》卷一《舆地志·地形》。
② 民国《景县志》卷一《舆地志·地形》。

四　南皮县沙碱地之民的生活

在衡水东北的沧州地区，运河东岸的南皮县是运河与渤海之间土壤盐碱化的代表。南皮处在河北平原诸河下游，与运河西岸著名的泊镇（今泊头市）隔河相望，东接滨海斥卤之区，历史上有马颊河、宣惠河、鬲津河、太史河、钩盘河从县境经过，留下的河流故道虽然久经淤垫，却仍有不少潴水洼地。

民国时期的分区调查显示，境内不少土地适宜种植五谷与棉花，但东部尚多卤碱不毛之地，东南部与山东交界地带多沙碛而少耕地。按照当时的分区，中一区即县城周边，农耕条件较好，县城以东的乌马营、东西门家、白坊子、塔马寺等村，碱土占十分之二。东二区西部的大安家、梁庄一带有流沙，南北长五六里，横二三里，应当是古河道的遗迹。东三区东南部的刁公楼、金庄，以及大商家、兴隆淀、官张家、朱庄、沙泊张（今属盐山县）、李兴宇、赵黄茂、李果达（今属山东省乐陵市）等村一带，"东西长约二十余里，南北宽约七八里，地皆流沙，仅宜种树"。南四区的镇店孙、于渤海、禇家口、碱场郑等村（今属东光县，在其东南界），"沿鬲津河之北岸，地多低碱，棉花五谷均非所宜"。西五区位于县城的西南部，其中的周庄、钓鱼台、齐庄、黄家洼、清水洼、孙庄以北等十余村，"地洼，恒潴水，土黏兼带碱性，五谷外不宜种植他物"。北六区地势低洼易涝，其东部的何七拨、白吉屯、朝阳村、祁家洼以及舍女寺（今属沧县）等村，"多荒碱不毛，黏壤之地不及半数，亦惟宜于五谷而已"。[①]

沙地和碱地不宜农耕，这样恶劣的地理环境使百姓的经济生活相当艰难。民国《南皮县志》专门列出《碱沙地居民特殊状况》一节，记录了他们与农耕条件稍好的其他乡村之间的显著差异：

---

① 民国《南皮县志》卷二《舆地志下·土壤》。

县境各区，土壤不一，环境特异。而居民生活之状况，因而亦异。

一为沙地之民。县境东南三区刁公楼、官张庄、金庄、霍家寨（引者按，霍家寨今属山东省乐陵市）等十余村，均位于流沙之中。其地毫无成分，有风即动。平原旷野忽凹忽凸，地壳沙层不知底止。恒掘至丈余，土性不变，人力无法可施。此种流沙，有承种、不承种之别。不承种者，仅可培养桑条、柳杆、青白两种杨树，其价格纯以距村远近、有无树株、并树株多寡大小而定。大抵距村近而有树株者，每亩时价约一二元至三四元不等；距村远者，每亩自二三毛至一元不等。查其原因，以距村较远之沙野，土人多目之为荒场。牛羊之牧放，刍茇之刈采，演为习惯，地主难于制止。且培养树株，必十年而得利。地主之无力者，往往养树数年，一时失于看守，即被人盗伐净尽。以故，土人如仅有此等流沙地亩，终岁恒无收入。南皮粮赋无轻重之别，近年粮捐、差徭及地方摊派日增不已，有时年纳摊款超过地价至三倍以上。此等地主困窘实甚，尝有全家逃亡不归者。其可以承种地亩，为丛树所绕之隙地。因垦种已久，沙性较熟，每亩价格自五元至三十元不等。倘风患不甚，人力充足，雨水调和，定有秋收。惟耕种资本太重，每亩相当肥料，须豆饼五块（每块约大洋八毛）、草粪三车（每车五堆，每堆约大洋一毛五）、大粪一石（每石价约一元五毛）。加之以力量子种，种地一亩，必须资本八九元之谱。倘粪力不足，则收成立减。故此地居民之困苦，较腴土为甚。

二为碱地之民。县境各区多有斥碱，其地不生五谷，惟产硝盐，而粮捐赋税一如膏田。有此地者，欲制相当出产，则碍于国家榷政，否则徒受其累。后此留意民事者，或有良图也。①

上述文字虽是对民国时期南皮境内碱沙区域百姓生活状况的记录，但

---

① 民国《南皮县志》卷三《风土志上·民生状况》。

在传统的农业社会里，乡村政治经济面貌的变化极为缓慢。因此，方志编纂者的描述与此前数十年甚至数百年的生活场景应当并无显著差别。经历了清末民国新政的广大农村尚且如此，历史上的民生状况亦当大略可知，这也是地理环境与社会制度影响人类生活的一个典型例证。由于河北与山东省之间，南皮与东光、盐山、沧县之间的政区界线调整，部分村落的当代归属已经与民国时期不同。

五　青县的"洼碱"与"土龙"

青县即历史上的清州，是运河西岸低洼汇水之地土壤状况的样本。这里是南运河沿线的著名汇水之地，"邑境东斥卤而北洼下，西南两面亦多枯河旧淀，鲜沃饶可恃之田"，百姓历来只能要求自己非常俭省地度日，才能免于饥寒。究其原因，"地质实有以使之。职是之故，种植法罕能改良。洼碱之区，甚有终世不粪其田者。土产谷麦之属，仅足赡养本地，行销外境者殊少。"① 人与土地之间的不良循环如此往复，加重了民众生活的艰难。

青县南二里的鲍家嘴，从前是滹沱河与卫河（御河）聚流之地，又称汉河口。村西有一道土岗，当地人称之为"土龙"："相传清道光中土龙从天而降，初距卫河尚远，渐行渐近。" "不数日，有漕船自南来者，上坐押运贵官，能望气。行至其处，见半空云雾中盘龙夭矫，即下船察看。骤索铁锹，命人掘断土龙首，并建小庙于其上以资镇压，始放缆去。"② 这个带有神话色彩的传说，在一定程度上是泥沙淤积促使河流局部改道的反映，土龙就是改道后甩下的一道堤岸。民间对地理环境的变迁不详其情，于是附会为若干神异故事。民国《青县志》又载：神沙庙"在鲍家嘴东岸。旧志称河内有暗沙一片，舟行至此遇浅，祈祷辄应"。③ 这应当就是上述传说所谓掘断土龙之后建立的那座小庙，但建庙的原因是

---

① 民国《青县志》卷十一《故实志二·风俗篇·农俗》。
② 民国《青县志》卷十五《故实志六·志余篇》。
③ 民国《青县志》卷四《舆地志·古迹篇》。

运河至此有泥沙淤浅之处阻碍行船，于是在泛神论思想的指导下供奉起了主司"神沙"之神，由此可见河床泥沙淤积之多，某次局部改道后留下一条土龙也顺理成章。民国县志有嘉庆三年（1798）"神沙庙民妇商方氏一产三男"之事，明清时期境内河流决口或"运河大水"数见不鲜[①]，而康熙《青县志》未见"神沙庙"。如果排除纂修者的主观取舍因素，这座小庙应建于康熙之后、嘉庆之前，早于传说中的道光年间，可视为清代中后期运河泥沙淤积日趋严重的象征。

第三节　白洋淀核心区的水利与水害

保定、廊坊两市所辖区域的南部，密集分布着多条河流，可以笼统地称为海河上游水系或白洋淀水系。它们大体自太行山东麓向东或东北流，经过白洋淀、文安洼两大湖泊洼地，再入大清河、海河，在天津以东入海。海河上游诸水的分布形态如同多根张开的扇骨，接纳众水汇聚的海河如同一根扇柄。其间流经的白洋淀和文安洼，北宋时期就是抵御契丹骑兵奔袭的塘泊防线的重要组成部分，同时也是地势低洼的泥沙淤积沉降之域，河床和淀底在历史上时常因此淤高，导致上游水流极易因阻滞不通而发生漫溢，河堤决口成灾，土壤盐碱化与沙化既分布广泛又非常严重。漕运枢纽天津是南运河与北运河的分界之处，为维护南北运河畅通而采取的工程措施与自然地理条件相结合，势必对上游的水文、地形、土壤以及人民生活产生巨大影响。

一　"地洼多碱"的安州

白洋淀地区的安州与新安县，历来是华北平原著名的水乡，两州县直至清道光十二年（1832）才合并为安新县。此地为众水所汇，虽有鱼米之利但水灾频繁，一旦发生即悲苦不可名状。

---

① 民国《青县志》卷十三《故实志四·祥异篇》。

明嘉靖年间任涞水知县、万历年间以保定府通判之职纂修《保定府志》的散曲作家冯惟敏，曾经乘船穿行白洋淀，从保定出发，经清苑、安州、新安到达雄县，为这里经常遭遇洪水的惨状叹息："嗟乎，是尚可以为邑也乎！洪水汤汤，四望无际。稼穑长亩，悉沦波中。邮舍通途，惟余树杪。间有聚落遗黎，攀舟叫号。闻之者伤心，见之者陨涕。"[1] 多水的环境不仅易发水灾，而且使淀边的许多土地盐碱化。除了少量村落的土地适宜耕种，多数村落因盐碱与水患导致普遍贫困。道光《安州志》称：

> 安州土瘠民贫，自昔记之矣。惟板桥、陶口地稍称饶，民可聊生。而蒲口、柳滩、赵口、老河头、亭子里、南青数村，地有肥瘠，民贫富相半。郝关、同口虽系水地而利种麦，今可与膏肥者埒矣。其余村落，大约瘠者多、饶者少。遇有水患，民多逃窜。若垒头、祭头、独连、向阳、大小寨，及边吴、北马、九级、午门、韩村、曲堤、磁白、胡王庄一带，地洼多碱，民苦尤甚。而流离菜色之状，即绘图不能画其似也。贾公有诗云"濒死民瘼谁为疗"，其是之谓乎？[2]

水乡湖淀理应享有渔业之利，但究竟能够享受水利还是遭遇水害，取决于当年的水文条件具体如何。"地洼多碱"的地理形势，又使得大部分土地易涝而不宜耕种。康熙五年（1666）就任安州知州的贾应乾，因此发出了谁能拯救百姓疾苦的呼吁。"康熙八年堤圻倾圮，申请修葺。部发帑金万两，筑长堤一百二十余里，高坚如式，躬自督查，发价雇夫，人沾实惠。不数月，屹立若金城。"[3] 由于贾应乾主持筑堤有功，巡抚免除了安州的多种捐赋劳役。但是，随着清代满洲贵族对土地的圈占，这里的自然环境与社会环境并未得到改善，生态状况的退步一目了然。道光《安州志》纂修者称："安地土瘠薄，物产有限。旱则坚如石田，涝则汇为水

---

[1] 道光《安州志》卷二《舆地志·河道》。

[2] 道光《安州志》卷二《舆地志·乡社》。

[3] 道光《安州志》卷九《宦绩志·贤铎》。

乡。向日树株荟蔚，城野森然。自圈占后屡经斧斤，兼之淹没，今则一望荡然矣。得水之利，十不得一；受水之害，十不止九。"① 自然条件与人为祸患，加剧了洪涝旱碱等灾害的肆虐程度。

二 "九十九淀"核心区的新安县

晚清之前的新安县在安州东北，处于白洋淀水泊湿地群的中心地带，地理环境比安州更具北方水乡特色。元代《文献通考》以"九十九淀"形容其数量之多而非确指，晚近则以"白洋淀"作为整片淀泊的总体称谓。作为水泊个体的白洋淀，清代位于新安城南二十里段村（即今端村）以南，当时尚有周围六十里的规模，处在新安之南、高阳之北、安州之东、任丘之西。这里的环境在明代发生了巨大的变化，"明弘治前，地可耕而食。故四围征粮，中俱系牧马场、鱼课籽粒之地。弘治后，旱潦频仍，利害相参。自嘉靖三十年来，淀水汪洋浩淼，势连天际。大小舫浮乎其中者，宛如八月仙槎初返银河"②。据此可知，淀区在弘治之前水面不广、水位较低，淀边的土地主要用于耕种以及为朝廷养马。弘治之后，水旱交替出现，但总体上在向多水环境转变。从嘉靖三十年（1551）开始，淀区进入了水位升高、水面广阔、水流汹涌的多水时期。水面上渔舟竞渡、往来穿梭，宛然一派华北江南的景象。

作为群体指称的"白洋淀"，包括安州与新安县境内的数十个大小湖泊，在两州县所辖范围内占有主体地位。这样的自然环境决定了当地的经济形态和生活方式，它们与周边以农耕为主的区域明显不同：

> 按，旧志云：新安泽国也。其淀若大潋、若殷家，水一入即经年难涸。盖诸堤专防诸河之水，自不能为内水计，最为民累。故其地最贱，是有害而无利。若白洋、石丘、平洋、烧车、东南西北诸淀，环

---

① 道光《安州志》卷七《风土志·物产》。
② 乾隆《新安县志》卷一《舆地志·山川》。

几十聚落。一望菰芦，杂以菱藕。网竿罟丽，所在而是。民虽出入沮洳之场，作息风波之上，然习而安焉，稍食其利而忘其苦。至于澜平波浅，蒲绿荷红，渔歌菱唱，差可拟西湖、洞庭也。①

乾隆《新安县志》沿用康熙《新安县志》原本，把乾隆八年时的新内容另行补缀在各卷之末。康熙年间的所谓"旧志"，其时代至少不应晚于明朝后期。引自"旧志"的这段文字显示，明后期至清初已经注意到，新安县淀泊广布的地理环境与以农耕为主的周边地区不同。大溵淀、殷家淀等常年积水不干，人们修筑河堤是为了防止决口成灾，地势低洼的淀泊恰是停蓄洪水之地，每年防洪就成为淀区百姓最大的负担。这里的土地随时有被淹没的风险，难以稳定地通过耕作获利，因此价格也最便宜。白洋淀、烧车淀等周边点缀着几十个村落，放眼所见都是芦苇、慈菇、菱角、莲藕等水生物，还有随处布置的鱼网和捕捉鸟兽的工具。百姓虽然出入于湖沼与波涛之中，但因为有利可图，也就逐渐习惯了这样的环境。从另一个方面看，这里的水乡景色甚至可以与闻名天下的西湖和洞庭湖媲美。新安等地这种颇具特色的经济生活方式，是他们因地制宜适应环境、利用环境的结果。

白洋淀等湖泊洼地的水文环境，多有干涸与洪涝的交替出现。这里有推广种稻的水土条件，但水源与土性的具体情况又与我国南方不同。即使致力于推广种稻的官员，也深通水旱无常之理，不主张强迫百姓种稻还是种麦，而是由他们根据本年的水旱情况决定。明清时期的官员认为："北方之人，原不善于种稻而又爱惜人力，一旦强之开沟开渠、用车戽水，遂以为烦苦我也。况新安之淀河俱系平流，非若山泉建瓴之水，引放可以任意。虽建设闸座，水小原可以引，水大断不能放。当营田之时连年大收者，亦天时之偶然耳。三五年后水涸，民仍种麦种秋，所收不减种稻。若必强之种稻，实为厉民矣。然遇有积水，不能种麦种秋，自然栽稻。地之

① 乾隆《新安县志》卷一《舆地志·山川》。

利害，百姓知之最明，何待上人之驱迫也哉。"① 在这块土地上世代辛勤劳作的百姓，最熟悉淀区的土性与农事。地方官员听凭百姓自己选择种稻还是其他作物，这样的自知之明显然有利于克服古代意义上自以为是的"瞎指挥"。

新安为九河汇聚之地，防御水灾的急迫性甚于兴修水利，人们想到的第一要务往往是筑堤防洪。但是，筑堤固然有抵挡洪水之效，同时也阻滞了水流的下泄，浅平的淀区可以容纳的水量更不足以消弭洪峰的威胁，古人因此形成了关于"堵"与"疏"的辩证认识。明清地方官强调：

> 考新安九河下流，谈御患者，孰不曰筑。策上也，不知堤可防小水，而不能以遏横流。横流遏，则无所容而无所泄，冲我城垣，坏我庐舍，杀禾害稼，何足论也。如嘉靖三十二年大水，万历三十七年又大水，九河奔发，横流于新安弹丸之地。登城凝望，势如滔天。顷刻间崩隍溃陴，响如轰雷。县尹杨仲经、教谕李津、训导侯述职极力防塞，又幸新安诸堤堰尽开，月漾桥堤又开，水少泄而民免腹鱼。昔年月漾桥凡九空泄水，今月漾桥空仅三，而泄水者止一二。凡新安九河水，而多泄于月漾三孔之桥，新安如之何不灾且害也！欲计燃眉，当图其所容水、泄水处，次第为厮、为浚其可耳。②

这里以明嘉靖、万历年间的两次大水为例，强调"疏"与"堵"的结合，小水靠堵，大水必疏。扩大淀泊的容水量以减缓水势，整理河淀的泄水出口以确保洪水能够安全过境，往往比单纯依靠筑堤的"水来土屯"重要和有效得多。这样的总体方略可以作为白洋淀地区治水的宏观指导思想，但在局部地区，筑堤仍然是不可忽视的工程措施，只是需要杜绝以邻为壑的做法。

---

① 乾隆《新安县志》卷一《舆地志·桥梁》。
② 乾隆《新安县志》卷一《舆地志·堤堰》。

明万历初年的张光远《新安县孟家沟筑堤障水记》，记录了隆庆年间新安知县蒋学成、保定知府张祈的事迹。他们采取得当措施，排解了两个村子为规避水害引起的纷争，在合适的地点修筑了比较稳固的堤防，使百姓免于水患。兹节录如下：

> 新安当九河尾闾，水多称害，而孟家沟者，尤西水要害地。先是，北水自容城小里村来，由三台乡山西村以投南之雹河，东达天津，则就下自然之势耳。山西村弗便，而曲防以壅之，则小里村受其害。以是，两村之民，交讼于上。会官勘议，数年乃定。盖仍以雹河为壑也。隆庆辛未秋，为山西村者不能与小里争，顾盗决此沟，以徙水害。遂至杜家疃东连村落者可十有八，凡潦禾稼可千余顷，而邑城亦岌岌焉蚁穴是惧，不几于壑其国哉！乡民李鲲等诉之邑侯蒋公而筑之。未几，壬申夏，复修其郡，士民乃奔控郡守张公。公偕蒋侯，率父老躬诣其地。相水势顺逆，较民害多寡。检前官之断案，乃罪盗决者而大加板筑。百姓呼跃，声动数里，而东南之砥障者定。仍帖乡民刘宣化等永永护之，以杜鼠雀争，俾无遗弱肉者患。今年秋雨决旬，洪涛泛涨，十八村之民获免漂没而遂粒食者，谁不旦夕窥金堤而佛手！①

上面讲述的水事纷争，发生在明代隆庆年间的新安、容城两县交界处。小里村，位于容城西南边隅；三台、山西村在新安西北边界，地处小里村东南，这三个村落至今不曾改名。从小里向南至山西村一线以西，今有北瀑河流入白洋淀湖群的藻苲淀，其前身应系雹河的上游分支，孟家沟当为这段河流的俗称。河水从地势稍高的容城小里村一带南流，顺势进入新安县的山西村，汇入雹河后再经淀泊流到天津。但是，处在下游的山西村感到不便，于是设法把河道堵塞，这就使得上游的小

---

① 张光远：《新安县孟家沟筑堤障水记》，乾隆《新安县志》卷八《艺文志·记》。

里村受到排水不畅之害。两村百姓都提出诉讼，打了几年官司仍然维持现状。隆庆五年（1571）秋，山西村的百姓眼见无法与小里村争胜，于是改"堵"为"疏"，竟然偷偷掘开河岸，以求把水害引向别处。这样一来，致使比山西村地势更低的杜家疃以东的十八个村落深受其害，共计有千余顷的庄稼被淹，新安县城也变得非常危险。由于淀区自明代以来环境变迁巨大，杜家疃暂且无从定位，但其大体应在山西村东南至新安县城之间。乡民为此事向知县蒋学成提出诉讼，随后堵塞了盗掘的堤口。到了第二年夏天，须着手弥补河堤的疏漏，百姓也到保定向知府张牺提出要求。张牺与蒋学成带领乡民代表，一起到实地查看地势与水流，确定从哪里排水损失最小。他们重新审理了前任官员的判决，给偷偷掘开水口的人定罪，大力加固河堤以保障河水不再威胁山西村东南的村落，赢得百姓一片欢腾。官府委派乡民专门看守河堤，以避免彼此争执与压迫。此后遇到秋雨连绵，河淀暴涨，十八村的百姓能够免于水灾，人人都在祈盼和仰仗河堤的保护，感激地方官的恩惠。这样的事例，在古代并不鲜见。

第四节　白洋淀周边的水沙与盐碱

白洋淀周边诸县，主要包括雄县、任丘、高阳、清苑、徐水、容城。事实上，即使是远在白洋淀以西一百四十余里、太行山麓的唐县，也有唐河辗转成为白洋淀的沙源之一。唐县因以得名的唐河是海河上游支流之一，金泰和六年（1206），刘琛主持开渠引水，灌田数千亩。唐河上游原本从太行山脉的松山自北向南流，到达下素村以南转而东流，在唐县城以南十余里流入望都县。其后唐河在下素村决口改道，一直向南而不是向东流去，县境西南、下素村南的"南乐（今南罗屯）以西、伏城以东，遂溃为沙川十余里"。到清代康熙年间，刘琛开渠灌田的遗迹已经无处可寻，但西河村、杨家庄、白家庄等村深受冲决之害，"下素之南，遗岸尚存。县南一带，十四村地皆飞沙，随风游徙，不生禾稼，即官租地也。而河流之漕，遗迹宛然"。[1] 决口后的河道向东南进入定州，转向东北经望都、清苑、新安（1913 年称安新）诸县进入白洋淀，成为淀区水沙的来源之一。与此相比，处在白洋淀周边的容城、雄县、任丘、高阳、清苑、徐水诸县的环境，与这个巨大的淀泊以及注入其间的多条河流，当然具有更直接的关联。

一 容城与新安的筑堤之争

容城县位于白洋淀北岸，南与安州、新安县交界，东与雄县毗连，北与定兴、新城为邻。境内的河流大致有两个流向：巨马河（今拒马河）源于涞水县，经定兴入容城北界，在王家营（白沟镇西）汇入白沟河，继而在王祥村（今雄县西北隅）南流入大清河；县西南的湖渠沟入萍河，萍河入龚家沟，龚家沟入郑家沟，郑家沟入新安县北界的韩家埝；王许沟自容城西南十五里小李村（今小里）起，经新安县三台村（今安新西北二十里），入新安西北大潋淀。[2] 上述常年河与季节河无论南流还是东流，都以白洋淀或大清河为归宿。境内的堤防主要有两段：瀑河堤西起安肃（今徐水）、东南至新安；巨马河堤西自沟市村（容城北十八里）与定兴相接，东至王李二营（容城东北二十五里王家营、东西李家营）与雄县相连，长四十余里，防巨马河与白沟河水患，堤旁各村"拉段分修"。[3]

容城虽处于白洋淀上游，但仅就光绪《容城县志》所载，明清时期的水灾也为数不少。正德五年（1510）六月大雨连绵，淹伤禾稼，导致是年大饥；九年（1514）七月淫雨，害稼大半；十年（1515）秋暴雨，伤禾大半。嘉靖三十二年（1553），南拒马河在老鼠湾（在容城北界）决口，被围困的容城县城几乎泡塌；三十三年（1554），大水更深一尺有余，连年禾稼尽淹。万历三十五年（1607）秋大水，漂没房屋田苗无算；四十一年（1613）大水。天启五年（1625）秋雨连绵，黍谷皆化为灰；

---

① 光绪《唐县志》卷三《田赋志·水利营田》。
② 光绪《容城县志》卷一《舆地志·山川》。
③ 光绪《容城县志》卷一《舆地志·河堤》。

六年（1626）闰六月大雨浃旬，平地水深数尺，冲坏民居无数，禾稼俱尽。清朝顺治九年（1652）、十年（1653）、十一年（1654）、十四年（1657），康熙七年（1668），雍正五年（1727），乾隆二年（1737）、十五年（1750）、二十六年（1761），嘉庆六年（1801）、十二年（1807）、十三年（1808）、十四年（1809），道光三年（1823），光绪十四年（1888）、十六年（1890），都有"大水"或"水"成灾，其中不乏"房屋田亩，漂没无数"或"淹没田禾，岁饥"之类记载。①

身处水患比较频繁的淀边区域，容城县官民非常重视筑堤防洪，在与邻近州县处理相关事务时，也不免产生矛盾和冲突。道光元年（1821），充当幕僚的浙江会稽人许有怀撰《免修四工闸废堤碑文》，刻碑立于容城县午方村玉泉寺，用以记录容城与新安之间围绕如何修建排洪渠道与河堤而发生的纷争。从雍正四年（1726）至道光元年（1821），这个聚讼纷纭的过程在近百年间几度起伏，不失为一个颇具典型意义的"环境事件"。兹录碑文如下：

> 盖闻水势就下，自古皆然。午方、白龙、东牛庄等村，与新安大溆淀毗连，所有本邑界内之瀑河、萍河，许、郑、王、龚四沟，夏秋泛涨沥水，俱由午方村南流入大溆淀，会达大河入海，相沿几千年，从无更易。
>
> 雍正四年兴修水利，蒙和硕怡亲王、大学士朱查勘，新土地势居下，议明于三台村南开河一道，引漕会瀑，以入于淀。在于新安城北四五里，筑护城堤一道，以护县治。具题后，即令投效职员周家相等办理。讵周家相系新安人，徇私废公，妄冀将大溆淀尽开稻田，从中渔利。擅违公令，将护城堤不筑于城北四五里，而改筑于城北十数里外，于容邑午方村南交界处所，名曰新堤，将大溆淀拦入堤内。又将三台村南议开之河改挖于新堤之北，名曰新河，横截容邑各河沟沥

---

① 光绪《容城县志》卷八《灾异志》。

水，不令由大潴淀达海，而令归新河，曲流而出。新河地势，头高、尾蹻、中洼，形如仰月。尾间高于中间两丈余，水势不能逆上，以致横流倒漾。午方各村，几成泽国，随冲决堤口数处。怆悴之间，新民亦受其害。两无俾益，国帑虚靡。经怡亲王亲驾小舟复加查勘，大加骇异，立将坏事之周家相削职，扶同误事之编修张麟甲等分别处分。饬令庶吉士杨士鉴等，查明应作何改正之处详议，一面出示晓谕，有案可查。嗣因木已成舟，只得迁就从事。在于新堤中间，建设四工闸一座宣泄沥水，仍由大潴淀达海，稻田无成，相安数十年。

乾隆二（引者按：二，衍文）十一年，二次兴修水利。蒙钦差部堂刘奏请动帑，又将新河开挖宽深，并将四工闸设立涵洞、闸板，以备启闭。迨新河随挖随淤，上游四沟、两河身，各宽一二丈不等，四尺涵洞尚不能泄一沟之水，焉能泄四沟、两河之水？迨夏秋泛涨，又将涵洞冲坍、堤口溃决，两邑人民，攘臂争斗，几成大案。

乾隆二十七年，新安又议将四工闸升高，改设滚水坝。蒙前宫保总督部堂方，饬委保定府王，切实勘明详。蒙宫保大人批："容城一带沥水，断非四尺涵洞所能宣泄。即新令违道干誉，罔恤容民患苦。而水势就下，壅积无路，必自冲决，其为患新邑更甚。该府所勘均系实在情形，仰清河道速即照议饬遵。至大潴淀民粮地亩，既据该府查明，并无此项升科案据，该县何得妄生议论！但事关赋役，仍饬保定府同知前往，带同该县确切查勘，据实具报。"自此以后，稻田不复再议，河堤不复再修，又相安五十余年，至今颂德不朽。

嘉庆二十一年夏间，新民遽将四工闸堵塞，午方各村又成泽国。经署县杨秉，蒙饬委分府单查勘详明，嗣后闸口永远流出，不得堵塞；各车道依旧留在，以便两邑人民出入，当蒙批准。会蒙出示晓谕，亦俱有案可稽。

道光元年，新安又欲修堤挖河。蒙县尊何公洞激详明各大宪，蒙总督部堂方，饬委清河道叶，确切查勘。蒙总督大人批："四工闸毋庸兴修。"复蒙布政司屠批："新安何故为此损人利己之事？仰保定府急速严饬。"自此以后，各村颂何县尊之德，颂各大宪之德，亦如当年颂部堂方之德矣。于是乎记。

道光元年岁次辛巳，立于午方村玉泉寺。①

容城县南三里的午方（今午方北、东、西庄）、西南八里的东牛庄、西南十里的白龙村，与新安县北境的三台村及其附近的大淀（在新安西北）隔界相望。诸村地势略高于南面的三台村，容城南流的几条河渠历来顺势经三台村附近注入大淀（见图5-1）。

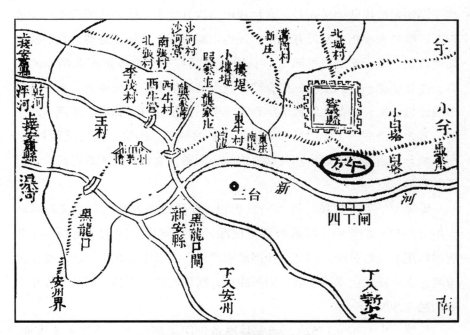

图5-1 容城南部与新安北部

说明：据光绪《容城县志》补绘。

因此，雍正四年（1726）在怡亲王允祥与大学士朱轼主持下兴修水利，决定依照地势在三台村南开河，把瀑河等向东引入大淀。另在新安

① 光绪《容城县志》卷七《艺文志下》。

县城以北四五里、三台村南筑堤一道，保护新安城的安全。但是，负责具体办理此事的周家相，恰巧是新安县人。他想把家乡的大淀淀开垦为稻田以谋利，于是擅自违反已有决定，把护城堤从原计划的新安城北四五里改移到城北十余里，一直抵达容城县午方村南的两县交界处，称作"新堤"，把大淀淀拦入堤内。周家相又将原计划在三台村南开挖的引河改在新堤以北，称作"新河"，以此拦截容城各河之水，使之东去而不再进入大淀淀。但是，新河沿途的地势是两头高、中间低，尾闾比中间高出两丈有余，导致水势横流倒灌，不仅容城县的午方等村被淹，新堤决口也危害到了南侧地势更低的新安县，徒耗钱粮而两县受害。怡亲王亲驾小舟实地查勘，撤处周家相以及负有连带责任的张麟甲等，令杨士鉴等调查后提出如何改正。鉴于新堤已然筑成，只得从中间打开一道纵贯南北两岸的缺口，在此修建一座四工闸，把容城各河沟之水依旧引入大淀淀。新安开稻田的计划作罢，彼此之间数十年相安无事。但是，有了新堤、新河与四工闸，就为两县埋下了此后近百年纷争不断的种子。围绕着新河是否利用、四工闸开启还是关闭这些利益攸关的核心问题，立场不同的双方持续进行了激烈的较量。

乾隆十一年（1746）再次兴修水利，按照协办大学士刘于义在乾隆十年（1745）的奏请，将新河拓宽挖深，四工闸设立涵洞、闸板，以备新河启用后适时关闭。但是，新河淤塞严重，四尺宽的涵洞无法承受上游诸河之水。夏秋洪水到来后，涵洞冲坍，新堤溃决，两县之间几乎发生严重的械斗冲突。

乾隆二十七年（1762），新安县准备把四工闸升高，改建为滚水坝。直隶总督方观承命保定知府王祖庚详查实情，随即批评新安县令违背行水规律沽名钓誉，不仅毫不体恤容城的疾苦，而且对本县危害更大。此外，朝廷并无向大淀淀百姓征粮的法令，县令不得妄自主张把淀泊开成稻田。责成保定府同知与新安县令一同查勘上报。此后，开稻田、修新堤之事不再提起，彼此相安又有五十余年。

嘉庆二十一年（1816）夏，新安县一方突然堵塞四工闸，容城县午方村等地再次被淹。时任容城县令杨传榮秉告上司，保定府同知单某奉命查勘，提出此后四工闸永远不得堵塞，各车道依旧留给两县出入。这个主张被上峰批准，晓谕官民得知。

道光元年（1821），新安又打算修堤挖河。容城县令何志清向上峰慷慨陈词、禀明实情，总督方受畴命令清河道叶绍本详查，随后做出批复否定了兴修四工闸的计划。接着，直隶布政使屠之申指斥新安县的做法损人利己，请保定府急速查处。经历了这样的波折，容城各村颂扬县令何志清以及秉公办事的朝廷大员，就像称誉乾隆年间方观承造福百姓的德政一样，因此在午方村玉泉寺立碑作为永久的纪念，当然也有作为此后平息纷争的见证之意。多水的环境最担心他人以邻为壑，缺水的干旱地区则常见彼此攘夺的水权之争。容城与新安之间关于排水出口问题的百年较量，堪称在多水环境中如何处理与左邻右舍关系的一个典型事件。

二　雄县的硝与碱

新安东北、容城以东的雄县，其西南边缘和南部与白洋淀湖泊群相接，境内有大清河等把白洋淀水排入下游。地势低洼，积水难排，境内的盐碱化土地不仅分布广泛，而且盐碱化的程度相当严重。

清代至民国时期的方志，把植物类的烟叶与矿物类的硝、碱列为本地的主要物产。民国《雄县新志》称：烟叶"本境自康熙年始种植，地斥卤，遂大宜。城内种者，味尤迅烈"。烟草原产于南美洲，除了重盐碱土之外几乎都能生长。这里的"地斥卤，遂大宜"，是在强调烟草对土壤的适应性远比其他作物强，并非指它不需要良好的土壤和肥力。硝与碱，都是人们在盐碱化的土壤环境中求生存的产物。"硝有二种：一火硝，由植物腐烂于地而生。乡人扫之，和以草灰，实釜中熬之，淋以缸，倾瓦盆内，冷则成块，可做火药。锅底有盐，为细小结晶形，色白，味涩，名小盐。一皮硝，其熬法与火硝同，可为熟皮之用。"在雄县境内的下村、回回营，"回人多采皮硝以熟牛、羊、骡、马、驴及犬等皮"，是皮硝的主要用户。"碱，西乡近淀各村，地为淀水所托。至冬，天气干燥，则浮于地面，白如雪。土人扫而淋之，则成红碱，可为染色之用，如曹达能不褪色，但未能提炼洁白以供食用。闻近日已有仿口碱做法，其制品可乱真云。"① 西乡近淀各村，指县境西南部靠近白洋淀水域的村落。湖淀抬高了周边地区的地下水位，土壤中的盐碱成分随着冬春季节的干燥蒸发而被带到地表。乡民通过扫土、过滤、熬制等工序，制出可以染色的红碱，其染色效果就像民国时期的品牌"曹达能"一样。到民国年间，人们开始试制可以食用的白碱。诸如此类的事例，足见其盐碱化之重。

直到 1970 年前后，通过实施兴修水库遏制水旱灾害、种植田菁积肥以改良土壤结构、开辟条田挖沟降低地下水位以排碱、种植水稻以洗碱压碱等工程措施，再加上华北地区气候总体趋于干旱，盐碱治理才取得根本性的胜利。

三 任丘的水灾与赈济

任丘位于白洋淀东南，清代在县城西北五十里关城等村，周围六十余里属于白洋淀水域。除了"诸流所汇，深广四达，芰荷交匝"的白洋淀的一部分之外，其他大小淀泊包括五官、掘鲤、狐狸、葫芦、居龙、金波、荷花、黑耳、苘、三浒、柳圈、八角、前潭、北花、池鱼、光、龙王、平阳诸淀，合计数十处。② 清代任丘的辖境远比当代宽广，其西北边界已经延伸到新安城西南十八里、白洋淀北岸的关城村，而今却已退缩至关城村东南二十五里的梁沟村一线，白洋淀水域的绝大部分已经属于安新县。换言之，清代方志所载的任丘淀泊，现在绝大部分已属安新县管辖。

元明清时期的任丘县领有白洋淀水域的东南部分，水灾的数量远多于旱蝗等灾害。淫雨连绵导致河淀之水暴涨，淀泊行水缓慢与尾闾排水不畅容易引发内涝。潴龙河从西南向东北流入任丘县西北隅的淀泊，它的堤防

---

① 民国《雄县新志》卷十七《故实略·物产篇》。
② 乾隆《任丘县志》卷一《地舆志·山川》。

决溢对任丘影响最大。据清代县志所载，元世祖至元六年（1269）八月水涝；二十七年（1290）四月，易水涨溢，漂没田庐，朝廷诏令修固堤防。不料紧接着八月发生大地震，地表倾斜塌陷、黑水涌出，官署民居震坏，死者甚众；三十年（1293）淫雨伤稼。成宗元贞二年（1296）水涝。英宗至治二年（1322）五月，淫雨害稼。文宗至顺二年（1331），莫亭县（治今任丘东北二十四里陵城村南）水涝；三年（1332），滹沱河决口。顺帝元统元年（1333）七月，大水淹没无遗；至正二十二年（1362）河水淹没县城，损坏民田三千余顷。①

明代的水灾依旧不少，宪宗成化六年（1470）夏涝秋旱；二十三年（1487）秋大水。孝宗弘治二年（1489）六月，大水。武宗正德十二年（1517）夏，大水致使陆地能够行舟。世宗嘉靖二年（1523）三月，白洋淀风急浪涌，淀中采莲藕的数百人被淹死；三年（1524）秋大水；四年（1525）大水淹没秋禾；八年（1529）秋雨杀稼；九年（1530）夏旱秋涝；十年（1531）秋大水；十一年（1532）蝗灾与水灾并发；十五年（1536）秋涝；十六年（1537）秋大水，淫雨不止，民舍倾颓；三十二年（1553）秋大水；四十一年（1562）大雨持续十余天，五官淀水陡涨。神宗万历五年（1577）六月暴雨不止，坏庐舍无数；三十五年（1607）、三十九年（1611）大水。熹宗天启元年（1621）、三年（1623）大水。②

清代的洪水记载，往往与灾害赈济并存。顺治五年（1648）大水；六年（1649）黑羊口决口，大水环绕任丘城；十一年（1654）五月五日，暴雨如注，庄稼俱淹；十五年（1658）大水，朝廷派员赈济饥民，每一口给银一两。康熙六年（1667）大水，免租十分之三，遣官赈济饥民七千二百人，各给米六斗；八年（1669），因水灾免租十分之四；三十五年（1696）大水，没城三板。③板，或作版，以"版筑"方式筑墙时所用的

---

① 乾隆《任丘县志》卷十《五行志》。
② 乾隆《任丘县志》卷十《五行志》。
③ 乾隆《任丘县志》卷十《五行志》。

夹板。戴震补注《周礼·考工记》："版崇二尺，长六尺。"① 据此可知，洪水在任丘城墙之外达六尺之深。

清代朝廷对任丘重大水灾的蠲赈，主要因潴龙河决口而起。综合志书所载比较具体的事例，雍正三年（1725），潴龙河堤决，任丘 48 个村庄田亩被淹。先赈济一个月米 1510 石，再加上冬春四个月，共赈米 8883 石余。乾隆三年（1738），潴龙河决堤再次使上述 48 村被淹，地势更低的村庄也因雨水过多受灾，于是拨发十一月至来年二月的赈米以及 48 村以工代赈的粮食，合计米麦 15346 石；十二年（1747）雨水过多致使 68 村受灾，赈济十一月至来年二月米 7642 石；十五年（1750）潴龙河堤决，共有 64 村受灾，赈济十一月至来年三月米 12000 石、银 5100 两；二十六年（1761）潴龙河在麻家坞（任丘东南二十里）决口，河水漫溢使 172 个村庄受灾，赈济十一、十二月的一半米 5122 石、一半银 6200 两；② 五十九年（1794）秋禾被水，赈济十一月至来年二月米 15940 石余、银 23431 两余。嘉庆六年（1801）又遭秋涝，赈济十月至来年正月米 87058 石余、银 30447 两余。道光二年（1822）秋禾被水，赈济十月至十二月米 31895 石余、银 45197 两余；三年（1823）再遇秋涝，赈济十月至十二月米 27239 石、银 61572 两余。③ 据此可见，在多水环境下的任丘，水灾成为影响社会生产和生活的重要因素。

四 高阳的水患与堤防

高阳县位于白洋淀南岸、蠡县之北，潴龙河自本县南界的团丁庄入境，明清时期的故道与当代不同，先向北流经崔家庄、长果庄、卜士庄（今博士庄），由此转为东流，至高阳旧城与石家庄之间继续北流，过北龙化、佛堂（今南、北佛堂）、教台（今南教台、教台）等村，到达刘李庄（今属安新县）的西北入白洋淀，在境内蜿蜒四十余里。挟带泥沙的潴龙河水流

---

① 戴震：《戴震全集》第二册《考工记图下》，清华大学出版社，1992，第 815 页。
② 乾隆《任丘县志》卷三《食货志·蠲赈》。
③ 道光《任丘续志》卷上《食货志》。

湍急，洪水季节往往暴涨十余尺，历史上多次为防灾修堤浚河。清康熙三十七年（1698），修建潴龙河南堤与北堤，在以南北向为主的高阳境内，实际上就是东堤和西堤。南堤（东堤）的高阳段，南起蠡县绪口（今高阳县东绪口，对岸即西岸是蠡县北绪口、南绪口），北至任丘县界，长六十二里；北堤（西堤）的高阳段，南起自布里桥（今高阳布里村东，后改安澜桥）路口，北至安州冯村（今安新县南冯、北冯），长四十二里。

即使如此，由于境内河堤、河床与入淀下口并不理想，直至民国时期，高阳依然深受潴龙河时常决口之害。安澜桥以下河堤约束河床太紧，窄狭的东西河堤之间容水量过小。河床疏浚不够及时，潴龙河挟带的泥沙多年淤积在河床，部分地段累积起来竟然高于堤外平地五六尺甚至一丈多，已成悬河。潴龙河入白洋淀的下口淤塞，不仅导致泄水困难，而且淀水还不时逆流而上，入侵南岸高阳辖境。这样，在夏秋多雨季节，入境之水奔腾直下，波涛滚滚，急需河道排洪。但是，被淤塞的下口却像一道门槛阻止了河水顺利宣泄，再加上白洋淀水位上涨后的逆流顶托，潴龙河两岸的堤埝抵挡不住迅速增高的河水，若逢风雨激荡之日更易溃决。悬河之水溃决后一泻千里，南堤（东堤）外六十余村，北堤（西堤）外二十余村，夏秋庄稼尽行淹没，房屋亦多被冲毁。南堤（东堤）在蠡县境内的骆驼湾、龙母庙，北堤（西堤）在蠡县的小汪、段庄、南天门、小庞果庄，是潴龙河大堤最危险的地点，历史上的决口大多发生在这些地点，处在蠡县下游的高阳自然难逃其决口之厄。

马家河是孝义河在高阳县境内的一段，此河从西南的博野、蠡县流入高阳，自赵官佐村西南，向东北流经东田果庄北、圈头（今南、北圈头）、岳家佐、蔡家口（今南、北蔡口）等村，北入白洋淀。到民国时期，此河已成季节河，春冬往往干涸，夏秋两岸暴雨汇入后水深数尺。若逢上游潴龙河决口后洪水灌注，也会变得巨浪洪涛奔腾而下，水位一夕可涨十余尺，偶尔溃决就会危及高阳县城周围各村。在高阳最西端与清苑县交界线西侧，历史上有土尾河，自高阳、清苑、蠡县交界处的三河桥入高阳县境，北流经堤口（今南、北堤口）、张卜士庄、宋家桥（今宋桥）、苇元屯等村，至三界牌（高阳、安州、清苑分界点）入安州境。民国时期此河尚存，但河身狭窄、水流湍急，雨季洪水到来往往暴涨六七尺，时有溃决之害而无舟楫之利，当代河系改造后已难寻其踪迹。

白洋淀南岸的河流淤积，使得高阳境内原本是水域的部分地方，到民国时已经大半淤为平地，入淀诸河的下口变得泄水艰难。这样的河流主要有三条：（1）在高阳县城以南，马家河（孝义河）的支流齐家河，自延福屯村西起，北流至南圈头村东北，入马家河。当代沿途仍有河堤显示着河道曾经的流路，但堤内已无河流存在；（2）县城东南，自于堤村南起，向北经李果庄，至良村西止。这条河流在当代已成耕地，良村以北的雍城（今拥城）周围是淀边沼泽区；（3）在高阳县东南区域，西支由张家连城村（今张连城）起、东支由刘家连城村（今刘连城）起，向东北流，在河西村东北合二为一，经都曹口、小冯村、西王庄、连庄（今连家庄）、庞口、杨庄、（以下诸村，民国之前隶属高阳，今属任丘）出岸、东良淀、小关、楼堤（今娄堤）等村，进入民国之前的任丘境内。这条河道的大部分，与当代经过改造的小白河及其支流相近。它们与潴龙河的水情，决定着高阳的安全。旧时方志纂修者感叹道：

> 三河之汇杨村者，入邑之南而西北，为土尾河；入邑之南而东北，为马河。土尾河决，则西北乡没。马家河东决，则东南为壑而渐没于北；西有决，则城以西为壑，城有灶蛙矣！且马家河之东二十里，潴龙河在焉。盖四十里间，三河流贯，且土薄渠浅，无岁无水。其南则蠡吾，决口即苦北下；其北则白洋，逆流时苦南侵。弹丸之地几何，而河伯据其大半。况上决于蠡，则我不得堤防；而下或梗于瀛濡，则我又不得疏泄。倘各急其急，即痛痒不相关，而我且为上下之员官矣！是在当事者，家视一同而循行高下。可塞，塞之；可浚，浚之。使地虽界分而情实脉贯，小民或有瘳乎？然非一郡邑责也。[1]

---

[1] 民国《高阳县志》卷一《地理·河流》。

"三河之汇杨村者"，应指汇为潴龙河水系的瀊、溏、沙三河，即今磁河、唐河、沙河，它们是高阳境内多条河流的上源。高阳西陲的土尾河、中部的马家河（孝义河）、东部的潴龙河以及与今小白河相近的河流，具有白洋淀逆流南侵致使入口淤塞、河道泥沙淤积明显、河堤时有溃决成灾之虞的共同特征，它们决定着高阳境内洪水影响的区域和为害程度。除了自身的水文条件、堤防状况之外，这些河流在多水季节还要受到来自上游蠡县的大水灌注、来自下游白洋淀的逆袭顶托与河道淤积阻滞水流的压力，因此应对起来时有左支右绌、四面危机之感。一州一县的行政能力显然难以统筹整个潴龙河水系的防洪与河道治理，因此呼吁当政者"家视一同而循行高下"，也就是希望打破州县的畛域，上下游像处理一家之事那样予以统筹规划和行动。

　　高阳境内遭受水灾最典型、最持久、最无可奈何的区域，是西王家庄（今西王庄）与雍城村（今拥城）。西王家庄位于潴龙河以东、小白河西岸，地势低洼，一旦潴龙河南岸（亦即东岸）决口，河水顺势冲向西王家庄一带，庄稼常被水涝。西王家庄以东紧邻小白河的河堤，潴龙河之水冲到该村后又被小白河的河堤阻拦，因而加重了决口成灾的程度。因此，民国初年方志记载的民谣说："猪龙河，大河道；开了口，满地涝。西王家庄的庄稼白闹了。"[1]这样的民谣最能真切反映民间疾苦，它所形成的年代至少应在清朝后期，西王家庄屡遭水灾的历史当然更久。对于同一时代雍城村久遭水患之苦的状况，民谣做了更加全面的描绘。雍城位于白洋淀南岸，东有潴龙河，西有马家河（孝义河），北面是河流尾闾在白洋淀南岸淤成的沮洳之地。高阳在清代和民国时期的纺织业比较发达，雍城村也有轧花、织布的行业，其间的辛苦被民谣一语道尽："轧花难，轧花难，五更早起三更眠，血汗换来钱。"与此相比，更多人的谋生手段是白洋淀水乡最常见的打鱼摸虾。早起摆摊卖鱼，为避免过午没有卖完造成的损失，渔民或鱼贩拼命吆喝招揽买主，直至大汗淋漓流到脚面，因此有民

<hr />

　　① 　民国《高阳县志》卷二《风土·歌谣》。

谣说道："卖鱼苦，卖鱼苦，卖鱼不完愁过午，狂呼汗至足。"被东西两道河堤夹在中间的雍城村地势低洼，夏秋季节常有水灾之忧，民谣唱道："雍城村，四面洼，不打鱼来就摸虾。下大雨，就害怕。""雍城村，四面低，打了南堤打北堤，你说晦气不晦气。"马家河与潴龙河堤防的包围，使雍城村的相对地势更低，村民的晦气与忧愁由此加重。民谣又称："雍城村，四面深，种了庄稼白费心。这样情，无人问。""雍城村，甚风洒，春天和暖种禾稼，秋天一涝全变傻。"① 淀边被水淤过的土地原本适宜耕作，地势低洼易涝的天然劣势却使百姓付出的辛劳化为乌有。这样的情形当然不是民谣被载入乡邦文献的民国初年才有的，民谣应当是对由来已久的社会状况的反映。

修筑堤防通常是最直接、最普遍也最传统的抵御水灾的手段，旧堤防的维护与新堤防的修筑，都是事关百姓安危的工程措施。高阳境内自唐宋以来就有筑堤的历史，清乾隆三年（1738）修建的永安堤是其中之一。时人孙维愿撰《永安堤志》，说明了筑堤的历史过程、路线选择与施工效果：

> 永安堤有旧址，长千二百工有奇，比唐堤工数仅五之一。兹之弃唐堤而建永安者，固节国帑、省民力也。是役举，而大利以兴，大害以除；福绥一方，利周两县。虽因实创，盖一时千古云。考唐堤建于宋朝，其来旧矣。其先，大河在旧高阳之西，唐堤之立，原以防北淀倒漾之水。故五村所修唐堤，西嘴与车道口相连，向来固未有河也。自河屡易而东，车道口遂为河水入淀咽喉。咽喉逼窄，重以淤积。而孟仲峰村去车道口里余，每逢秋水涨发，逆流多溢，屡虞室居淹没之忧矣。夫孟仲峰村坐堤上，孟仲峰淹即唐堤不守，岂但我高邑娄堤等四村被害，即任邑四十余村亦俱遭淹没。故救任邑、娄堤等，莫如先救孟仲峰一村；救孟仲峰一村，莫如宽河；欲宽河，势必弃唐堤第

① 民国《高阳县志》卷二《风土·歌谣》。

一。唐堤东系两县民田保障，决不可废。计莫如置孟仲峰村于堤外以宽河路，而东修永安以代唐堤，乃为良策。然五村人等亦曾合词具呈，前此升任诸公亦未尝不熟悉而心怜之，而均系未能举行。至乾隆三年南水弥漫，唐堤冲坏约五里余，势非帮修不可。我民方乘此思避患之计，适我林公抵任之初，缘此五村士民具呈待命，而我公即亲诣唐堤及永安堤处，详察利害情形，慨然以拯溺亨屯为己任。按呈转详水宪，初蒙清河道金亲查许可，又蒙本府倪奉督宪面谕，亦亲查准申，蒙批"准废唐堤，修永安堤可也"。我公又以五村年前被虐河伯、未获颗粒，代民请命督宪。蒙批"照以工代赈之例"，公即亲诣永安堤处散金督催。人心欢腾趋事，不过月余，而永安堤于是乎告成焉。从此河水洋洋，顺流不惊。孟仲峰一村置永安堤外，村墟无恙，而涝土兼获河淤之利；娄堤四村置永安堤内，工少易完，而夫役不叹修守之艰，孰非我公力哉！公于此其乐矣乎？然回忆详请之始，忧之深，忧之切，匍匐请命，其心劳；至督修之时，冒风雨，犯寒暑，早夜不遑，其神瘁。即至厥工告竣，犹诏五村士民，特用朱笔代立合同，帮修娄堤四村五年。五年以外，与孟仲峰无干。留房存案，以绝争端。由此观之，民乐也，公忧也，我公之心其亦何时而乐乎？昔范仲淹为有宋一代名臣，尝先天下之忧而忧，后天下之乐而乐，我公殆其人欤？是为志。①

根据上文以及雍正《高阳县志》所载《河堤图》与"四路村庄"等所示，乾隆三年（1738）修筑的永安堤，是对唐堤（实为北宋所修）北段的改造。《永安堤志》称："其先，大河在旧高阳之西，唐堤之立，原以防北淀倒漾之水。"据此可知，潴龙河更早的河道在高阳旧治（今旧城）之西，大致就是今潴龙河所经的河道。唐堤的主要段落在潴龙河东岸，自出岸村向北延伸到刘李村以东、孟仲峰村以西时，向右（东）转

---

① 孙维愿：《永安堤志》，民国《高阳县志》卷十《集文》。

折，旨在抵挡北面的白洋淀之水向南倒灌，保护堤内的孟仲峰、小关、百尺、梁淀（今东、西良淀）、娄堤五个村落（见图5-2）。

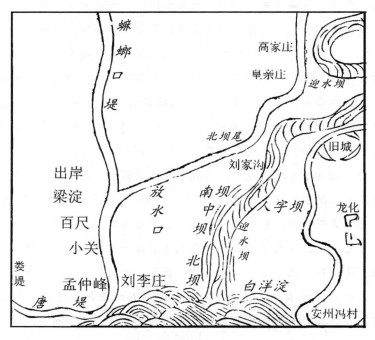

图5-2　高阳县河堤图局部

说明：据雍正《高阳县志》改绘（上南下北）。

唐堤原本距离潴龙河较远，但是，随着河道屡次向东改移，它却直接变成了潴龙河的东堤。由于潴龙河入淀的咽喉狭窄、淤积严重，唐堤向东转弯处的孟仲峰村，最易受到夏秋河水涨发、淀水逆流之害。孟仲峰村坐落在地势较高的唐堤上，这个村庄一旦被淹，就意味着唐堤全线失守。顺势东行的洪水不仅将继续淹没高阳所辖的娄堤、小关、百尺、梁淀四村，连同东邻的任丘县四十余村也难逃此劫。这样，欲求从根本上消除水灾，势必建立一个环环相扣的逻辑关联："故救任邑、娄堤等，莫如先救孟仲峰一村；救孟仲峰一村，莫如宽河；欲宽河，势必弃唐堤第一。"考虑到唐堤是东岸高阳、任丘两县民田的保障，肯定不能全部废除。理想的方案是改造唐堤向东转弯前后的段落，新修一道河堤即永安堤，把原在唐堤之内的孟仲峰村甩到永安堤外，潴龙河入淀的通路由此得以拓宽，洪流顺利入淀也就等于减少了水灾。五村百姓曾经提出这样的建议，官员也清楚这个方案的可取之处，但一直未能付诸实施。

　　直到乾隆三年（1738），此事才得以实现。潴龙河洪水把唐堤冲坏了五里多长，迫使官府必须出资修补河堤。高阳士民认为，既然要动用国库银两，不如趁此机会实施原先的设想以永久避患。孟仲峰、小关、百尺、梁淀、娄堤五村提出呈文尚未得到回复，适逢林知县前来就任。他刚刚到任就亲自前往实地考察，义不容辞地肩负起拯救灾民、恢复民生的重任。林知县把修堤方案呈报朝廷主管水利事务的机构，先有清河道金志章亲自调查后表示许可，接着又有保定知府倪象恺按照直隶总督孙嘉淦的当面吩咐，经过亲自调查后批准废除唐堤改修永安堤。修堤的方案落实后，鉴于乾隆二年（1737）的水灾使唐堤之内的五村百姓颗粒无收，林知县向上峰请求赈济。孙嘉淦批复按照"以工代赈"的办法解决，林知县随即来到永安堤建设工地散发银两、督促进度。受到鼓舞的百姓积极施工，一月有余即告竣工。林知县操持修成永安堤后，潴龙河水顺流入淀，堤外的孟仲峰村安然无恙，低洼的土地在河水淤积后变为肥沃农田，堤内的娄堤等四村也没有承担过重的劳役。他在修堤前后多方操劳，堤成之后又替五村订立合同，五年之内各村共同维护河堤，五年之后孟仲峰村就不再承担劳役，只由其余四村继续负责。合同作为档案存入官府，以免日后再起争端。林知县关心百姓疾苦，颇具北宋范仲淹先忧后乐的风范。

　　林知县是福建长乐县人，乾隆县志誉之为名臣："林琼蕤，字光可，号朗山，十八都壶井人，沉静和雅。雍正庚戌进士，以双亲年老，不赴馆选。丁内外艰，哀毁尽礼。服阙，选直隶高阳令。莅任未半月，水淹百二十村庄，数千人嗷嗷待哺。蕤恐官赈有稽时日，遂捐粥，直接开仓，活人千计。水少退，即修旧堤、浚淤塞，水患立平。邑旗民杂处，抚之帖然。在任四年，宽严互济，尤以论文课士为己任。每叹簿书鞅掌之烦，随以老疾乞休，归装惟图书数箧而已。时年七旬，犹手不释卷。著有《兰瑞堂文稿》、《四书说解》、《唐诗直解》、《左传评注》。"① 林琼蕤是雍正元年（1723）癸卯恩科举人、八年（1730）庚戌科进士，为父母送终之后守孝期满，出任高阳知县。或以为时在雍正十年（1732），但据《永安堤志》应为乾隆三年（1738）。林琼蕤以勤政清廉、嗜书如命著称，致力于文教事业，有多种著作传世，能使境内旗人与汉民和睦相处。他为赈灾、修堤、浚河敢于担当责任，民间还流传着菩萨化身老婆婆"遗米化珠"助其赈灾的传说。林琼蕤在高阳修堤浚河是改造自然的记录，其来龙去脉构成了一段调整区域人地关系的环境事件。

第五节　文安洼的水涝盐碱

文安洼是白洋淀诸河淀与天津海河之间的浅平洼地，来自西部与西南部的白洋淀、大清河诸水，来自西北的永定河诸水，入海之前都以这里为经行地和承受者。这些因素造成了文安洼水涝易发、盐碱蓄积的地理环境，从而深刻影响了人们的生产与生活。

一　文安洼以北的霸州

雄县以东的霸州，历史上也是低洼多水之地。这里位于大清河北岸，从山西北部发源的河流，自西北向东南经此地入海。明嘉靖间蒋一葵记载："霸去都近，去海亦近。凡云、朔、恒、代诸山之水，由天津入海者，必经流霸出丁字沽，总称霸水。"② 霸州位于大清河以北，从西北太行山脉北端和山西北部而来的河流，即历史上永定河流域的南支诸河，向东南流入霸州城南的中亭河（霸水），向东与大清河汇流，至天津入海河，使得境内洼地和沙地分布广泛。明代"霸州东二十五里有地名台山

---

① 乾隆《长乐县志》卷八《人物志·名宦》。
② 《长安客话》卷六《畿辅杂记》，第116页。

村，北二十里有地名沙城村，皆平壤也。故土人语云：台山无山，沙城无城。"① 沙城村今已演变为东沙城、西沙城二村，附近是西北而来的河流所挟泥沙淤积而成的平坦沙地。民国《霸县新志》记境内地理形势与相应的民生状况时称："郡西地皆平衍，民树桑枣、勤耕织，然当诸河之冲，频历水患，多不聊生。郡东多水乡，饶鱼盐芦苇之利，间习为商贾，而殷富之家，率多流寓。郡南地污下沮洳，不得耕播，民多业渔。其俗仆野，愚钝倔强，不肯曲折。每秋水泛滥，非舟楫不通。多携家徙别所，十室九空，萧然甚矣。郡北沙薄不宜谷，民树榆柳、种瓜果。"② 四境的地理形势有差，水利与水患并存，决定了经济生活或以农耕或以渔业为主要方式，水和沙的影响最为显著。

二　文安洼众水汇聚

海河上游诸水经安州、新安为主要分布区域的白洋淀之后，向东即进入文安县境内。人称"文安洼"的浅湖洼地，是夏秋雨潦汇集之所。县境西北隅与雄、霸二州县交界处的新镇，历史上是面积狭小的保定县的治所。霸州南部与文安北部的主要分界，就是白洋淀诸水汇合后东流的大清河。明代又称此段大清河为会同河，霸州栲栳圈村南的霸水（中亭河）位于大清河以北，明代嘉靖年间在该村挑浚了霸水河道，时人称其为"栲栳圈新挑河"，东流至杨柳青附近归于大清河，两河之间的区域也是淀泊和积水洼地。霸州与文安交界处的苑家口，是众水归一的转折点，其地在今霸州北苑口村与文安南苑口村之间。两村分属两县，隔大清河南北相望，其间的河口即为苑家口。这里扼守着白洋淀湖泊群与其他多条河流汇入大清河的咽喉，夏秋承受众水过境的压力相当巨大，防汛形势历来紧张。随着泥沙淤积的增多，两岸筑堤越来越高，过境的水流却越发滞缓。河堤一旦决口，将会淹没南邻地势更低的文安洼。明人描述道：

---

① 《长安客话》卷六《畿辅杂记》，第 118 页。
② 民国《霸县新志》卷六《故实·轶闻》。

霸故苦多水，而文安形如釜底，尤为诸水所汇。其苑家口会同河与栲栳圈新挑河，各东西相去约二十余里。北岸属霸州，南岸属文安，各筑高堤。文安约六七十里，霸州约五六十里，屹如长城。累年有秋，实赖于此。但筑堤愈高，壅水愈甚。故议者谓"京师之南，水害霸州"者，基址尚存，今称为桃花漫。又有六郎堤，近中亭河，亦延朗筑于水中以渡兵者。今唱本称杨家寨四周皆水，有六十里暗桩，独杨氏马习行之，他马莫能近。虽极张饰，然非无本。

保定地故洼泽，水自西北来者九：曰卢沟、拒马、夹河、琉璃、胡良、桑干、乌流、白涧、白沟，是为北九河。从雄县而下，汇于毛儿湾（保雄一带称九河下梢，即此。非禹疏九河也）。水自西南来者六：曰黑羊、一亩泉、方顺、唐河、沙河、磁河，是为南六河。从任丘而下，汇于五官淀。南北并经玉带河达苑家口，独以一河承受诸水。河身狭隘，气势奋激，流沫盘涡，涛声冲撞，如昔人所称吕梁洪云。郡人王乐善诗："西来一水抱孤城，拍岸涛声日夜鸣。乍似昆阳奔万马，还疑瀛海斗长鲸。神京王气凭关锁，全冀溪流此合并。一障坐为三郡害，谁修禹绩达承明"。①

文安与霸州分别在大清河南岸与中亭河北岸筑堤，造成大清河无北堤、中亭河无南堤的局面，两河之间的区域实际上是一片连绵不断的河淀湖沼。两地在筑堤保护秋收的同时，也留下了河床越淤越高，一旦决口则不可收拾的隐患。中亭河的堤防与宋代杨六郎的故事交织在一起，更增添了历史的色彩。明人"全冀溪流此合并"与"一障坐为三郡害"两句诗，是对此间地理形势与严重危机的高度概括。地势低洼积水与洪水淤积的泥沙，改变了土壤的性质，"西水为患，常、杨各村地皆成斥卤"②。常、杨各村，指文安西北的常家村、杨村一带村落。嘉靖《雄乘》附图显示，

① 《长安客话》卷六《畿辅杂记》，第119页。
② 民国《文安县志》卷一《方舆志·河议》。

它们在明代是文安县的西北边界，西与两县分界的雄县烹耳湾村为邻。作为村落的烹耳湾，以其位于雄县苍耳淀东南岸的水湾处得名。常家村、杨村西南的齐官村（今大、小齐官）附近，有吴安淀、长儿淀，"各方十四五里"；留镇（今大、小留镇）附近有花木港、矛儿湾，这一带的河淀沼泽"方百余里，上汇百川，下通直沽。水至则江海天成，水落则舟渚星见，傍涯田叟时切望洋，而神机之营地在焉"①。在这样的环境中，淀边土壤盐碱化势所必然，在文安县境内当然也不限于其西北区域。

三　文安洼西来的大清河水患

与土壤盐碱化相比，文安始终面临的最大威胁，是由于四面来水而悬在头上的洪涝灾害之剑。就其宏观形势而言，"文安受六十六河之害，其最剧者，西北则大清也，西南则潴龙也，东南则子牙也。永定河虽在清河迤北，亦能推波助澜，成历年昏垫之害。纵河流迁徙，今昔不同，其为文安大患，有加无减"②。关于各河变迁过程、危及文安的程度以及未来的治理设想，民国时人描述道：

> 大清河上承西淀之水，注之东淀，达沽入海，此为经流。以西淀受三十余河之水，汇成巨浸，最为汪洋。伏汛时铺天盖地而来，岂区区大清一线河流所能消纳？向时分三汊，东流归淀，又挑中亭河，绕出胜芳之北，用泄大清上游，减其汹涌之力。故清河无北岸，中亭无南堤，南北七八里遥遥相望。水盛时，皆为大清流派所经，徐徐注之东淀，矧流安节，以次宣泄，达沽入海。是时清河南堤犹屡次冲决者，则以永定河由霸州南下至善来营，直冲清河南堤，横截西来之水，故堤岸动辄倾颓。至康熙三十九年，命于成龙大修永定河堤，障其南下之路，至永清属之朱家庄（本"河渠志"，与旧志称霸属之柳岔口者不

①　嘉靖《雄乘》上卷《山河第二》。
②　民国《文安县志》卷一《方舆志·河流》。

同），注之东淀，文安水患因之减轻。惟永定狂澜慓悍，挟泥沙而行，归淀后无复堤岸夹束，溜缓沙沉，渐多淤塞。淤而南，信安、胜芳各淀变为高原；淤而北，策城、新张诸泊垫为平陆，骎骎乎及于台头，与子牙河会，大清河几无达沽之路矣！下游既淤，上游中亭河又被金门闸浑水淤断。同光中，永定复南徙，大清河达沽之路一概淤平。河无下游，乃破格淀堤，夺路东走，与子牙合流。两河相并，宣泄愈难。西淀三十余河之水，益拥挤而不得下。大清南堤之屡次溃决，西淀之盗决西堤，均此河无下游，宣泄不及，有以致之。清河下游尽淤成流沙，故道既不可复兴，子牙合流又拥挤而不得下，文安水患从此益深。计惟从独流迤东另辟支河一道，引子牙河并归南运。旧时之子牙河作为清河下游（前上熊督办《治河刍言书》即本此意），再挑中亭，俾河水有所宣泄；所有新镇属溢流洼、横水各私埝再为一概铲除。尾闾既畅，腑膈能容，南堤横决、西邻盗堤诸巨患，或可稍息乎？①

上文"永定河由霸州南下至善来营"，其地即今文安北界隔大清河与霸州相望的南、北善来营村，在著名的苑家口以西。永定河水由此向南，势必直冲清河南堤，横截西来的大清河之水，因而使堤岸溃决。康熙时修永定河大堤阻止其南下，转而在永清县朱家庄，向南进入东淀。朱家庄，即今永清县东南隅的三圣口乡老村。但是，永定河挟带的巨量泥沙由此淤积在东淀，也就是大清河入直沽的下游河道，这就使得东淀北岸的信安、胜芳、策城、新张（今辛章）一带的淀泊被抬高为平陆，被淤起的平陆甚至几乎要连到东淀南岸（也是大清河南岸）的静海县台头镇，造成永定河与子牙河相汇的态势，这就几乎完全阻断了大清河抵达天津的通道。康熙四十年（1701）在今涿州市东北隅北蔡村永定河西岸建金门闸，意在引牤牛河水入永定河以借清刷浑，但并未达到目的。同光年间永定河南徙，大清河进入天津的出路被淤平，于是冲破"格淀堤"，向东夺路与子

---

① 民国《文安县志》卷一《方舆志·河流》。

牙河合流。格淀堤筑于乾隆年间，西起文安西滩里村北，东至静海北茁头村北，是隔开东淀与文安洼的河堤。失去了这道防洪屏障之后，文安的水文环境就越发恶劣了。

以白洋淀与大清河为主体的水文系统，最突出的问题有三个。其一，白洋淀等承接的上游河流太多，水进淀后流速减缓、泥沙沉积，导致淀底淤高、蓄水能力减弱，继而形成水灾更多这样一个恶性循环。其二，出淀后的诸水需经大清河至天津入海河，但大清河一条河道难以容纳巨量的淀中之水，南北两岸堤防不免溃决。其三，永定河等挟带泥沙进入白洋淀系统，促使河淀进一步淤高而削弱淀泊的蓄水能力与大清河的过水能力，致使排水的路径雪上加霜。这些问题实际上也是整个海河平原水系的总体矛盾，治理的方法不外乎筑堤防灾、清淤畅流、开引河分泄水势诸途，关键在于如何选准节点与具体实施。民国时人设想"从独流以东另辟支河一道，引子牙河并归南运"。此后，从 20 世纪 50 年代开始修建、1966 年至1970 年扩建的独流减河，西起静海县独流镇对面的辛口镇第六堡，向东南流至上古林村东入渤海，全长 68.8 公里。再加上进洪闸与防潮闸的建设，有效排泄了大清河与子牙河系进入东淀之水，大清河洪水和沥水由此顺利入海，天津南部的蓄洪洼淀也变为耕地。减河大堤的修建，提供了保护大港油田等工业区的可靠屏障。独流减河的开辟基本沿用了前人的思路，但已远远超出当年设想的规模和效益。

四　文安洼西南来的潴龙河水患

潴龙河，唐、沙、磁三水之所汇也。自安国属伍仁桥迤下，三水合流，迳博野、蠡县、高阳注之西淀。惟水性湍激，挟泥沙而行，其性质与永定河等。入淀时水宽行缓，泥沙下沉，动辄淤塞。尾闾既壅，腑膈难容。高阳界迤东堤岸，又土势多沙，往往溃决。由河间、任丘直驱五官淀，溢归文安大洼，波及大城全县之半。近数年来，河决骆驼湾，决华岗。民国六年，安澜桥（俗名保利桥）迤南，东堤决口至八十余道，下游九县几为陆沉，皆潴龙之为害也。治河之法，惟有疏通入淀之处，再于安澜桥迤下辟一减河，分流入淀。流分则力减，河患庶几稍宁。[①]

伍仁桥，在安国县正南。潴龙河水系自西南向东北，在高阳境内汇入西淀。但其河性与永定河相似，泥沙淤积导致尾闾不畅，再加上高阳境内的河堤以沙筑成，东岸决口通常经河间、任丘汇入五官淀。《读史方舆纪要》载："五官淀在废阿陵县之东，上流诸水，悉汇于此。"[②] 阿陵故治即今任丘东北三十五里的陵城，汇集上游诸水的五官淀位于此城东北。浅平的淀泊难以容纳上游大量来水，于是再向东北溢入文安大洼，并且牵连到东南相邻的大城县半数地区。民国时期决口的骆驼湾，在高阳县东南，是潴龙河上的险工地段。华岗，即今蠡县东南、潴龙河东岸的滑岗村。安澜桥，旧址在今高阳县东南潴龙河大桥北二里、布里村东的潴龙河上。与文安相比，高阳县虽然处于上游，但潴龙河沿岸的水患与土壤盐碱化也一直比较严重。1936 年 10 月，冀察政务委员会秘书处第三组调查高阳县情况："本县潴龙河东岸百尺等村，地多卤荒碱不毛。经呈准财政部改良碱地委员会，贷予工款三万元，拟以此款购置虹吸管及作为筑埝工费。每年于夏季河水涨发之时，吸引河水灌溉碱地，使碱质渗漏地下。同时淤垫肥土，借以改良土质。刻正计划工作中。"[③] 此后不久全面抗战爆发，这个计划应当未及实行。百尺，今属任丘，位于高阳东北隅的潴龙河故道以东。

五　文安洼西南来的子牙河水患

子牙河，滹沱、滏阳二巨水之所汇也。滹沱自光绪初年由藁城北

---

①　民国《文安县志》卷一《方舆志·河流》。
②　《读史方舆纪要》卷十三《直隶四·河间府·任丘县》，第 577 页。
③　冀察政务委员会秘书处第三组：《河北省高阳县地方实际情况调查报告》，国家图书馆藏抄本。

徙（向由藁城东南行，由束鹿入滏阳，归子牙，达津入海），迳无极、晋州、深泽、安平、饶阳，灌入古羊河。北行，迳肃宁、河间，入任属之五官淀，溢归文安洼。新镇、雄、霸、大城，均成昏垫。藁城南下之故道，沙淤既深，无法挽复。古羊河流，又无出路。文安等县被灾，几无宁岁。至光绪八年，直隶总督李鸿章奏准，于献县朱家口古羊东岸，东向另辟减河一道，引滹水分归子牙。计河长三十三里零，是为滹沱新河。北岸筑堤，迤南献属之四十八村作为滹水荡漾之路。工竣后，水流顺利，竟夺全滹水势。又奏明开宽取深，遂为滹水入子牙正流，文安各县之沉灾乃澹。滏阳河挟南北二泊之水，向与滹水合流，至臧家桥入子牙，达津归海。前因清浊二漳与滏合流，子牙河实不能容。顺治八年，在献县南二十里之完固口，东向辟减河一道，经由单家桥下，过交河，入青县，迳杜林镇，抵县属之鲍家嘴入南运，用减滏河盛涨。自二漳南徙，归入南运，完固口减河遂废。滹沱河既由新河入子牙，又失完固口减河之力，两河泛滥，相助为灾。子牙河至大城之王口镇一带，两岸逼窄，镇西支河又久已就湮，下游大清河因无达沽之路，又与子牙合流。三大水并行，更拥挤而不下。故光绪八年以后，河决南赵扶者再，决王家口者一，文安、大城、新镇、雄、霸，均受其害。查完固口减河向日分流入运，原因二漳合滹沱而一之。三河并行，故不能不分其势。续因二漳南徙，完固口迤下河槽亦归淤塞，遂行堵闭。然漳水虽不北来，而滹沱、滏阳两河，实挟南北二泊及西山麓千百细流，岂子牙一线河槽所能容受？况自大清与子牙合流后，三河归一，较漳、滹三河并行时，水势之汪洋有过之无不及。子牙河既不能容泄，历年为患，所以滋深。计惟有疏通完固口减河故道，上游减河即开，下游洪波自减。况黑龙港历年为患，得此减河横截，港水亦有归宿。于溃河一带，亦有百利而无一害也。所望治水者三思之。[①]

---

① 民国《文安县志》卷一《方舆志·河流》。

子牙河水系的分合改易相当复杂，西来的滹沱河与西南来的滏阳河汇入其中，加剧了洪水水势与淤积成灾的可能。滹沱河光绪初年在藁城改道，从由东南入滏阳河改为先向东再折向东北，最终汇入任丘五官淀，接着溢出流入文安洼。文安以及附近的保定（治新镇）、雄、霸、大城诸县，几乎年年遭遇洪涝。光绪八年（1882）李鸿章奏准在献县朱家口（今县境西北隅的宋房子村南一带）古洋河的东岸开引河，向东通到臧家桥（今臧桥）以东，这就是滹沱新河。在滹沱新河北岸、朱家口古洋河的河道上修筑砖堤，以此阻止汛期的滹沱河水再入古洋河，迫使其向东与滏阳河一起流入子牙河。滹沱新河本来是作为减河之用，最终却成为滹沱河汇入子牙河的干道。处在滹沱河与滏阳河之间的献县西北隅的四十八村，做了滹沱河的泄洪通道，一旦发水就必然被淹。直到当代，这里仍然被称为"献县泛区"，维持着当年的格局。

滏阳河挟南北二泊（大陆泽和宁晋泊）之水东北流，本来与滹沱合流后入子牙河。但在明隆庆、万历年间，漳水改道北入滏阳，子牙河的承水压力骤增。为此，清顺治八年（1651）在献县完固口（今县城西南约二十里、北三堤口村北）向东开辟减河，使滏阳河水经单家桥（即今献县正南之单桥村）、交河县北部、青县杜林镇（今沧县杜林）一线，在青县正南一里余的鲍家嘴入南运河。不料，康熙四十七年（1708）漳河却直接南徙入南运河，完固口减河随之失去分水作用而宣告废弃。嗣后，出路被淤塞的大清河与子牙河相汇，再加上滹沱新河的推波助澜，子牙河的出水尾闾更显拥挤。光绪八年（1882）以后，南赵扶（今大城县东十五里南赵扶镇，子牙河西岸）二次决口，王家口（今天津静海正西、子牙河西岸之王口镇，亦即清代大城县王口镇）一次决口，东淀周边前述诸县俱受水害。清代民国时人认为，子牙河水灾频发的原因，在于上游来水巨大而不能泄出，因此有"疏通完固口减河故道"之议。1959年开挖今之滹沱河，或称行洪道。1966年开挖子牙新河、1967年开挖滏阳新河，实际上都是各河的减河。再加上1967年开挖滏东排河、北排水河，在此

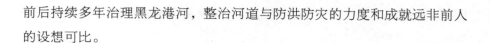

前后持续多年治理黑龙港河，整治河道与防洪防灾的力度和成就远非前人的设想可比。

六　文安洼西北来的永定河水患

永定河，一名浑河，一名桑干。水色最浊，至急如箭。东决则西淤，西决则东淤。倏忽迁改，前人谓之无定河。是河发源马邑，流入宣化，绵亘二百余里。至京西四十里穿石景山，迳宛平之卢沟桥，地势陡而土性疏，故纵横荡漾，为害颇巨（至此，两岸始有堤）。安（引者按，当为"过"或"迳"）良乡、涿州、固安、永清（至此，南北有遥堤，中宽四五十里不等）、东安、武清，合北运，归天津三汊河，此现在河流之大概情形也。初，河由固安南下，迳霸州，从善来营入清河。水性狂悍，或合白沟，或合拒马，或东南直达信安、胜芳入淀，居民荡析，几无宁岁。康熙三十九年，仁皇帝轸念郊圻，亲临相视，命于成龙大筑堤埝，自宛平之卢沟桥至永清之朱家庄，绵亘二百余里，俾浑水不得南下，由三角淀达沽归海，赐名永定。三十余年未尝迁改，惟是入淀后水涣沙沉，渐行淤塞，信安、胜芳、策城、新张各淀泊几为高原。同光中，清河下游尽被淤塞。清河既无尾闾，上游之安、新、雄县、文安、新镇各堤屡次溃决。职此之由，况浑水迅猛时由金门闸南下，并牤牛河直抵大清。雄属之百草洼向为蓄水之区，现已淤成平陆。清河上下两游，均为永定河岁久淤成平陆，历年成灾，治理实无善策。惟吴邦庆《治河管见》以北堤作南堤之法较为便捷可行，惜治河者置之不顾耳。[①]

永定河挟带的泥沙对大清河、白洋淀的严重淤积，巨大浊流造成的河道袭夺及其对河淀堤岸的冲击破坏，在前面讨论文安县水环境问题时已经

---

① 民国《文安县志》卷一《方舆志·河流》。

提及。康熙三十九年（1700）在永定河两岸筑堤无疑具有防洪效益，也是国都北京的安全保障之一，但这只是事情的一个方面。从另一方面即长久的生态效应来看，筑堤只是把泥沙淤积与洪水成灾从中游移到了下游而已。由于人与水争地的矛盾越来越突出，局部的、暂时的"人进水退"，是人类通过工程措施取得的显而易见的"胜利"，未来等待这种"胜利"的或许就是大自然蓄积既久、一旦爆发的残酷报复。有关的研究已经对此做了深入分析①，此处不再赘述。清代与民国时期属于雄县、今属任丘与文安的百草洼，历来是大清河下游"蓄水之区"。永定河水注入之后数十年间，这里连同东淀北岸的小型淀泊都已"淤成平陆"，继而水灾频仍，就是筑堤之后"祸移下游"的证明。

七　文安洼的"洼中之洼"

文安本来已是地势低洼的聚水洼地，但在其间不同的微观区域之间，也有"洼中更洼"的地势差异，此外还有若干海拔更低的河口。不用说发生水灾，即使是日积月累而不能排出的雨水，也足以淹没庄稼、影响收成。当地有俗语云："长丰下雨文安潦。"长丰即今任丘东北五十里长丰镇，唐代开元年间至北宋熙宁年间的莫州长丰县治所，位于文安县城西南十五里。这句夸张的俗语，显示出文安是多么容易受到周边环境变化的连带影响。文安辖境的堤内淀洼（用字变化的今地名括注于后）包括：牛台淀，在马务营（马武营）南、滮岗村北（东、西叩岗）；麻洼淀，在司吉城南、黄甫村东；火烧淀，在李家庄（李庄）南、南各庄东；白龙淀，在界伟村（界围）北、线家庄（线庄）西；桥儿洼，在孙章村西南；洋洛洼，在董各庄村后；莲花池，在界围村北；底洼，在留寨村（南、中、北留寨）北；红洼，在孙氏村（孙氏）北。境内河口有：李家口，在十里铺（大堡）西；急流口，在本村，即文潭；急水河，在陈家务北；脖项骨，在吕公务北；柳河，在本镇（大柳河）；小泗庄河，在本村（刘、

---

① 吴文涛：《历史上永定河筑堤的环境效应初探》，《中国历史地理论丛》2007 年第 4 期。

郑、王小泗）；石槽河，在本村（吴、马石槽）；小保里河，在本村（小堡）；沙河，在县城南；大宁桥，在曲堤店（曲店）南；玳瑁口，在城东南二十五里。[1] 据此草绘的文安洼淀河口示意图（见图 5-3），只标出其大体位置，洼淀的范围难以确定。文安洼之内的地形差异与洼淀分布情形，揭示了这里易发水灾的自然地理原因。

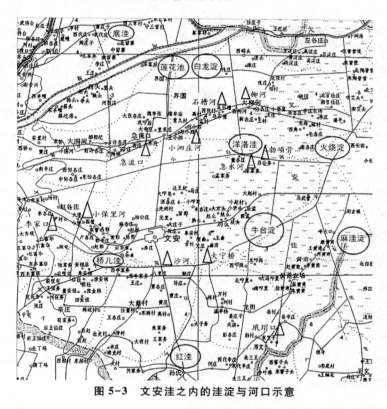

图 5-3　文安洼之内的洼淀与河口示意

第六节　永定河的水患与防御

历史上的永定河自西北向东南出西山三家店之后，在海河平原北部区

---

① 民国《文安县志》卷一《方舆志·河流》。

域南北摆动、数次改道，留下了多条河流故道，流域范围内屡遭水灾，土壤沙化与盐碱化程度不等。清康熙年间在两岸筑堤后，总体上限定了永定河的河道，有利于减轻北京地区的水灾，但仍未解决河道治理问题。民国年间的良乡县，"河水屡决，沿堤村庄俱成沙淤"。[①] 进入今河北省之后，固安、永清直至白洋淀北岸的霸州等地，都受到了永定河筑堤的影响。

一 固安县的水潦

清代的固安县"土田淳卤强潦"，其间不乏"水冲沙压者"，[②] 这一切基本上都是永定河（浑河）过境造成的影响。明初浑河从固安西北向南流，嘉靖初改道至固安城北十余里，东流至县东的纪家庄以北，继而进入永清县境。万历年间，浑河又徙至固安城西十余里，东南流经黄垡（今北、中、南黄垡）以北，进入霸州境内。此后不久，又改道从固安县城以南流过。万历四十一年（1613），浑河大水泛涨，淹没民居无数。固安知县与士绅带领百姓日夜防御，这才阻止了洪水入城。明末浑河曾在短期内徙至县北的榆垡镇、庞家庄（今大兴榆垡、庞各庄），但其流路主要在固安县城南北变化。清顺治十一年（1654），浑河由固安西北的西宫村与清水（白沟河）合流，向南进入新城县境内。康熙二十七年（1688）浑河经霸州西部，从善来营（今文安北界的南、北善来营）入玉带河，俗称霸州河。[③] 洪水所过之处覆盖着大量泥沙，迁徙不定的浑河留下了多处废弃的多沙故道和积水洼地，这些都成为导致固安县土地斥卤与水潦多发的直接条件。

二 永定河下口的屡次改道

东淀周围在清初的主要河流、淀泊与城镇的分布情形，如图5-4所示。自康熙年间开始的数次建堤挑河或接堤改河，大大改变了海河平原以

---

① 民国《良乡县志》卷一《舆地志·山川》。
② 咸丰《固安县志》卷三《赋役志》。
③ 咸丰《固安县志》卷一《舆地志·川渎》。

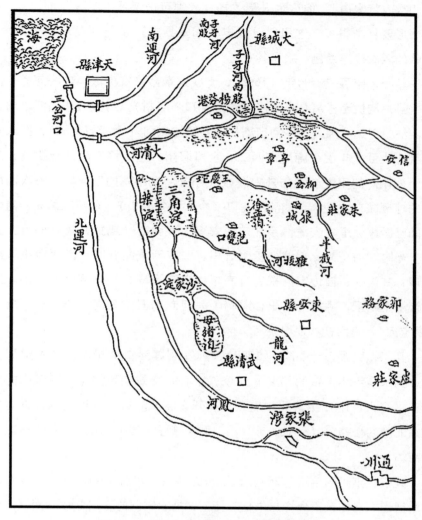

图 5-4 清初东淀周边河淀、城镇分布示意

资料来源：清乾隆间陈琮《永定河志》附图，局部。

永定河为主的河流与淀泊分布格局，这是人类活动适应和改变区域环境的生动体现。关于永定河改道的次数，由于统计标准与时代的差异，有关文献的记载并不一致。光绪《畿辅通志》称"本朝光绪以前，永定河下口十四次改行水道"，但这也只是"择其大端可记者凡十四次"而已①，实际情形要复杂得多。这里仅以咸丰《固安县志》卷一《舆地志·川渎》所载的六次改道为例，略见其一斑。

其一，康熙三十七年（1698），于成龙奉命修筑堤堰、疏浚河道，自宛平县卢沟桥至永清县朱家庄（今三圣口乡老村），与狼城河相汇之后流注西沽，以达于海。狼城河自霸州信安镇边家河（大清河支流），至东安县（明洪武元年治今廊坊市西二十余里旧州，三年移治南二十四里光荣村）西南隅的里安澜城与外安澜城（今永清东南隅的里澜城、安次西南隅的外澜城）之间，至武清范瓮口（今武清大范口），东归三角淀，清乾隆间已淤废。里外安澜城系北宋信安军之狼城寨（或狼城塞）的近音异写，当时"有里外二狼城，相距五里。旧有河流经其间，自浑河来者经北岸，其流浊；自边家河来者行南岸，其流清"②，狼城河因此得名。这次筑堤 180 里，挑河 140 里，遏制了浑河向南汇入大清河的趋势，赐名"永定河"，是为初次建堤挑河。

其二，康熙三十九年（1700），因安澜城河口被淤，遂沿永定河上溯，到永清正北稍东的郭家务（今郭家府）接筑南岸堤工，在对岸的卢家庄（今大芦庄）接筑北岸堤工，绕开安澜城河口向东再向南，直至霸州东北隅的柳岔口（今张、徐、冯、耿家柳子一带），由此注东淀再达津归海。

其三，雍正四年（1726），鉴于东淀被淤、水流不畅，遂令开辟新的出水通道。在怡亲王允祥与朱轼主持下，把永定河的下口北移。南岸自今老村西北八里的冰窖村筑堤，至武清县王庆坨；北岸自何麻子营（即今永清正北稍东的何麻营）接筑堤工，至武清县范瓮口，挑河入王庆坨以东的三角淀（也是东淀的一部分）以归海。

其四，乾隆十六年（1751），因三角淀一带被泥沙淤阻，于是回到冰

---

① 光绪《畿辅通志》卷七十八《河渠略·水道四·永定河第六》。
② 《大清一统志》卷八《顺天府三·古迹》。

窖村附近另开新河。康熙三十九年（1700）所筑的南岸堤，此时已被称作"东老堤"，新河道即从这里开出。与南岸堤同年接筑的北堤、乾隆三年（1738）在南岸所筑的坦坡埝，至此都在加固培高后成了新河道的南埝，即南岸规制略逊于大堤的挡水堤坡。新开河的北埝则是乾隆四年（1739）所筑的北大堤。新开的永定河下游通道，由三角淀东邻的叶淀归海，二者实际上都是东淀的组成部分。

其五，乾隆二十年（1755），冰窖河口又淤。皇帝亲临视察，在冰窖村上游北岸、西北约十五里的贺尧营（今永清东、西贺尧营）开堤放水，最终流入三角淀和叶淀以北、武清县东南的沙家淀归海。

其六，乾隆三十七年（1772），实施大规模整治河道，永定河的下口再度淤滞。于是在东安县的条河头（今廊坊以南五十里调河头）挖河，经毛家洼（或即今调河头正东二十五里穆家口），仍由沙家淀入津归海。①

在上述六次改道前后，永定河的河道都有数次变动。咸丰时人称"此后百余年，河道再无迁徙"②，显然与实际并不相符。为了保障洪水顺利过境、保护两岸居民安全，清乾隆十八年（1753）竖立《禁河身内居民添盖房屋碑》，咸丰《固安县志》载其文如下：

乾隆十八年二月奉上谕：缘河堤埝内为河身要地，本不应令民居住，向因地方官不能查禁，即有无知愚民狃于目前便利，聚庐播种，罔恤日久漂溺之患。囊岁朕阅视永定河工，目击情形，因饬有司出示晓谕，并官给迁移价值，阅今数年于兹。朕此次巡视，见居民村庄仍多有占居河身者，或因其中积成高阜处所，可御暴涨。小民安土重迁，不愿远徙，而将来或至日渐增益，于经流有碍，不可不严立限制。著该督方观承，将现在堤内村民人等已经迁移户口、房屋若干，其不迁移之户口、房屋若干，确查实数，详悉奏闻。于南北两岸，刊

① 咸丰《固安县志》卷一《舆地志·川渎》。
② 咸丰《固安县志》卷一《舆地志·川渎》。

立石碑，并严行通饬。如此后村庄烟户较现在奏明勒碑之数稍有加增，即属该地方官不能实力奉行。一经查出，定行严加治罪。特谕，钦此。①

上述情形是永定河迁徙无常以及人与水争地的反映，安土重迁既是文化传统使然，更是经济环境的切实压力所致。当代永定河下游干枯数十年间，防汛形势的松懈使河堤疏于管理，建筑需求导致河床挖沙取土无从控制，造成河道严重受损。多年无水的河床不仅被开垦为耕地并有少量人家居住，更有甚者，在行洪河道上建起了高尔夫球场等设施。一旦河道需要行洪，必然造成阻滞，带来险情。古今之间看似相去遥远，实际上事理相通、情节相似而且往往表现得于今为烈。

三　永定河下游的水沙之害与百姓经济形态

浑河（永定河）的水与沙，决定了两岸百姓的生活环境与经济形态。浑河东出石景山后，"地平土舒，波流湍激，或分或合，迁徙靡常。固安、霸州、永清一带，常为民害"。明嘉靖三十一年（1552），"水溢，漂没庐舍"。万历三年（1575）巡抚王一鄂等筑堤障水，形势稍缓。二十二年（1594），"复抵县界且逼近城垣。三十五年（1607），淫雨四十余日，城垣、堤岸俱崩，永清人昼夜鹄立水中，几至不能存活。……嗣后四十年，河患不绝"。到清代顺治八年（1651），"一夕风雨骤作，河遂迁徙固安迤西几七十里，合白沟河，南下注于海，河患暂息。嗣是累有冲决，迁徙不常"。诸如此类的灾害遍及浑河下游流域，康熙三十七年（1698），开始进入大规模筑堤开河的新阶段。② 在这样的地理条件下，清代乾隆年间的永清县，"东乡滨河，河东韩村、陈各庄（在今县东北约二十五里）一带，地土硗瘠，多沙碱，不宜五谷。居民率种柳树，柳之大者，伐薪为

---

① 咸丰《固安县志》卷一《舆地志·川渎》。
② 乾隆《永清县志》图三《水道图》。

炭；细者，折其柔枝，编缉柳器。无业贫民，往往赖之"，"南乡信安镇（今霸州信安，乾隆间属永清），逼近文安、霸州。二乡故多水宕，其产芦苇蒹葭，霜落取材。信安人就往贸之，劈绩为席"，"西乡土瘠，种艺须倍粪蒔。有业者多畜圈猪，或八十蹄，或六十蹄。货猪屠肆，得值与食猪费略相当，利其粪壅地。宜胡麻，若西瓜、甜瓜之属，故竞为畜牧焉。东、西义和（在今县南约十八里），无业之民，则购稗草秫皮，编为草具"，"北乡南北歌弋（在今县西北约十八里，南、北戈奕），逼近河堤，或取隙地柳树，樵薪为炭。永定河无鱼虾蚌蛤之利，间遇水落，居民泗水牵网得鱼，则携售于市。其味鲜美，逾于他产，然不常有，以是无专业焉"，"永清地瘠民贫，市物无珍异。……四乡贫无艺业者，春取榆荚、柳芽，夏掘苦菜，秋冬捋取稗食、草子，用以给食"。[①] 上面的情况表明，当地百姓根据本地或周边多柳树、芦苇的条件，或烧炭，或织席，或编筐编篓，或养猪积肥以改土种田，下河捕鱼则偶尔为之。总体的"地瘠民贫"，迫使百姓还要以摘取野菜、榆钱、稗子等多种方式救荒度日。

温榆河属于永定河水系，是北运河的上源。历史上从昌平流至顺义境内时，"水势涨大，东岸低下。每夏雨大，河水暴发，附近义店、古城、罗各庄、田各庄、燕王庄，无不受泛滥之害。且河水由此登岸，冲决洗刷，沃土咸变为砂壤"。[②] 沿着北运河至通州，这里是金代至元明清时期的漕运枢纽。通州以南的潞县，是北运河之上的险工段落。早在明代，就由于"潞滨运河，地半沙碱，收获极薄"。[③] 由此向南进入武清县境，"北运河为转漕要津，永定河骊凤河达津归海。淀泊久淤，民苦水患"。为使永定河顺利入淀归海，清乾隆间"议将王庆坨、东沽港等村堤内居民迁于官苇地，给值建庐，卒不果。嘉道咸同间复屡改，而下口益高仰，迄无良法"。[④] 这里扼住了海河水系诸支流入津归海的咽喉，下口不畅加剧了

---

① 乾隆《永清县志》书二《户书》。
② 民国《顺义县志》卷一《疆域志·河流》。
③ 《长安客话》卷六《畿辅杂记·古潞阴》，第135页。
④ 蔡寿臻：《武清志括》卷一《地理》，清抄本。

上游河淀的泥沙淤积、水灾频发、土壤盐碱化，处在尾闾的武清同样深受威胁。北运河由此继续向东南，"津沽一带，地多斥卤，旱苗以碱而槁，水田自较合宜"①。明清时期都有较大规模的屯田种稻，这是解决北方粮食问题、改良盐碱土地的重要途径。著名的天津小站稻，就在这样的背景下被培育出来。

第七节　张北地区的诺尔与盐碱

从土壤盐碱化的程度来看，京津冀地区最严重的地方是坝上高原的大小湖泊及其周边区域。20世纪30年代之前的张北县，辖今张北、尚义、康保、沽源、崇礼诸县的全部或部分。这一带基本为内流区，地表低洼部分大多积水形成浅平的湖泊。历史上这里是少数民族游牧或皇帝行猎避暑之地，他们的活动产生了深刻的文化影响。这些湖泊以汉字书写的通称"诺尔"，或作"淖尔"，亦作"淖"，是蒙古语湖泊之意，许多湖泊的专名也是蒙古语的音译。1934~1935年编成的民国《张北县志》，对本县诺尔（湖泊）与盐碱土的分布做了详细描述。虽然当代盐碱土治理取得了一定成绩，但在特定的气候与水文等条件制约下，诺尔与土壤的性质难以发生根本变化，由此影响下的经济形态与社会生活在历史与现实之间仍然具有高度的相似性。

一　民国以前张北县诺尔的分布

民国《张北县志》以张北县城为坐标对各诺尔的方位和里距的记载并不精确，所述地理状况与隶属关系至今也有变更。兹先征引该志文字②，再对照当代行政区划与地形图，考订各诺尔的位置并对其现状略作说明。

---

① 光绪《重修天津府志》卷二十八《经政志二·屯田》。
② 民国《张北县志》卷一《地理志上·诺尔（湖泊）》。

（1）对口诺尔，"县城东北二十里，……巴汗红皋西北四里，有诺尔二处，长各六十丈，宽各二十丈，南北口相对，故名对口诺尔。夏季多有雨水注入，深约八尺，有盐性，每年可出白盐十余万斤"。今称对口淖。湖水环抱的小聚落及其东北毗邻的较大聚落郝家营，都称对口淖，后者是乡政府所在地。诺尔形态略有不同，是人工改造与自然演变所致。

（2）巴汗红皋诺尔，"永太村西北，县城东北二十里。有诺尔一处，长约一百八十丈，宽约三百八十丈，面积约四亩余。雨水多注入之，深约三四尺。有盐性，每年产白盐约二三万斤"。在对口诺尔东南四里，今石家村西北水泊，即巴汗红皋诺尔之所在。

（3）韩青坝诺尔，"永太村韩青坝南，县城东北二十余里。有诺尔一处，长约二十丈，宽约十八丈，面积约三亩余。雨水注入，深约三尺。有盐性，每年可产白盐二万斤"。韩青坝，相当于今县城东北二十余里韩家营村，此即韩青坝诺尔之所在。

（4）东西大诺尔，"县城北三十里、白城子东十里。有诺尔一处，长一千六百八十弓，宽四百九十三弓，面积约二顷余，名为西大诺尔。在此诺尔东三里许，有相联之诺尔一处，长约三里，宽十余丈，名为东大诺尔。此二诺尔现不出盐，仍有碱性，将来出盐与否，亦未可知。查此诺尔在金时为伊克脑儿，元时为怀秃脑儿。每遇大雨施行时，两岸之地一片汪洋，均成泽国。必须此诺尔水满四溢，始可由石顶河流入鸳鸯泊"。西大诺尔今称西大淖，其东北的聚落亦作西大淖。东大诺尔今称东大淖，水面以西的聚落亦作东大淖。民国时东西相距三里且有河沟相连，今二者水面相距十六里以上且互不关联，于此可见其水面已经大幅度缩小，连接两个诺尔的河沟也已变为平地。石顶河，或称噶喇乌苏，今称黑水河，源于伊克脑儿，东西诺尔之水借此向西北流入鸳鸯泊（今安固里淖）。今黑水河自东大淖以北的黄盖淖水库先向西北流，再折向西流入安固里淖，当代兴修水利时对环境有所改造。

（5）西谷力半诺尔，"县城西北六十里苏计梁三牌八大家村，有诺尔一处，面积二十七亩。现成废诺尔，地有碱性，不能耕种，亦不产生他物"。西北，应作正西。今县城正西六十余里八大家（属尚义县）村南小淖，即西谷力半诺尔。

（6）金丝诺尔，"县城正西六十里牛群梁地方，面积约十余亩，有水泉，清淡可饮，畜牧最宜"。此地今有聚落称金狮淖，据金丝诺尔为名，村旁水泉仍存。

（7）二诺尔，"县城西六十五里苏计梁三牌二诺尔村，有诺尔一处，面积四十余亩，地有碱性，无他出产，已成废诺尔"。此地今有聚落称二淖（属尚义县），村南诺尔尚存。

（8）阎家诺尔，"县城西北五十里苏计梁三牌满井村，有诺尔一处，面积六十六亩，地有碱性，不产他物，已成废诺尔"。西北五十里，误。今县城西七十里有阎家淖村（属尚义县），村南聚落称大满井（今尚义县满井镇），与上述记载的方位相合。阎家淖村东现存的水泊，即阎家诺尔。

（9）大诺尔，"县城西北六十里苏计梁三牌大诺尔村，有诺尔一处，面积约一百亩，地有碱性，不产他物，已成废诺尔"。西北六十里，应作西七十五里。此地今有聚落称大淖（属尚义县），村北诺尔尚存。

（10）小诺尔，"县城西北六十里苏计梁三牌杭龙村，有诺尔一处，面积四十余亩，地有碱性，无他出产，已成废诺尔"。今县城西北五十余里有聚落称杭家房，或即杭龙村。村东北的水泊，可能就是小诺尔。

（11）汗诺尔，"县城西北五十五里苏计梁三牌圐圙上村，有诺尔连环五处，面积三百亩，地有碱性，无他出产"。今地名特殊用字"圐圙"多作"囫囵"，县城正西六十里马连囫囵村，周边有多处诺尔。度其地名、里距与诺尔分布情形，汗诺尔可能在此。

（12）土诺尔，"县城西北七十里苏计梁三牌三岔口村，有诺尔一处，面积六十六亩，地有碱性，无他出产"。今县城西七十五里有前山村，亦称前三岔口，即土诺尔所在地，已属尚义县。

（13）南诺尔，"县城西北六十里黄石芽房子村，有诺尔一处，面积二亩，地有碱性，无他出产，已成废诺尔"。今县城西北约五十里有黄石牙村，村西南尚存的诺尔应即南诺尔。

（14）三不拉诺尔，"县城西北三十里三布拉村，有诺尔一处，面积约三十亩，地有碱性，不生产他物，已成废诺尔"。今县城西北三十五里东不拉，村东的水泊即三不拉诺尔。

（15）二圪塄诺尔，"县城西北三十里二圪塄村，有诺尔一处，面积约十余亩，地有碱性，不生产他物"。今县城西北二十四里二圪塄村，西南的水泊即二圪塄诺尔。

（16）三台诺尔，"县城西北七十里，面积约十余亩。雨水注入，深约三尺。地有碱性，近年产制土盐，产量虽属无多，但销路尚佳"。今县城西北约六十里三台滩，即为三台诺尔之所在。

（17）黑玛湖诺尔，"县城西北三十里，常年有水，深约八尺，面积约有十顷。地有碱性，近年产生土盐，产量尚佳"。今县城西北二十五里黑麻胡村，即黑玛湖诺尔之所在。

（18）海子洼诺尔，"县城西十余里，常年聚水，深约五尺，面积约有三顷。地有盐性，近年产生土盐，出产无多，销路尚佳"。今城西有海子洼村，村东的海子洼水库，即海子洼诺尔之所在。

（19）安固里诺尔，"县城西北八十里，东西长约三十里，南北宽约三十里。本县中部河流均汇注于此，深约十余丈，常年有水。此为张北全县最大之诺尔，水有碱性，近年产白盐，产量尚属丰富"。此处的西北八十里，当为路程而非直线距离。今称安固里淖。

（20）大考营子诺尔，又名小水诺尔。"县城西北五十里，面积约有三顷。常年聚水，水性最咸，深约二十三尺。近年产土盐，产量尚佳。"今县城西北约五十里有大考村，即大考营子诺尔（小水诺尔）之所在。

（21）河西诺尔，"县城西北七十里，面积约有一顷，雨水注入，深约二十三尺。水性最咸，近年产土盐，出产尚佳"。此泊亦称黑水河西诺尔。黑水河由东向西注入安固里淖，符合河西并且位于张北县城西北七十里的地点，只有安固里淖以北、润河村以南一带，河西诺尔亦即黑水河西诺尔应在此处。

（22）马章盖营子诺尔，"县城北七十里，面积约有一顷，雨水注入，深约二尺，水性最咸，近年产土盐，出产尚佳"。县城北七十里，误。今县城西北八十余里的马章盖营子（属尚义县），即马章盖营子诺尔之所在。

（23）忽力素诺尔，"县城北六十里，面积约有三十余亩。地有碱性，不能耕种，尚可畜牧"。今县城北六十里有聚落称胡家营子，可能即忽力素诺尔之所在。

（24）赛汗诺尔，"县城北七十里，面积约有二顷。地多碱性，不能耕种，尚可畜牧"。据此，赛汗诺尔应接近今张北县的北部边界地区。

（25）西壕堑诺尔，"在第三区白庙滩，县城北三十里，面积方圆一里。地有碱性，不能耕种"。今县城东北约四十里、白庙滩（亦作永太昌）西北二里，有西壕堑村，即西壕堑诺尔之所在。

（26）满旦花诺尔，"在第三区白庙滩，县城北三十里，面积约六十余亩。地有碱性，不能耕种"。今县城东北三十五里、白庙滩（今永太昌）西南十里，有牡丹花村，即满旦花诺尔之所在。

（27）颜珍村诺尔，"在第三区延侯二台，县城东北五十里，面积约有一顷地。有碱性，可牧放，不能耕种"。今县城东北约六十里有二台镇，应即颜珍村诺尔之所在。

（28）田老裴诺尔，"在第三区东生计，县城东北七十里。面积约有二三十余亩地，有碱性，可牧放，不能耕种"。今县城北七十里有聚落称田老板营子，即田老裴诺尔之所在。

（29）花盖诺尔，"在第三区勿乱胡同，县城正北六十里。面积约有一千五十亩，地有碱性，可牧放，不能耕种"。勿乱胡同，今作乌兰胡同，在今县城正北六十里，此地即花盖诺尔之所在。

（30）三张飞诺尔，"在第三区石柱子梁村，县城北四十余里，面积约有六十余亩。地有盐性，可熬盐"。即今县城北约四十五里张飞淖，经人工改造与黄盖淖水库、三盖淖连为一体。

（31）东谷力半诺尔，"在第三区一卜树，县城东北五十里，面积约有六十余亩。尚可牧放，不能耕种"。今县城东北四十余里，有两聚落分称谷力半淖、一卜树，此地即东谷力半诺尔之所在。

（32）满克图诺尔，"在第三区东富公，县城北六十里。面积约有一顷，地有盐性，土人有熬盐者"。今县城北偏西五十五里有聚落称满克图，村西北仍有水泊，即满克图诺尔。

（33）白水诺尔，"在第三区东富公，县城北六十里。面积约有一顷，地有碱性，可牧放，不能耕种"。今县城西北五十八里有聚落称白水淖，即白水诺尔之所在。

（34）富公诺尔，"在第三区东富公，县城北六十里，面积约有二顷。地有盐性，土人有熬盐者"。今县城西北五十二里富公村，村南的水泊即富公诺尔。

（35）后水泉诺尔，"在第三区马群一牌，县城西北八十里。面积约有一顷，地有碱性，可牧放，不能耕种"。今县城西北八十余里有聚落称后水泉，村东的水泊即后水泉诺尔。

（36）登计诺尔，"在第三区马群三牌，县城西北八十里。面积约有八十亩，地有碱性，可牧放，不能耕种"。今县城西北八十余里有二聚落，分称前登计淖、后登计淖。登计诺尔仍存，位于前登计淖村东北、后登计淖村东南。

（37）宝英图诺尔，"在第三区马群三牌，县城西北八十里，面积约有一顷。地有盐性，可以熬盐"。今县城西北九十五里有聚落称保银淖（属尚义县），村东南的水泊即宝英图诺尔。

（38）黄盖诺尔，"在第四区，县城东北一百三十里，面积约有四顷。地多碱性，可放牧，不能耕种"。今县城东北一百三十余里黄盖淖镇（属沽源县），即黄盖诺尔之所在。

上述诺尔只是修志者认为境内比较重要的几十个，并不代表其全貌。近百年来气候变迁以日渐干旱为主要趋势，这些诺尔因此大多水面萎缩，某些诺尔之间相互联系的河沟也被废弃。与此同时，若干诺尔在兴修水利的热潮中变为水库或与邻近的诺尔合为一体，体现了人工改造自然的巨大力量。

二　土壤高度盐碱化与土盐土碱生产

由于气候干旱，水分蒸发量大，土壤积聚盐分过多，张北地区的诺尔以咸水湖居多，周边分布着低洼的沼泽滩地。根据当代土壤地理学研究，这些低洼滩地常见典型的碱化盐土，"多分布于水旱滩、马蔺滩及马蔺滩与旱滩的过渡地带，地势较低，地表排水不良，地下水位平均 1 米左右，地表盐结皮普遍，并有碱斑（约占30%）和马尿碱，已出现裂隙，植物生长受到抑制，以黄须、碱蓬、碱草为主，覆盖度40%~50%。表层灰黑，其下为灰色的心土层，水分不易渗透，大都有锈色斑纹，底土为砂壤质。……土壤碱化程度较高"。[①]

根据 1930 年稍后的调查，张北县（含今张北、尚义、康保、沽源、崇礼的全部或部分）有较大的诺尔三十余处。湖水及其岸边的土壤富含盐碱，虽不利于农业垦殖，却有利于牧业与盐碱生产。诺尔的底土含盐量很高，一旦湖水尽落，把沿边的盐土收集起来，就可把盐分过滤出来，再经熬煮等生产食盐，这就是土盐。诺尔形成于沙碛之地，湖边生长的牧草虽不太茂盛但草茎较高，牛、马、羊、驼都喜欢食用。它们喝了含有少量盐分的湖水，还能助消化与杀菌。在这样的水草条件下，深秋时节马匹上膘、牛羊茁壮，牧民逐水草而居，以畜牧为生，就是充分利用了诺尔提供的优越条件。各大诺尔宛若明镜宝石，镶嵌在荒野之中。野禽中的鸿雁、水鹳等，大多以诺尔沿边的水草为巢穴。每当夕阳西下，群鸟飞翔，鸣声嘤嘤，构成塞外不可多见的美景。游牧民族最喜山水，在安固里诺尔、伊克诺尔、察汗诺尔等较大的诺尔旁，辽、金、元时代都曾修建衙署或行宫，正史中关于皇帝到此游猎休闲的记载历历可见。由于山脉的阻隔，张

---

① 邓绶林主编《河北地理概要》，河北人民出版社，1984，第 231 页。

北境内的河流多为内陆河，最终汇为内陆湖。①

　　干旱、寒冷、多风沙、多盐碱的环境，使张北地区形成了农牧业并重或农耕为主、牧业为辅的经济形态。在常见的农牧业之外，普遍严重的盐碱化环境也成了一种可资利用的自然资源。因地制宜、就地取材生产盐碱制品，在我国发端很早而且非常普遍，只要本区域内有盐碱地存在，就有条件进行生产。民间土法制作出来的盐碱，称作土盐、土碱，只有在春冬两季天气冷时才能生产。土碱制作的基本步骤是，先把扫来的碱土加水熔化、过滤，再把碱水在铁锅中煎熬浓缩，最后倒入缸中冷却、凝结，成为结晶块状物。土盐的生产过程相对复杂一些，在扫盐土、过滤、煎熬之外，最具技术含量的步骤是掌握火候、及时适量加入生石灰或草木灰水促使盐分凝结。各地气候条件不同，有的地方可以通过阳光暴晒替代对盐水的煎熬，这就是熬盐与晒盐的区别。土盐大多含有氯化镁等杂质，不仅味道苦涩而且具有毒性，一般用来腌咸菜而不是直接食用，但在贫困地区也少量食用而不至于中毒。张北地区由于气候干旱、日照强烈，土盐的生产以晒为主。民国县志称："本县出产土盐甚多，亦属矿产之一也。品质不佳，较蒙盐（有大青盐、白盐二种）、海盐、井盐相去太远，其味稍苦，用以啖驼羊、腌菜为最宜。此矿权属于本省建设厅，每年以投标方法招租包办。其开采方法，每年由承租人于春季雇工扫积诺内之土，过数日俟盐潮出再扫。轮流递扫，扫至大雨施行时，始行停止。然后将扫起之土用锅熬之，加以石灰过滤后，注入石灰池内晒之，即成盐。此种盐质以提炼不精，内含有硝质及碱性，以故味苦，但价值甚廉，大约每洋一元，能购四五十斤。销路甚广，遍乡村，贫寒之家食之最多。若能改良泡炼方法，当能制成精盐。"② 食盐是国家专卖物品之一，较大规模的土盐生产也归"本省建设厅"管理，成为官方税收的重要来源。"将扫起之土用锅熬之"一语，遗漏了中间加水

---

　　① 民国《张北县志》卷一《地理志上·诺尔（湖泊）》。
　　② 民国《张北县志》卷四《物产志·矿物》。

融化制作盐水的步骤。通过暴晒以及加入石灰使盐卤结晶成盐，比用草木灰水效果更好。

据《张北县志》所载，在 1930 年稍后，县内的土盐生产具有一定规模。能够产盐的诺尔称作"盐诺"，张北县的盐诺主要有八处。（1）"安固里诺，在张北二、三两区之间，距县城西北七十里。矿区甚大，所产盐质有'二连盐'之称，虽不如大青盐盐质之佳，较其他诺所产为优良。产量丰富，销路亦广。前数年每年包价二千余元，后因年岁荒减至一千数百元，现在更减至一千零六十元矣。"（2）"三台诺，在本县第一区西北界内，距县城七十里。道路尚称平坦，矿区不甚宽阔，产量亦不丰富，现在包价每年一百元。"（3）"黑水河西诺，在本县第三区界内，距县城西北七十余里。矿区不大，产量不富，尚能销售，现在报价每年约一百余元。"（4）"马章盖营诺，在本县第三区界内，距县城西北七十余里。交通尚属便利，矿区虽不大，产量尚良好，现在包价每年一百元。"（5）"黑玛湖诺，在本县第一区界内，距县城北 40 里。交通便利，矿区虽不甚大，产量尚称丰富，销路亦佳，现在包价每年二百一十元。"（6）"巴汗脑包对口诺，在本县第一区界内，距县城东北四十里。道路平坦，矿区不大，产量尚佳，销路亦畅，现在包价每年五百一十五元。"（7）"海子洼诺，在本县第一区界内，距县城西北十余里。交通便利，矿区亦不甚大，产量无多，销路尚佳，现在包价每年约二百二十元。"（8）"大考营小水诺，在本县第三区界内，距县城北八十里。交通尚便，矿区不甚大，产量尚称丰富，销路亦佳，现在报价每年一百三十元。"①

安固里诺，即安固里诺尔，今作安固里淖。三台诺，即三台诺尔。黑水河西诺，即黑水河西诺尔，亦作河西诺尔。马章盖营诺，即马章盖营诺尔，亦作马章盖营子诺尔。黑玛湖诺，即黑玛湖诺尔。海子洼诺，即海子洼诺尔。大考营小水诺，即大考营子诺尔，又名小水诺尔。上述诺尔的所

---

① 民国《张北县志》卷四《物产志·矿物》。

在地点，上节已分别予以考订。巴汗脑包对口诺，即巴汗脑包对口诺尔。如果它位于"县城东北四十里"，应即今脑包洼村之所在。但是，县城东北二十里对口诺尔在民国年间"每年可出白盐十余万斤"，记载产盐的诺尔时断无将其漏落之理。因此，巴汗脑包对口诺尔就是县城东北二十里、今对口淖村周边的对口诺尔（今称对口淖），民国志"县城东北四十里"应为"县城东北二十里"之误。张北县的土壤盐碱化及其相应的盐碱制品生产，只是坝上地区最典型的部分，其余诸县也不同程度地存在着类似的情形。

第六章 勠力攻沙：河流淤积的工程治理

河流始终在区域社会发展中扮演着重要角色，从古人逐水而居到后来的各种水利工程建设、河道疏浚、水源治理，都是人类在不断变化的自然地理环境中试图利用人工措施以更好地改造和利用自然的过程。如何解决河流泥沙淤积问题，历来是保障河流安澜与水资源开发利用的关键所在。

第一节 金至清代的永定河治理

永定河为海河水系五大支流之一，正源为山西宁武县管涔山北麓的恢河，与源子河在朔州市马邑镇汇合后称桑干河。自阳高县南出山西省进入河北省，至怀来朱官屯与洋河汇合后称永定河。继续东南流，自三家店出山，进入华北平原，成为北京地区最大的河流。又东南经河北、天津，在天津市北辰区屈家店分为两支：一支南入北运河，另一支东南行永定新河，最终均流入渤海。永定河被称为"北京的母亲河"，它的洪积冲积扇为北京城的形成与发展提供了优越的地理环境。

一 金至明代的卢沟（浑河）水灾与河道治理

早期的永定河水量丰沛，上游流域的森林植被保存完好，曾有"清泉河"的美名。[①] 自金元时期开始，由于永定河上游森林砍伐严重，加上

① 郦道元：《水经注》卷十三《漯水》，第 274 页。

中下游两岸土地被连片开垦，流域内水土流失严重，永定河的水文特性也随之改变。特别是元代以来，永定河含沙量显著上升，当它冲出北京西南的石景山后，进入坡降舒缓、土质疏松的平原区，河水"冲激震荡，迁徙弗常"，① 直接威胁着北京城的安全。《元史·河渠志》记载："卢沟河，其源出于代地，名曰小黄河，以流浊故也。自奉圣州界流入宛平县境，至都城四十里东麻谷分为二派"，② 由此渐有"浑河"与"小黄河"之称。金朝大定年间，卢沟河决于显通寨（在今石景山至卢沟桥之间），"诏发中都三百里内民夫塞之"。③ 明昌二年（1191）六月，"漳河及卢沟堤皆决，诏命速塞之"；④ 三年（1192）六月，"卢沟堤决，诏速遏塞之，无令泛溢为害。右拾遗路铎上疏言：当从水势分流以行，不必补修玄同口以下、丁村以上旧堤。上命宰臣议之，遂命工部尚书胥持国及路铎同检视其堤道"。⑤ 元代卢沟的水灾日益频繁，在石景山至卢沟桥段筑堤固岸的工程也不断增多。元代在卢沟下游筑堤的频率明显提高，从元初的至元年间一直持续到元末的至正年间，诸如"修卢沟上流石径山河堤"，⑥ "浑河决，发军民万人塞之"⑦ 一类的记载，屡见于《元史》。其中，延祐三年（1316）曾对浑河河堤清查，上自石景山金口，下至武清县界，河堤通长计348里。从这一时期开始，卢沟（浑河）进入了大规模治理的历史阶段。

明初以来，卢沟（浑河、桑干河）主流河道淤塞，下游河道不断向东南方向迁徙，流经良乡、固安、东安，在霸州东南与淀泊相汇后继续东南流，穿过北运河，东流入海。现存洪武年间《北平图经志书》记载：桑干河"由旧奉圣州二百余里入宛平县境。出卢沟桥下，东南至看丹口，

---

① 《明史》卷八十七《河渠志五》，第 2137 页。
② 《元史》卷六十四《河渠志一·卢沟河》，第 1593 页。
③ 《金史》卷二十七《河渠志》，第 686 页。
④ 《金史》卷二十七《河渠志》，第 688 页。
⑤ 《金史》卷二十七《河渠志》，第 687 页。
⑥ 《元史》卷二十《成宗本纪三》，第 441 页。
⑦ 《元史》卷三十《泰定帝本纪二》，第 678 页。

冲决漫散,遂分而为三:其一分流往东南,从大兴县界至潞州北乡新河店,东北流达于高丽庄,入白潞河;其一经大兴县清润店,过东安县,今已淤塞;其一南过良乡、固安、东安、永清等县,入霸州,汇于淀泊,出武清县,南入于小直沽,与白潞河合流,入于海"。同书在良乡县"山川"下云:"桑干河俗称浑河,在县东三十里,自宛平县卢沟桥东,冲决南流,至本县与广阳水合。然下流淤塞,或遇久雨,则潦水横溢,时为民患。"① 明代冀中平原中部、霸州西南一带有大量河湖淀泊,浑河主流改流固安以西后,在霸州苑家口一带与大清河交汇,这一带的淀泊演变受浑河的河道变迁影响尤其严重,汛期时"弥漫浩淼,被地浮天,溢入文安、大城,积为巨浸"。② 随着河水挟沙量增加,浑河决口时有发生,给相关流域带来了极大危害。永乐年间,"浑河改流西南,经固安、新城、雄县抵(霸)州,屡决为害"。③ 浑河自宛平县流入固安县界,多次决口改道,酿成严重灾害。邑人郭光复《桑干水涨》诗云:"嗟嗟方城遭水瘣,十年九见桑干改。昏垫深谷顿为陵,澎湃桑田尽变海。萧条庐舍灶无烟,男妇嗷嗷共吁天。昼扳蝼蚁树头立,夜逐虾蟆屋上眠。无奈墙倒屋成沼,老幼半作沟中殍,啼饥园内无半饱。"④ 到明代中后期,浑河泛滥越发严重,万历十一年(1583),"浑河决堤口,水失故道",⑤ 决口所经不详。万历二十二年(1594),"复抵(永清)县界,且逼城垣",⑥ 诸如此类的记载屡见不鲜。

明代浑河泛滥冲决对北京城和周边地区造成了极大威胁,"下流在西山前者,泛滥害稼,畿封病之,地方急焉"。⑦ 有鉴于此,修堤的次数持续增加,堤防的长度从卢沟桥向下游两岸延伸,规模及档次也显著扩大和

---

① 永乐《顺天府志》,北京大学出版社,1983,第305页。
② 嘉靖《霸州志》卷一《舆地志》,上海古籍书店,1981,第31页。
③ 王庆云:《石渠余记》卷六《纪畿辅营田水利·永定河不宜复故道论》,第310页。
④ 康熙《固安县志》卷八《艺文志》,康熙五十三年刻本。
⑤ 李逢亨:《永定河志》,台北文海出版社,1969,第125页。
⑥ 康熙《永清县志》卷三《河渠》,康熙十五年刻本。
⑦ 《明史》卷八十七《河渠志五》,第2137页。

提高。洪武十六年（1383），"浚桑干河，自固安至高家庄（今属霸州）八十里，霸州西支河二十里，南支河三十五里"①。正统元年（1436）七月，工部左侍郎李庸"奏请工匠千五百人，役夫二万人"，修筑卢沟桥以下狼窝口等处河堤，此次修筑的河堤"累石重甃，培植加厚，崇二丈三尺，广如之，延袤百六十五丈，视昔益坚。既告成，赐名固安堤，置守护者二十家"。②这一段堤防的修筑，遏制了浑河卢沟桥段向东北方向的摆动，有效保卫了北京城的安全，"于京畿益图巩固，以宁济斯民"。③嘉靖四十一年（1562）九月至四十二年（1563）四月，再修卢沟桥堤，"凡为堤延袤一千二百丈，高一丈有奇，广倍之。崇基密楗，累石重甃，鳞比比，翼如如，较昔所修筑，坚固什百矣"。④清代修筑永定河大堤时，在很大程度上继承了这一段堤防，"自衙门口村至兴隆庙止，大石片石堤长五百二丈五尺，内明旧堤三百七十九丈五尺余。……自兴隆庙至卢沟桥，大石片石堤长四百三丈，内明旧堤三百五十三丈"。⑤

二　清代的永定河水患与筑堤高潮

入清之后，永定河患仍旧十分突出。顺治十五年（1658）御史上疏称："霸州城南之地、保定县河北之田、文安县东洼等处，俱坐落堤外。向时止有琉璃河水道，故十年五潦，以五年之收赔五年之潦，民止劳其力而未尝尽其财。自顺治十年间浑河南注，从霸州城下达口头村而赴东淀。浑波所过，荡为巨津，而三处之地皆成水府，渊深不测，一望汪洋数十里，千顷之良田久已问诸水滨矣。"⑥康熙三十七年（1698）在直隶巡抚于成龙的主持下，开展了一次大规模的河道治理活动。据乾隆《永定河志》记载："挑河自良乡老君堂旧河口起，经固安县北，至永清县东南朱

---

①　《明史》卷八十七《河渠志五》，第 2137 页。

②　杨荣：《修卢沟河堤记》，《日下旧闻考》卷九十三引，第 1567 页。

③　乾隆《永定河志》卷十九《附录》，学苑出版社，2013，第 584 页。

④　万历《顺天府志》卷六《艺文志·敕修卢沟河堤记》，明万历刻本。

⑤　光绪《顺天府志》卷四十四《河渠志》，光绪十二年刻本。

⑥　光绪《顺天府志》卷三十六《河渠志》，光绪十二年刻本。

家庄，经安澜城河，达西沽入海，计长一百四十五里。南岸筑大堤自旧河口起至永清县郭家务止，长八十二里有奇。北岸筑大堤自良乡张庙场起，至永清县卢家庄止，长一百二里有奇。"① 不过，由于永定河含沙量过高，疏浚后的永定河尾闾安澜城河仅两年时间就全被沙淤。

康熙年间的永定河河道治理，主要遵循着"筑堤束水"的理念，"将河口修窄，渐次放宽，于两边筑堤使高大，则水势迅疾，沙自不能停住矣"。不过，因永定河下口一带堤岸收束过紧，"自卢沟桥一路经行，两岸相距宽者五六百丈，最狭者六百余步，水势尽可游衍。郭家务以下顿成窄逼，仅三四十丈，束水过急，兼下口日渐高仰，壅遏不畅，一经骤涨，旁溢不止"。② 自康熙三十七年（1698）起，永定河尾闾入于东淀，大量泥沙沉积于此。至雍正时，东淀边缘的诸小淀泊已被淤平。浊流南下，渐渐有与子牙河会合的趋势，威胁着直隶诸水归海的流路："自是湍水轨道，横流以宁，三十年来，河无迁徙，此从古所未有也。惟是下流入淀之后，水涣泥停，积渐阗淤。蒙圣祖谕旨屡下，毋令壅碍清流，而该管分司衙门，惟事修防，不加疏导。淤而南，信安、胜芳等淀变为高原；复淤而北，策城、新张诸泊垫为平陆。骎骎乎及于台头，与子牙河会，壅阏清流，几无达津之路矣。"③ 乾隆十九年（1754），永定河"汛水盈丈，携沙直注"，导致下口十里以内，旧积新淤，顿高八尺。而在改口之前，"旧南堤外较之旧北堤外低三、四、五、六尺不等，今则以南较北转高五六尺。安澜城以下为停淤最薄之地，亦已较北高二尺许"。④ 乾隆中期以后，永定河下游河道及尾闾所在的三角淀，淤积已经极为严重："束水渐高，今非昔比。堤外地势，在在低下，水出有若建瓴。兼之浑流急湍，改变靡常。"⑤ 由此导致下游河患再次加深，"南淤则水从北泛，北淤则水向南

① 乾隆《永定河志》卷六《工程考》，学苑出版社，2013，第249页。
② 光绪《顺天府志》卷四十一《河渠志》，光绪十二年刻本。
③ 《畿南河渠通论》，《清经世文编》卷一百七《工政》，岳麓书社，2005，第69页。
④ 嘉庆《永定河志》卷二十二《奏议》，文海出版社，1969，第423页。
⑤ 嘉庆《永定河志》卷二十二《奏议》，文海出版社，1969，第415页。

归，凡低洼之区可以容水者，处处壅塞"。① 乾隆三十八年（1773）五月二十一、六月初一的两次汛情，发水极其迅猛，永定河"大溜汹猛奔腾，直趋下口，将中泓河底刷深数尺，所有泥沙，悉归条河头之旧河中"。② 随着三角淀的淤积，道光年间永定河尾闾的浊流一度向南侵入东淀。大量泥沙造成东沽、杨芬港一带的淤积，并逐渐威胁到大清河正常的归海流路。光绪年间，永定河尾闾一带淀泊淤积更甚，三角淀西部"淀形可指者，不过王庆坨一角十余里耳"，"强半为泥沙所淤，其中积成横埝无数，遂分析为诸小淀"。③

清代后期决口数的增加，主要是河道淤塞形成地上河所致。光绪七年（1881）李鸿章奏称："永定河在雍、乾时已渐高仰，今视河底，竟高于河外民田数丈。昔人譬之于墙上筑夹墙行水，非一日矣，而节宣西南路诸水之南泊北泊、节宣西北路诸水之西淀东淀，由浊流填淤，或竟成民地。其河淀下游则仅恃天津三岔口一线海河迤逦出口。平时既不能畅消，秋令海潮顶托倒灌，自胸肠腹以至尾闾节节皆病。是以每遇溶潦盛涨，横冲四溢，连成一片。顺、保、津、河各属，水患特重。"④ 特别是永定河尾闾区，因长期淤积，河道浅滞，加重了河患。永定河下游筑堤以后，主流全入东淀，大量泥沙沉积于尾闾地带，导致"东淀自浑河北徙以来，西北之信安等淀，垫淤成陆。会同河西支之由信安归淀者，已为断港。自此渐淤而南，胜芳淀遂为桑田；复淤而东，新张、策城诸泊，皆成膏壤。会同河中支、东支并注台头一河。上接石桥，下连杨芬港，出杨家河，为达津之路。然亦失其宽深，才通舟楫已耳"。⑤ 光绪八年（1882）直隶总督李鸿章上奏："东淀本甚宽，广东西一百四五十里，南北六七十里，系为大清等河尾闾蓄泄之区，关系至重。乾隆三十七年奉上谕，淀泊利在宽深，

---

① 光绪《顺天府志》卷四十三《河渠志》，光绪十二年刻本。
② 陈琮：《永定河志》卷十七《奏议》，学苑出版社，2013，第 548 页。
③ 光绪《畿辅通志》卷七十八《水道》，光绪十二年刻本。
④ 水利部中国水利史研究室：《再续行水金鉴·永定河卷》，湖北人民出版社，2004，第 196 页。
⑤ 光绪《顺天府志》卷四十一《河渠志》，光绪十二年刻本。

其旁闲有淤地，不过数小时偶然涸出，水至仍当让之于水，方足以畅荡漾而资潴蓄。嗣后毋许复行占垦，违者治罪等。此煌煌圣训，极应永远遵行。乃附近乡民逐渐侵种，百数十年来竟已占去淀地大半，现存者不及三分之一。臣往来津沽，亲见丛芦密苇，弥望无涯。不特难容多水，即淀中旧有河道亦因而淤垫，重烦官款挑挖。该淀既节节壅滞，上游各河遂泛滥为灾，动关全局，及今不治，再阅数十年将东淀胥为平陆矣。"① 光绪年间，李鸿章在直隶河道治理中率先使用西方挖泥船："永定河道频年漫决，本阁部堂现拟挑挖疏浚。奈北方沙土浮松，以锹锄等器挖之不能成块，少而且缓，其胶黏之土尤难开挖。是挖土已废人工，及至出土，欲于河心远送堤岸，尤废挑力。前闻外洋有水中捞泥器具，亦于舟中激用火轮，制作尚精，不甚费力。倘更有掘挖干土之器，并有运土远出之器，此两种器械果能竟获，办工较易为力。应饬江南机器制造局访诸洋人，如有此种合用之器，一面询悉如何用法，具禀核夺；一面或可先酌够若干，由轮船运解来直，试看使用。"② 近代机械的使用，显著提高了疏浚河道的效率。

至光绪后期，淀泊东移的趋势已非常明显。原三角淀淤高后，凤河、北运河之间的低地成为永定河尾闾去处。光绪二十五年（1899），永定河尾闾再次改道，行调河头、响口以北，于东洲附近冲破凤河东堤，在凤河、北运河之间形成了一片淀泊区："本年永定河下口乃全溜自入于北泓，决东洲一带凤河东堤以入凤东大洼。再决北运河西堤，全溜复阑入北运。将自杨村迤下至西沽四十余里冲坍几尽。所幸北泓混流未行者几四十年，地广而洼，可停泥沙。现查看凤河东堤出口之水已不甚混，而自杨村迤下至浦口一带大洼，南北约长四五十里，东西约宽十里。内外混流入此大洼，水涣沙停，一望渺然，巨漫澄澈如湖荡。阑入北运，亦属清流。"③

---

① 《李文忠公奏稿》卷四十三《清理东淀折》，民国十年影印金陵原刊本。

② 李鸿章：《札饬机器局访购挖河机器》，见中国史学会《中国近代史料丛刊——洋务运动》，上海人民出版社，1957，第 478 页。

③ 中国水利水电科学研究院水利史研究室：《再续行水金鉴·永定河卷》，湖北人民出版社，2004，第 338 页。

对于永定河淤塞越发严重的原因，直隶河道总督顾琮认为："永定河从前原无堤岸，溜走成河，淤停为地。京南、霸北、涿东、武西皆其故道，数百里内任其游荡迁折。……今金门闸坝外固南霸北良东永西，地方百里，较从前地面仅四分之一。胜芳大淀，久经淤成平陆。是游荡之地狭于前，而容水之淀小于前。伏秋汛涨，四漫横流，水必深于前，此今昔之异也。况生齿倍，人烟稠，未便村村迁徙，岂能处处防护，水性无定，实有所难。……况永定河之所以为患者，总以浑水淤淀，下游不能畅达之故。今虽名为改复故道，实系导水于两淀之间，若引河浅狭则有漫淹之患，宽深则有淤淀之虞。"① 不论采取何种方略，都有进退两难之感。

第二节　明清时期的运河疏浚

元明清时期，每年由南方运送大量粮食保障京师日用。"国家大计在转输，转输资漕渠，漕渠资堤"。② 为了保障漕船能够顺畅通行，官府对运河航道进行了持续不断的疏浚和整治。

一　明代的河道清淤

南北运河在流经途中汇入多条河流，一些河流如南运河支流的漳河，北运河支流的沙河等含沙量较高。在日积月累的过程中，运河泥沙日益积聚，漕船行进中极易受阻。"运河两岸险工林立，而所以有险工之故，则淤滩致之，东岸有滩则水侧注于西，西岸有滩则水侧注于东，侧注之势偏刷堤堰。"③ 明永乐年间，南运河河段水涨造成冲决，"去秋卫河水溢，河岸低洼之处四散漫衍，其时虽略修理，今已复有倒塌者"。④ 北运河武清

① 光绪《顺天府志》卷四十一《河渠志》，光绪十二年刻本。
② 《古今图书集成·经济汇编·食货典》卷一百七十四《漕运部总论二·图书编·漕渠七议形胜》。
③ 沈兆沄：《蓬窗随录》卷四《陈畿辅河道情形疏》。
④ 《明太宗实录》卷一百二十四，永乐十年正月乙酉。

县的奭儿渡、蔡村河段位于河道湾流处，更是经常出现冲决和漫溢的情况。"抑燕赵之间，地方千里，其间巨细河流，悉至武清县丁字沽，注于白河。故一遇雨涝，白河满溢。武清县奭儿渡口南蔡村等处，冲决堤岸，坏民田庐。起夫筑塞，劳费万计。逮时干旱，舟行白河，又或浅阻。以此知水势盈涸不常，不可以经久而论也。"① 永乐二十一年（1423），"河决奭儿渡口六百五十余丈"。② 洪熙元年（1425），通州、武清、固安、漷县"各奏六月二十二日骤雨，河溢冲决河西务、白浮、宋家口堤岸"。③ 正统七年（1442），"武清县筐儿港、漷县中马头、小蒙村、河西务、上马头久雨，水决堤岸二十二处"。④ 成化六年（1470），"通州至武清县蔡家口，河口并堤岸被水冲开一十九处"。⑤ 武清杨村以下的北运河因邻海，受到海潮影响较大，相较而言淤塞并不严重。据《漕运全书》记载："近海通潮，淤浅无多。"⑥ 海潮对于漕船行进还有非常明显的推力，清代乾隆五十八年（1793）马嘎尔尼使团沿北运河进京，"顺流推动船只走出了天津三十里之后，潮水就停止了。在风停水静的时候，水手们大都利用两个大桨划船。"⑦ 据此看来，明代的情形也应相差不远，南北运河的河道不畅始终是突出的问题。

每至汛期，运河水底皆沙，运行艰难。为使漕船能够顺利通行，明朝每年会进行河道清淤疏浚等工程。"殊无策治之，惟用兜杓数千具治河，官夫遇浅即浚。此外运舟各携四五具，二三百舟即可得千余具，合力以浚，顷刻而通，盘剥大省矣。"⑧ 宣德九年（1434），右副总兵都指挥佥事吴亮言："督粮船万余艘已达北河，而河水泛溢难进。且河西务东西上下

---

① 黄承玄：《河漕通考》卷下《河运·白河》。
② 《明太宗实录》卷一百五十五，永乐二十一年九月丙子。
③ 《明宣宗实录》卷三，洪熙元年七月戊辰。
④ 《明英宗实录》卷九十四，正统七年七月癸亥。
⑤ 《明宪宗实录》卷八十一，正统六年七月壬寅。
⑥ 光绪《钦定户部漕运全书》卷四十四《漕运河道·挑浚事例》。
⑦ ［英］斯当东：《英使谒见乾隆纪实》，叶笃义译，群言出版社，2014，第308~309页。
⑧ 刘天和：《问水集》卷一《运河·白河（凡三条）》。

水决堤防一十五处，奔流迅激，势益猛悍，重载之舟恐失利，乞早修筑”。[①] 嘉靖十五年（1536），在山东、河南、南北直隶，“凡临河州县，各造上、中、下三等船只，并置铁扒、尖锄疏浚淤浅”。[②] 万历九年（1581），疏浚河西务至通州段河道：“河西务至舒鸡浅，委武清县管河主簿；谢家浅至李家浅，委香河县丞；白阜圈浅至马房浅，委漷县典史；王家浅至石、土坝，委通州同知。各领浅夫一百五十名，兼用军民、浅夫，照地严督挑浚。遇船阻浅，并力挽拽，送过信地，周而复始。”万历三十一年（1603），工部挑浚通州至天津的全线河道，挑深四尺五寸，挑出河底泥沙筑堤于两岸。此外，明朝还专门设置了浅铺，专司河道清理工程，“每于浅处设铺舍，置夫甲，专管挑浚。舟过则招呼，使避浅而行。自此而南，运河浅铺以次而设”。[③]

二　清代运河的大规模疏浚整治

进入清代，南北运河的冲决漫溢并未得到缓解。康熙三十三年（1694），“通州至天津运河耎儿渡等处堤岸冲决者八处，坍塌者二处”；[④] 雍正三年（1725）“河西务溃堤，平地水深数尺”。[⑤] 天津以北的运河，尤其是“杨村以北，通会之势峻若建瓴，白河之流壅沙易阻，夏秋水涨则惧其涝，冬春水涸则虞其涩”。[⑥] 乾隆十五年（1750），天津地区“被水泛涨，海河倒漾，各处堤埝多冲刷残缺”。[⑦] 特别是乾隆中期，因雨水过量，南北运河冲决情况极为频繁。乾隆三十五年（1770），“因连日大雨，大清、子牙、南北运河水涨，汇归三岔河口，由堤顶漫过。横决周家庄等八

① 《明宣宗实录》卷一百十一，宣德九年六月乙亥。
② 《大明会典》卷一百九十八《工部十八·河渠三·运道三·凡漕河事》。
③ 傅泽洪：《行水金鉴》卷一百四《运河水》。
④ 《清圣祖实录》卷一百六十五，康熙三十三年十月乙巳。
⑤ 乾隆《武清县志》卷四《禨祥》。
⑥ 《清高宗实录》卷七十，乾隆三年六月上庚寅。
⑦ 《清高宗实录》卷三百八十五，乾隆十六年三月丁卯。

处，漫溢堤工十二段，计长三百一十余丈"；① 三十六年（1771）七月，因雨势过大，"王家庄西岸水长漫溢，刷开堤工一段，约宽数十丈。河西务甘露寺亦刷开堤工一段，宽数十丈。马头以北至张家湾，两岸汉水漫散，低地俱有积水"；② 天津"城西运河侯家园地方，被水涨溢。侯家园南三里小园地方，运河堤岸亦被水漫，冲水口一道，约长二十余丈。北运河漫口之处之小码头庄、姚家庄、狼儿庄、甘露寺、张家庄、周家庄、桃花口等处漫溢，有已经断溜者，有水尚平流者"。③ 道光三年（1823）河西务"下游决口一道，火烧屯地方决口一道，王庄地方决口一道，运河东岸武清县之九百户决口一道，天津北仓之南俱有漫口"。④

北运河的疏浚和整治，是清代官府河工的重要任务，筑堤则是防止河道漫溢的主要方式。据《大清会典》记载："堤之式有大堤，有月堤，有越堤，有遥堤，有缕堤，有格堤，有撑堤，以土或石为之。"⑤ 最初，乾隆年间曾在北运河支汉、漫滩、横浅之处，用沙袋筑坝进行拦隔，"照束水坝之法，束水归槽"，即"用通仓变价旧米袋，囊沙紧扎，三路层铺坝外，水大时听其漫坝畅行"。后因"用袋囊多须工费，改为柴草土坝"。⑥ 乾隆十二年（1747），因为"水积沙浮，昼夜冲刷，随时加镶至三、四、五次，迨伏秋水发，俱漂没无存"，于是在十三年（1748）建筑土坝，"量加高厚，如有汕刷，临时加镶"。是年，仓场总督书山"以所筑之坝即挑河沙填筑，殊不坚固。其筑坝之处，惟坝口刷深。离坝十余丈，水势已缓，沙即停留，更甚于漫流之处。及遇河水骤涨，大半冲倒，反积河中为埂"，上奏停用束水坝。乾隆十七年（1752），仓场总督鹤年"以汉河筑坝，每值山水涨发，河流汹涌，水未堵而坝已冲，柴草荡漾，益多阻塞。水小之时，中泓甚浅，虽支汉有坝，无从收蓄"，自此"将汉河筑坝

---

① 《清高宗实录》卷八百五十六，乾隆三十五年七月癸酉。
② 《清高宗实录》卷八百八十八，乾隆三十六年七月乙巳。
③ 《清高宗实录》卷八百八十八，乾隆三十六年七月辛亥。
④ 《清宣宗实录》卷五十三，道光三年六月壬戌。
⑤ 嘉庆《钦定大清会典》卷四十七《工部·都水清吏司·凡河工》。
⑥ 《清高宗实录》卷二百六十，乾隆十一年三月上辛巳。

概行停止"。①

挖引河并设置减水坝，也是当时常用的方式。清朝在北运河上建造了两座减水坝和两个小挑水坝，开挖了三条引河。其中第一座减水坝建造于康熙三十八年（1699），当年因白河决于武清县筐儿港，官府决计在此开挖引河，修筑长堤，引水注塌河淀，由贾家沽入海。"自闸口起至海（梅）厂止，北堤长三十一里有奇；又自闸口起至张五庄止，南堤长三十一里有奇。又自张五庄起，至孤云寺止，长四十里。"② 康熙五十年（1711），因河西务河堤屡被冲决，"（圣祖）亲临指授，命牛钮开挖引河，复以河西务城东有旧河形对新河下口，至三里屯长四百余丈，特命开直河一道"，次年工成，"新河之溜移流于西，而东岸大堤之汕刷以免，奂儿渡之冲险无虞矣"。③ 第三座减水坝建造于雍正八年（1730），因河西务一带距筐儿港减水坝稍远，易于漫溢，故下令在"河西务上流之青龙湾建坝四十丈，开引河而注之七里海。仍展挖宁车沽河，导七里海水而泻之北塘口。上下分泻，运道民生，均获安谧云"。④ 关于此处引河，《畿辅安澜志》也有详细记载："王家务引河旧名青龙湾引河，在武陵（清）县北，首起香河县红庙，东流入县东北境，迳三百户、长林，又东流迳塔儿寺、殷家庄、崔家庄、马房、杨家场，又东流迳宝坻属大口下哨、李家排，又东为八道沽，又东流迳赵家庄、树儿窝、狼儿窝，又东流为油香淀，又东流迳高家庄、大白家庄、于家庄，又东流为鲫鱼淀，又东流为东淀，又东流注宁河之后海，穿后海而出，迳俵唐儿注于七海里，又东流入曲里海，又东流为宁车沽，又东流与蓟运河会于北塘庄入海，长百八十里。"⑤ 减水坝以及引河的设置，一定程度上减轻了河水迅猛的冲击力，同时也扩大了河域面积，有效缓解了短时期内水量集中而造成的漫溢

① 《漕运则例纂》卷十二《漕运河道·北河挑浚》。清乾隆间刻本。
② 光绪《重修天津府志》卷二十一《舆地三·堤闸津梁·北运河诸堤》，《天津通志·旧志点校卷（上）》本，南开大学出版社，1999，第928页。
③ 光绪《通州志》卷三《漕运·修浚》。
④ 《钦定户部漕运全书》卷四十《白河考》。
⑤ 王履泰：《畿辅安澜志》白河卷二《原委》。

情况。

筐儿港、王家务、河西务减水坝建造之后，又进行了多次挑浚。乾隆十六年（1751），"挑浚北运王家务、筐儿港两减河……并加筑其堤岸"。①三十二年（1767），挑挖筐儿港、河西务两引河，时因乾隆帝"见坝身出水处高于河底七尺，则遇汛涨时，所减之水下注过猛，易致跌落成坑，排桩不无撼动，"因此下令"于石工之外，接筑灰工十五丈，使坦坡渐平以导其势"。另外，因王家务减河"所以宣泄盛涨，保卫堤工，别由一路入海，不使三岔河之水汇积，尤为畿南水利攸关"，遂命"一律疏浚留淤，期于深通易达"。在"筐儿港口工外，加筑灰工十五丈。每丈拿溜四寸六分零，每五丈安排桩一路，地脚满签柏丁，并加筑补筑大小夯灰土。……至坝口出水处，河槽北面淤高，应挑展斜长九十丈，自十六丈至六丈折算，均宽十一丈三尺，深二尺。又王瘸庄起至梅厂东止，淤垫一千四百八十丈，应于河底抽槽，面宽八丈，底六丈，深二三尺不等。……王家务坝门上首，并迎水海墁南北岸淤土四段，共计一百八十余丈，高五六尺不等，均应挑除。又水口中心，应挑河槽一道，长二百三十丈，面底均宽十三丈五尺，深三尺。"② 道光六年（1826），直隶总督那彦成奏请，再次"修直隶宝坻县青龙湾引河南岸堤工"。③

清代为清理河道淤泥，还实施过放淤之法。陈弘谋《陈畿辅河道疏》写道："旧有堤者，可以加帮放淤。旧无月堤者，新筑月堤亦可放淤。放淤一段，即可保一段之平稳。其放淤只须将月堤加筑坚实，预备料物人夫，于河水涨满时相其形势，入浑出清，操纵在我，并不涉险，不出旬日即可淤平。淤平之后，永无筑堤之费、抢护之劳矣。"河水涨溢时，将浑水引入月堤，水缓沙停，泥沙沉积于月堤内，而澄清之水仍归入运河。如此日积月累，泥沙就会把运河大堤与月堤之间淤平，从而成为宽厚堤岸。放淤成功之后，"河岸有坑缺渗漏之处皆已填满坚实，窄堤变为宽

---

① 《清高宗实录》卷四百四，乾隆十六年十二月上癸卯。
② 《清高宗实录》卷七百八十，乾隆三十二年三月乙亥。
③ 《清宣宗实录》卷九十七，道光六年四月乙亥。

岸，河水亦少冲射。亟宜于堤之沿边、离河甚远之处加筑小堤，约高宽三四尺，即作遥堤。运河水出槽，岸宽水缓，泥沉于岸，水仍归河，不至成险。此外，凡河岸本属宽厚不必放淤者，亦于堤之沿边、离河甚远之处加筑小堤，与淤平之堤相接，不令稍留空缺。则全河之堤岸既宽，复有绵亘遥堤以为外卫，纵河水异涨出槽，水势平缓，及堤而止，亦不至于冲决矣"。[1]

　　清代南运河河道的冲决淤塞，情况也并不乐观。即使在平常年份雨水平稳时节，也常有堤岸决溢，"沧、德、天津之间，河决无岁无之"。[2] 对于南运河河道的疏浚工程虽较北运河河段稍少，但也在同步进行。雍正三年（1725），和硕怡亲王奏称："卫河与汶河合流东下，德、棣、沧、景以下，春多浅阻，一遇伏秋暴涨，不免溃溢。"于是奏请除将沧州南之砖河、青县南之兴济河故道疏浚，旧时建闸之处筑减水坝，以泄卫河水涨之外，于"静海县权家口，亦筑坝减水"。此议得到户部复准。[3] 乾隆二年（1737）四月，因南运河自漳水全归运河以后，遇有汛水泛涨则无由宣泄，直隶河道总督刘勰奏请，于"静海之大刘家官堤，应建挑水坝二座，接筑草工一段。……令天津河道在于豫备十万两银内，酌拨购料，多募人夫，上紧兴修"。[4] 同年九月，大学士鄂尔泰上奏，因"南运河全纳漳流，今年汛水异涨，……惟静海地居下游，坍岸颓堤，所在皆是。县北之独流地方，尤为工程最险之处"，拟在"独流东岸建滚水坝，开引河一道，注之中塘洼。坝面宽二十丈，引河称是。挖河之土，距两岸各十丈，筑为坦坡。大堤及洼而止，坝脊高下，以沧州捷地坝为准。其坝口石柱、板桥，以哨马营坝为式"。[5]

　　除南北运河之外，明初为运输军粮至蓟州等地，自天顺年间开凿蓟

---

① 沈兆沄：《蓬窗随录》卷四《疏·陈畿辅河道疏》。
② 张伯行：《居济一得》卷八《河漕类纂·黄河总河总论》。
③ 《清世宗实录》卷三十九，雍正三年十二月辛卯。
④ 《清高宗实录》卷四十一，乾隆二年四月辛巳。
⑤ 《清高宗实录》卷五十三，乾隆二年闰九月下己卯。

运河。"先是，海口淤塞，漕舟从天津出海，复折入梁河而达蓟州。道远水湍，舟数为败。议者谓直沽东北岸有二道，一曰新开，一曰水套，北接梁河，径四十里，可以疏浚成河，改由北道，无涉海之虑，谓之新河，行之天顺间，民大称便"。为了保障河道顺畅，蓟运河全线开通以后，规定"每三年一浚"；① "起夫一万余名疏捞，永为定例"。② 实际上，明清时期对蓟运河的疏浚工程始终未有间断。成化二年（1466），"浚蓟州等处新开沽河"。③ 八年（1472），"蓟州新开沽河淤塞一千二百丈，粮运不通"，令"照先年奏准三年一浚事例"，自成化九年（1473）三月，由"顺天、永平二府，及东胜等卫起拨军民兴工"。④ 十六年（1480）九月，工部覆遮洋运粮指挥王瓒奏："直沽东北新河，请敕管河郎中，及天津兵备副使亲督所司，浚使深广，以通岁漕。"⑤ 二十年（1484），再次命令"宝坻县迤西等处军民夫，疏浚蓟州新开沽河道"。⑥ 万历六年（1578），"修蓟运河堤七十五里，补旧百二十五里，筑决口六十五所，计一十四里，凡二百一十四里，又浚新河自柳子口至嘴头二十五里，会漕渠达于海"。⑦ 明朝后期因战事渐兴，相关疏浚工程开始减少。清朝初期漕粮不再通过蓟运河转运蓟州，所以蓟运河逐渐淤废。康熙三十四年（1695），在明代蓟运河旧址基础上重开新河，"长二千一百八丈，底宽二丈，面宽二丈五尺，深五尺"。⑧ 至乾隆三十年（1765），户部复准："陵糈粟米改支折色，毋庸转运。其岁修工程即于是年奉文停止，由是此河渐淤"。⑨

---

① 黄承玄：《河漕通考》卷下《河运·蓟州运道》。
② 谢纯：《漕运通志》卷八《漕例略》。
③ 《明宪宗实录》卷二十九，成化二年四月辛酉。
④ 《明宪宗实录》卷一百一，成化八年二月戊辰。
⑤ 王履泰：《畿辅安澜志》蓟运河卷下《修治·明边饷》。
⑥ 《明宪宗实录》卷二百四十八，成化二十年正月壬子。
⑦ 民国《蓟县志》卷八《故事·漕运》。
⑧ 乾隆《宝坻县志》卷十六《集说·附新河》。
⑨ 乾隆《宁河县志》卷三《建置·河渠》。

第三节　近代以来的海河治理

天津被称为"九河下梢"，境内有子牙河、大清河、永定河、南运河、北运河等与海河汇流，进入渤海。海河流域是历史上闻名的洪、涝、旱、碱灾害频发的地区，河道治理也经历了漫长的过程。晚清至民国时期的治河实践，为 1949 年以后根治海河水患做了前期的探索。

一　海河河道对航运的阻碍

海河水系的形成与黄河改道关系密切。据统计，自公元前 602 年至1938 年，黄河下游决口 1590 次，其中大的改道 28 次。东汉以来，随着黄河南徙、隋唐大运河的开凿，海河水系逐渐贯通并最终形成。海河水系上宽下窄、上大下小，上游支流水系繁多，下游干流单一集中，"上大下小，尾闾不畅"的水系格局，是下游水患频繁发生的主要原因。此外，流域下游地区属海积冲积平原，地面有沙垄、沙岗、洼地分布，地表微地貌复杂，地势平坦开阔，总体上呈西北高，东南低。历史时期，海河流域地形地貌变化巨大。全新世早期，气候转暖，海平面上升 20 米左右，渤海尚未形成，滨海平原多为海水淹没。中全新世，海平面上升到最高水平，渤海形成。全新世晚期，气候转冷，降水减少，变率增大，加之植被退化，水土流失加剧，使得河流频繁决溢改道，深刻影响着流域地貌。[1]

近代以来，海河干流弯道众多，水患频发，严重阻碍了天津航运业的发展。"海身迂回过甚，宽窄相悬过巨，而两岸引水支渠过多，分泄该河水量，使其不能保持相当深度。"[2] 当年的海关年报指出："自大沽而迄于

---

[1]　海河志编纂委员会编《海河志》第 1 卷，中国水利水电出版社，1997，第 13～14 页。

[2]　海河水利委员会编《海河放淤工程报告书》，1935 年 12 月，第 5 页。

天津之海河，河道蜿蜒曲折，不易行船。海河如此迂曲，以致大沽至紫竹林，以陆路计，仅长 34 英里，而以水路计，反在 60 英里以上。"① （见图 6-1）三岔河口为南北运河与海河交汇之处，"漩涡伏起，清浊攸分"，遇有潮沙阻遏，极易造成"洄旋不下，倒漾横流"。②

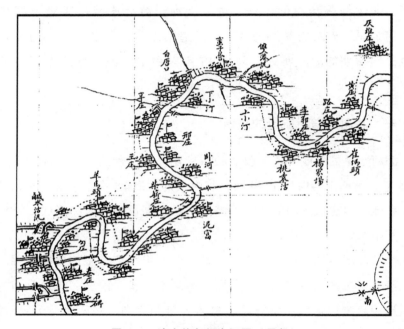

图 6-1　清光绪年间海河图（局部）

资料来源：唐晓峰主编《京津冀古地图集》，北京出版集团文津出版社，2022，第 870 页。

鉴于上述河道状况对航行与防灾的阻碍，光绪二十三年（1897）《时务报》刊载的《拟裁海河淤嘴图说》指出："畿辅之地，除水患与水利最为要务。近年大水，诸河漫溢，淹没田庐，民之受害甚焉。推其故，会归

---

① 《1865 年津海关贸易报告》，吴弘明编译《津海关贸易年报 1865－1946》，天津社会科学院出版社，2006，第 7~8 页。

② 陈仪：《直隶河渠志》，中国水利史编委会编《中国水利史典》海河卷，中国水利水电出版社，2015，第 550 页。

之路不能畅达入海，实因河湾过大，淤浅日甚。"其后所附《拟裁海河湾嘴条议》中言："海河一道，上受五大河来源之水，所有河湾年复一年，日冲日大，现循湾计里，已长有二百里左右之遥。湾嘴小者不计外，大者共七十余湾嘴"，且"愈冲愈大"。纵观海河之湾，"莫大于挂甲寺至贾家古道一湾也。今查海河淤塞，惟此湾尤甚"。因而提出裁弯取直之议，"将杜庄湾嘴一并取直，则尾闾通畅，上游之水患自除，实于地方商务全局均有裨益"。①

二　改善运道与放淤治沙

自清末开始，海河工程局重点实施改善海河航运计划，工作大致可分为：疏浚、闭塞支渠及建坝工程、裁弯取直工程、撞凌、其他工程。② 为清理海河河底泥沙，1902 年至 1924 年，海河工程局先后购买了铁抓挖泥船一号和二号、固定挖泥船"北河"号和"西河"号、通用挖泥船"新河"号、吹泥船"燕云"号、吸泥船"中华"号、浚滩机"快利"号、挖泥船"高林"号等，对港池、湾道和大沽航道进行挖淤工作。"总计自光绪二十九年至民国十八年，凡二十七年，共挖泥约三百二十五万英方（连裁弯取直所浚泥在内），平均每年十二万英方。"③ 建造闭塞支渠及建筑建坝工程，目的是增加低水流量及加快流速，以免淤积。先后在减河建造了陈家沟水闸、军粮城水闸及西沽水闸，成效显著。1900 年陈家沟水闸建造之后，港内水位上涨 0.6 米，增加了 65% 的海河水量。④

在海河工程局治理海河之前，海河含沙量较大，据统计，1897 年达到了最高值 4.53kg/m³。1900 年闭塞海河支渠后，海河流量开始增加，含

---

① 《拟裁海河淤嘴图说》，《时务报》1897 年，第 26 册，第 82~83 页。

② 《海河治本治标计划大纲》，《华北水利月刊》第 4 卷第 8 期《规划》。

③ 《海河治本治标计划大纲》，《华北水利月刊》第 4 卷第 8 期《规划》。

④ 王长松、陈然：《近代海河治理与河道冲淤变化研究》，《北京大学学报》（自然科学版）2015 年第 6 期。

沙量不断减少。海河裁弯取直工程对于增加河水流量产生了极大的助推作用，含沙量也有所减少。海河河道蜿蜒，曾有数十个弯，部分河弯半径过窄，轮船无法正常通行。因此，自 1901 年至 1923 年，海河工程局先后主持了五次裁弯取直工程，有效缩短了海河河道的航行里程。第一段裁弯：挂甲寺—杨庄（1901~1902 年）；第二段裁弯：下河圈—何庄（1901~1902 年）；第三段裁弯：杨家庄—邢庄（1903~1904 年）；第四段裁弯：赵北庄—东泥沽（1911~1913 年）；第五段裁弯：下河圈—卢庄（1921~1923 年）。1918 年，顺直水利委员会主持三岔口裁弯取直工程。1941~1945 年，日伪建设总署主持葛沽裁弯取直工程。经过五次裁弯工程，海河河道长度大为缩减，干流自金钢桥起至大沽口长 74 千米，航行时间可减少 1 小时。海轮可乘潮水直接抵津，通航船舶吃水量大增。[1]

1925 年顺直水利委员会成立，为了海河防汛与航道治理，先后主持了三岔口裁弯取直及北运河挽归故道等工程。当年制定并公布的《顺直河道治本报告书》提到："自第六埠起，开一新河槽，直达海河之南入海，此新河可分泄大清、子牙、南运三河的洪水入海。"[2] 1927 年《国闻周报》刊载《浚海河计划》，工程要点包括："（一）怀来官厅地方永定河出山要道，建一闸坝，潴蓄水量，以为节制盛涨之用。（二）改良卢沟桥减水坝并建筑操纵机关，俾盛涨时得以分泄每秒钟二千立方公尺以上之水量。（三）卢沟桥金门闸间加筑石坝，缩狭河面，不令超越一千二百公尺。（四）改良金门闸，俾盛涨时得以宣泄每秒钟五百立方公尺之流量。（五）自金门闸至三角淀间加筑小石坝若干，缩狭河面，不至超越五百公尺。（六）在永定河下游另辟新尾闾入海。"[3] 1928 年顺直水利委员会改组为华北水利委员会，全权负责华北地区河道整治、水利工程设计兴修等事宜。

---

[1] 冯国良、郭廷鑫：《解放前海河干流治理概述》，《天津文史资料选辑》第 18 辑，天津人民出版社，1982，第 25~38 页。

[2] 静海县委员会文史工作委员会编《静海文史资料》1989 年第 2 辑，第 147 页。

[3] 《浚海河计划》，《国闻周报》第 4 卷，第 45 期《一周间国内外大事详评》。

海河治理工程的最大成效，当属治淤。"海河之病，在淤泥之瘁。"考察海河沙泥的来源，大部分来自永定河（按：海河工程局报告：海河沙泥来自永定河者约占四分之三，来自其他各河者约占四分之一）。[1] 清末民国年间，永定河尾闾淀泊已淤填殆尽，大量泥沙进入海河，给天津海河航道构成严重威胁。为减少海河泥沙，改良永定河下游两岸土壤，抬高两岸地势，民国年间永定河下游制定了大规模放淤计划。这个计划延续了清代治理永定河的放淤之法："永定浊泥善肥苗稼，凡所淤处，变瘠为沃，其收数倍。泾水之富关中，漳水之富邺下，不是过也。河所经由，两岸洼咸之地甚多。若相其高下，开浚长渠，如怀来、保安、石径山引灌之法，分道浇溉，则斥卤变为肥饶。而分水之道既多，则奔腾之势自减。从高而下，自近而远，一河之润，可及十余州县，此亦转害为利之一奇也。"[2]

　　放淤计划主要分为两大部分，一为下游沿岸放淤，一为尾闾地段放淤。下游沿岸放淤计划始于 1929 年，华北水利委员会拟定永定河下游灌溉意见书，主张利用洪水淤灌，并于北岸试行。计划自侯辛庄起，至石佛寺东北之陈辛庄止，共长 43 千米，宽约 5 千米。"内除高丘沙岭，地形陡峻，起伏靡常之处难施淤灌者外，约计面积 26 万亩，分区举办。一俟办有成效，再逐渐推广。淤灌办法，于汛期开启干渠闸门，导引洪水经干渠入支渠，由分水门放入田中，历五十日之久，令区内田亩平均积水 1 米，河水携泥沙逐渐沉淀，并使田土充分浸润。随后开启各部泄水闸门，将田中剩余积水于华北地区冬小麦播种前排泄，约旬日以后即行播种。此时华北地区正值麦籽下种之期，田土既得淤泥之肥沃，复含充足之水分，滋长茂盛，收获之丰，当可预卜。"此后，华北水利委员会认为："灌溉之界说，引水于干旱或缺水之农地，以应农作物之需要。凡与农作物需水时期及雨季冲突者，不得谓之灌溉。华北诸河在夏季农作物需水最多之时正值

① 《海河治本治标计划大纲》，《华北水利月刊》第 4 卷第 8 期《规划》。
② 蔡新：《畿南河渠通论》，《清经世文编》卷一百七《工政》，岳麓书社，2005，第 70 页。

雨季，沿河平地以排水为重要工作。若在干旱之夏季，则流量本微，引以灌田，下游河道更受其害。故不当贪灌溉之美名，资反对者以口实。"因此主张直截了当地称为放淤，并对放淤区域进行了调整。由于大规模放淤较难实现，拟先办理金门闸南岸放淤工程："放淤之益，知者不鲜，怀疑者当亦不乏人。而政府未加提倡，民间亦少联络，故虽倡议在两百年前而实行者盖绝无。今由公家先行试办一小区，所费不多而利益显著，则将来民间自动结合请求续办者必众。政府省筹款之烦，而海河隐受其益。且试办之规模较小，正可借此以资研究试验，以为改善计划之助。"①

1930年，整理海河委员会着手开展放淤工作。作为海河"治标工程"，于1932年成功进行首次放淤。当年泄放伏汛一次，1933年泄放春汛、伏汛各一次。1934年，前整理海河善后工程处继办海河治标第二期工程，又放春汛一次。是年夏，永定河洪水决堤于三角淀南堤附近，又决于屈家店，均在节制闸下游，伏汛放淤遂告停顿。1936年，华北水利委员会"以海河航运，关系华北各省商业至巨。因永定河含沙量甚重，奔腾下洼，致海河时有淤塞之处。虽每年于春伏两汛，在淀北及塌河淀施行放淤，但究非治本之策"。同年春，"在桑干河办理淤灌工程"。此外，"计划在察境柴沟堡东洋河及元台子大洋河各建拦沙坝一道，遏止泥沙下洼，并将水位逼高，导引河水淤灌高原农田"②。由整理海河善后工程处、华北水利委员会等水利机构承办和改造的淤灌工程，陆续进行了23年，至1955年官厅水库建成之后才停止。据统计，"放淤总量为9358×104m³，为1906年至1991年共86年期间海河干流总疏浚量2600×104m³的3.6倍"。③ 这些持续实施的海河放淤工程，大大减少了河水的含沙量，使得河道淤塞问题得到了较大缓解。

---

① 华北水利委员会：《金门闸南岸放淤工程计划》，《华北水利月刊》1936年第9卷第7/8期合刊。

② 《华北水利月刊》1936年第9卷，第5/6期合刊，《水利新闻》。

③ 张相、戴峙东：《对海河水系泥沙排放利用的认识》，《海河水利》1996年第6期。

第七章 活水利生：明清畿辅的水利营田

京津冀地区东临渤海、西靠太行山，地形包括坝上高原、冀北山地、冀西北间山盆地、冀西山地、海河平原等区域，处在暖温带大陆性季风气候区，降水、日照以及土壤条件都比较适宜农业生产。海河、运河、滦河三大水系以及众多小型的湖泊水淀，为京津冀地区的农业生产提供了丰富水源。明清以来，在京津冀地区实施的大规模水利营田工程，成为一项非常重要的农业发展措施。

第一节 明代畿辅水利营田的实践

一 水利营田传统与基本过程

京畿地区的水利营田建设由来已久，"宋臣何承矩于雄、鄚、霸州，平、永、顺安诸军，筑堤六百里，置斗门引淀水溉田。元臣托克托大兴水利，西自檀、顺，东至迁民镇，数百里内尽为水田"。① 据此可见，当时的水稻种植范围较广。元代翰林学士虞集在泰定年间指出："京师之东，濒海数千里，北极辽海，南滨青齐，萑苇之场也。海潮日至，淤为沃壤。"因此建议效法浙人"筑堤捍水为田"。② 至正十二年（1352），因海

---

① 朱轼：《畿南请设营田疏》，《清经世文编》卷一百八《工政十四》。
② 《元史》卷一百八十一《虞集传》，第4177页。

运不通，丞相脱脱再次提议开发京畿水利，"京畿近地水利，召募江南人耕种，岁可得粟麦百万余石，不烦海运而京师足食"。① 十三年（1353），脱脱领大司农事，"西至西山，东至迁民镇，南至保定、河间，北至檀、顺州，皆引水利，立法佃种，岁乃大稔"。②

明清时期的北京，粮食仍需转漕东南。如遇南方灾歉或者运道梗阻，漕粮往往不能如期到京。特别是明朝中后期，黄河泛滥频繁，北方农民起义此起彼伏，漕运经常受阻。因此，为了减少对于漕粮的依赖并稳定政局，朝臣多次提议在京畿地区种植水稻，以就近解决粮食供应问题。弘治年间，大学士丘濬《大学衍义补》提出兴修畿辅水利："莫若少仿遂人之制，每郡以境中河水为主，又随地势各为大沟，广一丈以上者以达于河；又各随地势开小沟，广四尺以上者达于大沟；又各随地势开细沟，而三尺以上者委曲以达于小沟。"其具体管理办法为："其大沟则官府为之，小沟则合有田者共为之，细沟则人各自为之于其田。每岁二月以后，官府遣人督其开挑，而又时常巡视，不使淤塞。"如此"纵有霖雨，不能为害矣"。③ 对于京东沿海地区，提倡推广"元臣虞集京东滨海一带水田之议"，建议从"闽浙滨海州县筑堤捍海去处，起取士民之知田事者"赴京东地区，"筑堤岸以拦卤水之入，疏沟渠以导淡水之来"。经过这样一番努力，"则沿海数千里无非良田，非独民资其食，而官亦赖其用"。丘濬还提出，应在直沽"截断河流，横开长河一带，收其流而分其水。然后于沮洳尽处，筑为长堤，随处各为水门，以司启闭。外以截咸水，俾其不得入；内以泄淡水，俾其不至漫"。④

万历三年（1575），工科给事中徐贞明倡议兴修水利以发展农业。他认为，面对"近废可耕之地，远资难继之饷"的弊端，如果京师粮食只是仰给江南，难免有将朝中重事"系于一河"之患。万历十三年（1585），徐贞

---

① 《元史》卷四十二《顺帝本纪五》，第 903 页。
② 《元史》卷一百三十八《脱脱传》，第 3346 页。
③ 光绪《畿辅通志》卷九十一《河渠略·水利二》。
④ 丘濬：《屯营之田·海田》，《明经世文编》卷七十二。

明奉命督办京畿水利垦田，提出了一系列奖励措施："郡县有司以垦田勤惰为殿最"；并且"召募南人，给衣食农具，俾以一教一，能垦田百亩以上，即为世业"；"垦荒无力者贷以谷，秋成还官，旱潦则免"。① 在徐贞明的督理之下，至次年（1586）二月，永平开垦田亩 3.9 万余亩，密云、平谷、三河、蓟州、遵化、丰润、玉田等地的营田工程也有较大进展。

二 京津地区的水利营田成效

明代在畿辅地区实施的水利营田工程，尤以天津成效显著。万历二十年（1592）至二十五年（1597），倭寇屡次侵犯朝鲜。为了援朝抗倭，明朝计划就地解决天津屯兵给养，继续开发水利营田。万历二十九年（1601），巡抚汪应蛟在天津白塘、葛沽一带垦田 5000 余亩，其中稻田占十分之四，旱田占十分之六。当年秋收，共收稻谷 6000 余石，杂粮四五千石。② 基于天津农垦的成功，汪应蛟建议在直隶全区仿效南方水田之法，广兴水利营田，以期"得田数万顷，岁益谷千万石，畿内从此饶裕"。③ 此后在天津经理屯垦事宜者，还有陈燮、左光斗、董应举、李继贞等人，其中以左光斗和董应举二人业绩最为突出。天启元年（1621），左光斗经营天津屯务，垦田 4000 亩；董应举经理天津、山海关屯务，组织天津、葛沽一带 2000 兵丁从事屯垦，购置民田 12 万亩，开垦荒地 6 万余亩，并安置辽东流民 1.3 万户在顺天、永平、河间、保定等府从事屯垦。即使在明朝末年，天津屯垦仍旧卓有成效，"白塘、葛沽数十里间，田大熟"。④ 除官办屯务之外，以徐光启为代表的私人水利营田也卓有成效。徐光启认为漕运过于耗费民力，"东南生之，西北漕之，费水二而得谷一"，主张大力开发北方水利，"欲身试屯田法"，以"兴西北水利"。⑤

① 《明史》卷二百二十三《徐贞明传》，第 5884~5885 页。
② 汪应蛟：《海滨屯田疏》，《畿辅河道水利丛书·畿辅水利辑览》本，第 374~376 页。
③ 《明史》卷二百四十一《汪应蛟传》，第 6266 页。
④ 《明史》卷二百四十八《李继贞传》，第 6427 页。
⑤ 徐光启：《漕河议》，《明经世文编》卷四百九十一《徐文定公集四》，第 5426 页。

北京周边地区水源丰富，水稻种植历史悠久。东汉建武初年，渔阳郡太守张堪在今顺义牛栏山附近的狐奴山下屯种，引白河水溉田，"开稻田八千余顷"。因其"劝民耕种，以致殷富，百姓歌曰：'桑无附枝，麦穗两歧；张君为政，乐不可支'"。① 明代京畿地区水利营田渐成规模，万历年间的邹元标评论道："三十年前，都人不知稻草何物。今所在皆稻，种水田利也。"② 在北京周边地区，"房山县有石窝稻，色白粒粗，味极香美"。③ 徐贞明《潞水客谈》也记载："西山大石窝所收米最称嘉美。"④ 北京城西北的海淀地区水源丰沛，"沉洒种稻，厥田上上"。⑤ 万寿寺附近"俱稻田"。⑥ 西山地区的瓮山一带"临西湖，水田棋布。人人农家，家具农器。年年务农，一如东南"。⑦ 万历中期西湖水田遍布，蒋一葵《长安客话》记载：西湖"近为南人兴水田之利，尽决诸洼，筑堤列塍。……竹篱傍水，家鹜睡波，宛然江南风气，而长波茫白似少减矣"。⑧ 北京城北亦有大量水田，"德胜门东，水田数百亩"⑨，这里是内官监地，"南人于此艺水田，粳秔分塍，夏日桔槔声不减江南"。⑩ 龙华寺"寺门稻田千顷"，引得居京的江南游子"数来过，闻稻香"，借以解乡愁。⑪ 北京城南右安门外十里草桥，水源极为丰沛，"方十里，皆泉也"⑫，"众水所归，种水田者资以为利"。⑬

---

① 《后汉书》卷三十一《张堪传》，第 1100 页。

② 《明史》卷二百四十四《左光斗传》，第 6329 页。

③ 徐昌祚：《燕山丛录》，《中国农学遗产选集·稻》上编，农业出版社，1958，第 118 页。

④ 《日下旧闻考》卷一百四十九《物产》，第 2372 页。

⑤ 《天府广记》卷三十七《名迹》，第 575 页。

⑥ 《日下旧闻考》卷九十八《郊坰》，第 1635 页。

⑦ 刘侗、于奕正：《帝京景物略》卷七《西山下·瓮山》，上海古籍出版社，2001，第 446~447 页。

⑧ 《长安客话》卷三《郊坰杂记》，第 51 页。

⑨ 《帝京景物略》卷一《城北内外·三圣庵》，第 49 页。

⑩ 《日下旧闻考》卷五十四《城市》，第 882 页。

⑪ 《帝京景物略》卷一《城北内外·龙华寺》，第 60 页。

⑫ 《帝京景物略》卷三《城南内外·草桥》，第 175 页。

⑬ 《日下旧闻考》卷九十《郊坰》，第 1531 页。

第二节　清代畿辅水利营田的兴衰

明清易代，自康熙年间开始，官府继续尝试在京畿地区兴修水利并推行营田计划。到雍正时期，在怡亲王允祥主持下，畿辅水利营田达到了最为兴盛的阶段。这既是一个开拓农耕事业以解决首都粮食供应问题的普遍实践，也是一个宏大的区域水文地理环境改造计划，涉及京津冀区域东部的绝大多数州县。

一　康熙年间的初步提倡

康熙三十七年（1698），命河督王新命修畿辅水利，次年又命直隶巡抚李光地查勘漳河及滹沱河故道，酌情疏通修治。次年，康熙帝南巡，御史刘珩奏报："永平、真定近河地，应令引水入田耕种。"不过，康熙帝认为："水田之利，不可太骤。若剋期齐举，必致难行。惟于兴作之后，百姓知其有益，自然鼓励效法，事必有成。"① 康熙三十九年（1700），李光地《请开河间府水田疏》提出："南方水田之法，行之畿辅往往有效。"以涿州为例，"涿州水占之田，一亩鬻钱二百，尚无售者。后开为水田，一亩典银十两"。河间府一带"原属洼下水乡"，而"静海、青县上下一带"以及"献县、交河等与正定接壤之处"，皆可兴办水田，"资水之利即以除水之害也"。②

康熙帝对北方种植水稻并不陌生，他曾在丰泽园试种优良稻米："丰泽园有水田数区，每岁布玉田谷种，至九月方刈获登场。圣主一日幸园中，时方六月下旬，谷穗方颖，忽见一科高出众稻之上，实已坚好。因命收藏其种，待来年验其成熟早否。明岁六月时，此种果先熟。从此生生不已，岁取千百。每年内膳所进，皆此米也。其米色微红而粒长，气香而味

---

① 《清史稿》卷一百二十九《河渠志·直省水利》，第3824页。
② 雍正《畿辅通志》卷九十四《河间府水田疏》，文渊阁四库全书本。

腴。以其生自苑田，故名'御稻米'。"① 康熙四十二年（1703），直隶总督蓝理奏请在天津"将沿海弃地尽行开垦"，第二年朝廷回复："天津附近荒弃地亩，开垦一万亩以为水田。俟有成效时，除八旗马厂、旗民地亩外，将沿海所有荒弃地亩，该抚会同文武官员，尽行查明，交于地方官开垦以为水田。种此地时，行令各省巡抚，将闽粤、江南等处水耕之人，出示招来，情愿者安插天津等处，计口授田，给予牛种，限年起科。"② 四十三年（1704），蓝理再次上疏，建议在直隶等地开垦水田："直隶沿海旷地，丰润、宝坻、天津等处洼地，可仿南方开为水田栽稻，一二年后，渐成肥沃。臣愿召募闽中农民二百余人开垦一万余亩，倘可施行，召募江南等处无业之民，安插天津，给与牛粮，将沿海弃地尽行开垦。"③ 康熙帝对此仍有些迟疑，他认为"北方水土之性迥异南方。当时水大，以为可种水田，不知骤涨之水，其涸甚易。观琉璃河、莽牛河、易河之水，入夏皆涸可知"。此后仍有大臣不时上奏此事，这才命"蓝理于天津试开水田，俟冬后踏勘"。④ 天津城南洼地较多，在此营治水田150顷，很快便呈现一派生机勃勃的新面貌。"雨后新凉，水田漠漠，时有'小江南'之号，士人谓之'蓝田'。"⑤ 不过，在蓝理离津后，这些水田也逐渐废弃。

二　怡亲王允祥的系统谋划

雍正三年（1725）七月，怡亲王允祥、大学士朱轼奉命勘察直隶水利开发事宜。经过广泛的实地调查之后，十二月即提出了在畿辅地区兴修水利、开辟农田、固堤防灾的系统计划。二人所上奏疏，《清经世文编》作朱轼《查勘畿南水利情形疏》⑥，乾隆《任丘县志》作怡贤亲王《敬陈

---

① 赵慎畛：《榆巢杂识》上卷《丰泽园水田》，中华书局，2001，第88页。
② 雍正《大清会典》卷二十七《户部五·田土二》。
③ 《清圣祖实录》卷一百二十八，康熙四十三年十二月乙酉。
④ 《清史稿》卷一百二十九《河渠志四·直省水利》，第3824~3825页。
⑤ 《津门保甲图说》，载《天津通志·旧志点校卷》（中），南开大学出版社，2001，第438页。
⑥ 朱轼：《查勘畿南水利情形疏》。见贺长龄等编《清经世文编》卷一百八《工政十四·直隶水利中》。

水利疏》。二者文字稍有异同，兹依县志所载转录于下并稍加评述：

> 钦惟我皇上宵旰勤劳，无刻不以民依为念。兹因直隶偶被水涝，截漕发仓，多方轸恤。被水穷民既皆得所，犹命臣等查勘各处情形，兴修水利，务祈一劳永逸，所以为民生计者，至矣尽矣。臣等虽才识浅陋，敢不殚心竭力，以求仰副圣怀。自出京至天津，历河间、保定、顺天所属州县，所至相度高下原委，并咨访地方耆老。所有各处情形，大略谨为我皇上陈之。

这里简述事情的由来，作为提出水利营田计划的铺垫。朝廷因直隶水灾而设想如何治理，致力于把历年朝臣对于畿辅水利营田的多种主张和建议付诸实施，因此派出允祥与朱轼两名重臣主持勘查、提出具体计划。

> 窃直隶之水总会于天津，以达于海。其经流有三：自北来者为白河，自南来者曰卫河，而淀池之水贯乎白、卫二河之间，是为淀河。白、卫为漕艘通达之要津，额设夫役钱粮，责成河官分段岁修，而统辖于河道、直隶总督。迩年以来，白河安澜，无泛溢之患，惟饬河道官员加谨防护，可保无虞。卫河发源河南之辉县，至山东临清州，与汶河合流东下。河身陡峻，势如建瓴。德、棣、沧、景以下，春多浅阻，一遇伏秋暴涨，不免冲溃泛溢。查沧州之南有砖河，青县之南有兴济河，乃昔年分减卫水之故道也。今河形宛然，闸石现存。应请照旧疏通，于往时建闸之处筑减水坝，以泄卫河之涨。又静海县之权家口溃堤数丈，中溜成沟，直接宽河，东趋白塘口入海河，亦应就现在河形逐段开疏，于决口筑坝减水，均于运道有益。白塘口入海之处，旧有石闸二座。砖河、兴济二河之委，应开直河一道，归并白塘出口。涝则开闸放水，不惟可杀运河之涨，而河东一带积涝，亦得借以

---

① 怡贤亲王：《敬陈水利疏》，见乾隆《任丘县志》卷十一《艺文志上》。

消泄。且海潮自闸内逆流，遇天时亢旱，则引流灌溉，沟浍通而水利薄，沧、青、静海、天津数百里斥卤之地，尽为膏腴之壤矣。至沿河一带堤工，大半低薄，应饬及时修筑高厚，仍令总督将玩忽河官参处，以警将来。此治卫河之大略也。

这里将直隶的水系划分为卫河、白河、淀河三个系统，卫河即南运河及其支流，白河即北运河及其支流，淀河即汇入白洋淀再入海河的大清河等众多河流。相对而言，卫河存在的河堤决口、河道淤塞等问题较多，因此建议疏通旧时分水故道，利用旧闸门，修筑减水坝，并把卫河沿岸低矮单薄的河堤加高加厚，并且惩戒治河不力的官员以儆效尤。

至东、西二淀，跨雄、霸等十余州县，广袤百余里。畿内六十余河之水会于西淀，经霸州之苑家口、会同河，合子牙、永定二河之水，汇为东淀，盖群水之所潴蓄也。数年以来，各淀大半淤塞，惟凭淀河数道通流。一经暴涨，不惟淀河旁溢为灾，凡上流诸水之入淀者，皆冲突奔腾，瀿决无际，总缘东淀逼窄，不能容纳之故也。故治直隶之水，必自淀始。凡古淀之尚能存水者，均应疏浚深广，并多开引河，使淀淀相通。其已淤为田畴者，四面开渠，中穿沟浍。浍达于渠，渠达于河、于淀。而以现在淀内之河身疏瀹通畅，为众流之纲。经纬条贯，脉络交通，泻而不竭，蓄而不盈。而后圩田种稻，旱涝有备，鱼鳖鱼蛤萑蒲之生息日滋。小民享淀池之利，自必随时经理，不烦官吏之督责，而淀可常治矣。周淀旧有堤岸，加修高厚。无堤之处，量度修筑。其赵北、苑家二口，为东、西二淀咽喉。赵北口堤长七里，现在板石桥共八座，俱应升高加阔，并于易阳桥之南添设木桥一座。堤身加高五六尺，桥空各浚深丈余。每桥之下顺水开河，直贯柴伏淀而东。苑家口之北，新开中亭河，近复淤塞，应疏浚深广。其上流玉带河对岸，为十望河旧道。应自张清口开通，由老堤头入中亭河，会苏桥三岔河，达于东淀。庶咽喉无梗，尾闾得疏，可无冲溢之患矣。

从太行山东麓到海河平原的多条河流，在借助海河入海之前，必经地势低洼的白洋淀这个众水汇聚之区。这些河流挟带的泥沙沉积在淀底，致使淀泊淤塞、容水减少，洪水季节往往泛溢成灾。因此，在加固堤防的同时，挖深淀底以扩大容水量，多开引河与沟渠构成相对通畅的排水系统，就成为最常用的治理措施。此外，为减少桥梁阻滞行洪，需把桥下挖深、桥面升高加宽。这个计划抓住了事物的主要矛盾，"治直隶之水，必自淀始"。白洋淀的治理，历来是确保海河水系安澜的关键。

　　　子牙、永定二河以淀为壑，淀廓而后河有归，亦必河治而后淀不壅，此治二河之法所当熟计也。子牙为滹、漳下流，清、浊二漳发源山西，至武安县交漳口会流，经广平、正定，而滹沱、滏阳、大陆之水会焉。蔡沈《禹贡注》云：唐人言漳水独自达海，请以为渎。可知天津归海之水，以子牙为正流，其余诸水皆附之以达于海者也。夫以奔腾注海之势，遮之以数百里纡回曲折之堤，河身淤垫，高于平地；两岸相距不过数丈，旧时支港岔流，一概湮塞，欲其不冲不泛，安可得乎？考任丘旧志，子牙下流有清河、夹河、月河，皆分子牙之流，同趋于淀。今宜寻求故道，开决分注，以缓奔放之势。
　　　按，永定河俗名浑河，其源本不甚大。所以迁徙无定者，缘水浊泥多，河底逐年淤高，久之洪流壅滞，必决向洼下之地。其流既改，故道遂湮。盖水性就下，无定者，正其所以有定也。今应于每年水退之后挖去淤泥，俾现在河之形不至淤高，庶保将来不复迁徙。二河出口，俱在东淀之西，淀之淤塞，实由于此。臣等面奉上谕，令引浑河，别由一道。此圣谟远照、经久无弊之至计也。今应自柳岔口引浑河稍北，绕王庆坨之东北入淀。子牙河现由王家口分为二股，今应障其西流，约束归一。两河各依南北岸分道东流，仍于淀内筑堤，使河自河而淀自淀。河身务须深浚，常使淀水高于河水。仍设浅夫，随时挑浚，毋令淤塞。两河淀内之堤，至三角淀而止。盖三角一淀为众淀之归宿，容蓄广而委输疾，但照旧开通，逐年捞浚，二河之浊流自不能为患，而万派之朝宗可得安澜矣。此廓清淀池、调剂二河之大略也。

上文首先指出子牙河、永定河的河性与白洋淀水文状况的密切关联，强调两河挟带泥沙、强力冲刷是淀泊淤塞、排水不畅、堤岸决口的根源所在，说明治淀与治河之间相互依存的辩证逻辑。寻求故道开决引河是减缓汹涌水势的必然选择，而淀内筑堤使河与淀分开、深浚河床以保障淀水宣泄，也是计划采取的重要措施。

再，各处堤防冲溃甚多，应俟堤内水泄，兴工修筑。其高阳河之柴淀口，河身南徙，旧河淤塞断流，应速挑浚，复其故道。新河之南，界连任丘，有古堤一道，亦冲溃数段，以致任丘西北村庄尽被淹没，鄚州一带通衢亦宛在水中。现今任令详请开挑淀堤消泄，亦应俟水退之后照旧修筑，并垫高行路，以便往来。又新安之匽河自西折东，绕县治之南入淀。而徐河会入漕河，复自刘家庄泛滥而下。新安正当二河之冲，每遭漂没之患。应于三台村南开河一道，引漕河之水会入匽河，由县之正北入应家淀。南岸筑堤，以护县治。凡县属之大、小漵淀，俱可以圩田种树，甚为有益。凡如此之处不少，尚须逐一查勘，并天津海口、京东、畿南等处，统俟来春查明具奏。谨将勘过情形绘图，恭呈御览，伏乞皇上睿鉴指示，臣等未敢擅便。谨奏。[①]

奏疏最后说明白洋淀周边筑堤与开河的若干事务，涉及高阳、任丘、新安诸县的紧要工程。这些工程后来大体得以实施，收到了兴利减灾的社会效益。这道奏疏奠定了畿辅水利营田的主要原则和基本行动方案，显示出对于直隶全局地理环境与农业开发潜力的准确把握。

---

① 乾隆《任丘县志》卷十一《艺文志上》。

三　雍正帝与怡亲王的大力推动

雍正年间是畿辅地区集中推行水利营田工程的重要时期。雍正三年
（1725），直隶地区遭水灾，"命怡亲王允祥、大学士朱轼相度修治。因疏
请浚治卫河、淀池、子牙、永定诸河，更于京东之滦、蓟，京南之文、
霸，设营田专官，经画疆理。召募老农，谋导耕种"。① 雍正帝对此赞誉
有加，认为这是"从来未有之工程。照此措置，似乎可收实效。具见为
国计民生、尽心经画，甚属可嘉。"② 鉴于北人不习水稻种植技术，雍正
帝从江浙等地选派了 30 名熟悉水田耕种技术的人到直隶地区担任教习，
水田耕种所需农具特命江浙等地工匠打制。为鼓励直隶地区种植水稻，谕
令"小民力不能办者，动支正项代为经理。田熟岁纳十分之一，以补库
帑，足额而止；其有力之家，率先遵奉者，圩田一顷以上，分别旌赏，违
者督责不贷；有能出资代人营治者，民则优旌，官则议叙，仍照库帑例，
岁收十分之一，归还原本"。③

随着实地调查的深入，允祥、朱轼又有《畿南请设营田疏》《京东水
利情形疏》《京西水利情形疏》等，陈述畿辅地区的水文地理条件与开发
计划和设想。他们建议，京东考虑"于蓟州下仓镇以南，建桥下闸，壅
水注于两岸，以资灌溉。……其近河堤堰，更加高广，建闸开渠，庶令洼
湿之区，皆为膏壤。（玉田蓝泉）其泉河一带，仍多方疏导，以广水利。
丰润之王家河、汉河、龙堂湾、泥河四道，或流入大泊，或流入蓟运河，
田畴不蒙其利。应涤源疏流，筑堤建坝，于东北引陡河为大渠，横贯四河
之中，广开沟洫，以备旱涝。永平所属，若卢龙之燕河营及营东五泉，滦
州之别故河、龙溪、沂河、靳家河、黄坨河、陷河、龙堂、牤牛河，迁安
之徐流营、泉河、三里河，皆应随地制宜，开沟引流，于水利营田，大有

---

① 《清史稿》卷一百二十九《河渠志四·直省水利》，第 3825 页。
② 《清世宗实录》卷三十九，雍正三年十二月丙戌。
③ 《清经世文编》卷一百七《工政十三·直隶水利上》。

裨益"。① 对于京西地区，则"于白沟河之上随宜建闸，使水之去者有节，则启闭以时，王家庄等处之水田可复。……循石坝之旧基，考开渠之遗迹，沿流建闸，以广水利。……徐水分为诸河，而安州实九河下流，有徐水为蓄泄之方，则安州无泛溢之害，请分减依城河以上诸水，令雹水、徐水径趋东淀，复疏引一亩、方顺、蒲水、九龙等泉，以资壤灌溉。……于唐水所经之处筑岸浚渠，复多设腾桥以防冲溃，则节宣有法而濡溉无穷。……（沙河）请凡阜平、行唐、新乐之水田，有泉渠堙废者尽行疏涤，以资民利。……（滋水）于灵寿之滋水、七祖寨、岔头、锦绣、大明川等处壅流积水，以溉田畴。复于深泽之龙泉埚、沃仁桥等处疏涤河流，凿渠收利。至猪龙一带建闸筑堤，及时防护，则患去而利可独存。……邢台泉河无数，故曰百泉。旧有均利、均济、均惠、通济、通惠、通利、永赖、惠民、邵家、新闸、博济、永润、普润诸闸，引百泉水溉田。请按闸座上下，遇需水之时先闭下闸，俟蓄水既盈乃闭上闸，复蓄如前，各以三日为期。……滹河入滏水，则腴田尽复，深束之冲决可免矣"。②

在允祥的建议下，朝廷设水利营田使，主管日渐繁复的直隶水利营田事务，并把水利营田的成绩作为考核地方官员履职优劣的指标之一。雍正五年（1727）设营田四局：京东局统辖丰润、玉田、蓟州、宝坻、平谷、武清、滦州、迁安；京西局统辖宛平、涿州、房山、涞水、庆都、唐县、安肃、新安、霸州、任丘、定州、行唐、新乐、满城；京南局统辖正定、平山、井陉、邢台、沙河、南和、磁州、永年、平乡、任县；天津局统辖天津、静海、沧州、武清以及兴国、富国二场。这些机构的设立，为畿辅水利营田的全面铺开提供了行政组织系统的保障。由于允祥的大力推动，畿辅地区开渠种稻蔚然成风。"当是时，上方以和衷协助期地方文武之吏，而特谕贤王举劾之，故以勤于田功立膺显擢者有矣。时守令皆慕而思

① 朱轼：《畿南请设营田疏》，见贺长龄编《皇朝经世文编》卷一百八《直隶水利中》。
② 《清世宗实录》卷四十四，雍正四年五月壬子。

奋，夫官之所先，民罔敢后，是故事易集而功易成。自五年分局至于七年，营成水田六千顷有奇。天心助顺，岁以屡丰。……向所称淤莱沮洳之乡，率富完安乐，幽吹蜡鼓相闻，可谓极一时之盛矣。"①

四　京津地区水利营田的成就

雍正初年以来推行的水利营田收效显著，京畿地区计有 14 个州县奏报首种水稻。据统计，自雍正五年（1727）至七年（1729），直隶地区共开垦水田六千多顷，"岁以屡丰，穗秸积于场圃，粳稻溢于市廛"。② 据怡亲王奏报："京东滦州、丰润、蓟州、平谷、宝坻、玉田等六州县，稻田三百三十五顷。京西庆都、唐县、新安、涞水、房山、涿州、安州、安肃等八州县，稻田七百六十顷七十二亩。天津、静海、武清等三州县，稻田六百二十三顷八十七亩。京南正定、平山、定州、邢台、沙河、南河、平乡、任县、永年、磁州等十州县，稻田一千五百六十七顷七十八亩以上，官营稻田三千二百八十七顷三十七亩。其民间亲见水田利益，鼓舞效法自营己田者，如文安一带多至三千余顷，安州、新安、任邱等三州县多至二千余顷。且据各处呈报，新营水田俱系十分丰收，田禾茂密，高可四五尺，颖粟坚好，每亩可收稻谷五、六、七石不等"。③

雍正五年（1727）设京东、京西、京南、京北四局，"愿耕水田者，皆给以农本"，至七年（1729），共营田六千顷有奇。在今北京市辖境内，京东局所领的平谷县："龙家务、水峪寺等处营田，引洳河及山泉之水，仍泄水于本河。前臣徐贞明历指京东州邑，以龙家务、水峪寺为著。今按其所指，委员相度，置闸疏渠，果成膏壤。而相近之东高村、稻地庄亦有山泉，次第营治，以收其利。昔之托诸空言者，今则征其实效矣。雍正五年，县治正东龙家务、东北水峪寺等处，营治稻田共五顷三十五亩，农民自营稻田共七十六亩五分。雍正九年，改旱田三顷五十亩。"在京西局所

① 雍正《畿辅通志》卷四十六《水利营田》，清雍正十三年刻本。
② 吴邦庆：《水利营田图说》，《畿辅河道水利丛书》本，第 224 页。
③ 雍正《畿辅通志》卷九十四《恭进营田瑞稻疏》。

领的宛平县："卢沟桥西北修家庄、三家店等处营田，引永定河之水，泄水于村南沙沟内。按，永定河即桑干水也。前臣徐贞明言，桑干水经保安州境，上有用土牛逼水成田者，今保安、怀来诸州县稻田最盛，皆于上流疏引，随高下以作沟洫，淤泥停壅，不粪而肥，茁发颖栗，所收倍于他水。今委员劝谕地户踊跃从事，营治将及二千亩，尽获倍收，是亦桑干可田之明证也。雍正六年，县治西南永定河上流修家庄、三家店等处农民，自营稻田共一十六顷。"在京西局所领的房山县："广运庄、高家庄、南良庄、长沟村等处营田，引拒马河、挟河之水，仍泄于本河。土人于邑西南玉塘泉引水艺稻，但泉力无多。而拒马河自铁锁崖以东水势顺流，兼挟河东南贯注，源流盛大，引用不穷。开渠设闸，随取而足，十余里畦塍相望，较玉塘泉之利更广矣。雍正五年，县治西南广润庄、高家庄等处，营治稻田共二十顷四十二亩六分。农民自营稻田共二顷七十二亩八分。雍正六年，县治西南良家庄、长沟村营治稻田共二顷八十九亩。农民自营稻田四十亩。"①昆明湖以东的海淀地区，因水源重开，"水田日辟矣"。②长春园东门外的大石桥以北地区"新开水田，畦畛弥望"。③乾隆年间右安门外有凉水河，"其河旁稻田数十顷，既垦既辟，益资灌溉之利"。④

在天津府所属的静海、武清等县，雍正年间营治稻田已达六百二十三顷八十七亩，所产稻子或一茎三穗，或一茎双穗，常有丰收之年，"群黎共沾乐利矣"。⑤三河县有井一眼，每日可以灌田二百亩；县北另有一井，"其水翻涌如沸，旁有池井入注，入池为之满"。城北十五里有灵水，"随地涌泉涓涓不息，蜿蜒与洳河合。附近居民恒借以灌园，所产蔬菜较他处鲜美"。该处有稻田数百顷，"当不让顺义之东西府也"。⑥宁河县"邑近

---

① 雍正《畿辅通志》卷四十六《水利营田》。
② 《日下旧闻考》卷八十四《国朝苑囿》，第 1392 页。
③ 《日下旧闻考》卷九十九《郊坰》，第 1653 页。
④ 《日下旧闻考》卷一百一十《京畿》，第 1834 页。
⑤ 乾隆《天津府志》卷五《风俗物产志》，见《天津通志·旧志点校卷》（上），南开大学出版社，1999，第 139 页。
⑥ 民国《三河县新志》卷五《经制志·赋役篇》。

海，水咸，故旱种米，有红、白二色"。宁河等县所属的塌河淀、军粮城等处靠近海河，当时有大臣提议若引水灌溉，可开稻田千余顷，"岁可收稻米十数万石，于北地仓储，近畿民食均有裨益"。① 咸丰九年（1859），僧格林沁督兵大沽海口，"复兴水利营田四千余亩"；同治二年（1863），兵部侍郎、三口通商大臣崇厚"修复僧亲王前垦水田，添开水沟，并新开稻地一千余亩"。② 同治五年（1866）崇厚继续营田，新开稻地五百余顷。光绪元年（1875），直隶总督李鸿章令提督周盛传开垦稻田。至光绪七年（1881），共开垦水田六万余亩，加上民营水田，共十三万六千余亩。沧州沿河地带也曾种植水稻，史载"葛沽出香稻，又今屯营稻田均获丰收，亦可见土之宜道矣"。③

五 直隶诸府县的水利营田

水利营田工程在顺天和天津之外的直隶诸府县，也取得了显著成效。雍正四年（1726）初设水利营田府时，霸州营田二十顷左右，大城百姓开水田二十顷，文安则有二百余顷。遵化州是植稻大区，仅粳稻就有东方稻、双芒稻、虎皮稻数种，糯稻又有旱糯、白糯、黄糯几种。丰润地区"负山带水，涌地成泉，疏流导河，随取而足，志乘所谓润泽丰美邑之得名，非需也"。此处"惟县南接运大泊一带平畴万顷，土膏滋润，内有王家河、汉河、龙堂湾河、泥河共四道，皆混混源泉，春夏不涸。王家河、汉河入大泊龙堂湾，泥河西入蓟运河，而田畴不沾勺水之利，为可惜也。应请涤其源，疏其流，坝以壅之，堤以蓄之，东北引陡河为大渠，横贯四河，而中间多开沟洫，度陌历阡。……大泊广八里，长方十余里。若于东南穿河，导入陡河以达于海，而泊内可耕之田多矣"。④ 乾隆年间山西道

① 《清穆宗实录》卷一百五十八，同治四年十月丙辰。
② 同治《续天津县志》卷七《河渠·附水利营田》，见《天津通志·旧志点校卷》（中），南开大学出版社，2001，第314页。
③ 光绪《重修天津府志》卷二十六《舆地八·风俗物产》，见《天津通志·旧志点校卷》（上），南开大学出版社，1999，第1028页。
④ 乾隆《丰润县志》卷一《山川》。

御史柴潮生言："现今玉田、丰润秔稻油油"，① "谓润泽丰美，邑之得名非虚也"。"城东之天官寺、牛鹿山、铁城坎以及沿河沮洳之处，或疏泉或引河，可种稻田数百亩，多至千余亩"。② 乾隆年间丰润县内"宣各庄以下至今稻田数百顷，村农以此多至饶裕"。③ 其种类，"稻之黏者可为酒，邑呼为江米，稷俗作糯"。这里亦种植旱稻，"秈稻也，稻之不黏者，宜旱种"。④ 玉田"粳稻与他处无异"，城东北二十里有泉出石罅间，西南流十里合孟家泉入白龙港，"灌稻田百有余顷"。⑤

正定府内阜平、新乐、灵寿、正定、平山、井陉等地，水源丰沛，皆种植水稻。滹沱河位于正定县西二十里；县西北三十里有大鸣泉，旁边又有小鸣泉，迤南为雕桥泉，皆有泉水。还有白雀泉、河西泉、石城双井等，均可用以农田灌溉。顺治年间新乐县知县林华皖撰《河渠纪》，提及境内"杨柳依依，稻田稷稷，水车之声轰然，乐其乐而利其利矣"，一派江南景象。⑥ 康熙年间平山县的沕沕水"自山泉流出，浇田数顷，居民利之"，温泉水"流出长温，近泉地不产草，可浇田数十亩"。⑦ 雍正六年到七年（1728~1729），井陉境内共计"营田四十七顷二十亩"；藁城西北七十五里有牧道沟，"其水四时不涸，土人借以艺稻，每遇秋成，遍地苍绿可掬"。⑧

保定府的水利营田卓有成效。雍正五年至七年（1727~1729），新安县大淀淀、宋家庄、太平庄、刘家庄、赵家庄，共营稻田近560顷。雍正五年（1727），安肃县治东南梨园等处，官方开垦稻田共41顷多，民人自开稻田26顷有余。雍正六年（1728），县治西北白塔铺、古庄头、高

---

① 《皇朝经世文编》卷一百八《工政十四·直隶水利中·京东水利情形疏》。
② 《怡亲王疏钞》，《畿辅河道水利丛书》本，第200页。
③ 《皇朝经世文编》卷一百八《工政十四·直隶水利中·京东水利情形疏》。
④ 光绪《丰润县志》卷九《物产》。
⑤ 乾隆《玉田县志》卷一《山川》。
⑥ 光绪《重修新乐县志》卷五《艺文》。
⑦ 康熙《平山县志》卷四《山水·陂泽》。
⑧ 光绪《藁城县志》卷一《疆域》。

林庄等处，营治稻田 26 顷多，农民自营稻田 78 亩。[1] 满城县土产稻有黄须者、乌须者，有秔稻、旱稻，米微红，"又有糯稻"等类。县东奇村西北约四里处有一亩泉，得名源于"泉水涌出，其阔一亩"，"其处泉瀁然四出，奇村一带皆稻田"。康河"清流如带，沿河稻田鳞错，桃杏成林"；葫芦河"清流漪漪可溉田，村东稻畦甚多，味尤芗美，池塘遍栽莲藕、荸荠、蒲苇，获利亦丰"；奇村"西北地多沮洳，居民至今尚开畦种稻"。[2] 保定府所属的"安州垒头村、新安县之马家寨一带近淀洼地，土脉亦云宜稻。已于淀水落后，将安州淀头闸、新邑端村东西二闸，开放积水。俟洼水内外相平，酌看其潴存之深浅盈绌，亦仿照霸州暂种稻田事宜办理"。[3] 望都"滨河一带，多属稻田，产稻冠诸属纳贡备"。[4] 光绪年间，保定府"有秔，有糯，北方地平，惟泽土宜种，类甚多"。[5]

广平府磁州境内有滏河，"引其流以溉田，旧有南、北、中三渠"。中渠开凿于明洪武年间，南北两渠则开于万历年间，"溉稻田二百余顷"。[6] 明人朱国祯《涌幢小品》记载："辛丑，余南归，经磁州。遍野皆有水沟，深不盈二三寸，阔可径尺。纵横曲折，随地各因其便。舆马可跨而过，禾黍蔚然。异之，问舆夫：水何自来？遥指西山曰：此泉源也。又问：泉，那得平流？则先任知州刘徵国从泉下筑堤障之，高丈许。堤高，泉与俱高，因地引而下，大约高一尺可灌十里，一州遂为乐土。"[7] 清人张榕端《磁境水田原始记》对此感慨不已："据此，磁州水利，刘公实为开山之祖，当与包、孙、牛、蒋诸公并传不朽。"[8] 这里的"包、孙、牛、蒋诸公"，是对磁州水利建设具有杰出贡献的四位知州，分别为明代

---

①　吴邦庆：《水利营田图说》，《畿辅河道水利丛书》本。
②　乾隆《满城县志》卷二《形胜志》，卷三《土产志》。
③　《皇朝经世文编》卷一百八《工政十四·直隶水利中》。
④　光绪《望都县乡土图说·望都县》。
⑤　光绪《保定府志》卷二十七《户政略五·物产》。
⑥　同治《磁州续志》附录《艺文》之《磁境水田原始记》。
⑦　朱国祯：《涌幢小品》卷六《堤利》，中华书局，1959，第 139 页。
⑧　民国《磁县县志》附录《艺文》。

洪武年间的包宗达，万历年间的孙健、牛维赤，清康熙年间的蒋擢。水利工程的建造，为清代磁州等地营田奠定了重要基础，乾隆三十八年（1773），"以州城东偏负郭民田虽可引水灌溉，而距城数十步之外，滏河北流，两岸高于河身数尺，河东不能引水灌田。乃相度地势，设法架木为槽，傍桥跨于河上，引西岸护城河水支流达于东岸，开渠庤水，计溉田数顷。由是，州之水利益广，人皆颂德立碑以记，名陈公渠"。① 清代以来，磁州东、西二闸"稻田尤多"，有竹枝词记载："上渠流水下渠收，东闸开沟西闸流。处处黄云堆稻把，十分水是十分秋。"② 广平县"稻有秔有糯，北方以为佳品。北方地平，惟泽土宜旱稻"③；永年濒临滏河，"十三村皆种稻田"。④

顺德府城东南八里有百泉，"周环三里许，水从地涌，泉流甚旺，灌溉邢台稻田一百二十余顷，南和稻田八十余顷"。⑤ 邢台县稻米有红口、芒稻、糯稻三种，"昔年邢邑稻田不下万顷"。雍正年间共营田一百二十九顷一十三亩八分。至光绪年间，水田多集中在邢台东南地区，所产稻粒"小而糙"。⑥ 任县临近大陆泽，雍正年间由怡贤亲王督导水利兴修，"水患既除，水利亦兴。邢家湾南，边家庄北，引流种稻，营田数百顷"。⑦

宣化府的宣化、保安、怀来也出产水稻，分为黏和不黏两种。黏者为糯，用来酿酒；不黏者为秔、为粳，以供日常食用。《宣化县新志》记载，宣化城东七十里有水泉村，"清水者良，浇洋河浊水者味浓厚，销张垣及各县"。⑧ 保安州"稻有二种，黏者为糯，不黏者为粳，为秔粳。秔即稻米。本境稻产甲于宣郡，因桑干水质肥沃，大田土脉滋润，故稻米之

---

① 同治《磁州续志》卷二《河渠》。
② 张筏：《渠上竹枝》，《中华竹枝词全编》，北京出版社，2007，第419页。
③ 民国《广平县志》卷五《物产志》。
④ 光绪《广平府志》卷十八《舆地略·物产》。
⑤ 《续行水金鉴》卷八十五《运河水》，《万有文库》第2集，商务印书馆，1936，第1937页。
⑥ 光绪《邢台县志》卷一《舆地·物产》。
⑦ 陈仪：《直隶河渠志》，《畿辅河道水利丛书》本，第29~30页。
⑧ 民国《宣化县新志》卷四《物产志·植物类》。

味美而甘。考稻产始于明时，州牧稽公巅，教民于沿河隙地淤泥种稻，颇能获利。及门渠引水后，农民愈知其利益，故至今东乡区水田轮流种稻，亦可称为大宗"。① 承德府"稻，名类甚多，不离粳、糯二种。……今热河境内，山田多种之"。②

此外，赵州府隆平县"邢家湾南、边家庄北引流种稻营田数百顷"③，南门外有"南畦稻熟"，为赵州八景之一。④ 冀州府南宫县，利用低地积水种稻。顺德府南和县南立村、河头郭等处，"共营稻田一十一顷九十八亩八分，农民自营稻田六十一顷二十四亩二分"；又有民人"自营稻田七顷八十九亩八分一厘"；乾隆五年（1740）修补水闸，"共灌稻田八十五顷五十五亩九分，灌地七百七十八顷"⑤。永平府的昌黎、抚宁、滦州皆种植稻米。滦州有小龙湾，"在州西十五里，人多于此种稻"。⑥ 定州北十里铺即清水河村，"明季知州胡震亨捐三百金置稻田，岁入米一十九石三斗"。易州涞水县的村庄设有稻米市，此处有地名称为稻子沟，因"引拒马河之流为稻地也，故名"，此外，县内石亭新庄村亦有土产稻种于水田者⑦，可见水稻种植极为广泛。

六　水利营田政策的调整及其余响

根据吴邦庆《水利营田册说》所载，雍正年间四局所辖各州县，共得公私营田五十七万九千零五十余亩。⑧ 雍正八年（1730）允祥去世，畿辅营田随之由高潮逐渐回落。其原因既有农业技术不足、工本费用过高导致难以持久，更有地方官员阻挠懈怠的影响。乾隆帝即位之后，对于水利

① 民国《保安州乡土志·植物·黍谷》，第 26 页。
② 道光《承德府志》卷二十九《物产》。
③ 光绪《畿辅通志》卷八十三《河渠略九·治河说二》。
④ 康熙《赵州志》卷三《物产》。
⑤ 乾隆《南和县志》卷二《地理上·水利营田》。
⑥ 光绪《畿辅通志》卷六十一《舆地略十六·山川五》。
⑦ 光绪《畿辅通志》卷六十六《舆地略二十一·山川十》。
⑧ 吴邦庆：《水利营田册说》，《畿辅河道水利丛书》，清道光四年刻本。

营田工程政策进行了调整，认为"事关地方，必须本地方有司实力奉行"，十一月底即撤消营田观察使，将直隶营田事务交由地方官管理。①

乾隆元年（1736）明确规定："一切新旧营田，交各该州县管理。如本任事务匆忙，即委所属佐杂协办，并饬各该道、府、厅、州稽查督理。其续报营田，借给工本，以及水田改旱，应行事宜，俱由本属府、厅、州申详该道核转，再令该道等劝导查察。如州县实力督课，三年之内，著有成效出色者，各该道、府、厅、州详司核保，照卓异例，不论俸满即升；倘因循作弊，即行揭报，滥举徇弊，亦即查参。又营田州县例，如丰润、霸州、天津、永年、玉田、文安、大城、磁州等九州县，或营田数少，或治大事繁，嗣后缺出，于现任州县内，拣选才具优长、熟悉水利之员提调"。② 不过，乾隆朝一方面继承了雍正年间的水利营田政策，同时也有一定程度的反省。乾隆二十七年（1762），工部侍郎范时纪提出："京南霸州、文安等处地势低洼，易致淹浸，请设法疏通，添筑堤埝，改为水田。"对此，乾隆帝认为，"物土宜者，南北燥湿，不能不从其性"，而"从前近京议修水利营田，未尝不再三经画，始终未收实济，可见地利不能强同"。随后，将此奏折抄送直隶总督方观承，令其细心筹议。不久，方观承奏称："直隶试种水田潦涸不常，非地利所宜。"③ 对于水利营田政策，乾隆朝主张听民而便，"夫州县地方，原有高下之不同，其不能营治水田，而从前或处于委员之勉强造报者，自应听之便，改作旱田，以种杂粮；若附近水次，可以营治之田，而从前已经开成者，倘因本年未经种稻，遂致废弃，殊为可惜。著总督李卫饬行各州县分别查明，将是在可垂永久之水田，劝谕民人照旧营治，无得任其荒芜。其沟渠各项，有应行修葺者，即于农隙之时，酌给口粮，督率修治"。④ 与雍正时期以官府推动为主的政策不同，乾隆年间更多主张因地制宜营治水田，这一思想贯穿了

① 《清高宗实录》卷七，雍正十三年十一月辛酉。
② 《清高宗实录》卷二十一，乾隆二年闰九月乙亥。
③ 《清高宗实录》卷六百七十三，乾隆二十七年十月己酉。
④ 《清高宗实录》卷五十三，乾隆二年闰九月乙亥。

乾隆朝始终。

自乾隆年间以后，对于水利营田政策，仍旧有大量官员主张继续坚持。嘉庆年间唐鉴编写《畿辅水利备览》，倡导整修水利工程；林则徐撰写《北直水利书》等书，提出效仿雍正年间畿辅地区大力推行的水利营田措施。道光三年（1823），潘锡恩编著《畿辅水利四案》，四年（1824）吴邦庆《畿辅河道水利丛书》，五年（1825）蒋时进编撰《畿辅水利志》百卷。唐鉴在《畿辅水利备览》中，对当时的水利政策多有批评，认为应当"见地开田，切不可在河工上讲治法"。① 不过，官府层面对营田水利政策开始陷入消极状态。光绪十六年（1890），给事中洪良品因"直隶频年水灾"，上疏治理水患、兴修水利，提出"以开沟渠、营稻田为急"。李鸿章认为这些建议"大都沿袭旧闻，信为确论"，但"直隶水田之不能尽营"，如果按照洪良品的建议在平原地区"易黍粟以粳稻"，则"水不应时，土非泽埴"，最后"窃恐欲富民而适以扰民，欲减水患而适以增水患也"。② 自此，清初大力推行的水利营田工程基本消亡，雍正年间开辟的田亩也渐淤为旱地。光绪《玉田县志》载："雍正年间于渠河头一带营水田数十顷，今皆淤成旱地。"③ 光绪《正定县志》亦称："城西北方泉为积沙所塞，泉脉断流，田皆改旱。"④ 尽管如此，声势浩大的畿辅水利营田显示了推动农业生产的极大决心，种植水稻所取得的成就也对促进北方农业生产具有启示作用，重视兴修农田水利的思想更是在朝野得到了广泛普及。从环境史的角度看，畿辅水利营田也是改造京津冀地区农业生态条件的一个宏大构想与一次成功尝试。

① 王培华：《清代江南官员开发西北水利的思想主张与实践——唐鉴〈畿辅水利备览〉的撰述旨趣及历史地位》，《中国农史》2005 年第 3 期。
② 李鸿章：《李文忠奏稿》卷七十《覆奏直隶水田难成折》。
③ 光绪《玉田县志》卷三《舆地志·山川》。
④ 光绪《正定县志》卷六《河渠水利·营田水利》。

第八章　运河沿线：漕运保障与社会负担

运河是以人工开凿的河道沟渠连通天然河流，并且往往在某些地段利用天然河流而构成的陆地水运系统。大运河的形成与发展，产生了正反两方面的环境效应。开凿运河的着眼点在于满足交通运输之需，以南北向为主的运河沟通了地势决定的东西向天然河流之间的联系，最著名的京杭大运河成为水上运输的经济大动脉，这是改造自然之后有利于社会发展的一面。与此同时也应看到，运河的开凿，伴随着对沿线民田的强征。为保障水路畅通，运河与沿线地区的农业灌溉存在争夺水源的矛盾。河道水量不足与河床泥沙淤积，历来是困扰运河的两大矛盾，为此必须进行的筑堤拦水与清理淤积，又为百姓带来严重的劳役负担甚至引起社会动荡。

第一节　京津冀地区的运河发展历程

京津冀地区（以下简称"本区"）两大中心城市的崛起，都与运河的发展密切关联。历史上的北京之所以被誉为"万古帝王之都"，除了"左环沧海，右拥太行，南襟河济，北枕居庸"的山川形胜之外，"会通漕运便利，天津又通海运"① 是另一个具有决定性意义的影响因素。天津是大运河与海上两条航线的漕运枢纽，通州在很长时期内都是大运河的北端点与供应北京的漕粮储存基地，河西务是位于京津之间的漕运重地。此

---

① 孙承泽：《天府广记》卷一《形胜》，北京古籍出版社，1984，第 7 页。

外，京杭运河沿线还有武清、杨柳青、静海、青县、沧州、南皮、泊头、东光、吴桥、德州（山东）、故城、临清（山东）等重要城镇。德州、临清今天虽然隶属于山东，但由于运河是冀鲁两省的分界线，它们的发展无疑与本区有关，临清在运河史上更是举足轻重的节点城市。京杭大运河是晚近才出现的概念，从元代郭守敬主持改造大运河以后，"分段为名"的运河在本区内自南而北可分为：自临清至天津的"南运河"，天津至通州以北的"北运河"，通州至北京的"通惠河"。这样的运河分布格局，是历经上千年发展的结果。

一　隋唐之前的运河系统

国都与军事重镇是开凿运河、保障物资运输最重要的支撑点和目的地，大运河早期的历史往往与军事相关。公元前486年，吴王夫差为了运输北上伐齐的军队和粮草，在扬州西北修建邗城，城下开凿运河，称为"邗沟"，这可视为京杭大运河的开端。借助水上航道运输以粮食为主的大量物资，这就是历史上著名的"漕运"。国都是人口高度聚集之所，不论汉唐时期的长安、洛阳还是宋代的开封、杭州，包括长江边上的六朝古都南京，都曾在天然河道未及之处，需要动用国家力量开凿运河以沟通水路联系，缩短产粮区与消费地之间的运输里程。历史上的北京处在粮食产量普遍不高的北方，当它从军事重镇幽州上升为辽金以后的陪都或首都之后，运河就成了保障政治中心物资供应的水上运输动脉。金中都时代已经为了保障"漕运通济"而把潞县提升为通州，元大都与明清北京更是极度仰仗南方产粮区的供应，形成了海运与河运相结合的漕运制度。在这样的背景下，连接南方经济重心区域与北方政治中心城市的运河系统得以不断完善，本区之内的运河就成为距离国都最近、处于大运河最北的河段。

东汉建武十三年（37），上谷郡太守王霸建议："委输可从温水漕，以省陆转输之劳。"刘秀采纳之后，"事皆施行"。[1] 一般认为，这里的温

---

① 《后汉书》卷二十《王霸传》，第737页。

水是今温榆河或古永定河的某条河道，王霸是在利用天然河道运送军粮而不是开凿运河。汉末建安十一年（206），为征讨幽州以北的三郡乌丸（乌桓），曹操开凿平虏渠和泉州渠，借助短程渠道沟通天然河流以输送军需，本区由此出现了真正意义上的运河。《三国志》载："公将征之，凿渠，自呼沲入㳡水，名平虏渠；又从泃河口凿入潞河，名泉州渠，以通海。"[①] 呼沲，今同音异写为滹沱。㳡水，今称沙河。今南运河自青县至静海独流镇之间的河段，其前身就是平虏渠的故道。泃河是蓟运河的支流，下游为古鲍丘水入海的故道，潞河即今北运河。"平虏"表明了曹操即将出师的宗旨，"泉州渠"以经行渔阳郡泉州县（治今天津武清城上村）为名。这样，曹军的运粮船得以自黄河北岸沿着漳水、清河、滹沱河向东北行进，再通过潞河、鲍丘水进抵幽州，过卢龙塞（喜峰口一带）北征乌桓，为隋唐时代的运河奠定了初步基础。到北朝时期，北齐天统元年（565），幽州刺史斛律羡将高梁水向北引入易荆水（今温榆河），再向东汇入潞水（今潮白河），"因以灌田，边储岁积，转漕用省，公私获利焉"。[②] 由此表明，向北方运送粮饷已由陆运的"转输"改为水运的"转漕"，利用的航道仍然是东汉时期的平虏渠、潞河等漕渠。

在繁荣统一的隋唐时代，无论是就国家陆地版图还是就交通运输系统而言，本区都处在东北边缘地带，政治中心长安、洛阳才是整个运河系统的中心。但是，隋炀帝却开始改变本区的运河格局。文帝开皇四年（584）开凿广通渠，由国都长安连接军事重镇潼关。炀帝动辄使用百万民力开渠，大业元年（605）开凿从洛阳到清江（今江苏淮安）、长约1000公里的通济渠，沟通了黄河与淮河。到了大业四年（608）正月，"诏发河北诸郡男女百余万开永济渠，引沁水南达于河，北通涿郡"。[③] 隋代的沁水在今河南武陟东南入黄河，永济渠在这个入口的上端东岸把沁水引向东流，先后使河北境内的清水、淇水等南北向河流汇入白沟、清河

---

① 《三国志》卷一《魏书·武帝纪》，第28页。
② 《北齐书》卷十七《斛律羡传》，第227页。
③ 《隋书》卷三《炀帝纪上》，第70页。

（今卫河），沿着曹操时代开凿的平虏渠向东北，溯潞河下游（古笥沟，今北运河）而上，到达当代的天津武清折入桑干河（今永定河），西北抵涿郡（治蓟城，今北京西南），长度近1000公里。大业六年（610）开凿江苏镇江至浙江杭州、长约400公里的江南运河。经过这样一番开拓，以东京洛阳为中心的河网运输系统日趋完善，以东西向为主的天然河道与连接它们的运河，大致呈现"之"字形的分布格局，洛阳与杭州之间全长1700多公里的河道可以直接通行船舶。在这样的总体格局中，永济渠的开凿在很大程度上扭转了此前以沟通东西之间联系为主的面貌，南北向的运河主干初步凸显出来。继之而起的唐朝，全面继承了隋炀帝时代确立的运河系统。"安史之乱"以后北方陷入藩镇割据状态，与东南财赋之地的河道与海路运输几乎断绝。五代后唐赵德钧开东南河、后周世宗疏通御河水道以运输军队和漕粮，促进了幽州以南地区运河系统的完善。

二 辽宋金时代的运河格局

本区在辽与北宋时期处于南北政权并峙的时代，汉唐时期的幽州在辽代被提升为南京，又称燕京，城市性质由军事重镇与区域政治中心转变为辽国陪都之一，拉开了历史上的北京逐步走向统一国家首都的大幕。辽南京的中心在今北京广安门一带，城市人口已经具有较大规模，需要从外地调运粮食。但是，拒马河—海河一线以南是北宋的疆土，自然没有从那里获得漕粮供应的可能。从辽东调集的物资只能先走海路，运抵今天天津宁河境内的蓟运河入海口靠岸，随后转为内河运输。关于这条内河运输线，今人推断，可能沿今蓟运河西入沟河，到三河或平谷一带卸载，然后陆运至辽南京城；或者由蓟运河进入北运河，走民间盛传的萧太后河，自通州张家湾一带向西北，到达辽南京城东南的迎春门附近。①

"萧太后河"或"萧太后运粮河"是明代以后才有的民间称谓，在《辽史》上没有任何踪迹可寻。侯仁之先生认为，它是元末重开金口河失

---

① 于德源：《北京漕运和仓场》，同心出版社，2004，第64~65页。

败后留下的河道，嗣后被讹称为"萧太后河"①。但是，从金代在旧有河道的基础上开凿闸河，元代郭守敬沿着金代的河道旧迹开凿金口河与通惠河等看来，尽量利用前代河流故道是普遍的水利传统，"萧太后河"也可能是民间把辽代史迹附会于此时此地最著名的历史人物之上的结果。吴文涛的研究认为："萧太后河是辽代利用了当时残留的古永定河河道、经人工疏通整理后而形成的上承蓟水、中连辽南京护城河、下接今北运河（时称潞水）的重要河运通道，它承担了辽南京地区与外界的物质运输功能。……其上游正确的路线推测应该是：过今十里河村后往上经今龙潭湖，出龙潭湖向西北沿'三海大河'（古高梁河）故道溯流而上，沿今新、旧帘子胡间、受水河胡同一带连接辽南京北护城河，这样运粮船可以直抵辽南京城下。至于进的哪个城门，至今未见材料可以明确。……作为以人工方式改造天然河道、沟通北京城与北运河漕运的开端，萧太后河无疑具有划时代的意义，它应该是为金代开闸河、元代开通惠河提供了启发和基础。"② 如果这个推测成立，这应是本区北部在辽代最重要的运河工程。

在北宋辖境，永济渠多称御河，是卫州（今河南卫辉）东北至乾宁军（今青县）的漕运要道。御河过大名，东北过馆陶、临清、清河诸县，再向北过将陵、东光诸县至乾宁军。由此向北，借助海河水系的拒马河、滹沱河等逆流西行，可把军用物资运抵沿边的信安军、霸州等处。庆历八年（1048）黄河在濮阳县商湖决口，由东流改向北流。御河在上游被黄河冲断，在下游与黄河同流入海，由此导致河道淤积与河堤决溢频繁发生。此后虽经多次治理，但航行已变得相当艰难。

金中都是历史上北京作为国家首都的开端，尽管它还只是北半个中国的首都，但与先秦的燕都以及嗣后几度短暂为都的幽州蓟城迥然不同。在运河发展史上，金代也处在承前启后的重要阶段。海陵王早在迁都燕京之

---

① 侯仁之：《改造首都自然环境的一个重要措施》，《北京日报》1956 年 2 月 17 日。
② 《萧太后河历史探源及相关文献辨析》，《北京史学论丛（2016）》，中国社会科学出版社，2017，第 257、258、260 页。

前的天德三年（1151），就已经取"漕运通济之义"把东汉以来的潞县升为通州，① 以高度的预见性确立了此地作为未来首都漕运枢纽的地位。贞元元年（1153）金迁都燕京并改称中都，人口与消费的增加对漕运提出了更高的要求。《金史·河渠志》记载了两条运道："其通漕之水，旧黄河行滑州、大名、恩州、景州、沧州、会川之境。漳水东北为御河，则通苏门、获嘉、新乡、卫州、浚州、黎阳、卫县、彰德、磁州、洺州之馈。衡水则经深州会于滹沱，以来献州、清州之饷，皆合于信安海壖。溯流而至通州，由通州入闸，十余日而后至于京师。其他若霸州之巨马河（今拒马河），雄州之沙河，山东之北清河，皆其灌输之路也。"② 由此可见，当时的黄河故道在今河南北部、河北南部诸州县尚可通航到今青县一带；御河经行河南北部诸州县，通本区南部的磁县、永年之境；衡水与滹沱河连通献县、青县一带。各水道船只汇聚于今霸州信安镇以东的海边（实际上就是尚未崛起的天津地区），再沿着与今之北运河相近的河道溯流北上，经武清、香河、漷县到通州。自通州入闸河，再过十余天到达中都。本区的巨马河、沙河以及山东的北清河，也有通航漕运的条件。金代规定："凡诸路濒河之城，则置仓以贮傍郡之税。若恩州之临清、历亭，景州之将陵、东光，清州之兴济、会川，献州及深州之武强，是六州诸县皆置仓之地也。"③ 此处之恩、景、清、献、深只有五州，其间必有脱文。另据《金史·地理志》，与上述诸州相邻的沧州，其所辖清池、南皮二县均"置河仓"④，如此可合理地补足六州之数。这些仓廪之所在的河道，当然也是可以通航的漕运粮道。

来自淮河以北与山东或辽东半岛的漕船，经天津一带循潞河（北运河）到达通州。在主要依靠陆运的同时，必须开辟从通州到中都的运输

---

① 郭子章：《郡县释名》之《北直郡县释名》卷上《京师顺天府》"通州"条，明万历四十三年刻本。

② 《金史》卷二十七《河渠志》，第682页。

③ 《金史》卷二十七《河渠志》，第682页。

④ 《金史》卷二十五《地理志》，第601、602页。

水道。《金史·河渠志》称："金都于燕，东去潞水五十里。故为闸以节高良河、白莲潭诸水，以通山东、河北之粟。"这样的水运通道有两条：其一是金代整修、元代命名的坝河，其二是利用金口河的下游河道（此或即萧太后河的遗留）建成的闸河。

坝河主体位于今北京朝阳区境内，它的前身是三国魏景元三年（262）开挖的一条人工引河，作为高梁河的分支，与戾陵堰、车厢渠共同构成了一个农业灌溉系统，自今德胜门附近东流，在通州汇入潞河。①金代首先利用坝河把粮食从通州运到中都以北，再经过陆运送到中都城内。为了克服地势西北高、东南低造成的数十米落差，在上游的高梁河及其折向南流的白莲潭（今积水潭）两处设置了调节水位的闸门。一旦漕运需要就敞开高梁闸、堵闭白莲闸，使河水全部东流进入坝河，以提高水位、便于行船。

金世宗大定十一年（1171），尝试引卢沟水（永定河）沟通漕运，"自金口（在今石景山发电厂处）导至京城北入濠，而东至通州之北，入潞水"②，这就是史上著名的金口河。但是，湍急浑浊的水流啮岸善崩，不仅无法行船，而且还严重威胁中都的安全，开通不久就被下令堵塞。章宗泰和四年至五年（1204~1205），根据翰林院应奉韩玉的建议改弦更辙，开通从玉泉山、瓮山泊（今昆明湖前身）到紫竹院一线即今长河的河道，引高梁河、白莲潭的清水接济漕运。通州至中都的漕河是利用金口河下段的旧河道改造而成的，上面设置了数座闸坝，用以克服因河床坡度过陡造成的存水不足，解决漕粮逆流而上的问题。③《金史·河渠志》把这条运河叫作通济河，俗称闸河。考古发掘显示，闸河的西端应在今西交民巷东口一带，从这里卸载货物进入中都城东北隅的仓库是顺理成章的选择。④闸河的开凿修整，为元代以后的通惠河奠定了重要基础。

---

① 郦道元：《水经注》卷十三《漯水》，上海古籍出版社，1990，第273页。
② 《金史》卷二十七《河渠志》。
③ 《金史》卷二十七《河渠志》、卷一百十《韩玉传》。
④ 于德源：《北京漕运和仓场》，同心出版社，2004，第74页。

三　走向巅峰的元代大运河系统

金中都毕竟只是北半个中国的首都，漕粮的来源地只是淮河以北地区，因此不具备在更大范围内调整运河系统的历史条件。进入大一统的元朝之后，忽必烈事实上在迁都之前就已在谋划国都的漕运和水源问题。中统三年（1262）征询郭守敬关于建都与水利的设想，朝廷次年即设置漕运河渠司。至元元年（1264）定都燕京（时称中都），四年（1267）即下诏以金代大宁宫（今故宫、北海一带）为中心兴建新城，此即元大都。伴随着大都漕运需求的空前增长，元朝的漕粮虽以海运为主，但在河运方面同样投入了巨大力量，大运河系统的建设和管理达到了历史上的巅峰。

至元十二年（1275）前后，郭守敬受命巡视河北、山东河道及金、宋运河故道。他根据河流分布与地势高低，建议引山东汶水、泗水以通御河（永济渠），从而使漕河北通直沽、南达黄河。当时的黄河下游袭夺淮河河道入海，沟通了黄河就意味着可以连接淮河，进而借助江淮之间的运河到达长江南北。二十年（1283）八月，自任城（今济宁）到须城（今东平）的济州河完工。二十六年（1289）完成了南起须城安山、北至临清的会通河工程，基本实现了郭守敬当年的设想。经过截弯取直的京杭大运河南北贯通，其格局自明清延续至今。明代生活在成化、弘治年间的丘濬评价说："运东南粟以实京师，在汉、唐、宋皆然。然汉、唐都关中，宋都汴梁，所漕之河，皆因天地自然之势，中间虽或少假人力，然多因其势而微用人为以济之。非若会通一河，前代所未有，而元人始创为之，非有所因也。"[1] 元代对大运河系统的改造，奠定了"运河文化带"空间分布格局的地理基础。会通河的北端点临清，也是大运河在本区的南起点。由此向北，自临清至天津段称"南运河"。其中，"卫运河"的前身是隋代以来的通济渠、御河。自馆陶向东北流，至临清进入南运河，而临清至

① 丘濬：《大学衍义补》卷三十四，《文渊阁四库全书》本，台湾商务印书馆，1986。

德州以南的河段同时也是"卫运河"的一部分。天津一带在宋辽时期称作"直沽"，元延祐三年（1316）始置海津镇，隶属于靖海（后改静海）县，但这里早已是海运与河运衔接的枢纽，因此才以"海津"为名。

本区在元代成就最突出的运河工程，是通州与大都之间的坝河治理与通惠河的开凿。元初可以依赖的漕运通道仍然是坝河，为了便于漕船行驶，郭守敬创造性地拦腰修建了七座滚水坝，使河道能够始终存留一定的水量，借以克服落差较大、逆水行舟的困难。金代曾经发挥过重要作用的通济河，由此得到了众所周知的"坝河"之名。《元史·河渠志》与宋本《都水监事记》记载，这七座滚水坝，自通州至大都依次为深沟坝、王村坝、郑村坝、西阳坝、郭村坝、常庆坝、千斯坝。滚水坝截留阻滞了河水，却也成为船只逆流行驶的障碍，漕粮只能采用逐坝"倒搬"的方式前进。自通州以北进入坝河的漕船，从下游向西抵达第一坝之后，守在这里的扛夫就把粮食卸下，搬到已在滚水坝西边等待的空船上去，然后继续向西（即上游）的第二坝驶去。经过逐坝递运，最终抵达大都东北隅的光熙门（今朝阳区北三环东路光熙门）。坝河上的运粮船分设在通州以西的六座滚水坝之内，平均每坝有船30只，至元十六年（1279）以后，"设坝夫户八千三百七十有七，车户五千七十，出车三百九十辆；船户九百五十，出船一百九十艘"①。元末熊梦祥《析津志》记述："光熙门与漕坝、千斯坝相接。当运漕岁储之时，其人夫纲运者，入粮于坝内，龙王堂前唱筹。"② 扛夫从船上每抬出一定数量的粮食卸岸，就得到一块作为计数凭据的竹片或木片，这就是筹。卸完粮食以后，他们在码头的龙王堂前按筹领取报酬，即所谓"唱筹"。大都建成后，玉泉水被引入大内专供皇城使用，坝河因此失去了稳定丰沛的水源，河道经常淤浅，运量相当有限。

南北大运河截弯取直之后，从通州到大都城之间的运输压力进一步加

---

① 《元史》卷一百八十三《王思诚传》，第 4211 页。
② 《日下旧闻考》卷八十八引《析津志》，第 1481 页。

重。不论是作为漕运主力的海运还是居于次要地位的河运，都只能抵达通州，但坝河的运力远远无法满足漕运需求。陆路运输不仅耗费巨大，而且经常因为道路不平或雨天泥泞，致使"驴畜死者不可胜计"。在这样的形势下，郭守敬对北京地区水资源及地形做了详细勘查，向忽必烈提出一项计划："大都运粮河，不用一亩泉旧源，别引北山白浮泉水，西折西南，经瓮山泊，自西水门入城，环汇于积水潭，复东折而南，出南水门，合入旧运粮河。每十里置一闸，比至通州，凡为闸七，距闸里许，上重置斗门，互为提阏，以过舟止水。"至元二十九年（1292）春，忽必烈下令"丞相以下皆亲操畚锸"参加开工典礼，第二年秋天即宣告完工。昌平白浮泉水汇聚温榆河上源泉流一路西行，从上游绕过沙河、清河谷地，循西山麓转而东南，沿着平缓的坡降，继续收集沿山清泉，聚入瓮山泊；再从瓮山泊进入扩浚后的长河、高梁河至和义门（今西直门）水关入大都城，汇入积水潭内；然后从积水潭出万宁桥（今地安门北，俗称后门桥），沿皇城东墙外南下出丽正门（今正阳门北）东水关，转而东南至文明门（今崇文门北）外，再接金代开凿的闸河故道，下至通州高丽庄、李二寺河口（见图8-1）。这项水利工程的施工路线总长达到元制的一百六十四里一百零四步，其间从白浮泉至瓮山泊的集水沟渠虽被后世称作"白浮瓮山河"，但它本身只是水源地而不是运河。郭守敬为大都城开辟了前所未有的新水源，使城内的积水潭成为新的漕运终点码头。自上都归来的忽必烈看到江南漕船结队驶来，积水潭上桅杆林立、舳舻蔽水，遂为之赐名"通惠河"①。为了保证行船快速通过，通惠河已经不再像坝河那样设置滚水坝。从文明门到通州，沿河修建了 10 组共 20 座水闸。每隔十里一组，每组上下两闸之间相距一里，彼此"相互提阏，过舟止水"。换言之，上行漕船驶进下闸后，下闸闭闸节水，上闸启闸放水，上游下行船只此时可驶过水闸；随着两闸之间的河道水位上涨，逆流而行的漕船驶过上闸进入上游河段，其原理与现在的船闸完全相同。漕船行驶一段后，即进入另一

---

① 《元史》卷一百六十四《郭守敬传》，第 3851～3852 页。

组水闸的下闸，再度完成上述步骤，直至抵达积水潭。通惠河由此形成了
梯级航道，这一水利科技成就遥遥领先于当时的世界。

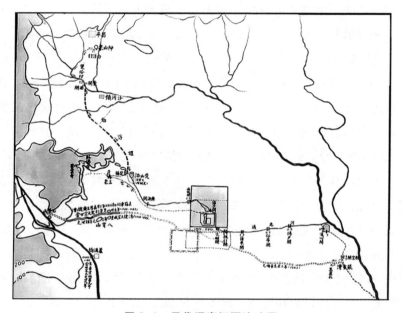

图 8-1　元代通惠河源流略图

资料来源：岳升阳主编《侯仁之与北京地图》，北京科学技术出版社，2011，
第 9 页。

引卢沟河水穿过金中都城北再接通州的金口河，在元代经历了结果完
全不同的两度重开。修建大都城期间的至元二年（1265），郭守敬提出：
"金时自燕京之西麻峪村分引卢沟一支，东流穿西山而出，是谓金口。其
水自金口以东，燕京以北，溉田若干顷，其利不可胜计。兵兴以来，典守
者惧有所失，因以大石塞之。今若按视故迹，使水得通流，上可以致西山
之利，下可以广京畿之漕。"① 他主张重开金口河，引来卢沟水运送取自
西山的木材、石料，同时让水流到通州以增加漕运能力。与前人的不同之
处在于，郭守敬总结了金代的教训，首先在麻峪与金口（今石景山发电

① 《元史》卷一百六十四《郭守敬传》，第 3846~3847 页。

厂院内）之间，选在金口上游的西岸开挖一个减水口削弱水流势头，"西南还大河，令其深广，以防涨水突入之患"①，然后才重开金口河渠道，由此避免了它在卢沟河水暴涨时对下游尤其是大都的威胁。忽必烈采纳了郭守敬的建议，至元三年（1266）十二月开始"凿金口，导卢沟水以漕西山木石"②。但是，卢沟毕竟是一条善决善淤的浑河，至元九年（1272）夏，金口河泛滥成灾，大都"弥漫居民，室屋倾圮，溺压人口，流没财物粮粟甚众。通玄门外，金口黄浪如屋，新建桥庑及各门旧桥五六座，一时摧败，如拉朽漂枯，长楣巨栋，不知所之。里闾耆艾莫不惊异，以谓自居燕以来未省有此水也"③。

大德二年（1298），金口河再度成灾。大德五年（1301）汛期水势浩大，鉴于运输西山木石已非急务，郭守敬下令将其亲自规划的金口河堵塞。金口闸以西至麻峪村的河道全部用砂石杂土填平，从而消除了卢沟水对元大都的威胁。元朝末期的至正二年（1342），中书参议亨罗帖木儿、都水监傅佐建议重开金口河，以运输西山的煤炭、木材、石灰等，中书右丞相脱脱也极力推许。正月动工，四月完毕。金口新河虽然在金口闸用铜闸板（可能是木闸包铜）代替了传统的木闸板，在旧城北城壕添置了两道节制闸门，但忽略了郭守敬当年在麻峪引水口附近开减水河这一关键环节。开闸之后，"水至所挑河道，波涨潺汹，冲崩堤岸。居民彷徨，官为失措。漫注支岸，卒不可遏，势如建瓴。河道浮土壅塞，深浅停滩不一，难于舟楫。其居民近于河者，几不可容"④。御史弹劾建议开挑金口河的责任者，亨罗帖木儿和傅佐被斩首，金口河也彻底罢废。

四 明清运河的整修与衰落

在元代确立了大运河的分布格局之后，明清两代基本处于维护与守成

---

① 苏天爵编：《元文类》卷五十《知太史院事郭公行状》，商务印书馆，1958，第716页。
② 《元史》卷六《世祖纪三》，第113页。
③ 魏初：《青崖集》卷四《奏议》，《四库全书》本，第19页。
④ 熊梦祥：《析津志》，《析津志辑佚》本，北京古籍出版社，1983，第244~245页。

的水准。虽然忙于整修并在局部有所成就，但终究不能挽回大运河走向衰落的总体趋势。

明代永乐帝迁都北京后，会通河已经淤塞，有限的海上漕运也无法满足需要，只能先借助黄河运道抵达御河（卫河）上游，继而由御河顺流而下送到北京。但是，黄河的频繁决口与河道变迁，使运道本身极不稳定。洪武二十四年（1391）黄河在原武决口后，改由开封东南行，至寿州夺淮河入海，使得元代整修的贾鲁河故道、洪武初徐达开辟的塌场口运道淤废。洪武三十年（1397），黄河又在开封决口，夺蔡河河道南下陈州。① 因此，永乐年间物资由沙河水道至陈州颍岐口（今河南淮阳西南）折入黄河，到达新乡八柳树（今新乡西南）再变为车运，送抵卫河水运码头。② 会通河几年后得以疏浚，重回元代的水运路线。

临清以北的南运河的南段，即卫运河，原本是卫河的下游，水源仰仗河南辉县苏门山的百门泉水供应，但往往不能满足行舟的需要。"自临清至直沽凡五卫十七州县，浅一百五十七处"。淤浅之处成为漕运行船的障碍，但自德州以下河道狭窄、地势低下，夏秋季节河堤易被冲决。明正统十三年（1448），把漳河水的一股引入卫河。嘉靖十三年（1534）议准，在恩县、东光、沧州、兴济四处各建减水闸一座，以宣泄夏秋涨溢之水。隆庆、万历年间，漳河向北流入滏阳河，分入卫河的水流随之断绝。③ 这种状况直到清代才发生巨大变化，先是康熙三十六年（1697）漳河分出一股南流在馆陶入卫，四十七年（1708）又发展到全部由馆陶流入卫河。这样，此前水源常感不足的卫河转而变得水量过多，临清以下的南运河有冲决河堤之虞。于是，在德州哨马营、恩州四女寺等处开挖的引河，继续成为减缓水势的重要措施。④ 至于河堤加固、河床清淤等，自然也是为维

---

① 《明史》卷八十三《河渠志一》，第 2014 页。
② 《明史》卷七十九《食货志三》，第 1916 页。
③ 《大明会典》卷一百九十六《河渠一·运道一》；《明史》卷八十七《河渠志五》，第 2131 页。
④ 《清史稿》卷一百二十七《河渠志二》，第 3775~3776 页。

护运河畅通而不可缺少的常规性工作。

北运河即天津以北的白河，或称潞河、通济河，在这一河段进行的漕运称作白漕。这是从漕运枢纽（天津）到目的地（京师）的最后一段航程，《明史·河渠志》记载：

> 杨村以北，势若建瓴，底多淤沙。夏秋水涨苦潦，冬春水微苦涩，冲溃徙改颇与黄河同。奥儿渡者，在武清、通州间，尤其要害处也。自永乐至成化初年，凡八决，辄发民夫筑堤。而正统元年之决，为害尤甚，特敕太监沐敬、安远侯柳溥、尚书李友直随宜区画，发五军营卒五万及民夫一万筑决堤。又命武进伯朱冕、尚书吴中役五万人，去河西务二十里凿河一道，导白水入其中。二工并竣，人甚便之，赐河名曰通济，封河神曰通济河神。先是，永乐二十一年筑通州抵直沽河岸，有冲决者，随时修筑以为常。迨通济河成，决岸修筑者亦且数四。万历三十一年从工部议，挑通州至天津白河，深四尺五寸，所挑沙土即筑堤两岸，著为令。[1]

上述记载显示，由于气候、地势、土壤等因素的制约，北运河的水源与河道状况都不理想。冬春水少则妨碍漕船行驶，夏秋雨季多发洪涝冲决河堤，沿途土质疏松增大了河水含沙量，洪水淤积的泥沙进一步抬高了河床。通州至武清之间的奥儿渡（今河西务镇土城村东三里），决口尤其频繁。永乐年间修筑了通州到天津直沽口的河堤，一旦冲溃即派兵卒和民夫堵塞决口。正统元年（1436）奥儿渡严重决口，除了发军民筑堤外，三年（1438）在距河西务二十里处开挖引河宣泄白河之水，北运河因此被赐名通济河。即使如此，通州至天津之间的河道仍然屡次决口。万历三十一年（1603）疏浚白河，用挖出的河底沙土培固两岸堤防。这种做法由此成为一项固定的制度，同类的河道整治行动也有多次。《大明会典》亦

---

① 《明史》卷八十六《河渠志四》，第 2109~2110 页。

称，白河"源远流迅，河皆溜沙。每夏秋暴涨，最易冲决。每决，辄发丁夫修筑，屡筑屡决"。正统年间开始，在运河淤浅处设立铺舍与专管挑浚河道的夫甲，漕船经过时招呼他们避开淤浅之处。① 但是，制度的建立是一回事，实际执行的情况往往是另一回事。嘉靖元年（1522）提督漕运总兵官杨宏奏报："今运道淤浅，查得闸河、白河一带，各有额派执浅夫役。官司因循废弛，以致漕舟困于起剥，军吏因而蠹耗。"户部议复："请行总督河道及管理泉闸诸臣，时时临阅浅处，督工疏浚。仍令所在军卫有司，验视漕舟，修补破敝，以备后运。"② 万历三十三年（1605）三月，工部都水司官员奏报："臣奉命管理通惠河道，自通州阅河至天津，计程三百二十余里，沿途浅阻计五十余处。土人云，河系浮沙，随浚随淤。故运艘至日，近则自香河之黄家渡起剥，远则自武清之杨村以下起剥。统计剥价之费，大约十五万余两，而各旗甲之私贴不与焉。"③ 制度执行中的种种弊端未可指数，百姓付出的劳役自不待言。

清代运河的管理，依然集中在堤防加固、开挖减河与清理淤积方面。康熙十九年（1680），派遣官员挑浚通州至天津的北运河以及天津以南的南运河。三十三年（1694）修筑通州运堤 827 丈，香河县官民修堤合计 835 丈，武清县修东岸堤 2 万余丈、西岸堤 3 万余丈。武清县境地势低洼，更兼西来诸水汇流入河，奭儿渡、南蔡村等处水患频发。康熙三十八年（1699）武清县筐儿港（在杨村北约 30 里）决口，四十三年（1704）在此修建减水石坝，开引河筑堤。五十年（1711）年在河西务开引河泄水，次年利用城东旧河道再开一道新河。此后的雍正年间，在河西务上流建青龙湾建减坝、开引河。④ 诸如此类的大小工程，在清代还有多次。

明朝初立时期，北运河、通惠河、坝河都曾中断漕运。永乐年间迁都之后，北京再次成为统一国家的首都，城市消费所需的大部分物资仍需依

---

① 《大明会典》卷一百九十六《河渠一·运道一》。
② 《明世宗实录》卷二十一，嘉靖元年十二月乙酉。
③ 《明神宗实录》卷四百七，万历三十三年三月丙申。
④ 王履泰：《畿辅安澜志·白河》卷三，广雅书局光绪二十五年刻本，第 15～19 页。

赖大运河输送。作为首都的经济命脉，恢复通州至北京城的通惠河的运力，依然是朝廷要务之一。经过陆续疏通，北运河天津至通州段基本顺畅，海运与河运的漕粮可以水运到张家湾和通州，再从陆路运到北京。在多次修筑通州、张家湾到京城之间道路的同时，不少朝臣认识到，保障漕运的关键在于恢复通惠河。成化七年（1471），漕运总兵都督杨茂上书："看得通州至京师四十余里，古有通惠河故道，石闸尚存，永乐间曾于此河搬运大木。以此度之，船亦可行。"① 户部尚书杨鼎、工部侍郎乔毅在实地勘察后提出，可用玉泉山水疏通城濠以通漕运。十二年（1476），接受平江伯陈锐等人的奏议，疏浚通惠河的计划付诸实施。由于上游水源不足，"河多沙，水易淤，不逾二载，而浅涩如旧，舟不复通"②。弘治五年（1492）和九年（1496），刑部都给事中赵竑、户部右侍郎黄杰分别奏请恢复通惠河。③ 直到嘉靖七年（1528）吴仲主持此事，通惠河的治理才取得了实质性进展。

明代的通惠河基本上利用了元代的河道，只是因为宣德年间将皇城东墙向外推移了近 200 米，到达今东皇城根遗址公园一线。这样，原来从积水潭向东南穿过东城的通惠河段被圈入了皇城之内，漕船不能再从城里穿行，只得停泊在东便门外大通桥下，通惠河因此又有大通河之称。在朝廷支持下，吴仲制定了比较周密的施工规划："寻元人故迹，以凿以疏，导神山、马眼二泉，决榆、沙二河之脉，会一亩诸泉汇而为七里泊（今昆明湖），东贯都城，由大通桥下直至通州高丽庄与白河通，凡一百六十四里，为闸一十有四。"④ 吴仲依照郭守敬自昌平白浮泉引水的路线，做出广收北山、西山诸水，截引沙河、温榆河以壮通惠河水势的设计。嘉靖七年（1528）三月，通惠河疏浚工程动工，历时不到 5 个月完成，共计修大通、庆丰等闸 6 座，挑浚河道 21 里 13 丈，盖造官厅厂房共 125 间，新

① 《明宪宗实录》卷九十七，成化七年十月丙戌。
② 《明宪宗实录》卷一百五十四，成化十二年六月丁亥。
③ 《明孝宗实录》卷六十一，弘治五年三月戊子；卷一百一十，弘治九年三月己丑。
④ 吴仲：《通惠河志》卷首汪一中《通惠河志叙》，《续修四库全书》本，第 629 页。

筑通州石坝 1 座，高 1 丈 6 尺，长 20 丈，宽 11 丈。新开泊船水潭与河汊
3 处，共长 394 丈，宽 9 丈。新开搬粮小巷 3 处，新筑堤岸 15 处，共长
654 丈。工成之后当年即自通州运粮约 200 万石进京，省脚价银 12 万
两①。修复后的通惠河分段以驳船递运，比元代减省了闸座，共有庆丰
闸、平津上闸、平津下闸、普济闸、通流闸 5 座，上游增加了青龙闸、史
庄闸、广源闸、白石闸、高粱闸以防止诸水旁流。除漕船不能进入积水潭
而改泊大通桥下之外，这时的通惠河基本恢复了元朝旧观。

　　即使在吴仲主持疏浚通惠河之后，明朝后期供应北京的漕粮运输也依
然是"舟车并进"。随着永定河流域水土流失的加剧，通惠河的水源供给
越发艰难。到清初，通惠河只剩下"五闸二坝"在起作用。康熙二十七
年（1688），靳辅阅视京畿水道，看到通州以下北运河水势散漫，建议
在河中散漫分流之处增筑小坝拦束河水，待漕船经过时开闸放水以助漕
运。三十五年（1696）疏浚通惠河，加筑堤岸，建滚水坝以泄水。大通
桥地势比通州高 40 尺，河水易泄，因此在桥下加筑大通桥闸控制水势。
河道疏浚以后，通惠河水量充足，航运能力大增。乾隆年间大力开发京
西水利，收集西山玉泉诸水接济漕运。乾隆三年（1738）、二十三年
（1758）、二十五年（1760）先后疏浚北京东护城河，以保障大通桥到朝
阳门、东直门的驳船通行。清代的京师漕运规模大致在康乾时期确定下
来，后世不过因循而已。咸丰、同治以后时局动荡加剧，铁路的兴起也
迅速取代了运河的地位。光绪二十七年（1901）全河停运，通惠河一北
运河这条维系了京城 700 多年发展的物资输送大动脉，至此完成了它的
历史使命。自然环境变迁与近现代交通运输的崛起，改变了北京对大运
河的强烈依赖关系。在漕运功能衰退之后，附丽于大运河本身及其形态
特征之上、物质的与非物质的文化形态，共同构成了一个狭窄绵长的运
河文化带。

---

① 吴仲：《通惠河志》第 639、668 页。

第二节　运河城镇的发展脉络和命名之源

　　京津冀范围内的运河，包括南运河（卫河、御河）、北运河以及由通州至元大都积水潭（明清改为大通桥）的通惠河。运河的开凿与保障漕运的需求，给沿途的两岸州县带来了大量的劳役负担，刺激了某些洪水灾害的形成，但运河也是促进城镇发展的积极因素之一。

一　北运河沿线城镇的发展与命名

　　历史上的通州在很长时期都是漕运的终点站，西汉在此地置路县，以其邻近蓟城至碣石的秦代驰道，取道路交通的特点为名。境内最主要的河流遂以"路"字再加"氵"旁，称作潞水。东汉复据水名作县名，称潞县。金代海陵王天德三年（1151）升为通州，"取漕运通济之义"为名[1]，在贞元元年（1153）迁都燕京之前，已经确立了它在未来作为中都漕运枢纽的地位。元代郭守敬主持开挖通州到大都的通惠河，使积水潭、瓮山泊、白浮泉与大运河联系在一起。白浮村，或作白浮图村，以村中有白色佛塔即"浮图"得名，村旁的神山泉由此亦称白浮泉，是郭守敬为通惠河开辟的上游水源地之一。白浮泉等十余处泉水聚集起来汇入瓮山泊，集水的渠道被后人称作白浮瓮山河。瓮山，以传说山间埋藏着类似聚宝盆的石瓮得名，明代王嘉谟《石瓮记》述其故事[2]，附近的水泊派生命名为瓮山泊。清乾隆年间，瓮山与经过改造的瓮山泊分别改称万寿山与昆明湖，成为供应北京城与通惠河用水的水库。积水潭是古永定河故道留下的湖泊，积水的深潭也就是湖泊之意，它还有净业湖、什刹海等别称，所指范围各有不同，元代成为大运河的终点码头。高丽庄是通惠河入白河的节点，以其为唐代内徙的高丽人聚居地得名，后来分为大高力庄、小高力庄

---

　　①　《元史》卷五十八《地理志一》，第1348页。
　　②　王嘉谟：《蓟丘集》卷三十九《石瓮记》，明刻本，第16~19页。

两个村落，地名用字也发生了同音异写。

从通州顺北运河南下四十五里，潞县是与通州密不可分的另一漕运要津。这里在汉代隶属于泉州县，辽代以其邻近可供契丹春夏捺钵的延芳淀，始置潞阴镇，后升为潞阴县，以地在潞河（凉水河旧称）之南为名。元至元十三年（1276）升为潞州，明初复为潞县，清顺治十六年（1659）裁并为通州所属的潞县镇。

由潞县向南七十里至武清县，汉代在其辖境置泉州县、雍奴县。唐代天宝初改雍奴县为武清县（治旧武清），有"武功廓清"之意①，即以武功平定纷乱。东汉末曹操开泉州渠，即以其位于泉州县命名。旧武清东北三十里的河西务，以地处北运河西岸得名，"务"是古代的税收机构。河西务处在京津之间，繁忙的航运带来发达的贸易，自元代成为漕运要镇。至元十三年（1276）升为潞州治所，二十四年（1287）"自京畿运司分立都漕运司，于河西务置总司，分司临清"，河西务有十四座存储漕粮的仓廒②。明隆庆六年（1572）筑砖城，万历年间蒋一葵记载："河西务，漕渠之咽喉也。江南漕舻毕从此入。春夏之交病涸，夏秋之交病溢。滨河建有龙祠，以时祭祷。两涯旅店丛集，居积百货，为京东第一镇。户部分司于此榷税。"③清初顾祖禹亦称河西务"今为商民攒聚、舟航辐辏之地"④，这是运河带动沿岸城镇发展的典型例证。清代设河西务巡检司、北运河务关同知，每旬二、四、七、九有集市⑤，是本地区乡间商业活动的中心。

北运河过武清即入天津，这里扼守着运河漕船的咽喉要路，也是海上漕船变为运河转输的登陆点。宋辽至金代称直沽，显示其为海边货物交易之地。元代取其既临大海又是河流津渡的特点，改设海津镇。明代李东阳

① 郭子章：《郡县释名》之《北直隶郡县释名》卷上《顺天府·武清县》。
② 《元史》卷八十五《百官志一》，第2132页。
③ 《长安客话》卷六《畿辅杂记》，第134页。
④ 《读史方舆纪要》卷十一《直隶二·顺天府·武清县》，第491页。
⑤ 乾隆《武清县志》卷三《河渠》、卷一《集市》，清刻本，第10、32页。

《天津卫城修造记》称："会我朝太宗文皇帝兵下沧州，始立兹卫，筑城浚池。立为今名，则象车驾所渡处也。"[①] 1961 年发现的嘉靖二十九年（1550）《重修三官庙碑》亦称："我朝成祖文皇帝入靖内难，圣驾尝由此济渡沧州，因赐名曰天津。筑城凿池，而三卫所立焉。"[②] 清代改置天津州、府、县。元代漕粮以海运为主、河运为辅，明清时期则变为以河运为主，但都以天津为支撑点，这里也是南北运河的交会点与分界点。

二 南运河沿线城镇变迁和命名溯源

京津冀地区之内的南运河始于临清，今山东境内的鲁运河与冀鲁分界的南运河在此交汇。西汉清渊县、西晋清泉县、十六国后赵临清县、明代升为临清州，命名都源于川渊广布的水文环境，"州临清渊也"，[③] 意为此地靠近清澈泉流，未必专指某一河湖。临清县几经隶属更迭与析并置废，但其治所基本在今临清对岸的临西县辖境内移动，直至金代天会五年（1127）徙治曹仁镇（今临清旧县）。元代开凿会通河后，临清"受两河（汶水、卫水）之水，合流北放，……实踞河漕之喉，当南北之冲"[④]，成为大运河的水上枢纽。至元二十七年（1290）设临清御河运粮上万户府，由枢密院直属。[⑤] 明洪武二年（1369）徙治今临清，宣德四年（1429）在运河沿线的临清等"客商辏集去处设立钞关，差御史及户部官，照钞法例，监收船料钞"[⑥]，弘治二年（1489）升为临清州。临清县在运河以西的部分，1964 年增设临西县。

从临清顺着南运河北上，依次过故城、德州、吴桥、东光。故城在隋

---

① 李东阳：《怀麓堂集》卷六十五《天津卫城修造记》，《四库全书》本，第 4 页。

② 李经汉：《天津市现存碑刻中的天津地名资料》，《天津史地知识（一）》，天津市地名委员会办公室 1987 年印行，第 156 页。

③ 《郡县释名》之《山东郡县释名》卷下《东昌府·临清州》。

④ 康熙《临清州志》卷一《河渠》，清抄本，第 19 页。

⑤ 《元史》卷十六《世祖本纪十三》，第 336 页。

⑥ 申时行等：万历《大明会典》卷三十五《课程四·钞关》，《续修四库全书》本，第 610 页。

代为清河郡历亭县地，金为上故城镇，元初升为故城县，治今故城镇。明代永乐至弘治间出仕的故城人马伟（马中锡之父，官至浙江处州知府）描述道："卫河亘县城之前，涟漪映带，环绕左右，帆樯相接，随风若飞。上溯武城，下达德州，朝发夕至，呼吸可通。县介京师、山东之间，诚为襟束要地矣。"① 县城西南二十五里的郑家镇（今县治郑家口）等卫河旁的城镇，在明清时期就是居民商旅市易之地。故城向北至德州，这里已属山东地界，历来是南运河畔的重要城市。西汉平原郡治平原县，北魏改置安德郡，隋更为德州，其治所几经迁移，明初移治故陵县即今德州。明初徐达北上攻取元大都，朱棣率军南下"靖难"，都是先下德州，"盖川陆经途，转输津口，州在南北间，实必争之所也"。卫河即南运河在城西，"凡东南漕粟，商贾宾旅以及外夷朝贡，道皆由此"。② 德州向北至吴桥县，隋属德州将陵县地，北宋为吴川镇，金以吴川镇置吴桥县（治今吴桥镇），属景州。卫河是吴桥与景州（今景县）的分界线，河道曲折回旋，漕舟经安陵（今吴桥桑园镇北十六里，运河西岸的景县亦有安陵）、连窝驿（今东光县连镇，运河西岸的景县亦有连镇）等地，向北入东光县。东光县在西汉属勃海郡，治今县东二十里。北齐移治今县东南三十里陶店。隋开皇三年（583），又移北魏废勃海郡城，即今县治。卫河在县西三里，以此与西岸的阜城县分界。《读史方舆纪要》引明代方志说："卫河有大小龙湾，萦回而下，经县北二十里，其地名下口。居民鳞集，行旅辐凑，俨然城市，谓之下口镇。"③ 此地今名霞口，已属运河西岸的阜城县，当年在运河带动下也曾兴旺一时。

南运河出东光进入交河县，该县始置于金大定七年（1167），治今西交河村，明洪武四年（1371）徙治今交河镇。县东五十里、卫河西岸有泊头镇，或称泊镇，清初"商贾凑集，筑城于此，管河别驾驻焉。有泊

① 《读史方舆纪要》卷十三《直隶四·河间府·故城县》，第590页。
② 《读史方舆纪要》卷三十一《山东二·济南府·德州》，第1391页。
③ 《读史方舆纪要》卷十三《直隶四·河间府·东光县》，第589页。

头镇巡司，并置新桥驿，俗名泊头驿"。① 镇名源于此地是运河的水路中转地与船只停泊码头，晚近以生产"泊头牌"火柴闻名。1946 年 5 月至 1949 年 9 月、1953 年 11 月至 1958 年 12 月、1982 年 12 月迄今，都曾设立县级的泊头市。其间空出的时段复为泊头镇，市与县级的镇曾隶属于沧州（沧县）专区、天津市或交河县、南皮县，1983 年 5 月交河县被撤销，其政区范围并入泊头市，城市发展实现了"反客为主"的逆转。从泊头市沿运河向北进入南皮县，秦属巨鹿郡，治所在今县城东北十里张三拨村西，与县北数十里的北皮城相对为名。北皮城的所在地与以往文献所载地点有差。根据郦道元《水经注》所载河道状况推测②，或许即今县东北三十里刘文庄东南的古城遗址。《太平寰宇记》称："齐桓公北伐山戎至此，缮修皮革，因筑焉。"③ 东魏移治今南皮县。东岸的南皮与西岸的交河县（今泊头市）隔卫河相望，一旦卫河水涨，县境西部为患最重。县城东北四十五里郎儿口（今沧县狼儿口）、西北三十里冯家口（今属卫河西岸泊头市，对岸亦有冯口村）、西南二十里的十二里口（今县西南隅十二里村）、西北二十里卫河东岸的齐家堰（今泊头市大齐堰，对岸是南皮县齐埝村），都是卫河的险要所在。④

南皮以北的沧州，以东濒沧海为名，始置于北魏，治今沧州东南四十里。元代延祐年间，徙治今沧州所在的长芦镇。这里是著名的长芦盐产地，也是运河沿线的重要城镇。"州控水陆之冲，绾海王之利。江淮贡赋，由此达焉；燕赵鱼盐，由此给焉。"卫河在沧州城西，州南二十里有砖河水驿，为卫河津要处。⑤ 砖河水驿，即今沧州西南、分处运河东西两岸的东砖河村、西砖河村之所在。南运河由沧州北上三十六里，至沧县兴济镇。这里位于南运河东岸、子牙新河南岸的交汇点，宋代为清州范桥镇

① 《读史方舆纪要》卷十三《直隶四·河间府·交河县》，第 579 页。
② 《水经注》卷九《清水》，第 200 页。
③ 《太平寰宇记》卷六十五《河北道十四·沧州》。
④ 《读史方舆纪要》卷十三《直隶四·河间府·南皮县》，第 598 页。
⑤ 《读史方舆纪要》卷十三《直隶四·河间府·沧州》，第 591 页。

地，大观初年改置兴济县。北宋庆历八年（1048），黄河自澶州商胡埽（今河南濮阳东昌湖集）决口，北流至乾宁军（治今青县）夺卫河（御河）入海。宋末黄河南徙，元代开挖会通河，处在其下游的卫河成为漕运要道。旧时县城西北有范桥渡，是卫河的津口，县名据此取水路兴盛通济之意为名。① 明代正德年间的兴济县教谕张颂，有诗描写范桥渡交通的繁忙景象："范桥自昔有舆梁，兴废由来事不常。岸草几年随客断，水声终夜惜人忙。一肩行李空明月，万里归心自夕阳。幸有高人作舟楫，问津不必向渔郎。"这里的地理风物与日常生活颇具北方水乡特色，宣德年间任山西交城县教谕的兴济人张缙（乐素老人）《西泊渔樵》诗云："水国禾生秋雨馀，家家生计在樵渔。短镰刈得干芦荻，乞火缸头煮白鱼。"② 清顺治六年（1649）并入青县，其治所今为沧县兴济镇。

南运河由兴济镇向北，过滹沱河下游河道（1967 年开挖的子牙新河），至青县境内。唐为幽州芦台军地，昭宗乾宁年间改置乾宁军。北宋大观二年（1108）取河清之意升为清州，治乾宁县。金贞元初改乾宁县为会川县。明初会川县省入清州，洪武七年（1374）改清州为青县。明清时期，滹沱河在县南与卫河（御河）汇流后继续向东（大致与今子牙新河相近），"水势汹涌，阔数十丈"。卫河在青县城东一里，"今为运道所经，筑堤浚浅，防维最切"，东北流入静海县。③ 静海县在北宋为清州涡口寨，大观年间升为靖海县，明初改靖为静，都有瀛海澄清、平定海域之意。这里是南运河距离漕运枢纽天津外围最近的县城，明代旧志称其处于"天津一隅，东南漕舶鳞集。其下去海，不过百里，风帆驰骤，远自闽浙，近自登辽，皆旬日可达。控扼襟要，诚京师第一形胜处也"。④ 过静海县城，北上经独流镇、杨柳青镇，向东即入南北运河交汇入海的天津。独流镇处在子牙河与南运河之间，清代在此设独流镇巡司。杨柳青亦

---

① 《读史方舆纪要》卷十三《直隶四·河间府·兴济县》，第 581 页。
② 嘉靖《河间府志》卷一《地理志·山川》。
③ 《读史方舆纪要》卷十三《直隶四·河间府·青县》，第 580 页。
④ 《读史方舆纪要》卷十三《直隶四·河间府·静海县》，第 582 页。

在子牙河与南运河之间，处于两河从北流变为东流的转折点上。明嘉靖十九年（1540）之前在此设杨青水驿。① 时人蒋一葵称："杨柳青，地近丁字沽，四面多植杨柳，故名。"② 明清时期的水陆交通驿站，晚近以杨柳青年画闻名于世。南流的北运河与北流的南运河，在天津共同经由海河汇入大海。

第三节　通惠河沿线闸坝的设置与命名

闸坝是节制运河水流的设施，它们或以邻近的已有村镇为名，或在嗣后成为新生村镇的命名依据。二者都因为与运河的密切关联留下了历史印记，这里仅对元大都内外的坝河、通惠河的闸坝命名之源略作追溯。

一　从金代闸河到元代阜通七坝

金代中都与通州之间的运河，以城北向东通往温榆河的"闸河"为主。《金史》称其"为闸以节高良河、白莲潭诸水，以通山东、河北之粟"。③ 高良河，即高梁河的同音异写；白莲潭是积水潭的别称，以湖中莲花盛开为名。这条漕运通道以水闸控制水量，故称"漕渠"或"闸河"。元至元十六年（1279），修建了代替水闸的七座滚水坝，称作"阜通七坝"。漕粮运输随之由逆水行船变为各坝之间分段驳运，河名亦称"坝河"。阜通，意为货物丰富、运销渠道畅通，即《魏书》所谓"教行商贾，阜通货贿"④。金大定年间在代州设置阜通监，管理钱币铸造等事务。⑤ 元代大德年间，都水监官员罗璧"浚阜通河而广之，岁增漕六十余万石"⑥，可见"坝河"亦作"阜通河"。

---

①　《大清一统志》卷二十五《天津府二》。
②　《长安客话》卷六《畿辅杂记》，第 133 页。
③　《金史》卷二十七《河渠志》，第 682 页。
④　《魏书》卷一百一十《食货志》，第 2850 页。
⑤　《金史》卷四十八《食货志三》，第 1072 页。
⑥　《元史》卷一百六十六《罗璧传》，第 3895 页。

　　阜通七坝见于《元史·河渠志》者，自东向西有深沟坝、王村坝、郑村坝、西阳坝、郭村坝、千斯坝。[①]《都水监事记》有常庆坝，位于郭村坝与千斯坝之间。[②]《光绪顺天府志》称通州以北"十二里沙窝、王家庄、沟子"[③]，前者即今朝阳区沙窝村，位于坝河东北岸、温榆河西岸。古今地名对照与地理环境提供的可能性显示，深沟坝与沟子村的命名依据，显系坝河与温榆河交汇时冲出的深沟，其地应在沙窝以南的河口处；以王村为名的王村坝，应在沙窝偏西的坝河上。继续逆流向西，有郑村坝、西阳坝。郑村坝，亦称坝上。以相对位置而言，元代大都人已称郑村坝为东坝[④]，"通州人称北坝"[⑤]，其地即今东坝乡东坝村。东坝以西四里多的西坝村，是西阳坝所在地。元代西阳坝的命名源于西阳村，嗣后省称（亦与东坝对应为名）西坝，西阳村反过来又据以改称西坝村，村与坝之间存在着彼此派生为名的关系。继续向西，有郭村坝、常庆坝。明嘉靖间张爵《京师五城坊巷衚衕集》所载北城东乡村落，有火村坝、常兴坝。[⑥]康熙《大兴县志》东城旗下零村，有果村坝。[⑦]火村坝、果村坝与常兴坝，显系郭村坝与常庆坝的近音异写。考诸河道桥闸形势，其地分别在今酒仙桥与尚家楼闸附近。[⑧]千斯坝是坝河最靠西端的滚水坝，以大都光熙门内储存漕粮的千斯仓派生为名。《析津志》称："光熙门与漕坝相接，当运漕岁储之时，其人夫纲运者，入粮于坝内龙王堂前唱筹。"[⑨]漕坝即千斯坝，光熙门旧址在今北京市东城区和平里北街东口土城处，千斯坝应在光熙门以南的坝河与护城河交汇处。

① 《元史》卷六十四《河渠志一》，第1590~1591页。
② 宋本：《都水监事记》，苏天爵编《元文类》卷三十一，商务印书馆，1936，第406页。
③ 周家楣等：《光绪顺天府志》卷二十七《地理志九·村镇一》，北京古籍出版社，1987，第925~926页。
④ 熊梦祥：《析津志》，《析津志辑佚》本，北京古籍出版社，1983，第96页。
⑤ 《光绪顺天府志》卷二十七《地理志九·村镇一》，第929页。
⑥ 张爵：《京师五城坊巷衚衕集》，北京古籍出版社，1982，第20页。
⑦ 康熙《大兴县志》卷二《营建·里社考》，民国抄本，第33页。
⑧ 蔡蕃：《元代水利家郭守敬》，当代中国出版社，2011，第64~65页。
⑨ 《日下旧闻考》卷八十八引《析津志》，第1481页。

二　通惠河水闸设置与名称变迁

金代试图引卢沟水接济漕运，因无法解决西山到通州之间高差过大、水流湍急的问题而失败，却在客观上为元代开凿通惠河做了先期探索。郭守敬修建闸坝"节水以通漕运"，其"置闸之处，往往于地中得旧时砖木，时人为之感服"，恰好证明他是以金代的工程为基础，"于旧闸河踪迹导清水"。《元史·河渠志》称"坝闸一十处，共二十座"，但后面只列了 9 处。以此与成宗元贞元年（1295）改名的数处水闸（新名括注于后）参互验证，合计有广源、西城（会川）、海子（澄清）、文明、魏村（惠和）、籍东（庆丰）、郊亭（平津）、通州（通流）、河门（广利）、杨尹（溥济）、朝宗 11 处水闸。[①] 再据《元一统志》所载，上述水闸中的 9 处包括上闸、下闸，海子（澄清）闸、郊亭（平津）闸更是分为上、中、下三闸，因此总计为 11 处、24 座水闸。[②] 命名水闸的语词从写实走向寄意，前期主要以相对位置或地理风物派生为名，后期变为表达对运河安流畅通、惠及都城的期望。始终不曾更改的广源、朝宗、文明，本身就有形容与寄意的特征。

自西向东来看，从大都城西到大都城内，广源上闸在今紫竹院公园以西，是通惠河的第一闸，接受和节制玉泉山引来的诸水，取广开水源之意，今有广源大厦延续其文脉。上闸以东二里的广源下闸，或称白石闸，其地即今白石桥。白石桥之名始于金代，白石闸由桥名派生。西城上、下闸，以地理方位为名，前者位于今西直门外高梁桥，后者在大都和义门（今西直门）护城河东岸，控制运河与护城河交叉点的水量，后改会川，体现了形容两河交汇的形势。朝宗上、下闸，位于会川下闸之东，扼守从高梁桥流入大都的通道，取"众水朝宗"之意，表明皇城是其归宿。海子上、中、下闸，分别控制出入海子（积水潭）的水量，遂依湖泊派生

---

① 《元史》卷六十四《河渠志一》。

② 孛兰肹等（赵万里校辑）：《元一统志》卷一《大都路》，中华书局，1966，第 15 页。

为名。后改"澄清"，有形容水质洁净之意。

通惠河从大都城内穿出之后，文明上、下闸，位于元大都文明门西南的水关之外，派生于城门之名。魏村上、下闸，以地处大都城外的魏村社为名，上闸位于通惠河与金口河交汇处，下闸在其以东一里。后改称"惠和"，有两水相合或惠风和畅之意。籍东上闸，在大都东南王家庄，位于元代的籍田以东，因称"籍东闸"。每年开春在籍田祭祀谷神，皇帝带头犁地播种以示重视农耕，明代的籍田挪到了先农坛的观耕台前。籍东闸取庆祝丰收之意改名"庆丰"，正与皇帝在附近举行籍田礼的愿望合拍。庆丰闸到明代称作"二闸"，以其系通惠河在北京城外大通桥以东的第二道水闸得名，今朝阳门外有二闸村续其文脉。庆丰下闸，在今南磨房乡深沟村。郊亭闸，分上、中、下三闸，以处在郊亭淀一带为名。至少在辽代，这里是幽州东郊古永定河故道遗留的积水洼地，城东大路旁有供旅人休憩饯行的大郊亭与小郊亭。郊亭上闸在大郊亭北，元代有村落叫作银王庄，其地即今高碑店闸遗址之所在。上闸以东的中闸、下闸，约在今小郊亭、花园闸二村。这组水闸由郊亭改称平津，命名语词从具体的地理风物转向了期望航道平稳畅通的意愿。杨尹闸，分上、下闸，元代在牛店、午磨二村附近，其地即今杨尹闸村与溥济闸村。溥济，明代或作普济，均有普遍通济之意。通州闸，上闸与下闸分别在通州西门外与南门外，改称通流，同样是对河道畅通的寄托。河门闸，分上、下闸，位于今张家湾城北的土桥与城东南的中马头，取扼守流经张家湾的河道之门为名。改称广利，有漕运带来无尽利好之意。

元代在会通河上修建了五十五闸，其名基本从附近村落的名称派生。[①] 明初按照治水专家白英的绝妙设计，在运河沿线海拔最高的山东汶上县西南修建南旺闸。"汇诸泉之水，尽出汶上，至南旺，中分之为二道，南流接徐、沛者十之四，北流达临清者十之六"[②]，有效缓解了运河

---

① 宋本：《都水监事记》，《元文类》卷三十一，第 406 页。
② 《明史》卷一百五十三《宋礼传》，第 4204 页。

沿线地势起伏造成的行船阻隔。南旺闸之名派生于所在地南旺集，有县城南边的兴旺地之意，今作南旺镇。这项工程虽在北京之外，却对北京运河文化的发展至关重要。

第四节　阻塞泉流与触发水灾

漕运是国家力保的经济生命线，因此与农业生产构成了一对矛盾。运道对水源的需求与农业灌溉争水，进而影响田亩收成。大致南北向的运河堤防，阻挡了基本上自西向东的天然河道的流路，多雨季节汇水与宣泄不畅，容易引发农田与村镇的水灾。在北运河及南运河流域，这样的环境问题都有典型的表现。

一　漕运与灌溉争水的矛盾

河道泉源大多用来接济漕运，削弱了农业灌溉之利，这种情况以南运河的卫河（御河）上游最突出。春季干旱时运河沿途急需引水灌田，但京津冀地区历代以确保行漕为首要选择，因此经常与农业争水。在这个意义上，运河是"反灌溉"的水路运输系统。

在本区南部，元代至元元年（1264）四月，彰德路及广平路永年、磁州引漳河、滏阳河、洹水灌田，导致御河水源不足、河道浅涩、盐运不通。于是堵塞引水渠，以恢复御河的水位保障水运[1]，这也就意味着断绝了农业灌溉的渠道。在本区中部的御河下游，至元三年（1266）都水监报告，由于此前三十年间无人主管，沧州一带已淤积成为地上河，水面高于平地，全靠堤堰防护。附近百姓掘堤打井，深至丈余或二丈，引水以灌溉农田。还有河边的百姓就堤取土，逐渐导致堤防残破，时有河水泄出，不仅降低水位妨碍行舟运粮，有时还决口漂没民居与禾稼。在长芦（今沧州）以北、索家马头之南，水里暗藏木桩树橛，破坏舟船。朝廷因此

---

① 《元史》卷五《世祖本纪二》，第 96 页。

下令禁止上述活动，以沿途诸州的佐贰官监管河防，负责日常的巡视和维护。①

自南皮县东北至沧州以东的浮河大堤，自金代以来用以防备御河决口向东流。大堤在郎儿口（今沧州南四十余里狼儿口村附近）留有一处向东北排水的缺口，金代与元代都在郎儿口下游的河堤以东设置军屯。为阻止河水东流淹没自己的田地，屯军经常堵塞郎儿口，这就使得河堤以西的民田常被水淹没。双方因此矛盾加剧，纷争不断。金代军民争讼的结果，是把决口掘开放水。元代延祐三年（1316）七月，沧州地方官报告："清池县民告，往年景州吴桥县诸处御河水溢，冲决堤岸，万户千奴为恐伤其屯田，差军筑塞旧泄水郎儿口，故水无所泄，浸民庐及已熟田数万顷，乞遣官疏辟，引水入海。及七月四日，决吴桥县柳斜口东岸三十余步，千户移僧又遣军闭塞郎儿口，水壅不得泄，必致漂荡张管、许河、孟村三十余村黍谷庐舍，故本州摘官相视，移文约会开辟，不从。"次年五月，都水监派出官员与河间路官员一同视察元代堵塞的郎儿口，"东西长二十五步，南北阔二十尺，及堤南高一丈四尺，北高二丈余。复按视郎儿口下流故河，至沧州约三十余里，上下古迹宽阔，及减水故道，名曰盘河。今为开辟郎儿口，增浚故河，决积水，由沧州城北达滹沱河，以入于海。"视察过后，泰定元年（1324）九月，"都水监遣官督丁夫五千八百九十八人，是月二十八日兴工，十月二日工毕"。② 直到清代后期，河堤两岸从安全和农业收益着眼，仍在掘开与堵塞郎儿口之间争议不止。

二 阻断泉流导致水灾易发

发生水灾的主要原因是夏秋季节多雨而排水不畅，运河在一定程度上起到了推波助澜的作用。运河的走向基本上横亘南北，自东向西的河流被其隔断，多水之时不免加重运河以西地区的水害。水灾发生后，疏浚河

---

① 《元史》卷六十四《河渠志一》，第1600页。
② 《元史》卷六十四《河渠志一》，第1601页。

道、加固河堤是不可或缺的措施，兹以宋元明时期的几例见其一斑。

大运河在历史上曾借助黄河的部分段落行漕，又屡屡因为黄河改道而淤浅。在本区南部，即使是在黄河东流并未干扰运河的时期，御河也经常决溢或淤浅。北宋元丰四年（1081）四月，黄河在小吴埽决口，自澶州注入御河，恩州（治今清河）危急。洪水冲开临清徐曲及恩州赵村坝子两处决口，共同注入冀州（今冀州）城东。随后至乾宁军分入宋辽之间的塘泊，自界河入海。① 元符二年（1099），黄河再次北决。② 自黄河北流，御河多次被上涨的河水冲决或淹没。崇宁元年（1102）冬御河水枯竭，开临清县坝子口，修筑御河西堤并增高三尺，在河堤之上设置若干斗门，把大名、恩州、冀州、沧州、永静军等处的积水引入御河接济漕运。二年（1103）秋，黄河涨水冲入御河，洪水淹没大名府馆陶县的庐舍。朝廷用民夫七千、计工二十一万再修西堤，历时三月完工，一旦涨水即再次被毁坏。政和五年（1115）初，下诏在恩州之北增修御河东堤，又从京西路借来河夫千人参与该工程。③

元代至元六年（1269）十二月，献、莫、清、沧诸州大水④。七年（1270）三月，御河在武清县泛滥，疏浚河道动用劳力一千，历时八十天完工。⑤ 二十七年（1290）七月，魏县御河决溢，淹没田地五千八百余亩。⑥ 至大元年（1308）五月，御河决会川县（今青县）孙家口岸二十余步，南流淹没屯田。朝廷移文河间路、武清县、清州，从各处多发丁夫修治河道。⑦

《明实录》等文献提供了关于明代运河两岸发生水灾的丰富记录，永乐年间运河是从南方输送大量木材、砖瓦等营建北京的重要通道，但在此

① 《宋史》卷九十二《河渠志二》，第 2286 页。
② 《宋史》卷九十三《河渠志三》，第 2309 页。
③ 《宋史》卷九十五《河渠志五》，第 2357~2358 页。
④ 《元史》卷五十《五行志一》，第 1051 页。
⑤ 《元史》卷六十四《河渠志一》，第 1600 页。
⑥ 《元史》卷十六《世祖本纪十三》，第 339 页。
⑦ 《元史》卷六十四《河渠志一》，第 1600 页。

期间除了大雨成灾之外，运河决溢的记录并不少见。永乐五年（1407）三月，东昌府奏报，"卫河堤岸自临清至渡口驲，溃决凡七处"，朝廷"命工部遣官修筑"。① 九年（1411）八月朱敏奏报，"大名等府漳、卫二水决堤岸，淹田禾，请发民修筑"。② 十年（1412）十一月杨砥奏报，"吴桥、东光、兴济、交河诸县及天津等卫屯田，雨水决堤伤稼"。河间府献县奏报，"夏雨霖淫，西山暴水，冲决真定之饶阳、武强、恭俭（所在之今地待考）等处堤岸，淹没田庐，乞集夫修筑"。③ 这些筑堤堵口的请求，都得到了朝廷批准实施。同年十二月保定府安州（至今安新县安州镇）奏报，"大雨决直亭等河口八十九处，计用六千三百人修筑，一月可完"。鉴于此时天气寒冷，皇帝批复待到春暖再修筑。④ 永乐十一年（1413）正月，顺天府保定县（治今文安县新镇）奏报，"去年秋淫雨决河岸五十四处，接文安、大成二县之界。乞以三县民协力修筑，从之"。⑤ 安州、保定县等处，是海河上游诸水自太行山东麓经大清河、白洋淀等河湖进入海河的关键节点与险工所在，对北运河的安澜具有显著影响。十二年（1414）九月，顺天府武清县奏报，"河决洒儿渡口六百五十余丈"，朝廷"命工部遣官备筑"。⑥ 这里的"洒儿渡"，即河西务城东的"奭儿渡"，是北运河著名的险要地段。十三年（1415）六月，"北京、河南、山东淫雨，河水泛溢，坏庐舍，没田稼，而东昌府临清县尤甚。民被害者九万九千二百户有奇，命户部遣官赈恤"⑦。十六年（1418）七月，先有北京工部奏报，"滹沱河决及滋、沙二河水溢，坏堤岸"，接着"修景州吴桥县刘家口堤岸"，稍后又有"大名府魏县言河决堤岸，命修筑之"。⑧ 这些地

---

① 《明太宗实录》卷六十五，永乐五年三月庚午。
② 《明太宗实录》卷一百一十八，永乐九年八月甲寅。
③ 《明太宗实录》卷一百三十四，永乐十年十一月戊戌。
④ 《明太宗实录》卷一百三十五，永乐十年十二月癸亥。
⑤ 《明太宗实录》卷一百三十六，永乐十一年正月庚子。
⑥ 《明太宗实录》卷一百五十五，永乐十二年九月丙子。
⑦ 《明太宗实录》卷一百六十五，永乐十三年六月乙未。
⑧ 《明太宗实录》卷二百二，永乐十六年七月丙辰、辛酉、乙丑。

方或为南运河上游河道，或为南运河的河段之一，与漕运关系密切。

再以此后诸朝的情况为例。成化六年（1470）水灾，工部奏报"通州至武清县蔡家口河口并堤岸，被水冲开一十九处"。朝廷命侍郎李颙负责，"兵民并工修筑，以便漕运"。① 在永乐年间平江伯陈瑄经略运粮河道七十余年后，成化七年（1471）得到奏报："近年以来，河道旧规日已废弛，滩沙壅塞，不加挑浚；泉源漫伏，不加搜涤；湖泊占为田园，铺舍废为荒落。人夫虚设，树井皆枯；运船遇浅，动经旬日；转雇盘剥，财殚力耗。及至通州，雨水淫潦，儳车费多，出息称贷，劳苦万状，皆以河道阻碍所致。因循既久，日坏一日，殊非经国利便。"② 这里既有地形、气象与河流等自然地理因素的作用，更有河道管理政策及其实施的失误。

在这之后，朝廷设置专职官员，负责通州至仪真之间的运道修治事宜，恢复陈瑄制定的旧规，往来巡视，修理闸坝，疏浚河道泉源。成化十八年（1482）八月久雨，"卫、漳、滹沱等河涨溢，运河口岸多决，自清平县至天津卫凡八十六处，大蒙等村屯凡九处"。③ 弘治十六年（1503）正月，工部管理河道郎中商良辅"以直隶河间、天津等处堤岸被水冲决者凡一百四十一处，长七千九百八十余丈"，奏请朝廷拨给民夫，并把河间府上年征收的抵充木桩与杂草等防汛材料的"折色银"，变为购买堵塞决口物料的费用，此议得到朝廷批准。④ 同年八月，"修通州仪真一带河道"。⑤ 嘉靖元年（1522）二月，兵部答复管河郎中毕济时的奏疏时指出："临清以北，沿河所属，半为屯军。今军屯之地，铺舍尽毁，官柳尽伐，堤岸不修，河洪不浚，军民船泊，盗劫为常。皆为武职廉勤者少，而抚按又委以别差。军士缺伍者多，而壮丁率编以它役，遂视河道为泛常耳。"⑥ 这里提到的情形，与成化七年（1471）官员奏报的南北运河的弊端基本

---

① 《明宪宗实录》卷八十一，成化六年七月壬寅。
② 《明宪宗实录》卷九十七，成化七年十月乙亥。
③ 《明宪宗实录》卷二百三十，成化十八年八月己亥。
④ 《明孝宗实录》卷一百九十五，弘治十六年正月戊寅。
⑤ 《明孝宗实录》卷二百二，弘治十六年八月辛酉。
⑥ 《明世宗实录》卷十一，嘉靖元年二月己亥。

相同，可见运河及漕运的管理重心应是制度的实施，而制度失当与人的腐败无疑加重了运河两岸地理环境的恶化。

第五节　疏淤筑堤造成的社会负担

运河的开凿固然需要占用大量土地、消耗大量人力物力，建成之后的维护更是一个持续不断的巨大工程。运河对河道水源的要求很高，水流过大过急容易引发决堤，水流太小则造成泥沙淤积使漕船遇阻或搁浅，筑造堤防、清淤除沙、堵塞决口等尤为繁重。完成这些任务是保障国家漕运的基本条件，由此带来的社会负担也相当沉重。就整个大运河系统而言，南运河与北运河连同元代整修的通惠河，只是其中所占比例不大的一部分，元明清时期运河防御与整修的重点是通惠河以南的部分，明清建立和巩固了河道岁修制度以后尤其是这样。诸如此类的事例不胜枚举，这里仅举京津冀地区之内南运河、北运河、通惠河的若干例证稍做说明。

一　南运河两岸的水灾与筑堤疏浚

在临清流向天津的南运河范围内，金末海河平原屡遭战火，南运河即御河（卫河）失修。自清州（今青县）向南至景州（今景县），决口三十余处，淤塞十五里。蒙古窝阔台五年（1233）"朝廷役夫四千，修筑浚涤，乃复行舟"。至大元年（1308）五月，水决会川县（今青县）孙家口岸二十余步，淹没屯田，"枢密院橛河间路、左翊屯田万户府，差军并工筑塞"。①

明代多次疏浚运河，南运河与北运河虽不是重点，但也有所涉及。运河自临清以北至天津皆称卫河或御河，"其河流浊势盛，运道得之，始无浅涩虞。然自德州下渐与海近，卑窄易冲溃"。英宗正统四年（1439），

---

① 《元史》卷六十四《河渠志一》，第 1600 页。

筑青县卫河堤岸。[①] 代宗景泰元年（1450）十二月工部奏："近闻通州抵徐州运河一带，皆淤塞不通。不预疏浚，恐妨漕运。"皇帝诏令"不必遣大臣，其令都察院择御史廉能者一人往理之"[②]。英宗天顺三年（1459）四月工部奏："国家大计，莫先于粮运。今闻自通州以南直抵扬州，河道胶浅，粮运艰行。宜驰文于管河道军民官，令量起附近卫所府州县军民，设法疏浚。其水塘泉源，亦须疏通，以济运河。"这项建议被朝廷"从之"。[③] 水路漫长的漕运要付出多方面的代价，只有这样才能支撑每年大约四百万石的运量。正如天启六年（1626）六月河道总督李从心所奏，漕运各段所依赖的水源条件，"在邳（今江苏邳州）以南，则资淮、黄二水。在临清以北，则资漳、卫、洹、淇、滏阳诸水。在直口（直河口，古邳镇东南六十里）至临清，延袤八百余里，则资汶、泗、洸、沂。挟各州县诸泉水灌济，以达京通，关系最重"。[④]

至于漕运所需的人力与财力，李从心在经过江苏宿迁县时，听到运河分司与府州县官的报告："连年运船到此，一船挽拽，夫以百计；一夫工食，动以数钱。穷旗典鬻，以偿官夫。"沿途需要的纤夫数量众多、花费巨大，通常需雇夫百余人为一船拉纤。如果雇用纤夫的费用出现短缺，最后只能迫使漕运兵丁出卖或典当财产来补足。行船过程也往往充满危险，"人力与水势争衡，篙缆中断，前船横下，后船互相磕撞。官储民命，须臾归之逝波。风激浪高，竟日不能移一舟。前阻后压，千艘俱皆等待。"计划另挑一河以改变这种混乱，则需从附近州县征用数千民夫持续施工较长时间，筑堤浚河的工程量相当可观。[⑤] 此事虽然发生在江苏等地，但整条运河在漕运过程中遇到的问题大略如此，弯曲众多的南运河也与此相近，这都是漕运必须付出的社会代价。

　① 《明史》卷八十七《河渠志五》，第2128、2129页。
　② 《明英宗实录》卷一百九十九，景泰元年十二月丁酉。
　③ 《明英宗实录》卷三百二，天顺三年四月辛巳。
　④ 《明熹宗实录》卷七十二，天启六年六月乙亥。
　⑤ 《明熹宗实录》卷七十二，天启六年六月乙亥。

二 元明对北运河的防洪与河道疏浚

元明时期关于整修北运河的活动较多，从中可以看到，保持运河正常运行所需要的社会支撑是何等庞杂。从元世祖忽必烈至元年间开始，数次修治武清至通州的漕渠，其间的河西务与潞州是最突出的险工地段。至元十三年（1276）八月，修造武清县蒙村漕渠。[1] 蒙村位于河西务以南二十余里。十六年（1279）六月，通州水路淤浅，行舟艰难，枢密院发军五千，食禄诸官雇用民夫千人，历时五十日予以疏浚。[2] 十七年（1280）二月，发侍卫军三千，疏浚通州运粮河。[3] 二十二年（1285）正月，发五卫军及新附军疏浚蒙村漕渠"；二月，将本应轮流值守的五卫军留下，继续修造河西务河。[4] 二十四年（1287）正月，以修筑柳林河堤南军三千，疏浚河西务漕渠。[5] 二十六年（1289）五月，发武卫亲军千人，疏浚河西务至通州漕渠。[6]

元仁宗延祐二年（1315）正月，发军卒疏浚潞州（治今通州潞县）漕河。[7] 六年（1319）十月，鉴于直沽以北"岸崩泥浅，不早疏浚，有碍舟行，必致物价翔涌"，都水监派员随时巡视，"遇有颓圮浅涩，随宜修筑"[8]。英宗至治元年（1321）四月至五月，小直沽叉河被潮汐淤泥壅积七十余处，漕运不能通行，募集民夫三千修治。泰定帝泰定元年（1324）二月，差军士三百，修理至治元年（1321）被大雨冲坏的运河堤岸。三年（1326）三月都水监奏报，河西务菜市湾水势浩大，冲蚀沿岸囤积漕粮的仓廒，请求在河东岸筑堤改河，下接旧河，减缓水势，以免后患。四

---

① 《元史》卷九《世祖本纪六》，第 184 页。
② 《元史》卷十《世祖本纪七》，第 213 页。
③ 《元史》卷十一《世祖本纪八》，第 222 页。
④ 《元史》卷十三《世祖本纪十》，第 271、273~274 页。
⑤ 《元史》卷十三《世祖本纪十》，第 271、273~274 页。
⑥ 《元史》卷十五《世祖本纪十二》，第 322 页。
⑦ 《元史》卷二十五《仁宗本纪二》，第 567~568 页。
⑧ 《元史》卷六十四《河渠志一》，第 1598 页。

年（1327）此事连同其他河工要务得以落实，正月发丁夫三万疏浚会通河，修筑潞州护仓堤防；三月至六月发军士五千、募集民夫五千，改造河西务靠近漕运仓库的河道。致和元年（1328）六月，为了修治河西务一带的崩塌河岸与旧堤、展宽新河口东岸，用工合计五万九千九百三十七个，动用军士三千人、木匠十人。明宗天历二年（1329）四月，疏浚潞州运河；同时发军七千复开河西务旧河，冬寒暂停后，三年（1330）又募集民夫三千修治旧河道。文宗至顺元年（1330）六月，白河大水冲坏护仓堤防，① 七月调诸卫军卒修筑潞州柳林海子堤堰。② 惠宗至正十年（1350）九月，令枢密院发军士五百修筑白河堤。十一年（1351）六月，发军士一千疏浚直沽至通州的河道。③ 是年，崔敬任大都路总管府同知，"直沽河淤数年，中书省委敬浚治之，给钞数万锭，募工万人，不三月告成，咸服其能"，④ 这与六月疏浚直沽至通州的运河可能是同一项工程。

明代对于北运河决溢和修堤的记载甚多，这段运河还有潞河、白河、通济河之名。永乐二十一年（1423）筑通州至直沽的河岸，有冲决者随时修筑。杨村以北，河床比降较大，水势迅猛，河底多有淤沙。冬春缺水导致漕船难行，夏秋水涨则担忧洪涝，冲溃徙改与黄河类似。武清与通州之间的奚儿渡，是北运河最为紧要的险工地段。自永乐至成化初年八次决口，每次决口后都征发民夫筑堤。正统元年（1436）决口，为害尤为严重，次年正月"敕五军各营发军一万、工部发畿内夫一万，往筑之"。⑤ 在总共动员了六万军民堵修决口的同时，为泄其水势，"又命武进伯朱冕、尚书吴中役五万人，去河西务二十里凿河一道，导白水入其中"，赐名通济河。"堵"与"疏"的结合颇有成效，但北运河此后仍旧决岸数次又再加修筑。成化六年（1470）七月，通州至武清县蔡家口，堤岸被水

① 《元史》卷六十四《河渠志一》，第1598～1599页。
② 《元史》卷三十四《文宗本纪三》，第760页。
③ 《元史》卷四十二《顺帝本纪五》，第889、891页。
④ 《元史》卷一百八十四《崔敬传》，第4243页。
⑤ 《明英宗实录》卷二十六，正统二年正月癸酉。

冲开十九处，命侍郎李颙主持征集兵民修筑，以便漕运。[1] 万历三十一年（1603）根据工部建议，疏浚通州至天津的白河，深四尺五寸，挑河的沙土随即加培两岸河堤，并且形成了相对固定的制度。[2]

三 元代通惠河的开辟与元明两朝的维护

元至元二十九年（1292）春至三十年（1293）秋，郭守敬主持了沿着金代闸河旧迹开辟通惠河的工程。这是距离大都最近的运河河段，"凡役军一万九千一百二十九，工匠五百四十二，水手三百一十九，没官囚隶百七十二，计二百八十五万工，用楮币百五十二万锭，粮三万八千七百石，木石等物称是"。[3] 《元史》又称世祖至元二十九年（1292）八月"用郭守敬言，浚通州至大都漕河十有四，役军匠二万人，又凿六渠灌昌平诸水"。[4] 这是对通惠河建设工程的约略言之，表明全线分为十四段进行施工，上游有六条主要沟渠收集昌平一带的山间水流，使其汇入白浮瓮山河。

元成宗大德七年（1303）六月，连日大雨导致山水暴涨、漫流堤上，冲决白浮瓮山河的水口，都水监委官督军夫九百九十三人，在九月下旬完成堵口整治任务。十一年（1307）三月都水监发现，白浮瓮山河堤崩坏三十余里。四月至十月，在十一处水口编荆笆以泄水势。仁宗皇庆二年（1313）二月至八月，修治白浮瓮山河堤低薄崩陷处，总长三十七里二百十五步，合计用工七万三千七百七十三个。延祐元年（1314）四月，白浮瓮山河至广源闸一线的运河水源通道被淤淀浅塞，于是差军卒千人疏治。泰定帝泰定四年（1327）八月，山水泛溢冲坏瓮山一带多处坝口并浸没民田，随即派军夫二千名、用工九万个，历时四十五日完成整治。[5]

---

[1] 《明宪宗实录》卷八十一，成化六年七月壬寅。
[2] 《明史》卷八十六《河渠志四》，第 2109～2110 页。
[3] 《元史》卷六十四《河渠志一》，第 1589 页。
[4] 《元史》卷十七《世祖本纪十四》，第 365 页。
[5] 《元史》卷六十四《河渠志一》，第 1594 页。

本月另发卫军八千，修白浮瓮山河堤。① 顺帝至正十四年（1354）四月，命各卫军人修白浮瓮山等处堤堰。②

明代对通惠河的治理，也曾有过较大成就。洪武年间，通惠河渐废。永乐五年（1407），自西湖景（瓮山泊）东至通流闸河道淤塞。虽稍做整治，但不久水闸俱堙，不复通舟。成化年间，旧通惠河石闸尚存，深二尺许，如能修闸潴水，尚可用小舟剥运。但明代通惠河已入皇城，故道不可复行。白浮瓮山河经行之处又恐妨碍皇陵地脉，运河水源亦成问题。正待发军夫九万修浚西湖水源，却因发生灾异而中止。成化十一年（1475）敕令平江伯陈锐等督率漕卒疏浚通惠河，十二年（1476）六月竣工，大通桥至张家湾六十余里漕舟渐通，但水源远不如元代充足，河道用了不到两年就涩滞如旧。正德二年（1507）曾疏浚河道，加修大通桥至通州的闸坝。嘉靖六年（1527），按照御史吴仲的建议，排除权势者的阻挠，修复通惠河以节省漕运费用。七年（1528）六月竣工，吴仲提出五条建议："大通桥至通州石坝，地势高四丈，流沙易淤，宜时加浚治。管河主事宜专委任，毋令兼他务。官吏、闸夫以罢运裁减，宜复旧额。庆丰上闸、平津中闸今已不用，宜改建通州西水关外。剥船造费及递岁修艌，俱宜酌处。"这些建议都被朝廷采纳，数年后吴仲编纂《通惠河志》进呈。经过此次整治，直到明末，运河漕船可以直达大通桥下。③

四 清代对南北运河的维护治理

清代沿袭了明代的运河格局，理顺与黄河、淮河的关系仍然是保障漕运的关键，远离这个核心区域的南北运河及其水源系统与明代无异，在该河段实施的重要工程也相对较少。

顺治九年（1652），南运河上源之一漳水从丘县北流，迳青县入海。至十七年（1660）春夏之交，卫水（南运河）漕船难行，于是把漳河用

① 《元史》卷三十《泰定帝本纪二》，第 681 页。
② 《元史》卷四十三《顺帝本纪六》，第 915 页。
③ 《明史》卷八十六《河渠志四》，第 2110～2112 页。

于民田灌溉的水源阻截，使之入卫河济运。历史上卫河水量比较微弱，常常需要依靠漳水在馆陶县分流补充。明代隆庆、万历年间漳水北徙入滏阳河，在馆陶分出的济运之水流遂告断绝。到康熙三十六年（1697）忽然恢复旧时格局，漳水仍由馆陶分流入卫济运。四十七年（1708），漳水更是全部流入馆陶，与卫水合流后导致水势悍急，下游的山东恩县、德州首当其冲，于是在德州哨马营、恩县四女寺修建堤坝、开辟支河以杀其水势。乾隆二年（1737）朝臣建言，卫水兼有济运与灌田的双重用途，请朝廷详查地势，尽量使得漕运无阻而民田亦资灌溉。二十四年（1759），鉴于此前运河水涨漫溢德州等处，景州一带运河淤阻，因此利用黄河故道分泄水势，同时把四女寺、哨马营两条支河的狭窄处展宽，以免下游的德州等处被冲溢。嘉庆二十年（1815），南运河又面临漕运与灌溉如何兼顾的矛盾，朝廷采纳了河督文冲等人的主张："卫河需水之际，正民田待溉之时。民以食为天，断不能视田禾之枯槁置之不问。嗣后如雨泽愆期，卫河微弱，船行稍迟，毋庸变通旧章。倘天时亢旱，粮船阻滞日久，是漕运尤重于民田，应暂闭民渠民闸，以利漕运。"①

康熙三十二年（1693），北运河在通州李家口等五口、天津耍儿渡等八口发生决溢。四十三年（1704），修建杨村减坝以分运河水势。乾隆二年（1737），通州至天津运河多处淤浅，漕船不便，遂增置官员各负其责，包括驻张家湾专司疏浚的漕运通判等。朝廷采用鄂尔泰的建议，在独流镇东岸建立滚坝，开引河将夏季洪水引入塘洼，以此消除静海县被淹的威胁，减轻天津三汊口众水争流之势。嘉庆十三年（1808），通州大水，康家沟坝冲决成河，张家湾河道被淤阻，只得暂由康家沟充当漕船通道。光绪八年（1882）伏秋大汛，张家湾运河自苏庄（潞县北五里）至姚辛庄（张家湾东南十二里）冲开一段长七百余丈的新河，上下口均与旧河相接，大溜循之而下。旧河上口至下口长六千四百余丈，由此断流。十二年（1886），潮白河在平家疃（通州东北二十六里潮白河故道东侧）漫

---

① 《清史稿》卷一百二十七《河渠志二》，第3770~3788页。

口，东趋流入箭杆河，不久堵口恢复运河故道。十三年（1887）六月，潮白河冲破平家疃附近的北市庄（今平家疃南十里北寺庄）东小堤，并与老堤被冲塌的一百数十丈连成一个决口，袭夺主溜的十分之八向东流去，不久亦被堵塞。同年，黄河在郑州决口，山东境内的黄河断流，漕船不能南下，借黄济运变得束手无策，大运河的漕运使命迅速走向衰落与完结。[①]

第六节 明清运河沿途州县的河工劳役

正史与明清实录记载的都是国家实施的大型工程，对于运河沿线每个地方承担的河工以及其他劳役，地方志与笔记等文献做了更加具体的描述。以北运河沿线的通州、潞县与南运河沿岸的青县、吴桥、故城为例，亦可见其社会负担之沉重。

一 通州浅铺与剥船的设置

在明代的漕运枢纽通州境内，运河沿岸在河道善于出现泥沙淤积之处设置浅铺，负责随时挑浚淤浅的河道，指引漕船可以行走的路线。这样的浅铺分为军人值守的军浅与百姓值守的民浅，军浅由驻扎地方的通州左卫等四卫派出军夫，每个浅铺十人；民浅由通州官府安排民夫，每个浅铺也是十人。军浅包括：东关苇子厂浅、赵八庙浅、花板石厂浅、供给店浅、白阜圈浅、白阜圈下浅。民浅包括：荆林浅、南营浅、卢家林浅、里二寺浅、王家浅、马房浅、杨家浅、和合驿浅、萧家林上浅、萧家林下浅。此外，还有潞县管辖的长陵营浅、老河岸浅、马头店浅。

通州东城角的土坝是通仓粮米装载的起点，设置剥船150只、船户150名；与通惠河相接的石坝，设置剥船180只、船户180名。漕粮上岸后有车户150名，自土坝开始运粮到通州城内各仓。通惠河自石坝通流闸

---

① 《清史稿》卷一百二十七《河渠志二》，第3775～3792页。

至大通桥之间，每闸设置剥船 60 只、经纪 60 名。普济闸、平津上下闸、庆丰上下闸 5 座船闸，共计剥船 300 只、经纪 300 名，每名经纪负责看管修理一只剥船。过闸时搬扛漕粮的水脚夫，5 座水闸，每闸 17 名，石坝设有 36 名，共 121 名。[①] 这只是通州一地为漕运服务的法定常设人员，为维护运河付出劳役的百姓当然更多。

通州以南的漷县，历来是漕运的险要地段。明万历年间的蒋一葵，对此地深受运河影响的自然环境与社会问题做了简要记载："漷滨运河，地半沙碱，收获极薄。间有膏沃之地，多系皇亲、驸马庄田。正德间又被权贵侵占数多，小民因地窄差烦，逃窜流亡，不复归业。狡猾者投补力士、将军、旗校、军匠，不惟自避差役，抑且赡免户丁，以致民日益贫，差日益重。"嘉靖之前吟咏漷县的诗称："孤城斗大古荒台，墙堞齐腰土雾埋。全里地无方寸业，一人身占两三差。"[②] 由此观之，漷县的地理条件恶劣、社会疲惫不堪，并非一朝一夕之故。

二　故城一带的卫河堤工及其利弊

北运河从北向南流，南运河则从南流向北。在今天的京津冀地区范围内，南运河由临清北流至德州河段，故城县的郑家口是一个重要节点。自元代置县以迄明清及民国大部分时期，故城县治一直在故城镇，1945 年才移到西偏南二十八里的今县治郑家口。在故城县周围的今河北、山东交界地区，历史上的若干州县经历了名称改易、治所迁移以及所属省份调整的复杂过程。故城东邻的恩州，明洪武二年（1369）降为恩县，治所在今山东武城县武城镇；七年（1374）移治许官店，即今山东平原县恩城镇。1956 年以后恩县撤销，其行政区域分别划入平原、夏津、武城三县。明清时期的故城县，东与武城、恩县交界，南运河（卫河）的堤工因此也同为一体。

---

① 嘉靖《通州志略》卷三《漕运志》。
② 蒋一葵：《长安客话》卷六《畿辅杂记》，第 135 页。

清康熙五十四年（1715）议定，鉴于卫水的水流较弱，遂在馆陶县筑堤，逼迫整个漳水入卫济运。这样，夏秋之交，来自山西、河南的漳水、沁水注入卫水的水源很旺，运河却没有水闸拦蓄，奔流下注，消长不定。卫水的堤岸历来是民修，缺乏保障。每逢河水盛涨，大水冲击河堤，险工迭出。故城一带地势南高北低，一经出险，下游村庄就会被冲毁。因此，即使是四五十里外的景县民众，听闻险情也会立即前来协力堵截。乾隆初年奏请，在高阜处筑遥堤以防暴涨，洼下处建月堤以备放淤，以此保障河水不至旁泄，也避免民田被水冲毁。故城县与恩县的堤工连成一体，自果子口起至白马庙止，是故城县承担的长十六里八十步的堤工；从白马庙至于家口，是恩县承担的长十五里四十丈的堤工；自于家口至孟家湾，又是故城县的堤工，长六里八十丈。道光十五年（1835）立有界牌，各负其责。① 实际上，运河堤防显然是一个完整的系统，各地几乎没有独善其身的可能，故城与恩县、武城等邻县的关系就是如此。

尽管如此，由于各县所处的地理位置以及地势决定的水文环境不同，现实中的人们对待筑堤防洪的态度也有所差异。武城知县徐宗干，"道光二三年卫河漫口，竭赀助工，清贫之况有寒士所弗堪者"。② 他对运河堤工的利弊具有深刻的认识：

> 运河堤埝废弛已久，地方官复以民堰不同官堤，并无保固年限。即奉文劝修，不过稍稍培补。粮船往来，犁沟怏眼，所在皆有，不能随时填垫，雨潦冲刷，日久益深。更有沿河居民开挖坑井，以水灌园。即欲查禁，咸称不便。未雨兴工，得土较易。民情大半畏难，传呼太急，赇差即免。及伏秋盛涨，附近村庄，日夜防守；而去堤遥远之民，各分畛域，袖手旁观。且本境堤堰决口，本境之被害浅，而下流邻境之被害深；本境受本境之水害浅，而本境受上流之水害深。以

---

① 　光绪《续修故城县志》卷二《河防》。

② 　萨承钰：《山东临清直隶州武城县乡土志略》之《政绩录》，清抄本。

是本境居民视堤埝为无碍，而隔境之民难以易地相劝，甚有私行刨毁以邻为壑者。[①]

这里指出的问题当然并非武城、故城、恩县一带才有，而是运河沿线普遍存在的社会思想与官私行动。故城县遭遇水患的记录，道光之前的情形因"案卷霉失"而无考，道光三年（1823），河水自山东临清无量社尖冢漫溢，淹及故城县所属村庄。其中 109 个成灾，未成灾的只有 19 个。二十三年（1843）七月十六日，郑家口北大王庙漫口。同年，郑家口南茶庵前至徐家庄一带修龙尾埽，全长 195 丈，工程都由民修。二十六年（1846）六月初十，郑家口南头徐家庄漫口。二十八年（1848）八月初六，恩县王庄开口，由故城县与恩县先后负责部分堵口工程。[②] 自咸丰年间漕运暂停至光绪年间，虽无冲决之患，河工却也日渐懈怠。河身渐高而堤身日低，自然增加了防洪的压力。

三　吴桥县内的浅铺与水灾

南运河过山东德州向北，即进入吴桥县内。明代吴桥辖境的运河共有十处浅铺，设在连窝镇、小马营、铁河圈、降民屯、罗家口、白草洼、高家圈、朱官屯、郭家圈、王家浅。卫河作为漕渠深受国家重视，滨河州县都抽调河道附近的百姓充当浅铺的浅夫，以备应付疏浚河道、修筑河堤等劳役。每个浅铺负责的地段都有明确界线，各自根据本地需要加以布置，每铺设浅夫多者常达到一百人，少的也有三四十人。

清初沿用明代制度，康熙年间把浅夫数额减少一半，乾隆元年（1736）裁汰浅夫而改设河兵。乾隆八年（1743），吴桥县城（今吴桥县治以东二十二里吴桥镇）西南三十里的白草洼地段划归山东德州。嗣后，运河的制度与名称也有所变化，到光绪年间，沿河的连窝镇、南三里浅、

①　光绪《续修故城县志》卷二《河防》。
②　光绪《续修故城县志》卷二《河防》。

郭家圈、王家浅、徐家口、苏家场南，都有易被淤浅的地段。沿着河堤的降民屯、关帝庙、苏家场、安陵、范家庄、白衣庙、十五里口、郭家堤、胡家圈、三里浅、小辛庄、张家圈、王家浅，都有需重点防御的险段。按照以往的制度，守卫者从官府领取帑银，负责每年的日常维修。沿河的村庄免除部分劳役，遇到大汛就派出民夫，帮助他们一同排除淤浅与抢护河堤。①

即使这样，河堤决口造成的洪涝灾害并不鲜见。例如，《清实录》记载，乾隆二十六年（1761）八月，方观承等奏报："德州运河漫溢，致景州一带大路水深数尺"；"德州迤北草坝运河漫溢，村庄间被淹浸"。② 九月，观音保奏："景州北界，水势汪洋，平地深一二三尺至丈余不等。……漫水自德州而下，经由三百余里，至天津、青县，方可泄入运河。"③ 吴桥正处于德州之北、景州之东的下游低洼区域，决溢发生后首当其冲，县志称是年"德州河决，入钩盘，沿堤危甚。沟店铺堤决，灌城东北数十村"；此后的道光元年（1821）正月，"钩盘河决，水及城下"，④ 洪水成灾的范围都比较大。沟店铺在今吴桥正东与山东省宁津县交界处、漳卫新河西岸。

钩盘河是卫水在吴桥县境内的支流，起自吴桥县城（今吴桥县治以东二十二里吴桥镇）西南与德州交界处，向东北与老黄河相汇，进入宁津境内，延袤三十五里，其流路可能与今吴桥县南部的岔河差相仿佛。钩盘河是著名的古河流，历史上经常充当泄洪之道。康熙时人赵如升《钩盘行》描述说，他跟随当地人来到吴桥县城（今吴桥镇）南门外，看到的景象与方志所载河水汹涌的场面大相径庭："登临望去塞黄尘，舳舻寂寂岂长津？一片荒凉如陆海，青茅白苇舞蛟麟。曾闻大地皆含水，岂同青济伏不起？又闻浊流无定形，百万金堤终日徙。"诗人正在怀疑前人记载

---

① 　光绪《吴桥县志》卷一《舆地志·河渠》。
② 　《清高宗实录》卷六百四十三，乾隆二十六年八月庚寅。
③ 　《清高宗实录》卷六百四十四，乾隆二十六年九月丁酉。
④ 　光绪《吴桥县志》卷十《杂记志·灾祥》。

不确、冥思感叹旧时洪涛翻滚的场景，"野人谓余且莫惜，岁岁吾乡水为厄。此间汪洋水百尺，犹恐终为蛟龙宅"。[1] 光绪年间的《吴桥县志》也说钩盘河"今涸"，[2] 足见这条河流有明显的季节性，旱季与平陆无异，雨季作为排水通道却不免决溢之虞，因此也就加重了百姓保家防洪的负担。诗人在追思古时的河流遗迹与历史场面，"野人"在担忧本地年年遭受的洪水危害，不同社会身份的人看待同一事物的视角差异就是如此分明。

四　青县筑堤清淤与防洪的沉重劳役

青县是南运河（卫河、御河）北端的重要节点，众水所汇区域必是低洼沮洳之地，明代"青县草场系洼地，例不征粮"，嘉靖年间勋戚招民自种，官府也并不正式征税。万历九年（1581）清丈土地后，"虽存带征之虚名，终无输纳之实效。徒使官被参罚，民益逃亡，地亦荒弃耳"。户部左侍郎李汝华因此提出："今青县草场地洼碱潴水，十难一获，岂堪与膏壤同则？徒使岁有起课之期，官无征完之日。甚至民困粮重而皮骨尽空，官因积逋而参罚无已。穷其将来，必致民尽逃、地尽荒，并纤须之赋亦归乌有矣。"[3] 在这样的经济环境下，筑堤清淤与守堤防洪等沉重的劳役，进一步加重了运河沿线百姓的负担。

万历年间知县潘臻的长诗《秋水篇》，生动地描述了青县境内的典型情境，其诗云：

> 芦台七月足秋水，一望苍茫烟波里。卫河北来势欲吞，滹沱东下疾如矢。汪洋千顷静不风，瞬息惊涛百丈起。渔人不敢试舟航，千夫万夫立水涘。皇皇蚁穴忧其崩，高岸重堤未足恃。嗟我无能分民忧，几回欲与河伯死。却意河伯岂无灵，杀时犉牡修禋祀。侵晚水势若为

---

[1]　光绪《吴桥县志》卷十二《艺文录下》。

[2]　光绪《吴桥县志》卷一《舆地志·河渠》。

[3]　民国《青县志》卷十五《故实志六·志余篇》。

消，我士我民沾沾喜。

忆昔当初二月春，土功百里若云屯。畚锸仓皇农务废，移家仍复住河滨。堤筑何止千万丈，胼胝何止数十旬？富人仆赁或奢矣，伤哉零丁此孤贫。籴得城中数升米，幼妇稚儿共采薪。糟糠不厌强赴役，稍息犹恐督吏嗔。对吏谁言此哀苦，背时疾首更眉颦。五月六月工方歇，遥看四面堤嶙峋。准拟中流今砥柱，何来大水复漫沦。以我修兮以我守，胡为频频苦我民。

嗟此小邑屡荒旱，更有冠盖如飞翰。同行奔走子无遗，况复迢迢一河岸。至如僻地客少过，小民从容里田畔。卒岁不闻力役征，生平不识水澜漫。祁寒暑雨仍咨嗟，起向官府作长叹。我民何独生水乡，行役修堤曾不惮。数十年来此邑疲，里闾萧条牛逃窜。有如偏累苦不休，谁不星星各解散。

呜呼！天地生人各一方，不须冲疲苦较量。我闻卫河东岸去，下海曾不百里强。水没田舍固难当，水归大海亦其常。安得排决令东注，年年不复此堤防。[①]

上面按照韵脚的转换，把这首长诗分为四小节。首节描述青县众水奔流的地理形势，重在反映水文环境之凶险。卫河与滹沱河汇聚，造成水流湍急、波浪排空的一片汪洋。即使有层层坚固的堤防也难以高枕无忧，"千里之堤毁于蚁穴"的危险依然存在。作者无力替民分忧，唯有祈求河伯有灵削减水势，不辜负人们对它的祭祀。𬴂牡，指祭祀时宰杀的黑唇黄牛或七尺之牛。次节表现百姓修堤的艰难困苦，反映维护运河的社会代价。早春二月，无数民工聚集在长达百里的工地上。他们被迫荒废农田春耕，带着锹镐抬筐，把家安在河边，从事修筑堤防的劳役。民工付出不止数十天劳作，手足磨出老茧，筑成了不止千万丈的河堤。官员与富人自有其乐，孤苦伶仃的穷人不仅要为柴米发愁，还要强撑着到工地服劳役，稍

[①] 民国《青县志》卷十五《故实志六·志余篇》。

有懈怠就会遭到监工训斥，对此却敢怒而不敢言。从二月到五六月好不容易完工，本来期望河堤抵挡洪水，不料水来又被冲塌，明年开春又要继续修堤服役。第三节概叹小城官员迎来送往的劳苦，接连不断的行役修堤搞得境内萧条冷落，数十年间百姓疲敝不堪。最后一节，希望河水能够顺其本性流归大海，不要让百姓年年为修堤而遭受劳苦。诗歌固然难免文学性的夸张，但这篇长诗的高度写实性，决定了它足以成为运河两岸社会生活的真实写照。大运河之所以能够沟通南北之间的水上联系，任何时候都离不开成千上万百姓付出的辛劳乃至生命的代价。

第九章　人水争地：浑河筑堤及移祸下游

　　永定河历史上有灅水、桑干河、卢沟、浑河等称谓，在当代被誉为"北京的母亲河"。北京在历史上长期作为国家首都，哺育这座城市的永定河随之也抬升了它的地位。永定河发源于山西，上游有若干支流源于内蒙古自治区，中下游流经河北、北京、天津三省市，不仅是流经北京市辖境的最大河流，也成为把京津冀与晋蒙连接在一起的生态环境与历史文化的纽带。永定河的洪积冲积扇为北京城的形成与发展提供了优越的地理空间，它的流转变迁更与北京城的命运休戚相关。早期的永定河水量丰沛，北京及沿岸其他城镇的发展，已经显示了一条河与一座城镇的共生关系。金代以后，永定河的水文特性发生明显变化，河水含沙量加大，水害逐渐增多，成为威胁京城安全的害河。在这样的背景下，筑堤防洪成为此后各朝治理永定河的一件大事，到清代达到了它的巅峰。康熙三十七年（1698）后构建的堤防系统，把曾在北京周边随意漫流的永定河固定下来，并使之远远地与京城隔开。但是，牢固的堤防并不能代表人类对自然的征服，由此引起的河流水文特性与两岸生态环境的一系列改变，曾经呈现或依然延续着正反两方面的环境效应。此外，永定河历来以善淤、善决著称，中下游的淤积不仅是塑造流域地貌的动力，而且是导致河流决口成灾的关键，淤积的程度也与筑堤的过程密不可分。这样，筑堤的历史和流域内的地面淤积，就成为影响永定河环境史进程的决定性因素。

第一节　永定河筑堤的历史过程

永定河上游地区属于黄土高原的东缘，土壤结构松散，易被降水冲蚀。大量泥沙被挟带入河，极易造成河床淤积与泛滥决口。但是，至少在北魏时期，这个区域生活着以游牧为主的鲜卑等少数民族，农业开垦的范围和程度都很有限，因此能够保持较好的植被。郦道元笔下的桑干河"长岸峻固"，甚至有"清泉河"的美称。① 根据历史语言学者研究，即使是永定河历史上的称谓之一、晚近用以专指北京西山以上河段的"桑干河"，地名用字中的"桑干"也只是鲜卑语的汉字记音"漯涫"的同词异写。活动在桑干河中上游流域的鲜卑族，用自己的语言为灅水上游的一条支流命名。因为这条支流由山西朔州洪涛山下的泉水汇集而成，泉水与河水清可见底，故被称为"漯涫"，意为"白河"。嗣后，"漯涫"代指它所汇入的灅水干流，并且同词异译为"桑干"。② 这样的河流命名，正是彼时以游牧为主的时期区域植被良好、河水清澈的写照。俗传以每年桑葚成熟时河水干枯得名"桑干"，则是从汉字记录的鲜卑语音出发的望文生义。随着区域游牧活动逐渐被农业垦殖代替，在长辛店以南的永定河泄洪区发现的唐代开元年间云麾将军李神德墓志，已把永定河称作"泸沟"，③ 嗣后大多固定为"卢沟"。但从总体上看，辽代之前的永定河上游植被保存尚好，河水含沙量较少，历史文献鲜见水灾记载，而且还有一定的航运之利。金代的中都成为北半个中国的首都，城市建设规模扩大与人口增多带来的木材和能源需求，使永定河上游地区的森林被大量砍伐，中下游两岸土地被连片开垦，水土流失逐渐加重。"燕人谓黑为卢"，④ 河水

---

① 郦道元：《水经注》卷十三《灅水》，上海古籍出版社，1990，第273页。
② 参见唐善纯网络博文《白河》。
③ 陈康：《新见唐代〈李神德墓志〉考释》，《出土文献研究》第九辑，中华书局，2010，第366页。
④ 周辉：《北辕录》，《国家图书馆藏古籍珍本游记丛刊》本，线装书局，2003。

颜色发黑的灅水（桑干河），由此被普遍称为"卢沟"。嗣后河流含沙量继续加大，淤塞和决溢造成的水患增多，到元明时更有"浑河"、"小黄河"或"无定河"之类更加直白的称谓。永定河冲出北京西南的石景山之后，进入坡降舒缓、土质疏松的平原区，河水"冲激震荡，迁徙弗常"，[①] 直接威胁着历史上北京城的安全。

北京上升为国家的都城，四围州县随之成为京畿重地。从政治与社会的需要着眼，确保永定河的安澜无疑是防务之要。"湮障"与"疏导"，或称"堵"与"疏"，是我国历史上自大禹以来既彼此对立又相辅相成的两大治水方略，筑堤就是"堵"的方式之一。为免除北京遭受永定河水灾的隐患，在石景山以下至卢沟桥之间的河段筑堤尤为关键。自金代开始，永定河两岸步入了大规模筑堤的时代。大定年间，卢沟河决于显通寨，其地在今石景山至卢沟桥之间，朝廷随即"诏发中都三百里内民夫塞之"。[②] 从征发民夫的范围看，为预防灾情而实施的工程已相当巨大。元代永定河的水灾日益频繁，石景山至卢沟桥段筑堤固岸的工程也不断增多。至元二十五年（1288）四月，"浑河决，发军筑堤捍之"。[③] 大德六年（1302）四月"修卢沟上流石径山河堤"[④]，石径山即石景山的异写。泰定四年（1327）三月，"浑河决，发军民万人塞之"。[⑤] 诸如此类的事件屡见于《元史》的记载。从这个时期开始，历史上的北京城与永定河的关系，已经由多方依赖转为被动防御。

明代传世文献远较前代丰富，由此记录的筑堤活动更加详尽，根本原因就在于永定河对北京及其周边地区的威胁并未减弱。永定河泛滥是北京地区的大害，自然成为地方官员的急务。浑河"下流在西山前者，泛滥害稼，畿封病之，堤防急焉"。[⑥] 不仅修堤的次数持续增加，堤防的长度

① 《明史》卷八十七《河渠志五》，第 2137 页。
② 《金史》卷二十七《河渠志·卢沟河》，第 686 页。
③ 《元史》卷十五《世祖本纪十二》，第 311 页。
④ 《元史》卷二十《成宗本纪三》，第 441 页。
⑤ 《元史》卷三十《泰定帝本纪二》，第 678 页。
⑥ 《明史》卷八十七《河渠志五》，第 2137 页。

从卢沟桥向下游两岸延伸，工程的规格也达到了前所未有的程度。太祖洪武十六年（1383），"浚桑干河，自固安至高家庄八十里，霸州西支河二十里，南支河三十五里"。① 这是河道清淤与培固河堤同时兼顾的工程，高家庄即今霸州东南十八里大、小高各庄。英宗正统元年（1436）七月，为了修筑卢沟桥以下狼窝口等处的河堤，工部左侍郎李庸"奏请工匠千五百人，役夫二万人"投入工地。② 这次修河堤的材质和工程质量非比寻常，"累石重礜，培植加厚，崇二丈三尺，广如之，延袤百六十五丈，视昔益坚。既告成，赐名固安堤，置守护者二十家"。③ 安排二十家民户守护河堤，基本任务不外乎汛期日夜巡逻、平时防止挖掘毁坏之类。嘉靖四十一年（1562），"命尚书雷礼修卢沟河岸"。④ "凡为堤延袤一千二百丈，高一丈有奇，广倍之，较昔修筑坚固什伯矣"。⑤ 什伯，即十倍，夸赞其质量之高。这一切都证实，修筑堤防以约束永定河水，已成为确保北京城免受水患的首要措施。

人口增加及其带动下的农业开垦与城乡发展，必然促使河水自由流淌的空间日渐萎缩，需要依靠河堤保护的范围越来越大，永定河的筑堤工程因此在清代达到了高潮。《清史稿》记载：康熙三十七年（1698），皇帝亲自巡视永定河，命直隶巡抚于成龙负责筑新堤以根治水患："自良乡老君堂旧河口起，迳固安北十里铺、永清东南朱家庄，会东安狼城河，出霸州柳岔口、三角淀，达西沽入海。浚河百四十五公里，筑南北堤百八十余里，赐名'永定'。自是浑流改注东北，无迁徙者垂四十年。"⑥ 这次治河与赐名，使历史上的灅水、卢沟、浑河有了"永定河"这个饱含期许的名称，当然也从反面证实了河流善决善淤的"无定"。经过这次筑堤，永定河中下游至入海口的河道被两岸长堤紧紧锁住，消除了此前多次漫流改

---

① 《明史》卷八十七《河渠志五》，第 2137 页。
② 《明英宗实录》卷二十，正统元年七月乙未。
③ 杨荣：《修卢沟河堤记》，《日下旧闻考》卷九十三《郊坰》，第 1567 页。
④ 《明史》卷八十七《河渠志五》，第 2138 页。
⑤ 袁炜：《重修卢沟河堤记略》，《日下旧闻考》卷九十三《郊坰》，第 1567 页。
⑥ 《清史稿》卷一百二十八《河渠志三》，第 3809 页。

道的自然条件。为了加强堤坝守护及河务管理，朝廷专门设置永定河南岸和北岸两个分司，沿河划分出南岸 8 汛、北岸 8 汛，行政人员各负其责，职守分明。在其后的数十年，河堤持续得到修补完善，再加上新开河道分开水流或加筑遥堤护卫堤坝，永定河下游近 100 公里的堤防构成了一个严密的水利工程系统。

为了巩固康熙年间的治河成果，应对不断到来的洪水威胁，乾隆年间持续拨出巨额经费，实施大型防洪工程。乾隆四十四年（1779）"展筑新北堤，加培旧越堤，废去濒河旧堤，使河身宽展"。① 这几乎是在原有堤坝之外修了一道新堤，其工程量并不亚于康熙年间筑堤的规模。在康乾两朝奠定了总体格局之后，嘉庆、道光、光绪等朝亦屡有维护修缮。总体上看，清代永定河"建堤坝、疏引河，宣防之工亟焉"。② 不论河堤的长度、规格以及工程的复杂性、系统性，还是防洪工程管理制度的专业化和完善程度，都远远超过此前的元明诸朝。鉴于北京在整个防洪系统中独一无二的重要性，最具关键意义的石景山至卢沟桥等堤段，已经建成了石堤或加片石护内帮的石戗堤，是永定河筑堤工程史上前所未有的进步。

第二节　永定河筑堤的环境效应

永定河筑堤的直接作用是防御洪水，减轻河流沿岸尤其是北京城遭受水灾的威胁，这是历代显而易见的效果。除此之外，筑堤也改变了河流走向、河谷地貌、区域水环境等地理因素的区域表现，这些方面共同展现了它的环境效应。

一　筑堤束水固定河流走向

辽代以前的永定河有清泉河之称，北魏郦道元《水经注》称"清泉

① 《清史稿》卷一百二十八《河渠志三》，第 3811 页。
② 《清史稿》卷一百二十八《河渠志三》，第 3808 页。

无下尾"①，可见其流出西山后的下游河道在古代曾经不受约束地自由摆动。河道往复摆动的范围，是北起清河、西南到小清河—白沟河的扇形地带，水中挟带的泥沙沉积下来形成广阔的洪积冲积扇。② 根据当代水利专家的研究，其具体情形大致如下："商以前，永定河出山后经八宝山，向西北过昆明湖入清河，走北运河出海。其后约在西周时，主流从八宝山北南摆至紫竹院，过积水潭，沿坝河方向入北运河顺流达海。春秋至西汉间，永定河自积水潭向南，经北海、中海斜出内城，经由今龙潭湖、萧太后河、凉水河入北运河。东汉至隋，永定河已移至北京城南，即由石景山南下到卢沟桥附近再向东，经马家堡和南苑之间，东南流经凉水河入北运河。唐以后，卢沟桥以下永定河分为两支：东南支仍走马家堡和南苑之间；南支开始是沿凤河流动，其后逐渐西摆，曾摆至小清河—白沟一线。自有南支以后，南支即成主流。追至清康熙筑堤之后，永定河始成现状。"③ 换言之，筑堤束水使永定河出西山后的流向从自由摆动趋于基本固定。

参照永定河流域的军事史和水利史，如果不是受到历代在石景山至卢沟桥间反复修筑的坚固堤防的阻遏，永定河冲出三家店之后完全可能向东或东北流。北宋端拱二年（989）征求收复契丹占领的幽蓟诸州的进兵方略，熟悉地理情况的吏部尚书宋琪建议："其桑干河水属燕城北隅，绕西壁而转。大军如至城下，于燕丹陵东北横堰此水，灌入高粱河。高粱岸狭，桑水必溢。可于驻跸寺东引入郊亭淀，三五日弥漫百余里，即幽州隔在水南。"④ 他主张利用引永定河水在幽州城北面形成天然屏障，可将南岸的幽州与从北面赶来救援的契丹军队隔开。契丹援军被河水限制在北岸，宋军自可趁机猛攻契丹固守的幽州。从宋琪提到的地名定位分析，彼

---

① 《水经注》卷十三《㶟水》，第 274 页。
② 尹钧科、吴文涛：《历史上的永定河与北京》，北京燕山出版社，2005，第 71 页。
③ 段天顺等：《略论永定河历史上的水患及其防治》，《北京史苑》第一辑，北京出版社，1983。
④ 《宋史》卷二百六十四《宋琪传》，第 9124 页。

时桑干河即永定河应是从石景山南向东流，奔向燕城即幽州的西北角；然后南转，在城的西墙外向南流去。嗣后，金代引卢沟即永定河之水接济漕运，开凿了著名的金口河，其地理基础就是北宋前期宋琪建议用来阻敌的这条桑干水。元至正二年（1342），中书参议李罗帖木儿等提议再开金口河，极力反对此事的中书左相许有壬指出："西山水势高峻，亡金时，在都城之北流入郊野，纵有冲决，为害亦轻。今则在都城西南，与昔不同。"① 这里的"都城之北"，即金中都之北。由此可见，至少从宋初到金末，桑干水（卢沟）都是从中都城北往东流。《马可波罗行纪》谈到忽必烈营建元大都即"汗八里"时称："古昔此地必有一名贵之城名称汗八里，汗八里此言'君主城'也。大汗曾闻星者言，此城将来必背国谋叛，因是于旧城之旁，建筑此汗八里城。中间仅隔一水，新城营建以后，命旧城之人徙居新城之中。"② 这里明言"汗八里"有新旧二城，旧城显系金代的中都旧城，新城是在"旧城之旁"所建的元大都。新旧二城"中间仅隔一水"，只能是从石景山南向东、流经金中都城北的卢沟分支——金代加以拓展的金口河。

元末再开金口河失败后，对永定河的防范重在避免水灾殃及大都，继续加筑石景山到卢沟桥的堤坝，卢沟桥以下的河水则依然自由分流。明代洪武年间官修的《图经志书》，描述了元朝至明初永定河的情形："出卢沟桥下，东南至看丹口，冲决散漫，遂分而为三：其一分流往东南，从大兴县界至漷州北乡新河店，又东北流，达于通州高丽庄，入白潞河；其一东南经大兴县境清润店，过东安县……其一南过良乡、固安、东安、永清等县，……与白潞河合流，入于海。"③ 新河店，即今通州区以南、凉水河西岸的新河村；清润店，即今大兴区青云店。这就表明，永定河在元代仍然沿着㶟水故道和古无定河道流淌。清代吴长元辑《宸垣识略》称，

① 《元史》卷六十六《河渠志三》，第 1660 页。
② 《马可波罗行纪》，上海书店出版社，2001，第 210 页。
③ 缪荃孙辑《顺天府志》，北京大学出版社，1983，第 272~273 页。

大兴采育一带"乃元时沙漠地",亦即遍布沼泽和沙滩的永定河泛滥之地。①

永定河变迁的历史过程表明,它曾在北京城南北摆动。尽管辽代已开始筑堤,但从三家店冲出西山后再往下游的河水,一直到元代仍有比较广阔的自由活动空间。明清尤其是清朝筑堤之后,永定河下游再也不能向东或东北流去。石景山至卢沟桥之间的堤坝虽在汛期内不免溃决,却都在事后迅速得到修补堵塞,这就使得从卢沟桥以北向东再也没有出现主流河道。在这样的背景下,清代修筑的河堤把永定河紧紧约束起来,使其从此下降为一条从北京城郊西南角"路过"的河流。旧时穿越北京城的清河故道、金沟河故道和瀑水故道,随之成为永定河环境变迁过程中的历史遗迹。

二 筑堤改变河流故道地貌和区域水环境

筑堤约束现行的河道之后,永定河故道的地貌以及相关区域的水环境随之发生显著改变。迄今已有的研究表明,北京的主要水源涵养区和供给地,都分布在永定河的若干条故道之上。举凡清代最著名的湖泊园林昆明湖、圆明园,还有"万泉之地"万泉庄,沼泽湿地海淀、清河,都处在永定河曾经摆动的最北边的古清河故道区。玉渊潭、莲花池、紫竹院、积水潭、后海、中南海、龙潭湖、高梁河等湖泊水体,都镶嵌在古金沟河故道的洼地之中。万泉寺、南海子(南苑)、凉水河、凤河等,则是古瀑水河道的遗存。这些水体或属于永定河故道的积存,或是永定河冲积扇的地下水溢出。永定河分出的这些枝杈或毛细血管,给北京地区输送了丰沛的水源。但在永定河筑堤以后,主流被限制在一条固定的河道上,此前的河流故道几乎永久性地失去了迎接河水再次到来、再次获得河水滋润和补给的可能。不仅如此,出于防洪安全而构筑的高规格的石堤或石砌岸,把滔滔河水牢牢地阻挡在河道之内;泥沙淤积逐渐抬高的河床,使得"过境"

---

① 吴长元辑《宸垣识略》卷十二《郊坰一》,北京古籍出版社,1983,第257页。

的河水更加急促地径直流向下游，而不会再像以往那样借助自然下渗的方式补充地下水。由此导致地下水位急剧下降，古河道上的不少沼泽、湖泊、泉流也必然随之缩小甚至消失。

永定河清河故道和金沟河故道对北京城的成长和发展至关重要，在永定河筑堤的直接影响下，明清时期永定河对这两条故道的水源供给已经明显减少。京西名胜玉泉山，正处于永定河冲积洪积扇的山前溢出带上。古代文献的记载与今人研究的结果都显示，明代以前随处可见清泉从山脚下汩汩涌出，众多泉水汇成溪流或积聚成湖，密布于今玉泉山、颐和园、温泉、海淀一带，成为金代以后各朝营建都城、引水助漕、灌溉农田、兴修宫苑的重要水源，但到明朝以后泉水已开始衰减。元代从玉泉山独自流入太液池的金水河，到明代已湮没废弃。虽有内、外金水河仍然盘桓于紫禁城，但它们只是从什刹海引出的两条小水渠而已。什刹海（积水潭）等内城河湖原本以玉泉山水为唯一补给水源，随着上游来水的减少，湖面日渐萎缩。如果比较元至正年间、明万历—崇祯年间、清乾隆年间、宣统年间直至民国时期的北京城区地图，就可轻而易举地看到什刹海（积水潭）水域面积的逐渐缩小。元代的海子（积水潭）自郭守敬主持修建通惠河之后，成为船樯林立、舳舻蔽水的南北大运河终点码头，但到明清时已被大片街道和稻田蚕食。

通惠河是造就元代南北漕运巅峰时期的重要工程，到明代也变得难以为继。之所以形成如此巨大的差异，是主观因素和客观因素共同影响。明朝修建北京城时，对水系布局做出了重大调整，将什刹海东边南北向的一段通惠河划入皇城，由此阻断了漕船驶入积水潭的通路，漕运码头因此只能移至今东便门外的大通桥。永乐帝选择北京以北的昌平为皇陵区，附近的泉流水脉皆被视为关乎皇家风水的龙脉，元代郭守敬广泛引用的泉流被禁止动用，通惠河上源只能单纯依赖玉泉山—昆明湖一带的西山水系，势必加剧漕运和城市用水的捉襟见肘。除了这些主观因素之外，西山水系的水源自然减少，也是一个切实存在的客观原因。嘉靖年间的吴仲指出，通惠河"入国朝百陆拾余年，沙冲水击，几至湮塞，但上有白浮诸泉细流常涓涓焉"。^① 换个角度理解，这就意味着除了源头属于温榆河水系的白浮泉尚有涓涓细流之外，通惠河沿途泉流的水量都已无法维持运河补给的需要。雪上加霜的是，即使是白浮泉等涓涓细流，也因为邻近昌平皇陵区而不允许引用。水源短缺与多沙易淤，大大降低了河道的利用效率。明成化、正德、嘉靖年间屡次进行大规模的疏浚，虽然为此耗费了大量人力物力，通惠河漕运通航的成效却极为有限。到清代，通惠河水源匮乏的局面依然严峻，乾隆年间尽管对玉泉水系进行了全面改造，实施了昆明湖水库工程以及引西山诸泉入玉泉的石槽工程，但终究无法改变玉泉山一带水源本身的日渐式微。在客观条件与主观因素的共同作用下，通惠河最终失去了漕运航道的功能，运河的终点也只得回归郭守敬时代之前的京东通州。

永定河筑堤引发了区域水环境的巨大变迁，受其深刻影响的京郊永定河故道的地貌，随之亦不复旧日风景。曾经见于史籍的著名湖泊，逐渐萎缩干枯直至成为平陆，这是肉眼可见的最典型的表现。浅层地下水质的恶化，则是历代逐渐体会到的连带效应。例如，在今通州境内的古㶟水东派的河道上，辽代有一片"方数百里"的宽阔水域，叫作延芳淀。辽圣宗等皇帝和契丹贵族，多次在春季到此游猎。^② 到元代时，这个风景区的水域已经浅缩，原本连成一片的大湖，分解为马家庄飞放泊、栲栳堡飞放泊、南辛庄飞放泊、柳林海子、延芳淀等若干较小的湖泊。清代中期以后，这些小湖进一步消失，衍为平陆。再如，从卢沟桥往东，经丰台、南苑，至马驹桥、采育附近，原为㶟水流经的河谷地带，历史上具有泉眼、汊流、淀泊、沼泽遍布而人烟稀少的环境特征。元代距离大都南门最近的皇家游猎场所下马放飞泊，就是其中的一部分。明朝时的下马飞放泊水域面积开始缩小，但这里的三处小湖泊仍能维持"其水四时不竭，汪洋若海"的面貌，因此与京城宫苑内的北海相对应，称为南海子。^③ 清代继承了南海子作为皇家苑囿的传统，亦称其为南苑，历朝加以修缮和保护，维

---

① 吴仲：《通惠河志》卷上《通惠河考略》。

② 《辽史》卷四十《地理志四》，第 564 页。

③ 李贤等：《大明一统志》卷一《京师·苑囿》，三秦出版社，1990。

持了水草丰美的局面。但是，随着区域人口的增加与生存需要，扩大农耕面积的客观要求日趋强烈。究竟是保留以草原湖泊为主要特征的皇家苑囿，还是将看似"闲置"的土地开垦为农田以增加朝廷的收益，其间的矛盾早在明代就已存在，不仅外围地带被蚕食开垦，而且出现向核心区域推进的迹象，淀泊沼泽开始收缩。清朝大规模治理永定河，也使区域河系有所变化。雍正四年（1726）因上游河源缺水，重新疏浚了凉水河与凤河，它们从此彻底断绝了与永定河的关系①，水量也变得颇为有限。清朝末年国力衰落，被迫将南苑的中心地带对外招垦。到民国时期，这一带的垦区和村庄狂潮般地增加，南苑的泉流干涸、水域缩减也不可避免地随之而来。

永定河筑堤影响了地表水系格局与故道的地貌形态，连带引起浅层地下水质的恶化。地下水与河流、湖泊等地表水相互补给，地表水的下渗补充关系到地下水的水位深浅和水质优劣。北京历史上早期的蓟城，位于莲花池附近的永定河冲积扇溢出带上，丰富的地下水就是决定城市选址的最关键的地理条件之一。经过考古发掘，仅在会城门至宣武门、和平门一线，就发现了151座从东周到西汉时期的瓦井。② 这些水井距离当时的地面最深不过6米，大部分是饮用水井，少量用于农田灌溉。到元大都时，城区诸坊的居民饮水基本依赖井水。明代以前记载京城井水大多苦涩的文献很少，明清以后却屡见不鲜。清顺治年间进京的史学家谈迁记载："京师天坛城河水甘，余多苦。"③ 乾隆年间成书的《宸垣识略》写道："京城井水多咸苦不可饮，惟詹事府井水最佳，汲者甚众。"④ 王士祯《竹枝词》亦云："京师土脉少甘泉，顾渚春芽枉费煎。只有天坛石甃好，清波一勺卖千钱。"⑤ 清末震钧《天咫偶闻》写道："京师井水多苦，而居人率饮之。茗具三日不拭，则满积水碱。……若宫中所用，则取玉泉山水，

① 孙承烈等：《漯水及其变迁》，《环境变迁研究》第一辑，海洋出版社，1984。
② 苏天钧：《北京西郊白云观遗址》，《考古》1963年第3期。
③ 谈迁：《北游录·纪闻上·甘水》，第312页。
④ 《宸垣识略》卷五《内城一》，第84页。
⑤ 《宸垣识略》卷九《外城一》，第180页。

民间不敢汲也。"① 处在暖温带季风性气候区的北京，年降水量不多但蒸发强烈。若非地表径流对地下水予以充分补给，土壤中的盐碱成分就会随着水分的强烈蒸发而被带到上层，主要取自浅层地下水的井水由此变得苦涩。皇帝及宫廷贵族吃水有从玉泉山等地的甘泉特供，势要人家可以自备专用的深井，普通百姓就只能从推车售水的水夫那里购买。因此，自明清至民国时期，北京一直存在着专门卖水的行业。北京地区著名的民间传说"高亮赶水"，从侧面印证了京城水质变化的过程。传说明朝修建北京城时，刘伯温委派大将高亮追赶龙王、龙母，向他们要回甜水之源，孰料高亮不小心捅破了装满苦水的水篓，北京城的水源由此就变成了苦水。这个传说在北京地区影响深远，民间文艺的形成与传播多少要与一定历史时期的社会特征相关。历史文献的记载显示，北京地下水的水质大约在明代开始恶化。"高亮赶水"的起源与此基本合拍，从另一个角度显示了区域水文环境变迁的社会效应。永定河主流被彻底移出原有河谷，成为地貌改观和水环境变迁的地理基础，再加上人口增长、城市扩张等社会因素的作用，北京城的水源供给压力持续上升。清末北京建立的第一座自来水厂，是位于潮白河支流温榆河畔的孙河水厂。由此表明，北京开辟新水源的着眼点开始了从永定河水系到潮白河水系的重大转折。

三 筑堤保护北京却也同时移祸下游

永定河筑堤后，立竿见影的实际效果就是减少了北京城的水灾。与此同时，由于永定河的河性并未改变，原本存在的洪水、泥沙等问题随之从北京段移到更为下游的州县。客观存在的移祸下游，使那里的水害日趋频繁，并且引起了严重的泥沙淤积、土地沙化、湖沼湮废等环境问题。

永定河在辽金时期分水漫流，元明时期则修筑土堤灰坝，清代进一步发展为石堤和石戗堤，保卫首都的堤防越来越庞大坚固，防御洪水的效果相当显著。已有研究证实，在元朝 98 年间，永定河危及北京城的水灾共

---

① 震钧：《天咫偶闻》，北京古籍出版社，1982，第 216 页。

有 22 次；明朝 276 年间却仅有 19 次，频率已大大下降，这显然得益于宛平、房山、良乡、固安境内颇具规模的河堤所发挥的积极作用。清朝永定河中下游水灾的频率远超前代，威胁北京的洪水泛滥多达 42 次，[①] 但自康熙三十七年（1698）筑成百里大堤算起，直至嘉庆六年（1801）为止，永定河洪水都不曾直接冲到北京城。嘉庆六年，光绪十六年（1890）、十九年（1893）以及民国期间，几次大洪水虽然对北京有些影响，却也只是从丰台、南苑、大兴至通州等郊外扫过。嘉庆六年六月丙辰（1801 年 7 月 21 日）谕旨称："京师自本月初连日大雨，永定河决口四处，中顶、南顶及南苑一带俱被淹浸。犹幸决口处尚距卢沟桥南五六里，若再向北冲决，则京城及圆明园皆被水患。"[②] 由此看来，北京城直接受灾的频率确已显著降低。

治理河道和水灾必须具有全局观念，以达到整个水系或流域的统一规划、统一协调。否则，给中游带来"水利"的工程，未必不是使下游遭受"水害"的诱因。古人对此已有比较清晰的认识，关于永定河筑堤成效的判断也是如此。乾隆二十年（1755）御制《过卢沟桥》诗云："卢沟桥北无河患，卢沟桥南河患频。桥北堤防本不事，桥南筑堤高嶙峋。堤长河亦随之长，行水墙上徒劳人。"[③] 这首平铺直叙的作品，指出了筑堤护卫北京之外的两个关键问题：河患日益向下游延伸，泥沙淤积形成的地上河越来越严重，即使投入大量人力物力予以疏浚也徒唤奈何。永定河的堤坝越修越好，中下游的水灾却愈演愈烈，同时也改变了河流故道的水环境及其地貌特征。

北京西南的永定河大堤有效减少了洪水对京城的冲击，但在北京以南和东南区域，清代永定河泛滥成灾的次数远高于前朝。奔流东去或南下的永定河，或漫流于固安、霸州、新城、永清；或冲入大兴、东安、通州、武清，回顶潮白河的水流，致使通州、武清等地泛滥成灾。在北至凉水

---

① 《历史上的永定河与北京》，第 334、342、348 页。
② 《清仁宗实录》卷八十四，嘉庆六年六月丙辰。
③ 《日下旧闻考》卷九十三《郊坰》引，第 1565 页。

河、西至今小清河—白沟之间广阔的扇形区域内，永定河频繁决堤、改道、泛滥成灾并且愈演愈烈。根据《光绪顺天府志》和《畿辅通志》所载统计，清代下游较大的改道有 20 次。其中，康熙三十七年（1698）筑堤之前只有 3 次，其余 17 次则发生在筑堤之后到同治十一年（1872）期间，几乎不到十年就有一次。① 这是因为，康熙年间筑堤之前，卢沟桥以下没有完整的堤防，汛期洪水漫流但也消落迅速，被淹没的许多土地不粪而沃，下一季的丰收足以超过村庄被淹的损失。筑堤后把河水严密约束在两岸之间，大量泥沙在河床内淤积，造成"地上河"，被壅塞的河口又使河水不得畅流，致使清中后期的永定河下游频频决口改道。这样做的结果是，永定河坚固严密的堤坝，把紧紧约束起来的湍急洪流向下游驱赶，洪水自身的势头及其裹挟的泥沙，以数倍于此前的能量和速度下泄并淤积到下游河床，洪水的致灾因子翻倍增长，在"筑堤自保"之外还有"以邻为壑"、移祸下游的客观效果。实际上，清人早已注意到此类问题。乾隆二年（1737）八月，总理事务王大臣、九卿议奏：永定河"至石景山，始有堤岸工程。其水善决善淤，卢沟桥以下，从前至霸州，由会通河入淀归海，原无堤岸。因迁徙无定，设遇大水，散漫于数百里，深处不过尺许，浅止数寸。及至到淀，清浊相荡，沙淤多沉于田亩，而水与淀合流，不至淤塞淀池。虽民田间有淹没，次年收麦一季，更觉丰裕，名为一水一麦。雍正三年（1725），将胜芳大淀淤成高阜，清水几无达津之路。雍正五年（1727），于郭家务另为挑河筑堤，引入三角淀，亦淤为平地。前后十数年来，每有漫溢，今年更甚"。乾隆二年（1737）九月初一，直隶总督孙嘉淦奏称："永定河从前散流于固安、霸州之野，泥留田间，而清水归淀，间有漫溢，不为大害。自筑堤束水以来，始有溃堤淤垫之患。"② 关于永定河筑堤的具体方案，清代一直有两派之争。在乾隆朝，既有以顾琮、孙嘉淦为代表的"复其故道""无堤无岸""不治而治"法，又有以

---

① 《历史上的永定河与北京》，第 222~223 页。
② 周家楣、缪荃孙等：《光绪顺天府志·河渠志六·河工二》，北京古籍出版社，1987，第 1460、1477 页。

鄂尔泰为代表的"建闸坝、开减河、导下口"法。从安全角度考虑，基本上是主张筑堤的后者占了上风。

永定河下游频繁发生的水灾，与地面淤高、土地沙化、湖沼湮废等问题互为表里。据今人整理的《清代海河滦河洪涝档案史料》《华北、东北地区五百年旱涝史料》等统计，自公元1470年至1956年近500年间，永定河决口改道造成永清、东安、安次等县洪水达56次之多，平均八九年一次，安次、东安等县城曾经被迫搬迁。含沙量巨大的永定河，每次泛滥必然淤积，我们在这一带考察时看到，永清县的一口隋代水井，已经被埋在地面十米以下。廊坊（旧安次）在明万历年间竖起的高三四米的刘体乾墓碑，至今仅仅露出一个碑头。河道附近的土壤剖面，清晰地展示出一层砾石、一层粗砂、一层细土依次叠加的结构。这样的叠加重复了十几层，记录着历史上河流一次次泛滥和淤积的曲折过程。走在曾是河道的地方，一脚踩下去，感觉脚底仿佛触到厚厚的面粉那样松软。放眼望去，映入眼帘的却是颗粒微细的漫漫黄沙。有关部门的监测研究认为，永定河下游地区现有沙地面积约2000平方公里，是京津冀地区就地起沙的主要来源之一。[①] 地质史上全新世遗留下来的湖泊，如《水经注》《旧唐书》等文献记载的九十九淀，到清乾隆三十二年（1767）撰写《御制淀神祠碑文》时，已是"其名皆不可胪举。其散见宋辽金史者，今或淤废，或传闻讹舛，所可指者不过四十余。其他或曰泊、曰洼、曰窝、曰港，随方俗所称。而统言之，则东西两淀"。[②] 即使是残存下来的这两大淀泊，自康熙三十七年（1698）筑堤之后，永定河每泛滥一次就要"淤东淀十之三"或"十之五六"。[③] 三百多年的淤积过程，使得西淀在当代尚能见到大致模样，这就是著名的白洋淀及其附近的淀泊群，原本面积更大的东淀却已经无影无踪。

永定河筑堤的历程显示出执政者的被动防御思维，着眼点集中在如何

① 高尚武等：《京津廊坊地区风沙污染及防治对策研究》，《环境科学》1984年第5期。

② 《日下旧闻考》卷一百十九《京畿》引，第1956页。

③ 李鸿章等：光绪《畿辅通志》卷七十八《河渠略·水道四》，清光绪间刻本，第72页。

解决中下游河段的溃堤及泥沙淤积问题上，却很难提出针对整个流域综合治理的固本之策。乾隆帝多次赋诗或通过诗的自注，表达关于治河方略的思考。乾隆十五年（庚午，1750）《过卢沟桥》诗云："过此为桑干，古以不治治。筑堤讵得已？皇祖为民计。……束手苦乏策，无已示大意。"他洞悉了河流淤决的严重性，赞颂康熙帝的筑堤功绩，但对究竟采取何种治河策略也深感无奈。乾隆十八年（1753）《过卢沟桥》诗自注回顾说："庚午春，阅永定河堤，知其每岁加高，河底淤填，如以墙束水。是夏浑水决溢，因命改浚下口。"筑堤防洪犹如"以墙束水"，由此淤高的地上河无休无止、岌岌可危。乾隆二十年（1755）《过卢沟桥》诗，依然表现出进退两难的矛盾心理："我欲弃地使让水，安得余地置彼民？或云地亦不必让，但弃堤防水自循。言之似易行不易，今古异宜难具论。"[1] 他指出，日益增加的人口与无法驯服的河水，都在争夺数量有限的土地，两种方略都无法兼顾治理河患与民众生存。适用于古代的方法未必符合今天的情况，孰是孰非、如何行动都难以说清。此后，乾隆帝多次感叹"惭愧终无永逸方"。面对"作堤已逮骑墙势"的局面，终究"无奈漾流筹下口，一劳永逸正难焉"。既然人力难以挽回，也就不免请求神明保佑，"惭乏安澜术，事神敢弗诚？"[2] 堵与疏的矛盾在勉力治河的清代表现得如此突出，再次显示了自然因素与社会条件共同决定环境变迁方向的巨大作用。

第三节　永定河下游地面淤积的历史线索

永定河下游流域泥沙淤积的根源在于，上中游森林草原植被的削弱导致水土流失加剧，河水的泥沙含量由此增多；筑堤防洪又加剧了泥沙向下游输送的力度，下游流速放缓后淤积进一步扩大，转而强化了永定河善淤

---

① 《日下旧闻考》卷九十三《郊坰》引，第 1565 页。
② 《日下旧闻考》卷九十三《郊坰》引，第 1565、1566、1657、1571 页。

善徙的特性。上游流域的地表土壤多是结构松散的黄土，易被水流冲蚀。然而，温带大陆性季风气候的主要特性，恰恰是全年降水集中分布在夏季，由此形成的径流将冲蚀地面后挟带的大量泥沙卷入干流之中，为河床的淤积提供了巨量的物质来源。当代观测和研究显示，永定河在官厅水库大坝以上的流域面积为 43400 平方公里，其中 12200 平方公里属于黄土丘陵，还有 2300 平方公里以上属于河川黄土台地。利用卫星图像解译计算，永定河全流域多年平均年侵蚀量为 1 亿 1 千万吨。[①] 显然，这是古今环境变迁多年积累的结果。按照一般规律推测，历史上的地面淤积应当还没有发展到这般剧烈，古代没有非常精确的定量估算，诸如"浑河""小黄河""无定河"等名称只是对其定性的描述或比喻，但有关文献也为认识淤积过程和总体规模提供了线索。从整体上看，在清河以南、北运河以西、小清河—白沟河以东、大清河以北的广大土地，基本上都是古今永定河淤积的结果。

河流泥沙淤积是否成为人类的隐患或灾害，取决于它是否影响了人的活动或需求，其中既包括人类本身，也包括人类所需的动植物和地理空间。原来的荒地若不开垦为农田，人们会任由河水泛滥淤积。一旦荒地变成农田，就被纳入了必须保护的范围，再发生洪水和泥沙淤积，原本正常的自然现象就被视为灾害了。清康熙三十七年（1698）修筑浑河大堤，就是发生这种转变的开始。雍正至乾隆间的名臣陈宏谋《治永定河说》指出："自筑堤束水以来，河身窄狭。两岸相去，远者不过二三里，近则一里半里，至数十丈不等。以千里远来之急湍，束之于几里之河堤，不能容纳，动多漫溢，此理势之必然者也。然初筑之年，河身尚低，仍可以顺流，间有漫溢，为害未甚。迨后年复一年，河底渐次淤高，河岸随亦加筑。现在河底高于平地丈余，而堤则更高一二丈不等，俨同筑墙堵水，岂能免于溃决？且上流开口夺溜，则下流便淤，是以尾闾日塞，咽喉有阻。

---

① 　颜昌远主编《北京的水利》，科学普及出版社，1997，第 101、102 页。

即再加高堤岸，而淤沙随堤而长，水势愈高，势如建瓴，冲溢溃决，随处皆是。"① 乾隆年间，部分朝臣建议使浑河改归故道，也就是回归明代经固安县西、南流至霸州的浑河故道。对此，方苞评论道："盖始为此议者，但见五十年前，浑河时漫于固、霸，秋稼虽伤，麦收常倍，民咸利之。不知尔时本无堤岸，任其漫流，故二三百里间，虽不废耕稼，而室庐甚少。自改故道入胜芳淀，往时浊流游荡之地，民皆定居，村堡相望，势难迁徙。……为此议者，但见永定河未开以前，水至固、霸，则泥沙尽停，而清流会白沟河以入淀，数百年淀无停淤，以为改复故道，当与昔同，而不知水势地形，今昔迥异。盖河堤未筑，任其游荡，力缓势散，故泥沙尽沉，而会于白河者皆清流，又有深广数百里之淀以容之，故久而无患。及岸堤既立，水束力强，奔腾汹涌，泥沙难定。且见今金门闸坝之外，固南、霸北，良东、永西，不过百里。视当年容水之地，仅得四分之一。则伏秋汛涨，会入白河者，必不能无泥沙。白河力弱，则先淤白河；白河力强，则必淤淀内。白河淤，涨过犹可开通；淀内淤，人力万难挑浚。十年之后，全淀尽淤（自浑河入胜芳淀后，淀已淤十之六七）。子牙河所挟畿南众水，浑河所挟塞门众水不能入淀，必横穿运河。不惟漕运难通，而沿河之地，城郭人民，皆一朝而化为巨浸矣。闻自建金门闸后，浑河已半行三角淀外，惜下流仍入淀中，恐终不能无淤塞耳。"② 胜芳淀，在今霸州胜芳镇一带。固、霸、良、永，即永定河下游的固安、霸州、良乡、永清诸州县。方苞认为，自康熙三十七年（1698）筑堤以来，永定河下游流域发生了巨大变化，浑河回归故道的地理环境和社会条件已经不复存在。上面的两种见解立足点不同，但都对现状充满担忧，对如何治理感到进退两难。

永定河下游的淤积问题一直困扰着畿辅安澜的大局，乾隆至光绪年间的文献对此多有记载，兹择其要者附列于后：

① 光绪《畿辅通志》卷八十二《河渠略八·治河说一》，第 56 页。
② 方苞：《方望溪全集·集外文》卷三《浑河改归故道议》，中国书店，1991，第 294 页。

乾隆四年（1739），直隶河道总督顾琮言："郭家务、小梁村等处旧有遥河千七百丈，年久淤塞，请发帑兴修。"① 二村即今永清县东北十八里故道灌渠西岸的郭家府、小良村。

　　乾隆十五年（1750）七月十日，直隶总督方观承奏："臣由三工堤外查勘被水村庄，至固安城南，见河水由道沟分两股，至固邑城壕复合，下接牤牛西股引河。前此屡经淹漫之地，业已淤高三四尺不等。"十月初三日又奏："固安、永清、霸州一带回报，所有被水各村，现已全行消涸，地亩受淤、变瘠为腴者十之八九，沙压者十之一二。"②

　　乾隆二十年（1755）正月初二日，方观承奏："南岸冰窖于乾隆十六年（1751）改为下口之后，连年水势畅顺，趋下甚速。上游河道深通，下汛修防裁省，实属有益。惟是全河之水，出口即皆散漫，泥沙渐次停积。加以上年汛水盛大，挟沙直注，察看下口十里以内，旧积新淤顿高八尺，以致阻塞去路。……今臣请于北岸六工开堤放水，令循北埝导归沙淀，照旧以凤河为尾闾。虽有向南、向北之分，其实南北埝水道本属相连，惟因七、八工之旧河身横亘于中，划分两岸。而逾沙淀以东，则北埝至南埝三十余里，就下之势，或分或合，弥漫一片，原足任其荡漾也。至水势偏南，仍未改下口以前之情形，缘彼时南岸所开石草滚坝多于北岸，水由南泄者多，故河身水道皆偏侧向南。即以下口地势而论，从前旧南堤外较之旧北堤外，低三、四、五、六尺不等。今则以南较北，转高五六尺。安澜城以下为停淤最薄之地，亦已较北高二尺许。是水过沙停，情形即有变易，不得不随时筹酌，以收因势利导之益。今议于北岸六工改为下口，地势宽广，足资容纳。"同年六月初二日，方观承又奏："五月二十六日，赴永定河新改下口察看水势。……其下口以下旧河身，立即断流成滩，高于河面三四尺。"③ 冰窖口位于永清县东南三十里、永定河下口十里以内，自乾隆十六年至十九年间淤高八尺，平均每年淤高二尺。沙淀，

① 《清史稿》卷一百二十八《河渠志三》，第3810页。
② 水利水电科学研究院编《清代海河滦河洪涝档案史料》，中华书局，1981，第120页。
③ 《清代海河滦河洪涝档案史料》，第132、133页。

在今武清西境。第七、第八河工段的旧河身，把新河道划为两岸，可见其已经淤高。

乾隆二十六年（1761）七月二十一日，方观承奏："据三角淀通判禀报，永定河下口之水，有自刷河身长三十余里、宽三、四、五、六、十丈不等。浑流循轨东趋，至三十余里外始行散漫。今因清河涨水，西上抵葛渔城，以致永定河下口二十余里之外，骤然停淤，高三四尺，长四里余。河水下注不畅，出口十数里外即扭转直趋北埝。"① 三角淀，在武清南境。永定河下口之水被大清河涨水顶托，宣泄不畅。在下口二十余里之外的武清南境，一次就淤成了巨大的沙岗。

乾隆三十八年（1773）六月十六日，直隶总督周元理奏："本年五月二十一、六月初一等日，两次汛期发水，极其汹猛。上游各工，幸得抢护平稳。而大溜汹涌奔腾，直趋下口，将中泓河底刷深三四尺，所有泥沙悉归条河头之旧河，淤成平地。其澄清之水，俱从条河头以北散漫而下。"② 条河头，即今廊坊正南四十五里调河头。

嘉庆六年（1801）六月二十七日，兼管顺天府尹汪承霈奏："再据大兴县……禀称：黄村地方街道直冲大溜，两旁房屋倒塌。又青云店、采育、礼贤等处，附近各村庄俱经被水。各庙多有避水贫民，各村搭席栖止。田禾淹浸，涸出地亩沙压一二尺及四五寸不等。"③ 是年夏天，北京地区发生了 19 世纪最严重的一次水灾，大兴县的土地被流沙压埋。

嘉庆十一年（1806）七月初十日，署理直隶总督裘行简奏："永定河南岸七、八、九工，北岸七、八等工，悉属下口，为全河去路。从前堤形紧束，未能宣畅。乾隆二十年（1755），改移下口，以条（调）河头为正身，中宽五十里，任其荡漾，始足以散水匀沙。嗣因浑流挟沙，日久渐淤。议以每年冬间挑挖河身二千余丈，深以四尺、六尺为率，宽以八丈至

---

① 《清代海河滦河洪涝档案史料》，第 158 页。
② 《清代海河滦河洪涝档案史料》，第 203 页。
③ 《清代海河滦河洪涝档案史料》，第 263 页。

十丈为率。俾河溜循行，不致旁溢。"① 据此而知，乾隆至嘉庆年间，流经永清县东南境、东安县南境、武清县西南境的永定河下口，在南北五十余里的地域内散水匀沙，半个世纪内将地面淤高了至少四至六尺。

嘉庆十五年（1810）七月十一日，直隶总督温承惠奏："初十日早行抵工次，复接各工报到同时漫溢情形。随亲赴南下头工查验十号、十一号接连一处，口门宽三百余丈，水深九尺至一丈一二尺不等，已掣全河大溜南下。头十一号以下，北下汛八号以下，均已断流，河身淤为平地。"又，"同时漫溢处所，计二十余处。每处皆积淤高仰，几与堤平。"② 永定河南下工（汛）在良乡县东，今属房山区；北下汛（工）在宛平县西大营至南章客之间，今属大兴区。永定河在此决口使正河断流，造成严重的泥沙淤积。

嘉庆十八年（1813）八月初六日，温承惠奏：永定河"今岁伏汛迭次盛长，河身不能容纳，水势散漫，条（调）河头故道淤如平陆。溜势全趋北七、北八两处堤根，河滩渐次淤高，以致水涨不能速消，汪洋一片，平堤之处甚多"。③

道光二年（1822）十二月初六日，直隶总督颜检奏："永定河南北两岸石土各工，因本年淫雨为灾，水势异涨，冲刷残缺之处较多。兼之南六工水停沙积，河身因淤而增高，堤身因淤而愈矮，以致下口喷沙，地势益形高仰，急宜培堤束水，用资捍卫。"④ 南六工，在永清县东贾家务至南柳坨一带。

道光三年（1823）三月，颜检《直隶河道情形疏》云："永定河汇灅、恢、桑干、壶流、三洋诸川之水，自西山建瓴而下，一过卢沟，则地势渐平，水流渐缓，而沙亦渐停。及至下游，则沙无去路，而日渐淤塞。盖永定河不能独流入海，必南汇大清河，又南汇子牙河及南北两运河，而

----

① 《清代海河滦河洪涝档案史料》，第 291 页。
② 《清代海河滦河洪涝档案史料》，第 319 页。
③ 《清代海河滦河洪涝档案史料》，第 330~331 页。
④ 《清代海河滦河洪涝档案史料》，第 376 页。

后达津归海。以全省地形而论，则四河皆在前，而永定独居其后。当大汛之时，清流前亘，众水争趋，浑流不能畅达，则水缓而沙停。是永定有泄水之区，而无去沙之路，此其所以难治也。所恃以容沙者，惟四十余里之下口，可以任其荡漾。但历年既久，南淤则水从北泛，北淤则水向南归。凡低洼之区可以容水者，处处壅塞，已无昔日畅达之机。下口淤高，上游河身亦随之而高，两岸堤工遂形卑矮，难资捍卫。今欲治全河之水，必先去全河之沙。但永定河自头工至九工，长一百八十余里，两岸之宽自三四里至五六里不等，下口之宽四十余里。一岁之中，除三汛及冰冻之时不能挑挖外，只有三、四、九、十等月可以兴工。计此四月之中，必不能将一百八十余里之沙，全行运出堤外。而一经大汛，则旧沙甫去，新沙又满。是以每年疏浚中洪下口，但能裁弯取直、疏通梗塞，而不能将淤沙挑除净尽也。淤沙不能挑除，则惟有将两岸堤工加高培厚，并添建新埽，增高旧埽，以资捍卫。或再于上游高处，添建减水坝以分盛涨之势，似亦补偏救弊之一法也。"①

道光四年（1824），署工部左侍郎程含章，奉命办理直隶水利。所上《总陈水患情形疏》称："伏思自有直隶以来，即有此河渠淀泊，前乎此者不闻频患水灾。自康熙三十九年（1700）以后，常苦水涝，则永定、子牙二浊河筑堤之所致也。前孙嘉淦有云：'永定、子牙向皆无堤，泥得流行田间，而水不淤淀。自永定筑堤束水，而胜芳、三角等淀皆淤。自子牙筑堤束水，而台头等淀亦淤。淀口既淤，河身日高，于是乎由水入河之路阻。'陈仪亦云：'永定自古无堤，虽不无迁徙冲啮之虞，而填淤肥美，秋禾所失，夏麦赔偿，原不足为害。自束水东流入淀，是淀病而全局皆病。'即永定一河，亦自不胜其病。总因浊水入淀，溜散泥沉之故，此又直隶水道致病之根源也。伏查永定河自筑堤以来，于今已百有余年，河身高出平地丈有余尺。既不能挑之使平，又不能废堤不用。虽明知病根仍在，而无法可治。亦惟见病治病，多开闸坝以分其势，高筑堤埝以御其

———————————

① 光绪《畿辅通志》卷八十三《河渠略九·治河说二》，第 47 页。

冲，使不致溃决为害而已。"① 其《治水大纲疏》又云："永定河发源山西，穿西山而出。每遇盛涨，夹沙带泥，势甚汹猛。自有南堤以束之，中腹日见沙停，下口易致淤积。百数十年，改移下口不下十次。改一处淤一处，东北势成高仰。近年由三河头横漫而出，致淀水停缓不畅。今又在其上自东沽港、黄亭等处废堤入淀，锾锾乎淤至杨芬港矣。"② 三河头，即永定河、凤河、大清河（中亭河）交汇处，其地在今天津市北辰区双口镇上河头、中河头、下河头一带。东沽港，即今廊坊市安次区东南八十里东沽港镇。杨芬港，即今霸州东界的杨芬港，在东沽港东南十四里。黄亭，当在东沽港与杨芬港之间（见图9-1）。

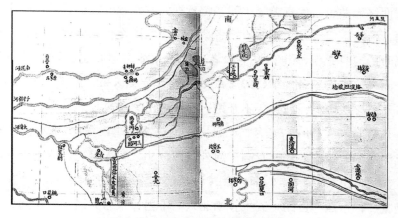

图 9-1　三河头一带的河道与聚落

资料来源：唐晓峰主编《京津冀古地图集》，北京出版集团文津出版社，2022，第 812~813 页。

同治元年（1862）四月，顺天府尹石赞清《预筹河患疏》称："臣于咸丰三年（1853）署理永定河北岸同知，得悉卢沟以下至下口百余里，中洪两旁河身均成熟地。至下口一带，系于乾隆年间蠲免钱粮，以作散水匀沙之处。南北宽约四五十里，东西长约五六十里，迄今尽成膏腴之地。

① 光绪《畿辅通志》卷八十三《河渠略九·治河说二》，第 49~50 页。
② 光绪《畿辅通志》卷八十三《河渠略九·治河说二》，第 55 页。

讯诸种地户，则云多系旗地，余则系附近乡村顽劣生监等所种。"①

同治八年（1869）二月初八日，直隶总督曾国藩《举办永定河工疏》称："臣查阅永定河，见南北两堤高于堤外之民田一丈、二丈不等，高于堤内之河身不过二三尺，且有河身与堤相平者。两堤相去约三四里许，中间容水之地不为不宽。奈淤塞太久，河中壅成沙洲，高平坚实，树木蕃生，遂使河之中泓有窄仅数丈者。水逼而无所泄，则冲刷堤身，处处溃决。议者多思更改河道，以南堤作北堤，而于南边另筑一堤。臣思数百里田庐坟墓，百姓岂肯迁改？且此河本挟泥沙而行，徙堤数年之后，新河淤成高洲，又将改徙何处？即使再增巨款，加培两堤，堤高而河淤亦高，是劳费而终无益也。伏查乾隆年间初定章程，岁修银一万两，挑挖中泓银五千两，疏浚下口银五千两。岁修者，培河上之两堤也；挑中泓者，于冬春干涸时挖河身之淤沙也；浚下口者，疏三角淀之尾闾也。厥后虽经费屡加，而办法则仍三者并举，颇著成效。近数十年以来，三角淀淤成平陆，而浚下口之法废矣；河身久不开挖，而挑中泓之法废矣。"②

光绪七年（1881）五月二十日，直隶总督李鸿章奏："永定河在雍乾时已渐高仰，今视河底，竟高于河外民田数丈。昔人譬之于墙上筑夹墙行水，非一日已。"③ 同年，李鸿章《设法清理东淀水道疏》称："查东淀本甚宽广，东西一百四十五里，南北六七十里，系为大清等河尾闾蓄泄之区，关系至重。……乃附近乡民逐渐侵种，百数十年来，竟已占去淀地大半，现存不及三分之一。臣往来津沽，亲见丛芦密苇，弥望无涯。不特难容多水，即淀中旧有河道亦因而淤垫，重烦官款挑挖。该淀既节节壅滞，上游各河遂泛滥为灾，动关全局。及今不治，再阅数十年，将东淀胥为平陆矣。"④ 光绪十三年（1887）九月十五日李鸿章奏称："又查本年南七漫口之水出南堤后，向南直泻，复决开老南堤，从刘庄、王化庄，过曲头村

---

① 光绪《畿辅通志》卷八十三《河渠略九·治河说二》，第 67 页。
② 光绪《畿辅通志》卷八十三《河渠略九·治河说二》，第 68 页。
③ 光绪《畿辅通志》卷八十四《河渠略十·治河说三》，第 53 页。
④ 光绪《畿辅通志》卷八十四《河渠略十·治河说三》，第 50 页。

入信安西洼即信安淀，再入胜芳淀，以归东淀。……信安淀约宽一二十里，水深处不及丈，浅处尺余，泥沙积于洼内，清流入于淀河。察其形势，于永定颇得顺下行疾之益，于清河亦无淤阻之虞，与乾隆年间三次改移下口，散水匀沙之意相合。……伏读高宗纯皇帝观永定河下口题诗注云：'自乙亥改移下口以来，此五十里之地，不免俱有停沙。目下固无事，数十年之后，殊乏良策，未免永念惕然。'……迄今百数十年，下游河底日高，较乾隆年间河身又高丈余。中洪淤，而自双口入凤河之路断；下洪淤，而自青光入清河之路又断。"①刘庄，今永清东南二十五里大、小刘庄；王化庄，今大刘庄西三里王虎庄；曲头村，今永清县南四十里渠头村。乙亥，乾隆二十年（1755）。永定河改移下口，即由永清县贺尧营开堤，浑水东注沙家淀，《畿辅通志》称其为永定河第六次改道。双口，即今天津北辰区双口镇。

光绪十六年（1890）大水。翌年三月初五日李鸿章奏："据禀，永定河下口至韩家树，宽长四五十里。其中泓、北泓一带，悉淤成高阜，流行委系不畅。是以溜势由北而东，冲入凤河。""永定河下口，向由韩家树左右汇入大清河，在中泓、北泓之间，浑流经行年久，逐渐淤垫，愈下愈高，势如登坂，以致屡经挑浚，未见功效。下壅则上易溃，故上游频岁漫口，几至无法挽回。又水势直灌凤河，上年大水，将凤河身数十里淤成平陆，东堤冲刷殆尽。"②韩家树，即今天津市北辰区韩家墅。

光绪二十二年（1896）七月初三日，直隶总督王文韶奏："臣查永定河身久经淤垫，受病已深。两岸全系浮沙，汛涨即虞溃漫。查自光绪十三年以至十九年（1887～1893），计七年之中漫决五次。"八月二十九日又奏："本年北中（汛）漫决后，河流迭次异涨，口门宣泄不及，正河分行大溜，以致河身淤垫高仰，几于堤平。"③清代的北中汛，位于宛平县鹅

---

①　《李文忠公全书》奏稿六十《永定河仍俟详勘摺》，清光绪间刻本，第38～39页。
②　《李文忠公全书》奏稿七十一《改永定河下口并修凤河摺》，第27页。
③　《清代海河滦河洪涝档案史料》，第594、595页。

房至桑马房之间，今属大兴区。

涉及永定河的河身、河口以及两岸泥沙淤积状况的记载，当然远不止上述几十条。但仅从这些记载来看，人地关系的演变过程已是相当复杂，趋利避害的初衷与行动可能隐含着意想不到的负面效果，但不采取工程措施又无法解决眼前面临的生存与发展问题。永定河流域的资源开发和环境治理，就是沿着这样一条充满矛盾、相反相成的路径前进。

第四节　永定河下游地面淤积的典型例证

永定河下游的地面淤积，改变了区域自然地理面貌和人们的生活。受其影响的城池、墓葬、水井、河堤、古船、桥梁，或曾被掩埋而终因考古挖掘和城乡建设重见天日，或因严重淤埋而长期不得向世人展示其整体形态。以下诸例，大多出自作者实地调查过程中的亲身见闻，结合相关文献记载与考古发现成果，经过历史地理学的分析解读，从中可以看到永定河流域的环境变迁是何等剧烈！

一　东安县城的迁徙淤埋

东安县之名来自元代的东安州，这个区域置县的历史，则要上溯到西汉渤海郡的安次县，其故城在今廊坊市安次区西北八里左右的古县村，尚有遗址可见。唐初武德年间，安次县迁治石梁城（今廊坊南四十五里码头村西北），贞观中又迁常道城（今廊坊西三十里南北常道村），开元中再迁耿就桥行市南（今廊坊西二十二里旧州）。蒙古中统四年（1263）升安次县为东安州，隶大都路。明洪武元年（1368）降为东安县，三年（或二年）为避浑河水患，由旧州迁治常伯乡张李店（今廊坊南三十里光荣村）。清代因之。①清代的东安县城，"城周围七里二百四十步，东阔七百六十四步，南阔七百一十八步，西阔五百六十步，北阔八

---

① 《嘉庆重修一统志》卷八《顺天府三·古城·安次古城》。

百步。高二丈七尺，广一丈五尺。池深八尺，阔一丈二尺。自前明洪武二年从常道城之耿就桥行市南，迁治于常伯乡张李店，即今县治是也"。①这座县城自明代天顺年间开始创建，洪武二年（1369）县治迁到张李店时尚未修建城池。天顺年间知县于璧，成化年间主簿何瑛，相继创建壕堑。弘治十一年（1498），知县蒋升重修基址，用砖修建了一座城门，叫做镇东门。正德六年（1511），知县周义筑垣浚濠，再建安西、平南、拱北三门，与镇东门一起构成四门。正德十二年（1517），知县武魁把城墙加高加厚，增立女墙，把环城的壕沟挖深，一座县城的规制由此齐备。嘉靖二十八年（1549），知县成印增修，城墙底宽一丈四尺，顶宽一丈，高二丈七尺，上有城堞五尺，护城壕沟挖至深八尺、宽一丈。其后的隆庆、天启、崇祯各朝，也屡有修补增建。清顺治五六年间浑河发生水患，这座县城半遭冲圮。康熙十年（1671）知县李大章修葺，乾隆十四年至十九年（1749~1754）大修。同治六年（1867）代理知县张鹏云再次大修，形成了城墙长一千五百六十四丈六尺、高一丈五尺、顶宽八尺、底宽一丈二尺的规模。又修瓮城门四座，每座高二丈四尺，宽三丈，长二丈，建四门看门兵房八间。东安县城的这次修葺，一直持续至同治八年。②

　　但是，如此规模的明清东安县城，我们 2001 年前去考察时却踪影不见。询问当地老人，告知"都被永定河的泥沙淤埋了"。回顾明清两代东安县城的发展过程可以看到，明嘉靖二十八年（1549）增修的东安县城，城墙高二丈七尺。清同治六年（1867）再修城时，城墙高只有一丈五尺，比明代的东安城墙矮了一丈二尺。这就意味着，在上述持续 318 年的时段内，东安县城附近的地面被永定河泥沙淤高了一丈二尺。按清代一营造丈为 3.2 米，一营造尺为 32 厘米计算，平均每年淤高 12 毫米。从同治六年（1867）至 1981 年永定河下游干涸停止淤积，

①　乾隆《东安县志》卷二《建置志·城池》。
②　《光绪顺天府志·地理志三·城池》，第 655~656 页。

历时 113 年，原高一丈五尺的东安县城墙已完全淤埋在地下，也就等于东安县城附近至少又淤高了一丈五尺，平均每年淤高 42 毫米，淤积速度比同治之前快了近三倍。民国八年（1919）刊行的《大中华京兆地理志》云："安次县在京兆尹治东南一百四十里。原有土城，倾颓已久，四门惟东门有城楼，余多因永定河决口冲刷，每次决口，必淤土数寸。近三十年，城外平地比旧日平地高五尺。城内转成低地，雨后积潦无所泄，就城内荒废之地，潴为污池。"① 据此推算，清末民初安次县城附近地面，每年平均淤高 53 毫米以上。2001 年 5 月 18 日下午，我们在廊坊市文物管理处刘化成先生带领下，前往东安旧城址所在地光荣村考察，据村民郭福友（音）老人（时年 76 岁）相告，从前的东安县城土城墙"从城外看有二米多高，宽一丈余。1953 年大水冲淤，淤高六七尺，几乎与城平，甚至淤埋"。② 一次洪水就能淤积厚达两米以上，闻之令人惊诧不已。

清代后期以来，除了永定河中上游流域的水土流失加重，下游河道的迁改也是导致泥沙淤积速度加快的主要原因（见图 9-2）。按照《清史稿·河渠志》梳理的线索，康熙年间修建的永定河大堤，下游经固安县北、永清县东，在永清县东南部进入东安县南境。嗣后，永定河的河身与河口淤积日渐加重，这个区域的地面迅速增高，迫使其下尾由南向北迁徙。乾隆年间多次兴工，把北堤变为南堤的同时另筑北堤。乾隆三十八年（1773）调河头河道淤塞，河水由东安县响水村直趋沙家淀。东安县城（今光荣村）位于响水村（今有北响口、南响口、中响口）西北约二十五里，彼此并不遥远。四十四年（1779）展筑新北堤，废去濒河旧堤，使河身宽展。嘉庆年间，永定河大溜趋向武清县杨村以西二十七里的黄花店。东安县城位于黄花店西北二十五里，并有永定河故道相通；上游的宛平县张客村、求贤村等处（今属大兴区）决口后，洪水也顺势向东南归

---

① 林传甲：《大中华京兆地理志》第一百二十五章《安次县》，武学书馆，1919 年印行。
② 本书作者调查访问记录。谨向相关人士致谢！

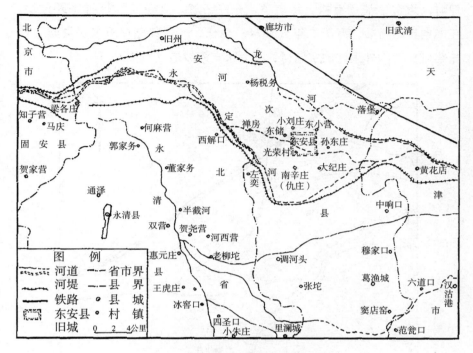

图 9-2 清末永定河尾流位置略图

资料来源：河北省测绘局：《河北省地图集》，1981，有所改动。

入凤河，东安县城一带由此变为常遭冲击之区。光绪二十五年（1899）直隶总督裕禄称：永定河"从前下口遥堤宽四十余里，分南、北、中三洪。嗣因南、中两洪淤垫，全由北洪穿凤入运。"① 多种因素的叠加，致使东安县城最终被淤沙掩埋。

二 "土埋半截"的明代墓碑

刘体乾，字子元，东安县人。嘉靖二十三年（1544）进士，累官至通政使，迁刑部左侍郎，改户部左侍郎。隆庆初，进南京户部尚书。善于

———————

① 《清史稿》卷一百二十八《河渠志三》，第3809~3814页。

理财，为官"清劲有执，每疏争，积忤帝意，竟夺官"。① 神宗即位后，任南京兵部尚书。万历二年（1574）致仕，卒。其墓在原东安县城（今光荣村）北门外里许的东储村，北靠永定河故道（见图9-3）。

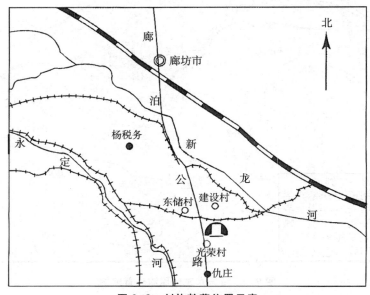

图9-3　刘体乾墓位置示意

资料来源：李明琴：《明兵部尚书刘体乾墓神道石刻》，《文物春秋》2011年第5期。

四百多年后，墓碑已经完全淤埋在地下。永定河在1950年和1953年的决口泛滥，是当代对墓碑所在区域最具关键作用的两次淤埋。2001年，我们调查时看到，可能是人工挖了一个大坑，雕刻精致的蟠龙碑首才显露出来，碑身、碑座仍然深埋不露。露出的碑首高约1米，估计碑身加上碑座当在2米半至3米，墓碑通高应在3米半至4米。自立碑至今，权且以400年计算，墓地周围平均每年淤高8~10毫米，与东安县城的淤积速度大致相当。另据考古专家报道，2003年为配合公路施工，廊坊市文物管理处对刘

① 《明史》卷二百一十四《刘体乾传》，第5663页。

体乾墓地的石刻进行了抢救性清理搬迁，共清理出被淤埋地下的石牌坊、神道碑、石像生等石刻 14 件（座），未做其他的清理挖掘。①

安次境内还有多处碑刻被淤埋。2001 年，我们实地调查时，据廊坊市文物管理处提供的资料，杨税务乡禅房村（位于廊坊南二十二里，西距今永定河四里）西北一里，有明万历十七年（1589）刻石的"重修法华寺碑"，通高 2.5 米，现仅见碑额露出地面。大北尹乡左奕村（在禅房村南十里，今永定河南岸），有清顺治十七年（1660）立"重修观音禅寺碑记"，碑高 2 米，亦仅见碑额露出地面。南辛庄乡宋王务村东二里，有康熙二十八年（1689）立"重修药王庙碑"，高 2 米余，半淤埋在地下。桐柏镇上庄头村西一里，有"大唐故高主郑府君之碑"，也只有碑头露出地面约 0.6 米。这些古碑与刘体乾墓碑被淤埋的状况，都是永定河决溢泛滥造成地面淤积的见证。

三　深埋十米的隋代水井

永清县城西北四五里，有村庄叫做通泽，是隋代通泽县的旧治所在。北宋《太平寰宇记》载：永清县，在幽州东南一百五十里，"本汉益昌县地，隋大业七年（611），于今县西五里置通泽县，隋末废。……桑干水在县北十里，东南流"。② 清初《读史方舆纪要》亦称："通泽废县，在县西五里。隋大业七年置，属涿郡，寻废。"③ 通泽村外有村民挖土形成的大坑，面积有上千平方米，深处已达十余米。大坑底部出露有古井数眼，井中无水，还可见到修砌井壁的砖头，井筒中留有不少陶质水罐的碎片，其特征显示是隋唐遗物。据 2001 年陪同我们实地考察的永清县文物管理所赵红叶、刘米兰同志相告，通泽村 1994 年 5 月出土的铭文墓砖，砖铭为"隋大业十二年岁次丙子三月丁亥十六日壬寅，通泽县昌乐乡雕龙里散人张善敬之枢铭"。据此可知通泽村历史悠久，在隋代作为县城的

①　李明琴：《明兵部尚书刘体乾墓神道石刻》，《文物春秋》2011 年第 5 期。
②　《太平寰宇记》卷六十九《河北道十八·幽州·永清县》。
③　《读史方舆纪要》卷十一《直隶二·顺天府·永清县》，第 484 页。

地位尤为重要。

隋代的水井已埋没于地下 10 米左右，从隋大业七年置通泽县算起，至今已有 1400 年之久，这里的地面淤积速度平均每年达 7 毫米左右。永清县文物管理所的同志转告，在这个大土坑高约 10 米的东壁上半部，有几株碗口粗的树直立在被泥沙埋在土层之中。据一般规律推断，这很可能是几次特大洪水连续淤积的结果。廊坊市文物管理处刘化成同志，老家就在旧东安县城附近。他在 2001 年相告：自家曾在靠永定河北堤的地方打井，至地下 8.5 米深，抽出的水中有朽木渣，还有唐币"开元通宝"。如此看来，旧东安城一带在唐代时的地面，已在今地面以下 8.5 米左右的深处了。

新修《固安县志》记载，公主府古墓"位于公主府砖厂南 200 米处，系 1984 年 5 月砖厂工人取土时发现的。此墓距地表 8 米，为圆拱形砖结构……属晚唐至五代形式"。[①] 公主府村在固安县城西南六七里，如果与永清县通泽村大土坑出露的隋代水井以及永定河堤旁打井发现"开元通宝"的情况联系起来，大致可以初步推定：在永清、固安、安次等县境内，隋唐时期的地面普遍要比现在低 8 米至 10 米，其营造动力就是历史上永定河的泥沙淤积。

四 高差丈余的两代河堤

冰窖村位于永清县东南三十里，康熙三十七年（1698）整治永定河，"自良乡老君堂旧河口起，迳固安北十里铺、永清东南朱家庄，会东安狼城河，出霸州柳岔口三角淀，达西沽入海"。[②] 朱家庄在冰窖村东南三里，这道永定河大堤就经过冰窖村。因为这里曾是永定河河口所在，河道改迁频繁，泥沙壅塞也最严重。2001 年，家住冰窖村的县文物管理所赵红叶同志，陪同我们到实地考察。康熙年间修筑的永定河大堤顶，已与两侧地

---

① 固安县志编纂委员会：《固安县志》，中国人事出版社，1998，第 746 页。
② 《清史稿》卷一百二十八《河渠志三》，第 3809 页。

面基本持平，略微显出大堤是西北—东南走向。其东数里，另有两道接近南北走向的大堤，据赵红叶同志介绍，它们始建于道光年间。其地已高出康熙年间所筑大堤一丈有余，之所以差距如此巨大，不是因为河堤本身显著增高，而是河堤的地基被永定河的泥沙淤高所致。

五 古船揭示的环境变迁

1988 年 10 月下旬，在左安门外方庄住宅小区工地，出土了一艘古代木船。船体倒扣在淤沙中，平底方形，用长条木板、榫卯结构拼制而成。全长 14.6 米，头宽 3.9 米，尾宽 4.7 米。出土位置在今地表下 8.7 米，东距左安门约 500 米，北距护城河约 300 米。考古工作者根据出土地点和地层层位分析，认为该船的时代不晚于元代。[①] 1991 年 11 月在朝阳区小红门构件厂出沙场内，出土了一艘用整根柏木剜制而成的独木舟。全长 9.7 米，头部宽 0.6 米，尾部宽 1.1 米，舟体最宽处 1.16 米，舱内及底部发现完好的唐代瓷碗、陶钵等器物。出土地点南距凉水河约 200 米，独木舟埋在淤沙内，底部距今地面 3 米（或称 4 米）。北京市文物研究所清理时，在今地面下 1 米深处的沙层发现少量明代青花瓷碗残片，深 2~2.5 米的沙层内有金与元代的残沟纹砖及白瓷、钧窑瓷碗、罐残片。考古工作者断定，独木舟应为唐代遗物。[②]

根据永定河环境变迁与北京城市发展的已有研究推断，古船的出土地点应属汉代灅水（高梁河）故道，古独木舟应出自北魏至隋代的灅水故道。古船淤埋的深度和地点表明，其时代应当早于古独木舟所属的唐代。古独木舟的出土环境显示，自唐代以来的千余年间，北京南郊地面淤高了 3~4 米，平均每年淤高 3~4 毫米。金、元时期的淤积速度与此前大致相同，明代以来略为减慢。设若方庄小区地下 8.7 米出土的古船真是元代遗物，则该地在此后六七百年间的淤积速度，可达到平均每年 10 毫米以上。

---

① 王有泉：《北京地区首次发现古船》，《北京考古信息》1989 年第 2 期。
② 王武钰：《朝阳区小红门出土一只独木舟》，《北京文物与考古》第三辑，北京市文物研究所 1992 年印行。

即便船体翻扣在三四米深的河底，地面淤积的厚度也应达到 5 米多，然而，北京南郊自元代以来的永定河淤积却不可能达到这样的程度。这是因为，自唐代以后，永定河的流向继续由卢沟桥附近奔向东南或西南。尽管元明时期曾在看丹口分出一派东入白河（潞河，今凉水河前身），但这一支派的水量毕竟有限，根本达不到六七百年间淤积 5~8 米的力度。清康熙年间修筑大堤后，永定河下游的改道泛滥和泥沙淤积主要发生在固安、永清、东安、霸州、武清等县境，北京近郊接受永定河泥沙淤积的机会很少，也就不可能淤埋元代的古船，其时代应当比元代早得多。古船与独木舟的出土地点与埋藏地层，由此成了区域环境变迁的指示物。

六 淤埋已久的清代石桥

1991 年 5 月，京石高速公路建设者在丰台区南岗洼施工时，于地下 2.5 米深处的淤积沙土中发现一座保存基本完好的石桥。该桥采用花岗岩石料建成，五孔券洞式，全长 44.75 米（或称残长 52 米），桥面宽 9.13 米（或称正桥面最宽 9.55 米），桥墩高 1.45 米，迎水侧楔形，桥下河底铺有海漫石。① 或以为此桥是明万历四十二年（1614）修建的永安桥，但更直接的证据表明应是清雍正三年（1725）修建的通济桥。

清乾隆二年（1737），文学家方苞《良乡县冈洼村新建通济桥碑记》云：

> 沛上人初至京师，居禁城西华门外道旁小庵，遂兴其地为禅林，敕赐"静默寺"，一时王公贵人多与之游。康熙六十一年，余充武英殿修书总裁，托宿寺中。与之语，窥其志趣，乃游方之外而不忘用世者。遂淹留旬月，自是为昵好。上人本师在安肃，又尝兴寿因寺于良乡。每经冈洼村，闵行旅涉河之艰，偶见车偾马伤，遂竭资聚建石桥。石工别耗之，功不就。久之，郡丞经过，泛询而得其情，将诘

---

① 齐心主编《图说北京史》（下），北京燕山出版社，1999，第 326 页。

治，乃获讫工，时雍正三年二月也。越十年，而请余为碑记。

余尝见上人居母与兄之丧，沉痛幽默，虽吾党务质行者，无以过也。营田之兴，庸吏建闸障水于安肃之瀑河，每岁伏秋，流漂数十里，村落阻饥。上人见往来寺中者，辄指画形势及土人荡析离居状。语闻于河督顾公，奏复其旧。内府有疑狱，大小司寇奉命谳决，众会于寺以待事。中有以深刻为能者，上人危言以怵之，闻者莫不变色易容。噫！使夫人而有官守，其急民病、直言抗节当如何。朱子尝病吾道之衰，而叹佛之徒为有人，其有以也。夫兹桥去京城四十里而近，乃冠盖往来之冲。故志上人成此之艰并及其志行，俾儒之徒过此而寓目者，有以观省而自矜奋焉。乾隆二年八月，方苞记。①

方苞的碑文表明，始于僧人义举的南岗洼石桥，就是雍正三年（1725）三月竣工的通济桥，处于距离京城不足四十里的交通要冲。南岗洼东北距北京广安门直线距离为三十五里，实际路程约四十里，正与方苞描述的方位、里距相符。《光绪顺天府志》记载，此桥跨于顺水河即义河之上。② 南岗洼石桥被发现时，"望柱及栏板均向南侧倾倒，显然是最后一次洪水冲刷所致"。③ 这次洪水，可能就是发生在清嘉庆六年（1801）的特大洪灾。嘉庆帝撰写的《辛酉工赈纪事》序文称："嘉庆六年辛酉，夏六月，京师大雨数日夜，西山诸山水同时并涨，浩瀚奔腾，汪洋汇注，漫过两岸石堤土堤，决开数百丈。下游被淹者九十余州县，数千万黎民，荡析离居，飘流昏垫。诚从来未有之大灾患。"④ 相关档案记载："西北山水骤至，永定河水深一丈八九尺，卢沟桥洞不能宣泄，漫溢两岸，直泻长新店等村。""永定河南岸决口，自长新店后身与原有山河汇而为一。沿途挟沙涨漫而行，至良乡以南归于大清河。""岗洼村坍塌房屋七十余

---

① 方苞：《方望溪全集》卷十四《良乡县冈洼村新建通济桥碑记》，第213页。
② 《光绪顺天府志·河渠志十二·津梁》，第1736页。
③ 王策：《丰台区南岗洼明代石桥》，《中国考古年鉴》，文物出版社，1992。
④ 《清仁宗实录》卷九十八，嘉庆七年五月。

间。"是年六月二十四日，山西布政使奏称："良乡南关外桥冲倒，水深四五尺。涿州北门外大石桥冲断，溜势汹涌。"[①] 永定河在卢沟桥西岸决口后由长新店南流，南岗洼通济桥正处在洪水大溜上，完全可能被这次大水冲毁淤埋。良乡城南门外的桥和涿州北门外大石桥俱被冲坏，足见此次洪水破坏力之强。嗣后，清末光绪年间又有几次大水淤积，通济桥就这样被深深地埋在了地下。

从雍正年间建成到1991年重见天日，在前后266年的时间里，通济桥被2.5米厚的沙土掩埋，平均每年淤积9毫米以上。通济桥略呈拱形，初建时桥面应会高出周围地面，这就意味着实际淤积的厚度必在2.5米以上，平均每年淤积可能不少于10毫米。这种淤积当然不会匀速进行，具有决定性影响的无疑是永定河决溢带来的巨量泥沙。永定河善决善淤的河性，直至1949年以后才被逐步改造过来，继而又转向了与频繁泛滥完全相反的断流状态，为近年来的生态恢复留下了艰巨的任务。

---

① 《清代海河滦河洪涝档案史料》，第265、268、369、273~274页。

第十章 人地互动：顺势而为与积极改造

人类与环境相互关联、相互依存，或主动改造已有的环境，或在已有的自然条件之下做出主动的或被动的顺应，其宗旨都是为了趋利避害，维系人的生存与社会的需求。在京津冀地区人与环境的相互作用进程中，这两类情形都普遍存在。北宋时期白洋淀地区的环境改造，促使区域水系与农业生产的状况得以调整。白洋淀周边与文安洼之内村落的形成，也是人类在一定的自然环境和社会条件的约束与支撑之下的逐渐创造。明代前期从山西和江南向华北地区移民，是以国家权力手段改变战争造成的民生凋敝与社会残破的有效尝试。北京南苑地区从元明清时代的皇家园林到清末民国时期被迅速开垦为农田，是国家政策与内外形势扰动区域环境的结果。通过这些事例，可以看到京津冀地区人与环境相互作用的某些侧面。

第一节 北宋对白洋淀地区的环境改造

北宋与辽（契丹）以白沟一线为分界，白洋淀地区成为距此不远的前沿地带。在这样的背景下，连成一片的河沼水泊具备了阻滞契丹骑兵南下的军事地理意义。北宋据此构筑的防线被后世比喻为"水长城"，与之并行的开田种稻、植树造林，则是塘泊政策在军事之外的重要收获。泊，本作淀，兹从今例。塘泊政策，即北宋利用河塘与水泊的原则与做法。

一　北宋初期塘泊政策的形成

众水汇聚的白洋淀地区，仅《宋史·河渠志》著录的重要淀泊就有三十多个。这里处于太行山东麓冲积扇交接洼地之内，彼时"自雄州（治今雄县）东际于海，多积水"，[①] 来自西北的拒马河（白沟河）诸水与来自西南的滹沱河诸水，在文安洼以北相继汇入黄河转而东去，随其沿今之海河一线进入渤海。夹在上述两大河系之间的白洋淀，既要承接西来诸水的汇入，又与南北两大河系诸水构成一个相互联通的扇形水网。众多河道在广阔流域内聚集的降水，须经下游狭细的尾闾排出。夏秋汛期宣泄不及，往往酿成水患。

北宋前期曾有数次洪水暴发，太平兴国八年（983）六月，"雄州易水涨，坏民庐舍"；雍熙二年（985）八月，"瀛（治今河间）、莫州（治今任丘）大水，损民田"。淳化二年（991）七月，"雄州塘水溢，害民田殆尽"。[②] 旱灾影响的范围更广，白洋淀地区即使有星罗棋布的河淀，如果没有进行有效治理和利用，也难以抵御干旱的侵扰。建隆三年（962）"河北大旱，霸州苗皆焦仆"。[③] 夏季炎热多雨、排水不畅导致地下水位过高，冬春干旱多风、土壤水分强烈蒸发带动表层盐分析出聚集成盐霜、湿盐斑或盐结皮，若非加以改造就难以耕作。在宋代形成的部分聚落中，有些命名语词就反映了当时极为严重的土壤盐碱化的地理环境。

与发展农业耕作、减少自然灾害的需求相比，白洋淀地区成群的河淀塘泊所具有的军事价值，尤其受到北宋朝廷和地方官员的重视。放眼北宋东京（汴京、开封）与契丹陪都南京之间的区域，黄河与开封近在咫尺，作为边界的白沟河及其以南的白洋淀等河淀，是北宋在海河平原上构筑军事防线时唯一可以依赖的天然形胜，而且是自太行山东麓至渤海湾之间距离最短的路线。如果此线失守，契丹军队很快就能越过海河平原向开封挺

---

① 《宋史》卷一百七十六《食货志上四》，第 4263 页。
② 《宋史》卷六十一《五行志一上》，第 1322、1323 页。
③ 《宋史》卷六十六《五行志四》，第 1438 页。

进。在这样的军事形势下，端拱二年（989）沧州节度副使何承矩上疏，提出了修筑塘泊防线与屯田戍边相结合的战略构想。他认为："若于顺安寨（今高阳县东）西开易河蒲口，导水东注于海，东西三百余里，南北五七十里，资其陂泽，筑堤贮水为屯田，可以扼敌骑之奔轶。俟期岁间，关南一带诸泊悉壅阗，即播为稻田。"① 按照何承矩的设计，利用自然条件构筑限制敌骑的防线，经过大约一年的时间，瓦桥关以南（今白洋淀以东、大清河以南至河间一带）的所有淀泊都已蓄水完毕，随之即可开辟为稻田，实现收地利以实边、设险固以防塞的目标。北宋在此后的一百多年间实施了这一计划，白洋淀周围的水文环境与土壤状况也因此发生了显著变化。

二　塘泊政策推进农田水利开发

淳化四年（993），此前提出构筑塘泊防线的何承矩出任雄州知州，得以在宋辽交界地带的最前沿把自己的理想变为现实。他主张仿照汉唐屯田实边的传统，"因积潦蓄为陂塘，大作稻田以足食"。沧州临津县（治今东光东南）县令黄懋亦称："今河北州军多陂塘，引水溉田，省工易就。三五年间，公私必大获其利。"何承矩被任命为制置河北沿边屯田使，管理边境各州镇兵兴修水利的事务，为此投入的士兵达到一万八千人。"凡雄、莫、霸州，平戎、顺安等军，兴堰六百里，置斗门，引淀水灌溉。"② 平戎军治今文安新镇，顺安军治今高阳旧城。经过多次探索和改进，种植水稻和开发水产都获得成功。"由是自顺安以东濒海，广袤数百里，悉为稻田，而有莞蒲蜃蛤之饶，民赖其利。"③ 何承矩的成功带动了其他州军屯田种稻，咸平四年（1001）"于静戎军东壅鲍河，开渠入顺安、威虏二军，置水陆营田于其侧"。④ 鲍河，或作鼋河、瀑河。静戎军、

---

①　《宋史》卷二百七十三《何承矩传》，第 9328 页。
②　《宋史》卷一百七十六《食货志上四》，第 4264 页。
③　《宋史》卷二百七十三《何承矩传》，第 9328 页。
④　《宋史》卷一百七十六《食货志上四》，第 4266 页。

威虏军，分别治今徐水与县城西北二十里的遂城。河水被截流后抬高了水位，便于开渠引入两岸的土地。稻田表层长期被水淹浸，土壤中的盐分和黏粒淋溶沉淀后，形成板结紧实的犁底层，在它上面则是糊泥状的耕作层。通过耕作方式的革新，土壤的不良性状大大减轻，原来无法种植的盐碱地变成了结构松散的良田。大约在天禧五年（1021），"诸州屯田总四千二百余顷，河北岁收二万九千四百余石，而保州最多，逾其半焉"。① 保州治今保定，白洋淀地区大多在其行政管辖范围内，作为北宋屯田实边的主体部分，至此已经初见成效。

从北宋太宗时期开始，契丹军队南下海河平原经行的路径，是顺安军以西至北平（治今顺平）长达二百多里的开阔地带。仁宗明道二年（1033）采用知成德军（治今正定）刘平的建议，"以引水植稻为名，开方田。随田塍四面穿沟渠，纵广一丈，深二丈，鳞次交错，两沟间屈曲为径路，才令通步兵。引曹河、鲍河、徐河、鸡距泉分注沟中，地高则用水车汲引，灌溉甚便"。② 方田四周开掘深沟，促使水分下渗到沟里排走，耕作层以下的地下水位随之降低。再引来上游的河流与泉水加以灌溉，提高了土壤盐分的淋溶速度。诸如此类的以水洗盐压碱之法，至今仍是行之有效的土壤改良措施。神宗熙宁年间多次开渠引水，以保持淀泊陂塘的水量，既以满足稻田用水，又能使塘泊成为深不可徒涉、浅不可行舟的险固之地。经过几十年经营，到熙宁年间，宋朝已在北部边境建成河渠淀泊连为一体的"水长城"。《宋史·河渠志》记载："其水东起沧州界，拒海岸黑龙港，西至乾宁军，……自何承矩以黄懋为判官，始开置屯田，筑堤储水为阻固，其后益增广之。凡并边诸河，若滹沱、胡卢、永济等河，皆汇于塘。"③ 这段引文已见前面第四章《昔日明珠：湖泊沼泽的萎缩湮废》，其中涉及的乾宁、信安、保定、广信诸军以及安肃县，分别治今青县、霸州信安镇、文安新镇、徐水遂城与徐水城关。霸州莫金口，在今文安西北

---

① 《宋史》卷一百七十六《食货志上四》，第 4266 页。
② 《宋史》卷九十五《河渠志五》，第 2360 页。
③ 《宋史》卷九十五《河渠志五》，第 2358~2359 页。

四十里口头村。鸡距泉，位于保定西北三十里。雄州由知州何承矩主持、判官黄懋辅助的先行实践，带动了整个区域对塘泊政策的实施。在西起今满城北山、东至天津东南的广大区域内，大清河的几条支流与三十余处洼淀互相沟通，滹沱河、滏阳河、漳河、卫河也被引入其中，形成了绵延九百里的水网。这个水网不仅增加了契丹骑兵南犯的障碍，对水文和土壤环境的改造作用尤其明显。上游河水向尾闾宣泄的凶猛势头受到抑制，汛期河水上涨和积聚的过程相对延长，各河淀之间的水量调节也有助于减轻水患，农田灌溉条件随之明显改善。

与建设白沟以南一线塘泊防线密切呼应，北宋以植树造林作为阻止契丹骑兵南下的辅助措施。仁宗明道二年（1033），侍禁刘宗言"奏请种木于西山之麓，以法榆塞，云可以限契丹也"。① 到神宗时，营造森林屏障之事得到显著推进。熙宁元年（1068）采纳王临的建议："保州塘泊以西，可筑堤植木，凡十九里。堤内可引水处即种稻，水不及处并为方田，又因出土做沟，以限戎马。"② 二年（1069），朝廷劝民栽桑，"民种桑柘毋得增赋。安肃、广信、顺安军，保州，令民即其地植桑榆或所宜木，因可限阂戎马。官计其活茂多寡，得差减在户租数。活不及数者罚，责之补种"。③ 五年（1072），东头供奉官赵忠政建议："请自沧州东接海，西抵西山，植榆柳桑枣。数年之间，可限契丹。"七年（1074）六月，河北沿边安抚司提出："于沿边军城植柳莳麻，以备边用。"④ 这些建议的实施，有助于沿边地区的林网化。徽宗大观二年（1108）六月朝臣奏报："河朔沿西山一带林木茂密，多有逋逃藏匿其间。"⑤ 这些区域也应包括保州以西的太行山东麓，从反面证实了原始植被的延续与植树造林的成效。植被覆盖率的提高有助于削弱水土流失、减轻河道淤塞，维系整个水网在较长

① 《宋史》卷九十五《河渠志五》，第2360页。
② 马端临：《文献通考》卷六《田赋考六·水利田》，中华书局，1986年影印版。
③ 《宋史》卷一百七十三《食货志上一》，第4167页。
④ 《宋史》卷九十五《河渠志五》，第2362页。
⑤ 徐松辑：《宋会要辑稿》第一百七十七册《兵一二》，中华书局，1957年影印本，第6960页。

时期内的平稳运行。

自然环境的变化并非总能服从人的意志，白洋淀周边实施的大规模环境改造，终究难以完全避免水旱灾害的发生。宋真宗咸平五年（1002）二月，"雄霸瀛莫深沧诸州、乾宁军水，坏民田"；大中祥符九年（1016）九月，"雄、霸州界河泛溢"。仁宗天圣六年（1028）七月，"雄、霸州大水"。即使是在塘泊改造已经实施有年的神宗熙宁元年（1068）秋，仍然有"霸州山水涨溢，保定军大水，害稼，坏官私庐舍、城壁，漂溺居民"。① 不过，在北宋最后的六十年间，《宋史》涉及河北东西路的 6 次水灾，并无一次确指发生在白洋淀周围某州县，表明这一带抵御洪水的能力有所增强。引水灌溉的推广，对于减少旱灾也具有显著作用。根据《宋史·五行志》的记载，自淳化四年（993）开筑塘泊到靖康二年（1127）北宋灭亡的 130 多年间，发生在河北东西路的 6 次干旱可能对白洋淀周边区域有所影响，某个州县却无干旱成灾的记录；有 15 个年份出现了往往与干旱相伴的蝗灾，明确记载发生在白洋淀周边的只有"大中祥符二年（1009）五月，雄州蝻虫食苗"；九年（1016）六月河北等路"蝗蝻继生，弥覆郊野，食民田殆尽，入公私庐舍"②，可能也会影响白洋淀地区。但从总体上看，塘泊系统的改造发挥了维护良好水文环境的作用。

三　环境改善促进社会发展

宋辽南北并峙使白洋淀地区的塘泊具备了军事与农业的双重意义，水涝盐碱区经过改造变成了比较稳定的鱼米之乡，进而带动了人口繁殖与社会发展。在尚未开筑塘泊的太平兴国五年（980）至端拱二年（989）期间，白洋淀地区各州、军，共有主、客户14254 户；到塘泺系统业已完善的元丰初年（1078），上升为83498 户；崇宁元年（1102）进一步达到92938 户，在 120 多年间增长了 5.5 倍。③ 随着环境改善与人口增加，白

---

① 《宋史》卷六十一《五行志一上》，第 1324、1325、1326、1327 页。
② 《宋史》卷六十二《五行志一下》，第 1356 页。
③ 据梁方仲《中国历代户口田地田赋统计》附甲表 35、36、38 统计。

洋淀周边地区的聚落比前代更为密集，有些还产生了长期的历史影响。宋代的保、霸、雄、莫等州，安肃、文安、大城、北平等县，保定、新安、顺安等军，它们的治所在当代依然是所在市县的政府驻地或重要集镇，当然也是地方性的经济文化中心。依据1984年地名普查资料统计，在保定、任丘、霸州、清苑、徐水、雄县、容城、安新、文安、青县、高阳11市县境内，现存的自然村有740多个形成于北宋时期，考虑到村落在北宋至今近千年的变迁状况，当年实际存在的村落肯定不止这些。即使如此，北宋时期区域聚落的密集分布，仍然不失为环境改造促进社会发展的一种象征。

区域环境的优劣与时代政治和内外局势的变化密切相关，在北宋末期的哲宗、徽宗两朝四十年间，淤垫干涸的塘泊未能得到及时开浚，削弱了沿边塘泊的军事作用。片面追求种稻收益的地方州县，把塘泊积水排出而辟为稻田之举，严重削弱了它们的滞洪调节功能。西部山麓的森林在元代以后大体毁于兵燹或过度砍伐，入淀诸河挟带的大量泥沙造成当年"屈曲九百里"的水网逐渐淤废。尽管如此，以白洋淀为中心的淀泊群仍然延续了三四百年，保定与天津之间的水上交通直到距今半个世纪前后仍然畅行无阻。以明代中叶吟咏地方风物的诗歌为例，其间多有对白洋淀地区北方水乡生活的反映。王世贞从天津泛舟至霸水，其夜泊诗云："系网青枫树，藏身白荻花。回风喧雁鹜，隙日出鱼虾。"① 诸如此类的文学作品，都是地理环境的艺术再现。

河流水文状况的调节，尤其是水灾的预防和治理，上下游之间的矛盾往往不易协调。北宋一度成功制约的区域洪水，后世随着淀泊淤塞而再度成灾，与白洋淀毗连的文安洼更是深受其害。这个历史过程表明，北宋引河入淀虽然也不免泥沙淤积，但在滞缓洪水、改良土壤、推广种稻等方面的总体效益仍然值得肯定。从军事出发而构筑的平原水网防线，在和平时期就是一项水利工程，并且成为促进区域人口和聚落增长的外在条件。只

---

① 《长安客话》卷六《畿辅杂记》，第116页。

要下游河道畅通，上游能够保持含沙量较小的充足水源，就可以形成生态环境的良性循环。引水种稻改良盐碱，植树固土减少河流入淀的泥沙，是屡试不爽的历史经验。晚近时期由于大尺度的气候连续干旱以及上游各河水库的层层截流，白洋淀水域曾经多年日趋收缩直至干涸，上游工厂沿河排放的工业废物造成的环境污染更是前所未有。恢复过去的淀泊群已成为不切实际的梦想，而综合治理入淀各河的水环境，协调保护整个流域的水资源，积极推进跨流域引水和水污染治理，则是长期维系华北平原这一宝贵水体的生态功能与经济功能的当务之急。北宋的多水环境已被当代的缺水环境替代，治理对策无疑需要既汲取历史经验又适时变通。最近几十年以高昂代价换来了淀区相对良好的生态环境，尤其应不断解决如何利用现代科技保持其可持续发展的问题。

第二节　白洋淀周边环境的地名学考察

按照地名学的观点，"一个地名或地名群，往往能够为我们提供一点或一系列的线索，以研究那个地点或地区的语言、民族、地理、历史的背景，而且往往可能提供某种重要的历史侧面"。[1] 在白洋淀地区的安新、容城、雄县、任丘、高阳五市县，20 世纪 80 年代调查时有 1026 个自然村。乡村聚落命名的依据出于自然环境和社会历史的某种特征，由此产生的地名语词转而成为对所在地域的自然或人文特征的直接表述。通过分析它们的名称来源、语词含义、分布特征和出现年代，反过来可以追溯聚落形成的历史地理背景，这也是认识人类活动作用于区域环境的一种途径。

一　聚落发展从周边向腹地推进

晚近时代的考古发掘表明，白洋淀地区北部人类定居的年代，可以追溯到新石器时代。容城上坡磁山文化遗址和安新留村仰韶文化遗址，揭示

---

[1]　褚亚平主编《地名学论稿》，高等教育出版社，1986，第 1 页。

了早期居民的生活景象。结合历史文献与地名语源的挖掘，在今容城县平王、晾马台、北剧、南剧、留通、南阳、古贤，安新县三台、赵北口、安州、新安，任丘市长丰、鄚州等地，先秦时期已经相继形成聚落。西汉时期，高阳（治今旧城）、容城（治今城子村）、鄚县（治今任丘鄚州）、阿陵（治今任丘陵城）诸县的设置，是白洋淀地区人口与聚落明显增多的结果。

白洋淀地区聚落的发展变迁，具有由周边向腹地推进的特征。在环绕现代水域的陆地上，外围地带集中了北宋以前形成的聚落。由北部的小里、三台、平王、杨西楼、雄州镇、亚古城，到东部的赵北口、古州村、鄚州镇、三塚，南部的孟仲峰、拥城、三岔口、苇元屯、板桥，早期聚落的分布呈现为断断续续的半环状圈层。安新中部的寨里、安州、际头以及南部的中青、同口诸乡所在的水域边缘地带，以宋代形成的聚落为主。明清时期出现的聚落主要分布在其他区域，也点缀在早期聚落集中出现的地带，使那里的聚落变得更加密集（见图10-1）。聚落发展由北部边缘地区开始向中心区域推进，反映了人类生活与区域开发的基本走向。

国家以行政区划系统管理地方事务，聚落的增长是设立各级区域统治中心的基础。依据当代地名普查对安新、容城、雄县、任丘、高阳五市县现存聚落形成年代的初步判断统计，约有120个始于周至五代，占总数的11.5%。以宋代之前政区设置的情形衡量，历史上实际存在的聚落要远多于这个数字。究其原因，就自然环境而言，古代河流纵横交错、湖沼星罗棋布的自然环境，延缓了人们建立居民点的进程，淀区普遍存在的盐碱地不利于农业耕作，在经过重大的环境改造之前，难以出现大面积的聚落密集区；再从社会发展的角度看，历史上的战争常常造成聚落的毁灭，几户或几十户人家组成的小聚落难以抵御严重的洪水、干旱等灾害，一旦流落异乡就可能导致原有聚落消失；若从流传途径而论，若非与重大历史事件或重要人物的活动密切相关，微不足道的小聚落被载入文献的概率很低，统治者关注的地名也主要是县级以上的行政区域及其治所的名称，小聚落的来龙去脉往往无从追寻。宋代以后的生产发展与人口增长促进了聚落扩张，地方志等类文献的纂修也使聚落的名称、渊源、现状得以记录，白洋淀地区的聚落发展因此也有了更多的线索。

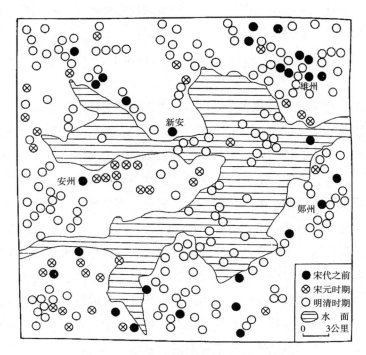

图 10-1　白洋淀地区聚落形成年代示意

资料来源：褚亚平、尹钧科、孙冬虎：《地名学基础教程》，中国地图出版社，1994，第 184 页。

二　宋代环境改造促使聚落增多

北宋进行的白洋淀地区环境改造，对聚落发展与命名特色的形成具有主导作用。地名普查初步显示，这个区域现存聚落中有 130 多个始于北宋，其中高阳 35 个，其余市县各有 20 个以上，为形成后来的聚落分布格局奠定了重要基础。

契丹在与北宋进行军事对抗的阶段，通常选择沿着太行山东麓地势较高的平旷地带进兵，有意避开东部骑兵难以跨越的淀泊群，北宋因此利用地理环境建设塘泊防线。沈括记载："瓦桥关（今雄县）北与辽人为邻，素无关河为阻。往岁六宅使何承矩守瓦桥，始议因陂泽之地潴水为塞。欲自相视，恐其谋泄。日会僚佐，泛船置酒，赏蓼花。作《蓼花游》数十篇，令座客属和，画以为图。传至京师，人莫喻其意。自此始壅诸淀。庆历中，内侍杨怀敏复踵为之。至熙宁中，又开徐村、柳庄等泊，皆以徐、鲍、沙、唐等河，叫猴、鸡距、五眼等泉为之源，东合滹沱、漳、淇、易、白等水并大河，于是自保州（今保定）西北沈远泊，东尽沧州泥沽海口，几八百里，悉为潴潦，阔者有及六十里者，至今倚为藩篱。"[1] 北宋在水网阻滞辽兵南下的同时，将引水灌溉、开田种稻推广到数百里的范围内，由此带动了白洋淀地区聚落的增长，不少聚落的地名语词就记录了命名时期的某种自然或人文特征。

聚落所在地域的自然环境特征，在地名语词中具有多方体现。白洋淀地区处在永定河冲积扇与滹沱河冲积扇之间的交接洼地范围内，受高位地下水和季节性地表积水的制约，普遍分布着重度盐化潮土。高阳北尖窝村在宋初形成聚落时，居民以煮盐为生，因此曾名煎盐窝。任丘白塔村建于北宋末年，春秋两季地表泛起白色盐霜，村内房屋高低错落、远望如塔，因此被比喻为白塔。诸如此类的命名，都是水环境改善之前土壤盐碱化的证明。星罗棋布的河淀塘泊既是显著的区域地理特色，也是宋代聚落命名的语词来源。它们或以水体之名直接相称，或对本地的水文特点加以描述，地名的读音或用字也难免在世代相传的过程中有所变更。安新大王村，命名源于村西的大王淀；大王淀则是大渥淀的遗存，北宋时期称大呙，是地名用字随着音转而变所致。北宋时期出现以此命名的聚落，表明此地曾是一片广阔的湖泊洼地。任丘境内的聚落长洋淀、前长洋、后长洋，是对形成之时周围大量沥水汇集、宛如汪洋的形容。高阳邢家南，北宋时作同音的行家难，比喻河道纷杂、行船难以把握方向；北路台、南路台，原作北陆台、南陆台，地名用字显示了两村地势较高、四周水泽环绕

① 《梦溪笔谈》卷十三《权智》，《元刊梦溪笔谈》本，第 12~13 页。

的地形特征。

白洋淀沿岸被淤积过的土地，有利于人们定居。安新县从寨里乡到际头乡一带，淀泊边缘就集中分布着宋代诞生的聚落。河流渡口、水运码头附近，历来是聚落选址的理想地点。高阳南浦口原名落花村，北宋后村址东移靠近了淀水（唐河）的渡口，进而结合蒲苇遍布的特征改称蒲口。北宋时期的运粮河，民间俗称赵王河。今自白洋淀东岸、任丘市鄚州西北的枣林庄开始，向东北经文安县西北地区的兴隆宫、史各庄一线，在崔家坊附近入大清河的赵王新河，应与历史上的赵王河差相仿佛。由于平原上的河道变迁频繁，再加上历史与传说的杂糅，赵王河在后世几乎成了白洋淀附近多个州县某条河流的泛称。虽然与历史的契合度难以辨识，但据此为名的聚落大体是因为处于河流沿岸的渡口、码头、客栈所在地点而得名，在反映命名时期的地理环境方面仍然可信，只是某些聚落据以命名的河流未必确为宋代的赵王河。据调查所得，雄县茫茫口村，建于运粮河以西二里处，以河流水势浩大并设置摆渡口为名。安新东马村、西马村，前身是赵王河边的东码头、西码头；大寨、小寨，本作大栈、小栈，原是赵王河边的客栈，演变为聚落名称后用字发生了近音替代。其余如任丘天门口；容城大、小楼堤，东、西河村；高阳赵口、赵官佐、赵通；安新河西、北马（原名北码）、北六（原名北流）等聚落，都形成于当地传说中的运粮河两岸，以水文特征或相对位置为名，因而能够多多少少地作为命名初期地理环境的标志。

宋辽之间的战与和，决定了白洋淀地区的社会价值。倘若双方矛盾激化，这里就是军事斗争的前沿，北宋重点防守、契丹极力争夺的区域。聚落若形成于宋军驻扎过的地方，其命名语词往往带有军事色彩，但也难排除历史与传说混杂在一起的遗痕。安新马家寨，原是北宋屯驻水军之地；马村、马堡，曾是宋军的牧马场。容城东牛村、西牛村，相传是名将杨延昭摆火牛阵大破辽军之处。其余如安新寨里，任丘庄家营，雄县东、西留官营，容城南阳、西北阳、东北阳（"阳"是"营"的近音转换），高阳南赵堡、东赵堡等，其命名依据也都与宋代的军事相联系。宋辽之间和平相处时期，白洋淀周边又成为文化交流和贸易往来的处所。北宋太平兴国二年（977）、淳化二年（991）、咸平五年（1002）、景德二年（1005），都曾在雄州、霸州等地设置榷场，与辽国进行物资交换和商品贸易。[①] 这样的官设贸易机构和场所称作"务"，雄县米家务是北宋熙宁年间在雄州官设的谷物贸易之地，马务头、道务是榷场贸易收税地所在。高阳杨家务、边家务等与榷场无关，它们以地处水陆屯田坞与税收官卡而得名，只是地名用字相同。宋代人口增长与土地开辟，促进了新聚落的产生与旧聚落的分解。容城大白塔，本是宋代一座佛塔的俗称，迁居附近的人们以此为聚落名称。嗣后的迁入者又以大白塔为参照，建立了小白塔、后营两处聚落，这样的情形在各州县都比较常见。

三　明清人口迁移与区域聚落变迁

区域自然地理环境的变迁速度通常赶不上政治军事等因素造成的社会变迁，明代大规模迁民到白洋淀周围多水环境中定居，产生了一大批以居民姓氏和区域水文特点为名的聚落。延续到清代，聚落的分解和迁移导致其命名大体以派生方式为主。村落的增多与人口的密集，意味着人类利用自然资源和影响自然环境的力度在不断加大。

经过元末群雄混战及明朝前期的靖难之役，北方地区的人口严重衰减、村庄急剧湮灭。白洋淀地区迄今所知的明代 616 个聚落，大多形成于永乐年间从山西等地移民的背景之下。背井离乡的移民通常以血缘或同乡关系为纽带聚集成村，以最早的定居者或人口数量、社会地位占优势的姓氏为名，在村、庄、屯等通称前面冠以姓氏作为标志。有的以邻近聚落为参照，在其名称之前冠以东、西、南、北、前、后、大、小等表示相对方位或规模的限定词，构成自己居住地的名称。大批贫民流入白洋淀地区，相近的村庄之间自然条件差异并不明显，上述命名方法既是根深蒂固的宗族观念决定的必然选择，也是解决地名雷同问题的方式之一。安新的山西

---

① 《宋史》卷一百八十六《食货志下八》，第 4562 页。

村寄托了移民对山西故土的怀念，也刻下了本村最初居民来自何方的文化印记。

明代聚落增长的另一重要原因，是原有聚落的分解以及乡间近距离的人口流动。举凡居民增多、不同姓氏的家族冲突、外来人口的自然会集，都是原聚落附近出现新村的原因之一。新聚落的命名通常以派生为主，这既是一种最简便的命名方式，也是对彼此之间渊源关系的标志。雄县米家务最迟建于北宋时期，随着人口逐渐增多，明初分作米东大村、米西大村，明末刘氏从米东大村迁出一支建立米北庄、米南庄，田氏从米西大村迁出一支建立米西庄。任丘小纪庄、容城南张堡、高阳南板村，分别由毗邻的大纪庄、大张堡、板桥村迁出，大、小、南、北等是为了相互区别而自然加上的限定词。安新县辛庄，先有永乐七年（1409）孙氏从端村迁来，后有弘治十二年（1499）辛氏由马家寨迁来，由此聚集成村并确定名称。

白洋淀地区明代聚落的生存和发展，与多水的自然环境和地理位置密不可分，其命名用字对此也有所反映。安新的增庄、喇喇地，明代称罾庄、拉鱼地。前者源于捕鱼工具，后者直指其为贩鱼之处；端村，以被水隔成十三段，清乾隆之前一直称为段村。这三个聚落名称，后来都经过了同音替代或谐音变换。雄县的大阴，是四个村庄的统称，它们建在大阴洼的相对高阜之处。安新大阳（原名大洋），任丘东长洋、东良淀、刘家泊，雄县浒州，地名语词显示了聚落周围低洼多水的形势。雄县白码、徐码、甄码、孔码，任丘阎家坞，都是以河边码头为基础形成的聚落。在两河相交处或河岸渡口旁，分布着安新漾堤口、雄县张青口、任丘北漕口和任河口等聚落。坐落在河淀近旁或堤防附近的聚落，有安新老河头、大淀头、东淀头、西淀头、光淀、西涝淀、东涝淀、南曲堤、北曲堤，雄县龙湾、马蹄湾，任丘苑临河、北代河等。

清代延续并增强了宋明以来的发展势头，新出现的 104 个聚落有 60 多个是人口迁移的结果。明代大规模、远距离的人口迁移，到清代变为始自本县或邻县的小规模、短距离迁移。清初满洲入关后在近京各府州县圈地，雄县大留民庄的汉民被迫迁出，在村南满人占界之外建立新居民点，时称小留民庄，后简称小庄。该县的杜家庄、徐庄、乐善庄、里合庄、半庄头，任丘的圈里、田口等聚落，也都有相似的形成背景。康熙年间由容城县东牛村、王村迁出的人们，在东牛村周围建立了东牛北庄、东牛南庄、东牛东庄、东牛西庄。安新县小王营最初的居民，雍正年间由本县东淀头迁来，以靠近南边的小王村而定名小王营。以新庄窠、新立庄为名的聚落，更是直接表明了与附近聚落的派生关系。

租种地主土地或为之看守麦场、坟墓的贫民，为了劳作便利而在附近居住，成为嗣后形成新聚落的最早居民。高阳齐王庄、三坊子、阎家坊子、新立庄，雄县杨家场，任丘谢刘场，容城西牛新庄窠，聚集成村之前都是地主的场院。雄县南徐庄、米宁庄原是看守坟茔之处，新盖房则是看守烽火台的地方。容城侯庄始自清朝中期，西关村侯、王、郭三户贫民为免除赋税，迁到刑场附近作看守，此后逐渐成村。在经济问题之外，河流决口冲垮村庄仍然是择地再建新居的原因之一。雄县赵岗、邢岗、程岗，明初分称赵各庄、邢各庄、程各庄，清雍正年间被大水冲淹，迁居到附近高岗上并重新据地势命名。嘉庆六年（1801）大清河决口冲垮赵村南街，灾民分别聚为阎家铺、大铺、道口三个村落。前两者或以最初搭铺为舍，始称淹家铺、搭铺。光绪六年（1880）南拒马河决口冲垮西岸的容城县小柏庄，居民迁至村西的北后高台、南后高台，遂成北后台、南后台两个新聚落。这些地名通常是约定俗成的结果，分析它们的形成背景和语词含义，对于追溯区域水环境的变迁过程颇有裨益。

第三节　水灾与明清文安洼的聚落兴衰

传统农业社会的区域开发和环境变迁，通常可从乡村聚落的兴衰看出端倪。文安洼处于大清河南岸与子牙河交汇的三角地带，中心在今河北文安东部，平均海拔仅 2.2 米，周围海拔 5 米以下的区域包含了文安县的绝大部分以及南邻的大城县北部一隅。这片洼地的聚落成长，深受区域水文环境特别是洪水灾害的影响，明清以来表现得尤为突出。

一 明代的水灾与聚落发展

地势低下、众水交汇的文安洼，历史上水灾频仍。今人普遍知晓一句民谣："涝了文安洼，十年不回家。"昔日洪水泛滥后的惨状，文献中多有描述。文安置县始于西汉时期，但规模较小的多数乡村聚落被详细记载，当推明代的地方志。以今天的文安县辖境衡量，嘉靖十六年（1537）刊刻的《雄乘》所载17处聚落，万历四十一年（1613）刊刻的《保定县志》所载包括县治（今新镇）在内的13处聚落，俱在今文安县内。崇祯四年（1631）刊刻的《文安县志》所载聚落，除文安县城外，按通名归类有镇、村、里、庄、店、务、州、营、屯、郡、漕、卫、城、寨、口、沟、岗、聚、府121处，其中只有胜芳镇、石沟、中口今属霸州。崇祯《文安县志》称："此皆四民托处地也，虽舍仅三家，家徒壁立，而析因夷隩，帝典慎之，故得备载焉。"①"析因夷隩"，出自《尚书·尧典》。对于它的释义，历来众说纷纭。从晚近相关研究来看，应指百姓一年四季进行的春种、夏耘、秋收、冬藏的农事活动。这样，崇祯《文安县志》的上述说明，大体可以这样理解：这些小聚落是百姓的立身之地，尽管每村只有两三家而且家徒四壁、身无长物，但是，他们一年四季在这里辛勤劳作，即使《尚书·尧典》这样的古代经书都对此郑重看待，区区县志当然更要予以全面记载了。据此看来，明末文安实际存在的聚落应该被崇祯县志完整地收录了。

上述聚落的空间分布，具有明显的地域差异。若以东经116°30′线为界，文安县东部与西部的面积大致相近，但其聚落数量之比接近1∶2，相差大约一半，这显然是择高而居的自然选择所致。距文安洼中心稍远的西部地势略高，抵御洪水的条件相对好些，农业聚落的形成应当较早，分布密度随之高于东部。在两条河流之间地势稍高的地方，也有大致呈现条带状延展的若干聚落。零星分布的其他聚落，选址也以靠近河堤土岗居

---

① 崇祯《文安县志》卷二《建置》。

多。文安境内聚落分布东少西多的特征，一直延续到当代。

民国《文安县志》记载，明代县内发生严重水灾 28 次，旱、蝗、风、雹、冻灾及瘟疫 8 次，[1] 对社会的破坏力尤以水灾为甚。兹据此列表如下（见表 10-1）。

表 10-1 明代文安县内重大灾害情况

年代	类型	灾况	年代	类型	灾况
永乐十八年	大水		嘉靖三十一年	大水	决堤，平地水深丈余
宣德元年	大水		三十八年	大水	决堤
正统四年	大水		隆庆元年	大水	
景泰四年	大水		四年	大水	
天顺元年	冰雹		万历六年	大水	
成化元年	大水		十年	瘟疫	死者枕藉
二年	大水		二十六年	大水	
三年	大水		三十二年	大水	堤决，禾尽淹没
六年	沙暴	沙土瀴然，室中不辨人，雨土，拂之如尘积	三十五年	大水	堤决，民房尽行冲毁，城垣坍塌殆尽
弘治二年	大水	房屋倾倒，人畜溺死	三十九年	大水	堤决，五谷尽没
正德十年	冰冻	河水忽僵立，天寒冻为冰柱，高围可五丈	四十一年	大水	
十二年	大水	禾稼尽没	天启六年	决堤	水抵遥堤
十六年	旱疫	正月至六月不雨，大饥，病疫流行，死者无算	崇祯元年	旱灾	
嘉靖十年	大水		二年	大水	
十五年	大水		四年	大水	
十八年	大水		五年	大水	
十九年	大水	连次大水，害稼，坏民居	九年	大水	
			十年	旱蝗	
			十四年	旱	大饥，野有饿殍

资料来源：民国《文安县志》卷终《志余·灾异》。

文安县自永乐十八年（1420）到崇祯十四年（1641）的 220 多年间发生严重水灾 28 次，平均约 8 年一次。如果加上 8 次旱蝗与瘟疫，平均 6 年多一次。显然，这还只是将更加频繁的次一级水涝忽略不计的数字。北

---

[1] 民国《文安县志》卷终《志余·灾异》。

宋时期在大清河沿线构筑塘泊、屯田种稻，文安洼也应获得了农业和聚落发展的有利条件。但在北宋过后，河道尾闾宣泄不畅又成为多年痼疾，文安洼深受水患与流沙之苦，居民流徙与聚落萎缩成为必然结果。崇祯《文安县志》称："文邑实系水乡，无论冲决淹没，人马且夕待毙，即秋雨霖淫，便成巨浸，庐舍化为鸥渚。""其三营四淀，皆不毛之地，……寻有牧马、草场、备边等项名色起科，倍于常额，斯民已不堪命，兼以旱涝不常，相率逃亡，渐成荒芜。"① 灾害频发、人口外流与苛捐杂税的压迫，严重制约了社会各方面的发展。在人口方面，明代洪武年间县内有军民匠户 3345 户男妇 22268 口，到崇祯年间变为 3630 户 30483 口；即使在高峰期的成化年间，也只达到了 4749 户 33304 口。② 就土地开发而言，洪武年间县内有官民地 3620 顷 20 亩，成化间为 3921 顷 62 亩，万历九年（1581）为 3766 顷 66 亩。③ 这些统计数字未必精确，反映出来的社会停滞不前的基本势态却也大致不差。

即使是在地势稍高的文安洼西部，水灾及其导致的人口外逃，同样加剧了农业、聚落直至整个社会的残破。万历《保定县志》记载，该县只有不足 30 个聚落，遭受的水灾破坏异常惨烈："邑之里屯既少，而村落亦复尔尔，真弹丸哉！然闻正德前颇称繁庶，迨嘉靖癸丑、甲寅连遭洪涛之患，迄今四十余祀而尚未复全。则生养休息，责不有在与？"④ 癸丑与甲寅年的水患，即嘉靖十八、十九年（1539、1540）的连年大水。数十年后，"万历甲辰、丁未、辛亥三遭异水，民之逃移者复十室而五，濒年非赖田侯抚循，保定几无孑遗也"。⑤ 甲辰、丁未、辛亥，即万历三十二、三十五、三十九年（1604、1607、1611）。异乎寻常的水灾接连不断，导致保定县内一半人家逃亡。若非时任知县田龙尽力安抚百姓，恐怕境内人口将所

---

① 崇祯《文安县志》卷四《贡赋》。
② 崇祯《文安县志》卷四《户口》。
③ 崇祯《文安县志》卷四《田土》。
④ 万历《保定县志》卷二《方舆志·里屯》。
⑤ 万历《保定县志》卷六《食货志·户口》。

剩无几。在这样荒凉凄惨的背景下，乡村聚落只能归于停滞、萎缩与破败。

在华北平原北部地区，关于某些聚落形成的时代与居民来源，广泛流传着明初由山西洪洞等地迁来之说。明洪武、永乐年间，确曾多次从南京、山西等处迁民充实北京周围地区，《明实录》等文献都有记载。但是，此事在民间传播过程中难免泛化，不适当地夸大了从江南和山西迁民到北方的地域范围，清代以后往往被不清楚本地历史渊源的民众附会。明代嘉靖《雄乘》说："社为土民，屯为迁民，迁民皆永乐间南人填实京师者。"① 与之毗邻的文安县在明代称"屯"的聚落只有寥寥几处，其人口来源与聚落成因应当符合此说。到清代以后，聚落的派生命名变得非常普遍，因而也就不能单纯通过是否称"屯"来推断其早期居民的来源了。

二 清代水灾与聚落分合

经过清代数百年的发展，文安洼的人口和聚落有了显著增长。清朝结束于1911年，民国《文安县志》的统计数据是1920年的调查资料，若以此作为清代发展的最后结果，虽与实际情形不符但彼此之间的差距应当不至过大。1920年的文安县与明代崇祯年间的辖境基本一致，但已有居民38570户303674人，与崇祯时的3630户30483人相比，都已增加了约9倍；② 乡村聚落也由102处增加到350处，增长了约2.5倍。③ 如果再加上新镇县（即明代的保定县）与原属雄县东南隅、后来划归文安的数处聚落，在今天的文安县范围内，清末已有400处聚落，比明末的近130处增长了2倍有余。

尽管如此，洪涝灾害仍旧是阻滞文安洼农业开发、人口增长与聚落发展的主要因素。据民国《文安县志》记载统计，自清顺治六年（1649）至宣统三年（1911）历时263年，其间发生严重自然灾害68次，包括洪水54次、旱蝗11次、冰雹等3次。以水灾而论，河道决口、大雨成涝平

① 嘉靖《雄乘》卷上《疆域第一·社屯》。
② 民国《文安县志》卷十二《治法志·户口》。
③ 民国《文安县志》卷一《方舆志·乡镇》。

均不足 5 年发生一次，有时甚至持续数年不退。乡间遭此劫难，无异雪上加霜。例如："康熙元年，夏，雹伤禾秋，大水。二年，河决……三年，大水。五年，大水。七年，河决，民逃亡殆尽。八年、九年、十年，连次大水。"至于"平地水深丈余，城门土屯，村疃淹没，男女逃亡溺死者无算"，"秋稼不登"，"田禾尽没"之类比比皆是。同治七年（1868）至光绪二十一年（1895），前后 28 年内发生 22 次水灾，几乎连年成灾。即以同治年间至光绪初为例："七年，六月犯水。八年，积水未消。九年，六月大雨，平地水深五尺，村民皆四出求食。十年，五月二十三日，大雨十日，民屋倾圮；七月二十八日，大雨七日，桑干直灌，濒北堤尽废，村落城墟平地水深丈余，民户减去十之八九。十一年，仍大水……。十二、十三两年，连次大水。光绪元年，大水。"① 水灾迫使乡民外逃，聚落被毁，恢复起来却非常迟缓。早在康熙十年（1671），姜扬武《上保定田明府西北河防条议》已指出："甲辰迄今八载，文邑三被水灾，而今年为甚。甲辰堤决于七月望日，丁未堤决于七月七日。熟禾遍野，民犹得食。其余暨粮虽罄，而捐钗钏、拆室庐，尚可易粟以糊口。今六月霖雨，下田漂没十有四日，大堤决者十余处。青苗甫秀，无粒可餐。囊箧尽空，无产可鬻。流亡载路，哭声振野。抛老亲于牖下，白骨分披；弃婴儿于水中，肝肠断绝。羸弱者，甘心逃窜；桀黠者，潜怀异图。或垂涎富室之金钱，或思弄潢池之刀剑。惊如骇鹿，纵若奔鲸，惟视上之抚虐以为伸缩耳。"② 甲辰、丁未，即康熙三年（1664）与六年（1667）。水灾造成的社会动荡与惨痛破坏触目惊心，直至清末一直是文安发展的巨大阻力。

清代不论是外来移民还是本地迁出一支就近新建的聚落，普遍存在以明代聚落名称为基础派生新名的趋向。多个这样的地名构成一个语词结构相同、命名背景相近、选用语词类似、空间分布集中的地名群，指示着新旧聚落之间的密切关联。明代的一个聚落到清代分解为两个或多个，其命

---

① 民国《文安县志》卷终《志余·灾异》。
② 康熙《文安县志》卷三《河议》。

名用字的主干相同，再加上限定性的方位词、形容词、姓氏等使之彼此区别。以崇祯《文安县志》与民国《文安县志》对比，清末民初有 110 个以上的聚落名称由明代地名分解派生而来。从最常见的一分为二、一分为三到派生最多的一分为十三，下面各举一例：京头村→大京头、小京头；滩里→东滩里、西滩里、中滩里；张家务→范张家务、刘张家务、王张家务、张家庄；小寺庄→小泗庄、祁小泗庄、郑小泗庄、刘小泗庄、王小泗庄；淀庄→王淀庄、马淀庄、姚淀庄、大淀庄、小淀庄、黄淀庄；张各庄→张各庄、侯张各庄、巩张各庄、寇张各庄、李张各庄、魏张各庄、郭张各庄；安祖店→安祖店、安祖辛庄、朱安祖、张安祖、田安祖、韩安祖、金安祖、李安祖、杜安祖、董安祖；皇甫里→赵皇甫、王皇甫、解皇甫、何皇甫、康皇甫、李皇甫、陈皇甫、杨皇甫、蔡皇甫、宋皇甫、董皇甫、徐皇甫、小陈皇甫。

与分解和派生命名相对应，有些聚落也在合并。这种合并通常以两个以上的相邻聚落逐渐接近乃至连成一片为基础，有时则要加上为便于行政管理而进行的主动调整。若干小聚落合并为一个大聚落，随之产生的新名称就是社会变迁的记录。以民国时期的聚落与 20 世纪 80 年代的地名普查情况对照，温大平州、大平州辛庄、杨大平州三个相邻聚落合并为温辛杨；魏张各庄与李张各庄合并为魏李张；巩张各庄、寇张各庄、侯张各庄合并为巩叩后；郝庄、郭庄、纪庄合并为郝郭纪；张安祖、金安祖、韩安祖合并为张金韩。乡村聚落随着人口增长而不断拓展，邻近的若干小聚落彼此合并将成为未来的必然趋向。

随着社会文化水平的普遍提升，人们开始注意聚落命名的美学色彩，通过更改地名用字适应大众的心理需求。狼虎庙，在明代就是文安县的七镇之一。民国县志在"建置志"中解释其命名缘由："狼虎庙，在本村。相传狼虎食人，道路为梗。有僧持钵杖锡，驱狼伏虎。人得安土而居，建庙祀之，因以名村。"① 但在"方舆志"和所附地图上，都已改作谐音的

---

① 民国《文安县志》卷二《建置志·庙宇》。

"南皁庙"，这大概有助于消除此前人们与虎狼共处的心理压力。地名更改通常以从众从俗、易写易认为出发点，通过同音或近音的用字替代来实现。明代的负郭庄、近郭庄，以靠近柳河镇、背负柳河城郭得名，但对普通民众而言就显得过于文雅了。到民国年间，它们已被写成与原名读音相近、构词更加大众化的富各庄、靳各庄，尽管村里并没有姓富和姓靳的人家，这就是社会约定俗成的巨大力量。

洪水成灾对文安洼的社会破坏，一直持续到民国初期。时人记载："文邑灾异，自汉迄今，惟水为甚。征之文献，考之旧志，水灾之迭起环生，几于无岁无之。近百年来，水患之尤巨者，莫如民国六年。是年七月，滹沱、潴龙各河相继决口。滚滚洪涛，灌入全境。深处二丈有余，浅者亦八九尺不等。狂风一作，波浪高与檐齐，城垣几为破。一时，风涛激撞声，房屋坍塌声，男女老幼奔走呼号声，远近交作，惨不忍闻。实从前未有之奇灾，为人生莫大之浩劫也。"[1] 这种破坏的结果之一，就是现存聚落与历史记载不符。民国时期的调查者说："文邑号称中县，村落三百六十，乡父老皆知之而常言之。兹详为调查，实不符旧有之数。殆以水患频仍，风击浪卷，遂至片瓦无存欤！"[2] 新中国成立后大规模治理海河，整个流域的洪水得到了根本性的控制，为区域发展提供了以往任何时代都无法比拟的安全保障。

第四节　明代移民改变海河平原战后凋敝

元末明初的连年战争与明代朱棣发动的靖难之役，在数十年间给我国北方尤其是华北平原带来巨大破坏。战争杀戮与饥民流离失所造成人口锐减、土地荒芜，一旦局势重归和平与稳定，恢复人口规模与农业生产就成为医治战争创伤、改变社会经济凋敝面貌的当务之急。政府采取多种措施

---

① 民国《文安县志》卷终《志余·灾异》。
② 民国《文安县志》卷一《方舆志·乡镇》。

鼓励农业生产，同时以国家的行政力量组织大规模移民，通过规划新的区域人口布局，为社会提供更多的劳动力，促进土地资源的开发利用，从而奠定保障国家税收的根基。国家以强力调整区域人地关系，使土地从荒芜走向丰产，乡村由冷落残败变为相对繁荣，这也是人类活动推进地理环境发生变化的表现之一。当代的京津冀地区普遍受到这个历史进程的影响，永乐年间迁都北京使周边成为畿辅地区，移民对北京地区就显得格外重要。

一　洪武年间的人口迁移

元末明初的战争，造成北平、河南、山东"多是无人之地"。[①] 洪武元年（1368）闰七月，"大将军徐达等率师发汴梁，徇取河北州县。时兵革连年，道路皆榛塞，人烟断绝"。[②] 在传统农业社会，国家的财政收入主要来自田赋，没有足够的劳动力就无法恢复农业生产。在这样的形势下，明朝效法汉唐前期与民休息的政策，采取措施刺激农业生产的回升。朱元璋尤其强调："丧乱之后，中原草莽，人民稀少。所谓田野辟、户口增，此正中原今日之急务。"[③] 为此，各地招抚流亡的贫民回乡，按劳动力数目把附近的无主荒田拨给他们耕种，并以垦田多少作为考核官吏任职优劣的标准之一。修复水利工程，减免严重受灾地方的租税，这些都有助于稳定社会局势。与此同时，以国家的力量推动人口迁移，成为调整不同区域之间劳动力分布的必要途径。

明朝初创时期的人口迁移，有许多属于军事行动取得胜利之后的收获。洪武四年（1371）三月，"徙顺宁、宜兴州沿边之民，皆入北平州县屯戍。……计户万七千二百七十四，口九万三千八百七十八"。[④] 六月，"徙北平山后之民三万五千八百户、十九万七千二十七口，散处诸卫府。

---

① 顾炎武：《日知录》卷十《开垦荒地》，清康熙三十四年刻本。
② 《明太祖实录》卷三十三，洪武元年闰七月庚子。
③ 《明太祖实录》卷三十四，洪武元年十二月辛卯。
④ 《明太祖实录》卷六十二，洪武四年三月乙巳。

籍为军者给衣粮，籍为民者给田以耕"。"又以沙漠遗民三万二千八百六十户屯田北平府管内之地，凡置屯二百五十四，开田一千三百四十三顷。"① 五年（1372）七月，"革妫川、宜兴、兴、云四州，徙其民于北平附近州县屯田"。② 上述诸地都在今北京西北方的河北省境内，顺宁治今张家口市宣化，宜兴治今滦平县东北十五里小城子，妫川治今怀来旧城，兴州治今承德滦河镇西南，云州治今赤城云州乡。山后，相当于今张家口、承德两市辖境以及内蒙古自治区东南隅。沙漠遗民，指明军收降的元朝势力北撤后遗留的军民。这些地方都处在长城附近，大量人口迁到北平周围屯田耕种，除了获得经济收益之外，也有利于增强北平的军事防务。

人口的狭乡与宽乡，是就人口密度和数量相对而言的。山西南部在元末是名将扩廓帖木儿的根据地，东有太行山与华北平原相隔，西、南两面有天然屏障黄河环绕，因而鲜少遭受兵火荼毒。与太行山以东的海河平原相比，汾水、沁水流域的人口要稠密得多。洪武二十一年（1388）八月，"户部郎中刘九皋言：古者狭乡之民迁于宽乡，盖欲地不失利，民有恒业。今河北诸处，自兵后田多荒芜、居民鲜少。山东、西之民，自入国朝，生齿日繁，宜令分丁徙居宽闲之地，开种田亩。如此，则国赋增而民生遂矣"。朱元璋部分采纳了他的建议，"迁山西泽、潞二州民之无田者，往彰德、真定、临清、归德、太康诸处闲旷之地"。③ 次年十月，"徙山西民于北平、山东、河南"。④ 这是明朝前期从山西南部向华北平原移民的开端，被迁移者从山西南部出发，不论沿汾河谷地北上，还是穿过太行山的陉道东进，都是一个背井离乡、跋山涉水、异地谋生的艰苦过程。洪武二十一年（1388）八月迁山西民到太行山东，"令自便置屯耕种，免其赋

---

① 《明太祖实录》卷六十六，洪武四年六月戊申。
② 《明太祖实录》卷七十五，洪武五年七月戊辰。
③ 《明太祖实录》卷一百九十三，洪武二十一年八月癸丑。
④ 龙文彬编《明会要》卷五十《民政一·移徙》，中华书局，1956，第945页。

役三年，仍户给钞二十锭，以备农具"。① 支付部分路费和粮食、派舟车运送、减免赋役等，此后成为鼓励人口迁移的常见措施。

二　永乐年间更大规模的移民活动

燕王朱棣发动的靖难之役历时四年，战争过后"淮以北鞠为茂草"。② 夺取皇位之后的朱棣一直希望迁都北京，继续移民不仅可以充实未来国都周边的人口，也是饱受战乱之苦的华北地区恢复生机的需要。洪武三十五年也就是建文四年（1402）九月，刚刚即位两个多月的明成祖"命户部遣官核实山西太原、平阳二府，泽、潞、辽、沁、汾五州丁多田少及无田之家，分其丁口以实北平各府州县"。朝廷给移民提供的政策保障与前代类似，"仍户给钞，使置牛具、子种，五年后征其税"。③ 鉴于人口损耗太大、劳动力极为缺乏，部分军人被削去军籍从事开荒耕种。"洪武三十五年十二月，户部尚书掌北平布政司事郭资奏：北平、保定、永平三府之民，初以垛集"，但因青壮年从军或战死，导致"民人衰耗，甚至户绝，田土荒芜。今宜令在任者籍记其名，放还耕种，俟有警急，仍复征用。其幼小记录者，乞削其军籍，俾应民差"。④ 这部分人口战时从军、平时垦种，移动在军营和农村之间。永乐二年（1404）和三年（1405），两度在九月"徙山西太原、平阳、泽、潞、辽、沁、汾民一万户实北京"。⑤ 五年（1407）五月，"命户部徙山西之平阳、泽、潞，山东之登、莱等府州民五千户，隶上林苑监牧养栽种"。与此配套的措施是"户给路费钞一百锭，口粮六斗"。⑥ 十四年（1416）十一月，"徙山东、山西、湖广民二千三百余户于保安州"，优惠条件是"免赋役三年"。⑦ 保安州治今河北涿

---

① 《明太祖实录》卷一百九十三，洪武二十一年八月癸丑。
② 《明史》卷七十七《食货志一》，第 1881 页。
③ 《明太宗实录》卷十二下，洪武三十五年九月乙未。
④ 《明太宗实录》卷十五，洪武三十五年十二月壬申。
⑤ 《明太宗实录》卷三十四，永乐二年九月丁卯；卷四十六，永乐三年九月丁巳。
⑥ 《明太宗实录》卷六十七，永乐五年五月乙卯。
⑦ 《明太宗实录》卷一百八十二，永乐十四年十一月丁巳。

鹿，迁民到此也有加强北京外围屯田戍卫之意。上述政策多少缓解了被迫远迁他乡的民众的痛苦，人口迁移客观上有利于恢复国家经济，但迁出者离乡背井的痛楚长期难以泯灭。

南方各省是向北京地区移民的另一重要来源。永乐元年（1403）八月，"令选浙江、江西、湖广、福建、四川、广东、广西、陕西、河南，及直隶苏、松、常、镇、扬州、淮安、庐州、太平、宁国、安庆、徽州等府，无田粮并有田粮不及五石殷实大户，充北京富户，附顺天府籍，优免差役五年"。[1] 此举有削弱南方地主势力之意，另一条大致相似的记载称："成祖时，复选应天、浙江富民三千户，充北京宛、大二县厢长，附籍京师，仍应本籍徭役。"[2] 这项强制性极大的措施，虽然整体上有利于区域社会的恢复和发展，但给南方来的移民造成了日益沉重的负担，迫使他们后来颇有一些设法摆脱困境的行动。

安土重迁的农民终究难舍故里，战乱平息或灾异缓解后，一般仍会返回原籍开荒种田、重建家园，也有的从此在他乡立足。与朝廷组织的大规模移民不同，这是自发的人口迁移活动。朱棣即位后的洪武三十五年（1402）八月，"直隶淮安及北平、永平、河间诸郡，避兵流移复业者凡七万一千三百余户"。[3] 永乐元年（1403）五月，"顺天八府所属见在人户十八万九千三百有奇，未复业八万五千有奇"。[4] 动乱年月人口的自发迁移，成了民生凋敝的象征。

三 人口迁移促进社会复苏与发展

洪武与永乐年间的人口迁移，是政治、军事、经济等因素综合影响的产物，政治中心的位置尤其具有决定移民方向的作用。洪武年间向北平附近移民，重在加强北方的军事防御力量，在由山西向太行山以东移民的同

---

① 万历《大明会典》卷十九《户部六·户口一》，《续修四库全书》本。
② 《明史》卷七十七《食货志一》，第 1880 页。
③ 《明太宗实录》卷十一，洪武三十五年八月丁丑。
④ 《明太宗实录》卷二十下，永乐元年五月癸卯。

时，也曾把北平以南的真定府的部分人口迁到南京和凤阳。永乐年间长期准备并最终实现了迁都北京这一重大战略格局的转变，北京由此兼具北方军事重镇和全国政治中心的双重职能，因此成为古代常见的"移民实京师"的受益者。

北京是明成祖经营多年的根据地，作为首都也具有相当的地理优势与历史文化根基。靖难之役造成了严重的人口损耗与社会凋敝，无论是从政治稳定还是从军事防御出发，都迫切需要从山西等地大量迁民充实北京及其周边地区。因此，山西一直是永乐年间几次大规模移民的人口净输出区，输入区则几乎都集中在北京及其周围。永乐元年（1403）八月甚至"定罪囚北京为民种田例。……北京、永平、遵化等处壤地肥沃，人民稀少。今后有犯者，令于彼耕戍"，① 千方百计搜罗劳动力到北京周围垦田。随着政治中心的北移，浙江等地的大量富户北迁，既增加了京畿地区的人口，又迫使他们离开经营多年的势力范围，有助于减轻自耕农获得的土地被兼并的压力。顾炎武称："人聚于乡而治，聚于城而乱。聚于乡，则土地辟、田野治，欲民之无恒心，不可得也。"② 大量的自耕农回归本业，有利于明朝社会政治的长期稳定。

明朝前期的人口迁移，加速了海河平原农业经济的恢复和繁荣。在我国古代社会，农业兴衰是国家命运的晴雨表。几千年来自给自足的自然经济中，生产的动力主要来自人力和畜力，人口特别是成年劳动力尤其具有关键作用。一般而言，社会相对安定则人口增长迅速、劳动力资源丰富、土地开发条件充分，进而可望由农业经济带动社会繁荣。如果天灾人祸造成人口剧减，农业的衰落与各种社会矛盾的激化则势所必然。在人口数量尚未超越自然条件和生产力水平决定的土地承载力时，人口增减与农业兴衰的关系通常表现为彼此同步、密切呼应。元末旷日持久的战争使"中原之民久为群雄所苦，死亡流离，遍于道路"，许多地方"积骸成丘，居

---

① 《明太宗实录》卷二十二，永乐元年八月己巳。
② 顾炎武：《日知录》卷十二《人聚》，清康熙三十四年刻本。

民鲜少"。① 经过洪武年间三十年的经营，北方人口逐渐增多，农业经济迅速恢复。靖难之役中断了这样的发展势头并且造成新的社会破坏，永乐年间再度通过更大规模的移民充实以北京为核心的北方地区。多年努力之后，"天下本色税粮三千余万石，丝钞等二千余万。计是时，宇内富庶，赋入盈羡。米粟自输京师数百万石外，府县仓廪蓄积甚丰，至红腐不可食"。② 尽管其中不乏溢美之词，人口、土地、农业与社会环环相扣的关系却也是不言而喻了。

以当年移民遭受的苦痛为代价，强大的国家行政力量使不同区域的人们聚集到一起，客观上带动了山西高原、长江流域与华北平原的文化交流与融合，推进了民族共同心理状态的发展。由山西迁到太行山以东地区的人们，用故乡的州县名称命名自己的新住地，以此寄托刻骨铭心的思乡之情。在这样的历史背景与文化渊源之下，当代北京顺义区西北部集中分布着稷山营、夏县营、河津营、忻州营、东降州营、西降州营、红铜营等聚落，构成了一个以山西州县名称为专名的地名群。降州、红铜，是绛州、洪洞的同音异写。这些地名以独特的构词方式和语词含义，标志着当地早期居民的来源与时代。比它们更集中、更典型的同类地名群，分布在北京大兴区东南隅的凤河沿岸采育一带，其中包括石州营、霍州营、解州营、赵县营、沁水营、长子营、下长子营、河津营、上黎城营、下黎城营、潞城营、北蒲州营、南蒲州营、屯留营、大同营、山西营，此外还有北山东营等（见图10-2）。

清乾隆间吴长元称："采育，古安次县采魏里也，去都七十里。明初为上林，改名蕃育署，统于上林苑，不隶京府，乃元时沙漠地。永乐二年，移山东西民填之，有恒产，无恒赋，但以三畜为赋。计营五十八。旧有鹅鸭城。"③ 采育是明初上林苑（后改蕃育署）管辖的地域，为宫廷饲养鸡鸭鹅之类。这里误称采育诸营是永乐二年（1404）"移山东西民填

① 《明太祖实录》卷三十二，洪武元年七月辛卯。
② 《明史》卷七十八《食货志二》，第1895页。
③ 吴长元：《宸垣识略》卷十二《郊坰一》，北京古籍出版社，1983，第257页。

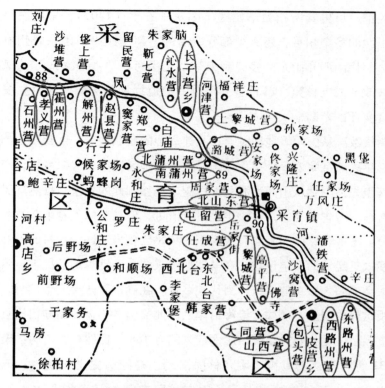

图 10-2 采育凤河两岸以明代山西等州县命名的聚落

资料来源：孙冬虎：《地名与北京城》，中国地图出版社，2011，第 111 页。

之"，但据《明太宗实录》所示，应是永乐五年（1407）五月"命户部徙山西之平阳、泽、潞，山东之登、莱等府州民五千户，隶上林苑监牧养栽种"的结果。① 在上述以山西州县命名的"营"之外，采育还有"北山东营"等地名，恰好与实录中的这条记载相呼应。明代山西石州治今离石县，解州治今运城西南三十五里解州；赵县应即赵城县，治今洪洞赵城镇东北；蒲州治今永济西南蒲州镇，绛州治今新绛县城；洪洞、霍州、沁水、长子、河津、黎城、潞城、屯留、大同、稷山、夏县等州县，其专名、治所与今之同名市县仍然一致。这样的地名群与历史文献

① 《明太宗实录》卷六十七，永乐五年五月乙卯。

相互佐证，可见其所指聚落始建于明永乐五年（1407），早期居民主要来自山西的多个州县，还有少部分聚落的早期居民来自山东登州府和莱州府。明代山西和山东的移民到来后，元代尚为"沙漠之地"的凤河两岸才被改造成上林苑（蕃育署）所辖的动植物种养场所，这也应属于局部环境变迁的范畴。

明代数次从山西等地移民北京及其周边的河北地区，由此产生的巨大社会影响逐渐沉淀为一种文化传统。在华北地区的许多城镇乡村，广泛流传着其祖先是明朝从山西洪洞县大槐树下迁移到此的说法。虽然移民之事于史有征，方志、碑刻、家谱中也时有所见，但从总体上看难免有些派生的成分。志书和家谱的纂修时代距明初移民已相当遥远，乡村的发展历程又大多缺乏足够的文字记载，在早期居民来源真伪难辨的情况下，不免有从众附会或夸大事实的成分。当代地名普查在确定聚落形成年代时，也不能忽视这样的观点。例如，渤海沿岸的河北盐山县与孟村回族自治县的地名调查显示，据称永乐年间由山西迁来的有 168 个自然村，占两县聚落总数的 31.5%，[1] 这都应视为明代移民活动创造的历史文化遗产。无论怎样，都应充分肯定和铭记山西及南方移民在明代开发华北平原的历史贡献。

第五节　北京南苑地理环境的巨大转折

人类既能在一定条件下按照自己的意图去主动地改造环境，又必须在某种社会背景下顺势而为，通过截然不同的社会经济行为改变以土地用途为主要标志的地理环境，这是人与环境相互作用的两个侧面，其间实行的国家制度和相关政策往往制约着区域经济活动尤其是土地利用的方向。北京南苑地区在元明清三代一直是受到特殊保护的皇家苑囿，但到清末民国

---

① 据盐山县地名领导小组编《盐山县地名资料汇编》（1982）、孟村回族自治县地名办公室编《孟村地名初考》（1982）统计。

年间也被大规模开垦为农田，其地理风貌与土地功能与此前六百多年迥然不同，这个历史过程堪称制度和政策因素通过社会经济行为导致环境变迁的典型。

一　刻意保护之下的南苑地理风貌

南苑位于永定门以南 10 公里，范围面积在历史上保持在 210 平方公里左右。元代长于骑射的蒙古族统治者入主大都，在以农耕为主要经济形态的长城以南区域，依然保持着行围射猎的民族传统习俗。"冬春之交，天子或亲幸近郊，纵鹰隼搏击，以为游豫之度，谓之飞放。"① 为此，元大都周围设置了多处皇家猎场，叫作飞放泊。广阔的水面与丰美的草地，养育了众多可供射猎的动物。"下马飞放泊在大兴县正南，广四十顷"，② 因骑马出大都城后很快就会到达而得名。元代下马飞放泊的建立，是此地作为皇家苑囿的开端。皇帝与贵族射猎的飞禽走兽，毕竟需要以大范围的地理环境来养育，元朝规定："大都八百里以内，东至滦州，南至河间，西至中山，北至宣德府，捕兔有禁。以天鹅、鸯老、仙鹤、鸦鹘私卖者，即以其家妇子给捕获之人。有于禁地围猎为奴婢首出者，断奴婢为良民。收住兔鹘向就近官司送纳，喂以新羊肉，无则杀鸡喂之。"③ 以如此严刑峻法为保障，以苛政激化社会矛盾为代价，飞放泊的自然环境尤其是动物资源保持了原生状态。蒙古族统治者非常熟悉动物的生长规律和活动习性，据此制定了多种关于捕猎的规定。例如："正月为头，至七月二十八日，除毒禽猛兽外，但是禽兽胎孕卵之类，不得捕打，亦不下捕打猪鹿麇兔。"此外还有"休卖海青鹰鹘""禁捕鸯老鹅鹘""禁打捕秃鹫"等④，客观上有助于动物的正常繁育和种群平衡。

明代把元代的下马飞放泊一带称作南海子，与北京城里的北海相对

① 《元史》卷一百一《兵志四·鹰房捕猎》，第 2599 页。
② 《日下旧闻考》卷七十五《国朝范围·南苑二》，第 1265 页。
③ 《日下旧闻考》卷七十五《国朝范围·南苑二》引《鸿雪录》，第 1267 页。
④ 《元典章》三十八《兵部》卷五，中国书店，1990，第 564 页。

应。在迁都北京之前的永乐十二年（1414），朝廷已将南海子拓展为一个面积更大的皇家苑囿。除满足休闲需要之外，通过围猎活动以训练武备是其主要功能。英宗时期的状元彭时，天顺二年（1458）十月十日跟随皇帝到南海子检阅士兵围猎。"海子距城二十里，方一百六十里，辟四门，缭以周垣。中有水泉三处，獐鹿雉兔不可以数计，籍海户千余守视。每猎则海户合围，纵骑士驰射于中，亦所以训武也。"① 他的记载表明，南海子的规模比元代的下马飞放泊大为拓展，四周修建围墙更便于守卫，开设东、西、南、北四门出入，饲养的动物不可胜计。奉命看守南海子的民户叫作海户，这是有别于农民的专门职业。每当围猎时，海户负责从包围圈四周向中心地带驱赶动物，围猎者借助驰骋射猎保持弓马娴熟。比彭时更晚的嘉靖年间吏部尚书张瀚记载，北京城外"置南海子，大小凡三，养禽兽、植蔬果于中。以禁城北有海子，故别名南海子"②。张瀚所称的"大小凡三"，与彭时眼见的"中有水泉三处"一致，都是指南海子之内有三处较大的水面。

　　海户是世代相沿的特殊职业，他们集中居住的聚落被称为海户屯。今大兴黄村镇海户新村、丰台南苑镇海户屯，就是历史上分布在南海子外围的多个海户屯的遗存。南海子在明末清初的战争中遭到严重破坏，吴伟业《海户曲》记录了海户的生活与当时的景象，摘记数句如下："大红门前逢海户，衣食年年守环堵。收藁腰镰拜啬夫，筑场贳酒从樵父。不知占籍始何年，家近龙池海眼穿。七十二泉长不竭，御沟春暖自涓涓。平畴如掌催东作，水田漠漠江南乐。鸳鹅鹔鸹满烟汀，不枉人呼飞放泊。……典守唯闻中使来，樵苏辄假贫民便。芳林别馆百花残，廿四园中烂漫看。……一朝剪伐生荆杞，五柞长杨怅已矣。……新丰野老惊心目，缚落编篱守麋鹿。兵火摧残泪满衣，升平再睹修茅屋。衰草今成御宿园，豫游只少千章木。上林丞尉已连催，洒扫离宫补花竹。……"③ 诗人告诉读者，在大红门前遇

---

① 彭时：《可斋杂记》，《四库全书存目丛书》本，齐鲁书社，1995。
② 张瀚：《松窗梦语》卷二《北游记》，中华书局，1985，第31页。
③ 吴伟业：《梅村集》卷六《海户曲》，清顺治十七年刻本。

到了海户之家，他们成年累月地守护着墙内的园林，以此作为衣食的保障。海户像农夫和樵夫一样在苑中劳作，不知何年就开始世代从事这种职业。苑中有泉水奔涌、河水潺潺，田野平坦犹如摊开的手掌，水田连片景色恰似江南。野鹅等水鸟栖息飞舞，油鸭等水禽优游其间，堪称名副其实的飞放泊。平时只有宫中的使者到此传令或监察，若有贫民前来砍柴，海户们往往能够提供方便。明朝在南海子里面创建的二十四园，遭遇清初触目惊心的战乱破坏后已经衰败。锦绣园林变得杂草丛生，昔日繁华都成过往。海户们只能捆扎篱笆、看守麋鹿，期待天下太平，好在新的朝廷已派人催促他们整顿离宫的花草了。吴伟业的诗描写了南海子的自然面貌，也记下了明末清初战争对原有环境的破坏。

建立清朝的满洲与蒙古族一样长于骑射，也希望休闲之余通过行围打猎保持尚武雄风。顺治年间即不断修葺南海子，并主要以南苑相称。乾隆时期发展了明代的海户制度，"设海户一千六百，人各给地二十四亩。春蒐冬狩，以时讲武。恭遇大阅，则肃陈兵旅于此"①。海户数量有所增加，每家给予二十四亩耕地作为衣食保障，从而更加固定了他们世代作为皇家苑囿专职守护者的身份。乾隆二十七年（1762）南苑地区发生水灾，《御制海户谣》写道："海户给以田，俾守南海子。常年足糊口，去岁胥被水。以其有恒产，不与齐民比。……一千六百人，二千白金与。稍以救燃眉，庶免沟中徙。并得赍春种，青黄借有恃。"② 海户的田地遭受水灾，官府给以钱粮救济，使他们能够糊口并有钱购买来春所需的粮种，确保正常履行海户职责。苑门比明代的四个大大增加，"南苑缭垣为门凡九：正南曰南红门，东南曰迥城门，西南曰黄村门，正北曰大红门，稍东曰小红门，正东曰东红门，东北曰双桥门，正西曰西红门，西北曰镇国寺门"③。苑内修建旧衙门、新衙门、团河、南红门四处行宫，随时恭候皇帝到来。

乾隆帝的御制诗一向缺少文采和生趣，却可间接显示南苑的自然环

---

① 《日下旧闻考》卷七十四《国朝苑囿·南苑一》，第1231页。
② 《日下旧闻考》卷七十五《国朝苑囿·南苑二》引《御制海户谣》，第1256~1257页。
③ 《日下旧闻考》卷七十四《国朝苑囿·南苑一》引《南苑册》，第1236页。

境。乾隆四年（1739）《御制南苑获野禽恭进皇太后诗》写道："积雪满郊坰，三冬农务停。鸣笳齐队伍，布令疾雷霆。马足奔如电，鹰眸迅似星。山禽味鲜洁，飞骑进慈宁。"[1] 声势浩大的狩猎队伍，足证南苑地域之广与动物之多。乾隆三十六年（1771）《海子行》几近平铺直叙，但其自注颇有涉及南苑环境变迁的考证，包括地域规模、水泉分布、动植物资源等。大意是：元明以来的各种记载，都说南海子周长有一百六十里，按照旧时的苑墙遗迹实际测量，不过只有一百二十里；康熙年间的《日下旧闻》说苑中有水泉七十二处，现在经过仔细勘察，可分辨的团河泉水有九十四处，一亩泉附近也有二十三处泉水，比过去的数目多了大约一半；旧时称南苑聚水的海子有三处，现在调查有五处，惟其第四、第五处夏秋有水而冬春干涸而已；南苑诸水实际上是凤河之源，苑中的泉源聚成一亩泉与团河，五处海子存蓄了大量积水；经行苑中的清水流入凤河，具有冲刷河底泥沙、补充漕运用水的效果；相传明代建设的二十四园早已不见踪迹，只有耕地和牧场依然美丽如画；南苑的鸟兽都出于人工驯服豢养，若无专人看守，早就被人们猎取无遗了。在乾隆帝诗中，南苑是一派"蒲苇戟戟水漠漠，凫雁光辉鱼蟹乐"的风光[2]。苑内河渠水泊的疏导，在乾隆四十七年（1782）前后达到高潮："近年疏剔南苑新旧诸水泊，已成者共二十一处。又展宽清理河道，清流演漾，汇达运河。并现在拟开水泊四处，次第施工，通流济运，较昔时飞放泊尤为益利云。"[3] 南苑类似草原的自然面貌借此得以保持，在作为皇家游猎之地的同时也有积极的生态效应。

二　制度初步松动后的南苑开垦

辽、金、元、清各朝都是由北方擅长游牧骑射的少数民族统治者建

① 《日下旧闻考》卷七十四《国朝苑囿·南苑一》，第 1232 页。
② 《日下旧闻考》卷七十四《国朝苑囿·南苑一》，第 1234~1235 页。
③ 《日下旧闻考》卷七十四《国朝苑囿·南苑一》引《御制仲春幸南苑即事杂咏》注，第 1239 页。

立，不论是以南京为陪都的契丹人还是以中都、大都、北京为首都的女真、蒙古、满洲人，来到以农耕为主要经济形态的北京地区之后，都需要在都城附近保留若干能够延续其民族习俗的地方，这是北京近千年来历史发展的特点之一。历代都存在人口增长带来的经济压力对拓展耕地面积的客观需求，南苑地区恰恰具有良好的农业生产条件，只是因为国家的强力限制才得以延续与草原类似的自然景观。一旦这种强力限制被国内外的局势明显削弱，所谓祖宗之法也就不得不屈从于燃眉之急。南苑由皇家苑囿到农耕之地的转变，正是这样一个在政治经济压力之下被迫改变旧有制度的过程。

南海子虽是向来严禁开垦的皇家苑囿，但在明代就已出现了违禁耕种的苗头。英宗正统八年（1443）十月谕都察院："南海子先朝所治，以时游观，以节劳佚。中有树艺，国用资焉，往时禁例严甚。比来守者多擅耕种其中，且私鬻所有，复纵人刍牧。尔其即榜谕之，戒以毋故常是蹈，违者重罪无赦。"遵照这道谕令，"于是，毁近垣民居，及夷其墓、拔其种植甚众。"① 守卫者擅自开垦苑中土地、倒卖苑中物产，听凭外人进苑砍柴放牧，被皇帝严加申斥后，靠近苑墙的民居被毁、坟墓被平、庄稼被拔，暂时以国家力量把苑囿与百姓隔开了。清代维持旧貌与开垦耕种的冲突更加明显，乾隆三十九年（1774）御制诗"围墙近以种田周，柳外平原布猎骎"自注称："近海子墙设庄头种地，植柳为限，其外平原皆猎场。"② 由此可见，苑墙内侧不妨碍游猎的一圈已被开垦成耕地，这些耕地的内侧边缘栽植柳树，作为与苑囿中心地带猎场的分界线。对苑囿面积的蚕食，出现了从外圈向中心推进的势头。

清末国势的衰落使朝廷被迫逐步放松了开垦南苑的限制，道光二十二年（1842）十月二十九日载铨等奏："南苑地亩，现有私行开垦，请将该管苑丞撤任清查。"随后得到皇帝上谕："南苑禁地私开地亩数顷，恐尚

---

① 《明英宗实录》卷一百九，正统八年十月壬午。
② 《日下旧闻考》卷七十四《国朝苑囿·南苑一》引《御制小猎三首》，第 1238 页。

不止此数，该管苑丞等难保无知情故纵、通同舞弊情事"，令载铨审讯有关人员，并派员到南苑调查详情，复令步军统领衙门、顺天府、五城一体严拿在南苑劫掠牲口的盗贼。^① 咸丰元年（1851）正月，御使嵩龄奏请开垦南苑闲地，被皇帝贬斥并"著交部议处"^②。四年（1854）五月十二日，严厉处罚奏请在南苑开垦屯田的内阁侍读学士德奎^③。同治元年（1862）正月初十日，驳回醇亲王"酌议招募佃户，开垦南苑抛荒地亩情形，请旨办理"的奏折。^④ 但是，此后的内外局势越发混乱，光绪二十六年（1900）七月二十日，八国联军侵入北京。闰八月二十二日得到奏报："近畿各处，亦有洋兵轮番搜索，南路村镇焚毁殆尽。"^⑤ 南苑行宫、庙宇被毁，不久变为荒草离离、狡兔出没之地。包括我国特有珍稀动物麋鹿（俗称四不像）在内的苑中鸟兽惨遭屠杀劫掠，1985 年为在南苑地区恢复麋鹿种群，从英国乌邦寺公园等处引进了当年被劫到欧洲的那些麋鹿的后代。

三　时代巨变下的南苑开垦浪潮

外战失败、国库空虚的清朝政府，在光绪二十八年（1902）六月二十三日下令，设立南苑督办垦务局，出售"龙票"拍卖南海子荒地。自元代以来六百多年间被三代朝廷刻意保护的皇家苑囿，由此掀起了时代巨变之下的开垦浪潮，迅速完成了土地功能的历史性转折。

宣统元年（1909）的南苑督办垦务局执照，记录了该局拟定的招佃章程。主要内容包括六条："所有招佃认垦之人，即以八旗内务府以及顺直绅商仕民人等。旗人取具图片，绅民取具切实具结，始准领地，均以十顷为制，不得逾数。""地利本有肥瘠之分，应缴押荒等银厘，定上、中、

---

① 《清宣宗实录》卷三百八十三，道光二十二年十月甲辰。
② 《清文宗实录》卷二十五，咸丰元年正月庚子。
③ 《清文宗实录》卷一百三十，咸丰四年五月庚戌。
④ 《清穆宗实录》卷十五，同治元年正月癸巳。
⑤ 《清德宗实录》卷四百七十一，光绪二十六年七月辛酉。

下三等。至将来升科，亦按三等分上下忙开征。倘有顽劣之户拖欠钱粮，即将地亩收回，另行招佃认种。""招募佃户宜有栖身之所，准其自盖土房，不准营建高阁大厦及洋式楼房，亦不准私立坟墓，违者究办。""苑内一经开荒，人烟稠密，不免有贸易经营，惟须禀明，听候指示空闲地址，不准毗连结成市镇，亦不准开设烟馆、赌局，违者定行究办。""垦户如有不愿承种者，即将地亩交还，应候生科后体察情形办理。如有更佃等情，务须呈明换给执照。倘有私相租典、借端影射，一经查出，定按原交押荒加倍科罚。""认垦之户各宜循规蹈矩安分农业，其顾觅佣工亦宜慎选良善者。倘有不法之徒寻衅生事搅扰，立即严拿惩办。"招佃章程虽是如此制定，从中渔利的只是少数。"宫廷太监、官僚手持龙票蜂拥而至，乘机圈占了大片土地，在海子里相继建起数十座地主庄园。他们又雇佣大批河北、山东的贫苦农民为他们耕耘播种。从此，南海子才得到了开发。"①

南苑开发的过程迅猛异常，从根本上改变了自然与社会的面貌。放垦五十年后，南苑已有耕地大约 20 万亩。1924 年的志书已称这里"无泛舟之利，而民间稻田颇资灌溉"。② 聚落增多是南苑由皇家苑囿变成农耕区的显著标志之一，1949 年之前已从早期的十余处粮庄和果园迅速崛起为大约 230 个自然村镇。这些村镇集中分布在旧时的苑墙范围内，新庄园主给所属聚落命名时深受皇家苑囿流风余韵的影响，或采用德、义、仁、爱等字眼表达传统的思想意识，或通过地名用字寄托对福寿平安、兴旺发达的期盼，从而构成了一个颇具文采的聚落地名群，记录了区域环境急剧变迁的时代进程。1928 年以后北平市几度计划拓展行政管辖区域，从历史文化关联与发展农业考虑，也希望基本按照清代的范围把南苑地区阑入其中。清末民国时期南苑地区的土地功能被迅速置换，保留至今的少量水草地的生态效益越来越被珍视，南海子麋鹿种群的恢复和发展就是生动的证明。

---

① 李丙鑫：《一件有关南苑开发的清代重要档案》，《北京档案史料》1986 年第 4 期。
② 白眉初：《中华民国省区全志》，北京求知社，1924，第 1 册第 85 页。

第十一章 突如其来：古今地震的惨烈破坏

自然灾害促使人与自然的相互关系从相对静止走向巨大变动，同时破坏了人类赖以生存的自然环境与社会环境。地震是地球内部物质运动的激烈表现形式，是地壳介质积聚应力应变的结果。京津冀地区的地震大多属于构造地震，破坏力巨大而且不可控制。从历史时期的地震灾害中选取若干事例加以分析，也是区域环境史必不可少的研究内容之一。

第一节 地震地质与地震记录

地震是突然发生的地质灾害，与地质构造和地壳运动密切相关。自古至今的地震记载，随着科学技术的进步而日渐准确详尽。

一 地质构造与地震分布

京津冀地区的西面与北面分别倚靠太行山脉与燕山山脉，东南是宽广平原，东部濒临渤海湾，向北穿过燕山山脉通往东北平原，南接中原大地。这个区域处在几大地震构造带上，现代地震研究指出："华北地区与强震有关的活动构造带，有山西断陷带、宁河—新乡地震构造带、郯庐断裂带、河套断陷带和张家口—渤海隐伏构造带等，它们是华北亚板块或其Ⅱ级块体的分界带。"山西断陷带由阳原—大同盆地、忻代盆地、晋中盆地、临汾—运城盆地组成。宁河—新乡构造带北自宁河，经河间、邢台至新乡。郯庐断裂带由北部郯城—潍坊段、南部宿迁—庐江段及苏北块体组成。河套断陷带西起临河，东段包括和林格尔至丰镇地带。张家口—渤海构造带为北西走向，西起张家口地区，东段延入渤海。"上述几条断裂构造带是华北亚板块的边界，或者是次级活动块体的边界，也是华北地区大地震的主要活动场所。"① 历史文献记载显示，京津冀地区发生的地震处在这几大地震构造带范围之内。

京津冀地区的山区主要集中在西部太行山与北部燕山，人口相较于平原地带稀少。河北平原历来农业经济发达、人口众多、城市密集，由于处于地震带之上，成为地震高发的区域，人类生活受到地震灾害影响与冲击相当频繁。河北平原地震带呈北北东向展布于太行山东侧，北界位于燕山南侧，东与郯庐断裂带相邻，南至新乡—商丘一线以北（见图11-1）。②

根据《中国地震目录》《邢台地震目录》《河北省与邻区地震目录》等资料统计，河北省地震活动自公元1000年以来，大致可以分为四个高潮期：第一期自1022年至1086年，第二期自1209年至1368年，第三期自1484年至1730年，第四期自1815年开始到当代尚未结束。在地理分布上，北部地震活动频度高、强度大，主要发生在北东向构造带和东西向构造带的交会部位。京津两市被河北省环抱，地质构造及其活动又必然涉及大尺度的空间范围，地震一旦发生就会影响到整个区域，唯其震中区与边缘辐射区被破坏的程度不同。这样，关于河北省一千多年来地震发生的时间分期，实际上也代表了整个京津冀地区的一般规律。根据古今资料绘制的《河北省地震》特别强调："由于北京市和天津市从构造和地震活动方面与河北省无法分开，因此本图也包括京津两市在内。"③ 由此可见，

①　郭良迁、马青、杨国华：《华北地区主要构造带的现代运动和应变》，《国际地震动态》2007年第7期。

②　王玉婷等：《河北平原地震带的现今活动性分析》，《地震地磁观测与研究》2012年第2期。

③　河北省测绘局：《河北省地图集》，1981，第17~18页。

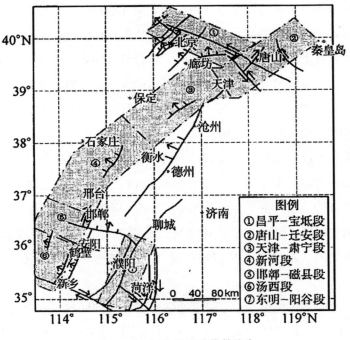

图 11-1　河北平原地震带分布

资料来源：王玉婷等：《河北平原地震带的现今活动性分析》，《地震地磁观测与研究》2012 年第 2 期。

它实际上就是一幅京津冀地区地震分布图（见图 11-2、图 11-3）。通过这两张地图，京津冀地区一千多年来地震发生的历史分期、空间分布、地震烈度、地质构造等情形一目了然。

二　古人对地震灾害的认识

地震是一种极其严重的自然灾害，由于古人对地震科学所知甚少，往往把地震灾害视为上天示警——天为阳，地为阴，地震则是帝王行为荒诞失德而导致阴阳失调、天地秩序混乱，因此被上天惩罚甚至即将失去权位的前兆。周幽王宠爱褒姒，朝政荒疏，幽王二年，西周首都镐京地震，周边的泾、渭、洛河都受到波及。周大夫伯阳甫由此推断："周将亡矣。

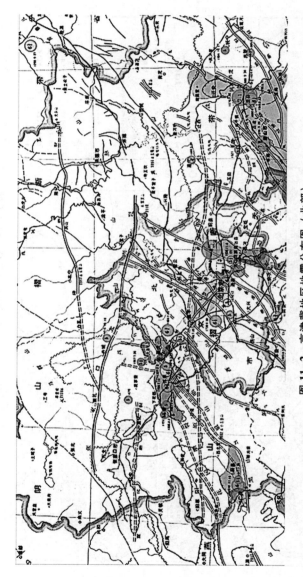

图 11-2　京津冀地区地震分布图（北部）

资料来源：河北省测绘局：《河北省地图集》，1981，第 17 页。

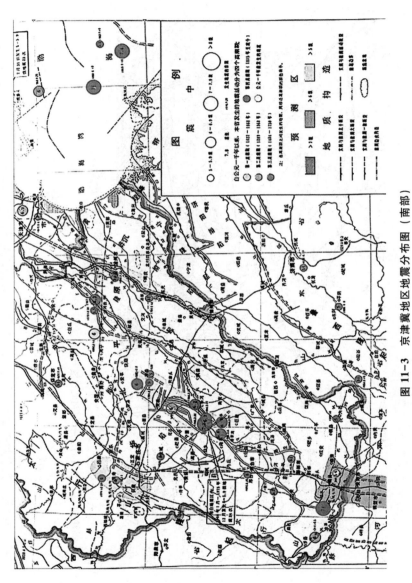

图 11-3　京津冀地区地震分布图（南部）

资料来源：河北省测绘局：《河北省地图集》，1981，第 18 页。

夫天地之气，不失其序；若过其序，民乱之也。阳伏而不能出，阴迫而不能蒸，于是有地震。今三川实震，是阳失其所而填阴也。阳失而在阴，原必塞；原塞，国必亡。夫水土演而民用也。土无所演，民乏财用，不亡何待！昔伊、洛竭而夏亡，河竭而商亡。今周德若二代之季矣，其川原又塞，塞必竭。夫国必依山川，山崩川竭，亡国之徵也。川竭必山崩。若国亡不过十年，数之纪也。天之所弃，不过其纪。"结果"是岁也，三川竭，岐山崩"，① 事物的发展确实印证了伯阳甫的预告。

以地震判定君主是否统治得当显然并不科学，但在古代社会根深蒂固。汉代阴阳五行之说盛行，进一步强化了这样的观念。刘向在给汉元帝上书时说："臣闻春秋地震，为在位执政太盛也，不为三独夫动，亦已明矣。"② 《后汉书·五行志》曰："治宫室，饰台榭，内淫乱，犯亲戚，侮父兄，则稼穑不成。谓土失其性而为灾也。"③ 人们通过检讨种种具体的行为，将统治秩序中的失常与地震联系起来。后世据此不断发挥，将地震的原因归结为人君统治不力、逆臣犯上、后宫为祸等。《魏书》记载："天象若曰：政失其纪而乱加乎人，浸以萌矣，是将以地震为征。地震者，下土不安之应也。"④ 这里已经将地震的起因直接归于统治混乱。《旧唐书·五行志》则为唐代政治动荡、帝王权柄失于宦官和权臣发言："京房《易传》曰：'臣事虽正，专必地震。其震，于水则波，于木则摇，于屋则瓦落，大经在辟而易臣，兹谓阴动。'又曰：'小人剥庐，厥妖山崩，兹谓阴乘阳，弱胜强。'刘向曰：'金木水渗土，地所以震。'春秋灾异，先书地震、日蚀，恶阴盈也。"⑤ 同样《新唐书》撰述者有感于唐代的下克上，认为："阴盛而反常则地震，故其占为臣强，为后妃专恣，为夷犯华，为小人道长，为寇至，为叛臣。"⑥ 《宋史·孙甫传》也记载："时河

---

① 《史记》卷四《周本纪》，第 145~146 页。
② 《汉书》卷三十六《楚元王传》，第 1930 页。
③ 《后汉书》志十六《五行志·地震》，第 3327 页。
④ 《魏书》卷一百五之四《天象志四》，第 2433 页。
⑤ 《旧唐书》卷三十七《五行志》，第 1346~1347 页。
⑥ 《新唐书》卷三十五《五行志二》，第 906 页。

北降赤雪，河东地震五六年不止，甫推《洪范》、《五行传》及前代变验，上疏曰：'……地震者，阴之盛也。阴之象，臣也，后宫也，四夷也。三者不可过盛，过盛则阴为变而动矣。'"① 元成宗的宰相，更是直接将地震归结于上层统治者的错误："（大德）八年，京师地震，上弗豫。中宫召问：'灾异殆下民所致耶？'对曰：'天地示警，民何与焉。'"② 中国历史上地震频繁，巨震也不罕见，造成了极大的民困，也给统治带来危机。尤其是在政治混乱时期，加以地震天灾，造成自然环境巨变，百姓流离失所，伤亡惨重。地震之后的饥荒和瘟疫，更是雪上加霜，故而统治阶级对地震十分畏惧。

地震灾害造成的惨烈危害，迫使统治者往往采用祭祀和自我批评的方式，来缓解或消除天灾带来的巨大损害。汉元帝初元二年（前47）下诏称："二月戊午，地震于陇西郡，毁落太上皇庙殿壁木饰，坏败豲道县城郭、官寺及民室屋，压杀人众。山崩地裂，水泉涌出。天惟降灾，震惊朕师。治有大亏，咎至于斯。夙夜兢兢，不通大变，深惟郁悼，未知其序。间者岁数不登，元元困乏，不胜饥寒，以陷刑辟，朕甚闵之。郡国被地动灾甚者，无出租赋。赦天下。有可蠲除减省以便万姓者，条奏，毋有所讳。"③ 这次地震按现代标准衡量，级别已经在七八级以上。剧烈的地震造成了大量伤亡和不计其数的财产损失，为此汉元帝减免了灾区的租赋并加以赈济。汉成帝建始三年（前30）十二月初一，白天发生日食，晚上地震影响到未央宫。成帝于是下诏："盖闻天生众民，不能相治，为之立君以统理之。君道得，则草木昆虫咸得其所；人君不德，谪见天地，灾异娄发，以告不治。朕涉道日寡，举错不中，乃戊申日蚀地震，朕甚惧焉。公卿其各思朕过失，明白陈之。"④ 对于较轻的地震，君主则是通过自我反省来平息天帝的指责，诏令臣下指陈自己的过失，整顿统治秩序，借以

---

① 《宋史》卷二百九十五《孙甫传》，第9839页。
② 《元史》卷一百三十四《爱薛传》，第3250页。
③ 《汉书》卷九《元帝纪》，第281页。
④ 《汉书》卷十《成帝纪》，第307页。

阻止地震的发生。

古人对地震的成因缺乏科学的认识，因此将天意与人的活动联系起来，并从地震的结果去推导地震的人为成因。实际上，农耕社会的人类活动不足以制造这样大的自然灾害。人类无法掌控地壳运动所导致的地震灾害，唯有将其归结于统治者的失德和暴政招致天帝惩罚，这在一定程度上对地震灾害后的救济具有积极作用。与此同时，古人也在努力总结地震规律，力图从更多线索探知地震发生的缘由，进而降低灾害损失。将地震与天文观测相联系，就是古人最早做出的尝试。汉代已经形成了通过观测天文来预测地震的思想。刘向《五纪论》称："天纪为地震。"① 建元三年"四月，有星孛于天纪，至织女。占曰：'织女有女变，天纪为地震。'至四年十月而地动，其后陈皇后废。"② 这件事情，似乎应验了天纪星宫与地震发生之间的关联。以后的朝代更是将天纪星宫加以具体化，与地震灾害捆绑在一起，为地震的发生赋予更多线索："天纪九星，在贯索东。九卿之象，万事纲纪，主狱讼。星明，则天下多讼；亡，则政理坏，国纪乱；散绝，则地震山崩。"③

通过一些自然现象推测地震发生的前兆，或者通过天文观测来预言地震灾害，都是古人为了防范震灾所做的努力，也有一定的科学观测意义。在现代地震科学知识传入中国之前，古人通过长期观察和记载地震灾害，积累了不少有益的经验。《后汉书》记载，东汉顺帝阳嘉元年（132），张衡制造了能观测地震的地动仪："以精铜铸成，员径八尺，合盖隆起，形似酒尊，饰以篆文、山龟、鸟兽之形。中有都柱，傍行八道，施关发机。外有八龙，首衔铜丸，下有蟾蜍，张口承之。其牙机巧制，皆隐在尊中，覆盖周密无际。如有地动，尊则振龙机发吐丸，而蟾蜍衔之。振声激扬，伺者因此觉知。虽一龙发机，而七首不动，寻其方面，乃知震之所在。验之以事，合契若神。自书典所记，未之有也。尝一龙机发而地不觉动，京

① 《晋书》卷十三《天文志下》，第388页。
② 《汉书》卷二十六《天文志》，第1305页。
③ 《宋史》卷四十九《天文志二》，第993页。

师学者咸怪其无徵。后数日驿至，果地震陇西，于是皆服其妙。自此以后，乃令史官记地动所从方起。"① 张衡设计制造的地动仪现在无从考察，但依据现代科学知识推测，汉代已对地震有了一定认识，留下了很多具体记载。例如，地震往往伴随着"日食"或称"日蚀"等异常的太阳活动出现，并有"雷霆疾风，伤树拔木"，"地震之后，雾气白浊，日月不光，旱魃为虐"等现象。古人积累了关于地震现象的基本经验，认识到地震引起的地理状况具有一定的因果顺序，符合地震灾害发生的客观规律。

但是，张衡一方面根据地震的客观规律制造地动仪，另一方面又将地震的原因解释为君臣权力失去平衡或君主驾驭臣下失当："又前年京师地震土裂，裂者威分，震者人扰也。君以静唱，臣以动和，威自上出，不趣于下，礼之政也。窃惧圣思厌倦，制不专己，恩不忍割，与众共威。威不可分，德不可共。《洪范》曰：'臣有作威作福玉食，害于而家，凶于而国。'天鉴孔明，虽疏不失，灾异示人，前后数矣，而未见所革，以复往悔。自非圣人，不能无过。愿陛下思惟所以稽古率旧，勿令刑德八柄，不由天子。若恩从上下，事依礼制，礼制修则奢僭息，事合宜则无凶咎。然后神望允塞，灾消不至矣。"② 在古人看来，解决地震需要清明的政治，地震成为对失败政治的惩罚。古代农业社会对自然环境高度依赖，地震不仅导致大量人员伤亡和财物损失，也同样造成地理环境的巨大改变，影响农业生产，造成民生困乏。

三　辽代之前的地震线索

在北京成为首都之前，相关的地震记载极少。一方面，这里远离政治中心，信息传递困难，导致地震报告不及时，因而难被官方记载；另一方面，地方官员也许考虑到现实利益，可能对地震灾害隐瞒不报。随着都城时代的来临，王朝政治中心发生的地震就自然引起了高度关注。从辽金时

① 《后汉书》卷五十九《张衡传》，第 1909 页。
② 《后汉书》卷五十九《张衡传》，第 1910~1911 页。

期开始，北京的地震灾害见诸文献记载多了起来。环绕北京的河北与天津的地震灾害也受到重视，得以较为快捷地上报朝廷。宋孝宗淳熙十二年五月，杨万里因为京师地震应诏上书，谈到地震少报或不报的问题："且夫天变在远，臣子不敢奏也，不信可也；地震在外，州郡不敢闻也，不信可也。今也天变频仍，地震辇毂，而君臣不闻警惧，朝廷不闻咨访，人不能悟之，则天地能悟之。臣不知陛下于此悟乎，否乎？"① 国都及其周边的灾情报告尚且如此，遥远州郡的迟缓与疏漏无疑更加普遍。

　　尽管古代地震记录资料并不完备，京津冀在辽代之前也远离全国的政治中心，但作为北方重要的农业经济区，尤其是幽州作为北方军事防御要地，京津冀地区的特大地震也有所记录。最早被记录的地震，发生于西晋惠帝元康四年（294），二月"上谷、上庸、辽东地震"。同年又有"八月，上谷地震，水出，杀百余人。居庸地裂，广三十六丈，长八十四丈，水出，大饥。"这些连同蜀郡、寿春、上庸、京都、荥阳、襄城、汝阴、梁国、南阳等地的地震灾害，都被人们与时政联系起来，归结为"是时贾后乱朝，据权专制，终至祸败之应也"②。元康四年发生的地震灾害范围比较广，从辽东到淮南乃至华北平原最南部，可能是东部到东南地震带的活动引发了这一系列的地震。西晋时期上谷郡在今河北怀来，居庸在今延庆一带，属于山区地带。但是这次地震烈度很大，山崩地裂，地下水涌出，伤亡上百人，对自然环境的破坏极大，造成了大面积的地质灾害，影响到了农业生产，导致大面积饥荒。北魏郦道元《水经注·㶟水》也记载了延庆的地裂沟，相传是晋代地震所致，可见其危害之大。

　　元康四年的记载显示，西晋是京津冀地震的活跃时期。此后很长一段时间，都不见有地震灾害记录。又过了将近二百多年，北魏太和三年（479）"三月戊辰，平州地震，有声如雷，野雉皆雊"③。北魏平州辖今河北卢龙，这次地震造成的危害不详，可能破坏不是太大，但是发出巨

---

① 《宋史》卷四百三十三《杨万里传》，第 12866 页。
② 《宋书》卷三十四《五行志五》，第 992~993 页。
③ 《魏书》卷一百十二上《灵徵志上》，第 2894 页。

响，野生动物感知明确，野鸡啼叫不止。太和十年（486）"三月壬子，京师及营州地震"。"二十年四月乙未，营州地震。""二十二年三月癸未，营州地震。"① 地震的中心在渤海地区的构造带上，河北与天津部分地区受到了一定影响。

从北朝到唐末，京津冀地区处于地震的相对平静期。北京房山云居寺立于唐开元十四年（726）的《大唐云居寺石经堂碑》，记载了此前北京发生的一次地震："大海沸腾，群山振烈。……百川沸腾，山冢□崩。高岸为谷，深谷为陵……"② 描写了当时地震带来的剧烈变化。《畿辅通志》及宣化、怀来县志，都记载唐玄宗天宝十三载（754）八月北燕发生了地震，相当于今天的河北北部及辽西地区以及北京北部。不久，唐代宗大历十二年（777），"恒、定、赵三州地震。冬，无雪"③。此后很长一段时间内，不见京津冀有地震的记载。一个可能的原因是，自唐天宝末年安史之乱与藩镇割据之后，京津冀与唐王朝维持表面的统治关系，发生的很多灾荒也没有上报中央，从而出现了记载缺失。另外，华北平原也可能进入了地震平静期，发生地震少。直到唐末，今河北地区发生了一次较大规模的地震。唐僖宗乾符三年（876），"雄州奏：自六月地震，至七月不止，压伤人甚众"。④ 从唐末开始，京津冀的地震活动又开始活跃起来。在太行山东麓地区，唐僖宗光启二年（886）"十二月，魏州地震"⑤。五代后唐同光二年（924）十一月，"镇州地震"。⑥ 诸如此类的记载，在新旧《五代史》中还有几次。

四　辽金至清代的地震记录

五代后晋天福元年（936），石敬瑭将幽蓟等十六州割让给契丹，京津

① 《魏书》卷一百十二上《灵徵志上》，第 2895 页。
② 林元白：《房山石经拓印中发现的唐代碑刻——介绍"大唐云居寺石经堂碑"》，《现代佛学》1958 年 1 月号，第 17 页。
③ 《新唐书》卷六《代宗本纪》，第 180 页。
④ 王溥：《唐会要》卷四十二《地震》，中华书局，1955，第 758 页。
⑤ 《新唐书》卷九《僖宗本纪》，第 279 页。
⑥ 《旧五代史》卷三十二《唐书·庄宗纪六》，第 444 页。

冀地区的一部分随之转入辽朝统治之下。辽会同元年（938），幽州升为陪都南京。《辽史》对今北京地区的地震记载不多，圣宗统和九年（991）九月"南京地震"①；道宗清宁三年（1057）"秋七月甲申，南京地震，赦其境内"②；咸雍四年（1068）七月"南京霖雨，地震"③；太康二年（1076）十一月"南京地震，民舍多坏"④。这些记载较为简略，却也可看出地震的伤害较重，需要朝廷赈济。

宋代纂修的《五代史》留下了大量关于河北诸州县的地震记载，可以与《辽史》相印证。后汉隐帝乾祐二年（949）四月，"幽、定、沧、贝、深、冀等州地震"。⑤ 后周太祖广顺三年（953）十月，"壬申，邺都，邢、洺等州皆上言地震，邺都尤甚"。⑥《旧五代史·五行志》的记载更为具体："汉乾祐二年四月丁丑，幽、定、沧、营、深、贝等州地震，幽、定尤甚。""周广顺三年十月，魏、邢、洺等州地震数日，凡十余度，魏州尤甚。"⑦ 这两次地震间隔不到五年，受灾范围遍及整个京津冀地区。

辽人对京津冀地区的地震较少记录和关注，宋代官方对今河北地区地震的记录却很多。宋真宗景德元年（1004）全国发生了一系列地震："正月丙申夜，京师地震；癸卯夜，复震；丁未夜，又震，屋皆动，有声，移时方止。癸丑，冀州地震，占云：'土工兴，有急令，兵革兴。'是年，契丹犯塞。……三月，邢州地震不止。四月己卯夜，瀛州地震。五月，邢州地复震不止。十一月壬子，日南至，京师地震。"景德四年（1007）"七月己丑，渭州瓦亭砦地震者四"。大中祥符四年（1011）七月，"真定府地震，坏城垒"⑧。景德年间的强烈地震范围很广，遍及京津冀与都城

---

① 《辽史》卷十三《圣宗本纪四》，第 154 页。
② 《辽史》卷二十一《道宗本纪一》，第 289 页。
③ 《辽史》卷二十二《道宗本纪二》，第 304 页。
④ 《辽史》卷二十三《道宗本纪三》，第 316 页。
⑤ 《旧五代史》卷一百二《汉书·隐帝纪中》，第 1357 页。
⑥ 《旧五代史》卷一百十三《周书·太祖纪四》，第 1499 页。
⑦ 《旧五代史》卷一百四十一《五行志》，第 1885 页。
⑧ 《宋史》卷六十七《五行志五》，第 1483~1484 页。

开封一带。宋神宗熙宁元年（1068）发生大地震，整个京津冀地区普遍受灾，成为历史上少见的地震大灾。

北宋末年，华北地区地震不止，徽宗宣和四年（1122），"北方用兵，雄州地大震。玄武见于州之正寝，有龟大如钱，蛇若朱漆箸，相逐而行。宣抚使焚香再拜，以银奁贮二物，俄俱死"。① 由于战乱与灾荒，地震灾害给京津冀的百姓带来无穷苦难，以致对自然现象以讹传讹，给社会造成了更大恐慌。南宋高宗绍兴十年（1140），"河间地震，雨雹三日不止"。② 在遭受金人进攻之际，河北地区的地震仍是没有间断。整个北宋时期，京津冀的地震灾害都处于频发阶段，间隔的时间大约为 50 年，造成的生命财产损失难以计数。

金代占领北方后，史籍记载的京津冀有十一个年份发生了地震。其中，金熙宗皇统四年（1144）十月发生的地震波及较广，造成惨重伤亡。"甲辰，以河朔诸郡地震，诏复百姓一年，其压死无人收葬者，官为敛藏之。"③ 此后间隔近二十年又发生地震，同时伴随着一些灾害天气。世宗大定四年（1164）"三月庚子夜，京师地震。七月辛丑，大风雷雨，拔木。""五年（1165）六月"丙午，京师地震，有声自西北来，殷殷如雷，地生白毛。七月戊申，又震。十一月癸酉，大雾，昼晦。七年九月庚辰，地震。"④ 金章宗明昌四年（1193）三月，"御史中丞董师中奏：乃者太白昼见，京师地震，北方有赤气，迟明始散。……六年二月丁丑，京师地震，大雨雹，昼晦，大风，震应天门右鸱尾坏。"⑤ 大体上，金代并非京津冀地区地震高发期，虽然间隔几十年之后也有地震发生，但波及范围较小。

京津冀地区在元代进入了地震活动较为平静的时期，根据《元史·

---

① 《宋史》卷六十七《五行志五》，第 1486 页。
② 《宋史》卷三百七十一《王伦传》，第 11526 页。
③ 《金史》卷四《熙宗本纪》，第 80~81 页。
④ 《金史》卷二十三《五行志》，第 537 页。
⑤ 《金史》卷二十三《五行志》，第 539 页。

五行志》及纪传所载，元代大都地区地震比河北和天津稍微频繁些，至元二十一年（1284）"九月戊子，京师地震"；二十六年（1289）"正月丙戌，地震"。元仁宗"皇庆二年（1313）六月京师地震。已未，京师地震，丙辰又震，壬寅又震"；延祐元年（1314）"八月丁未，冀宁、汴梁等路，陟县、武安县地震。"元文宗"至顺二年（1331）四月丁亥，真定、涉县地一日五震或三震，月余乃止"；四年（1333）"五月戊寅，京师地震有声"。① 京津冀地区在元代的地震，大体集中在 1284～1333 年的 50 年间，地震灾害也并不严重。

　　明清两朝，京津冀的地震又进入高发期。据现代地震学统计，仅就北京地区而言，根据目前掌握的资料看，地震频率自 1201 年起逐渐增加，至 1601～1700 年达到最高，此后就骤然下降。②

　　明朝记载北京地震最早是太祖洪武九年（1376）九月，"宛平、大兴二县地震"③，造成的危害不小。成祖时期，北京地区的地震频频出现。永乐元年（1403）十一月"甲午，北京地震"④；十一年（1413）"八月甲子，北京地震"⑤；十三年（1415）"九月壬戌，北京地震"⑥；十八年（1420）"六月丙午，北京地震"。⑦ 明宣宗朝，北京也多次地震。根据史料统计，京津冀地区在明朝发生地震超过百次，从成祖永乐年间开始，又有两个高峰期：第一个高峰期出现在宪宗成化十二年（1476）至世宗嘉靖六年（1527）约 50 年间，京津冀发生的地震多达 30 余次，大部分地震都是连年发生；第二个高峰期是在嘉靖三十七年（1558）到明末崇祯十二年（1639）的 82 年间，京津冀地区发生 50 余次地震，

①　《元史》卷五十《五行志一》，第 1082～1084 页。
②　李自强：《北京的地震》，《地球物理学报》1957 年第 2 期。
③　《明太祖实录》卷一百八十，洪武九年九月丁卯。
④　《明史》卷六《成祖本纪二》，第 80 页。
⑤　《明史》卷六《成祖本纪二》，第 91 页。
⑥　《明史》卷七《成祖本纪三》，第 95 页。
⑦　《明史》卷七《成祖本纪三》，第 99 页。

相邻两次地震的间隔多在 3 年以下，间隔一年或者连年发生的情况也较多。[①]

清代京津冀地区的地震发生率明显低于明代，见诸文献记载的地震大约 50 次，高发期集中在三个时段：其一，顺治四年（1647）到康熙二十六年（1687）；其二，康熙三十五年（1696）到六十一年（1722）；其三，雍正八年（1730）到十年（1732）。在这些高峰期发生的地震，有几次是 6.5 级以上的强地震，造成的破坏极其惨烈。其中，康熙十八年七月庚申（1679 年 9 月 2 日 9 时至 11 时）发生了百年一遇的大地震，学术界通常称之为"三河—平谷大地震"。一百多个州县的各种官方档案、文书、碑记、诗文和杂录，都对这次大地震有所记录。三河、通州和平谷是受灾最为严重的区域，今河北省的绝大部分地区遭到地震破坏。康熙五十九年（1720）六月癸卯（初八日），在怀来县沙城发生了一次强地震，对今河北大部分地区与北京北部山区及城内都造成巨大破坏。此后不过十年，雍正八年（1730）八月乙卯（十九日）北京发生了一次强地震，震中在北京西山，又称西山大地震。由于距离京城很近，给城内造成了严重破坏，程度与康熙十八年的大地震相仿佛。道光十年闰四月二十二日（1830 年 6 月 12 日），在今邯郸市磁县至彭城发生了一次极为严重的地震，次日又发生了一次较强烈的余震，造成重大人员伤亡和建筑物损坏。清代京津冀是地震的重灾区，多次烈度较大的地震对城市损毁十分严重。

五　现当代的强烈地震

京津冀地区在现当代也发生过严重的地震。从 1945 年 9 月 23 日至 1947 年 2 月的约一年半时间里，河北滦县发生地震。据民国时期中央地质调查所调查报告，"滦县地震历时颇久，自民国三十四年九月二十三日起，直至三十六年二月底笔者写此文时止，经一年又半，仍在继续震动。

---

① 于德源：《北京灾害史》，同心出版社，2008，第 483 页。

考之华北地震史，可谓空前之长期地震。当前年九月间一次大震发生时，北平亦曾感震动。"① 大震突然爆发，地震的有感范围远至千里，共有50万间房屋受损，死伤9000余人。

新中国成立后，河北又发生了两次大地震，即1966年的邢台地震和1976年的唐山大地震。邢台地震从1966年3月8日至29日，在21天的时间里，邢台地区以及石家庄地区部分市县，连续发生了5次6级以上地震，其中最大的一次是3月22日16时19分在宁晋县东南发生的7.2级地震，这些地震统称为邢台地震。1976年7月28日3时42分54.2秒，在河北省唐山市丰南县（震中北纬39.4度、东经118.0度）发生震级为7.8级的大地震，是20世纪全世界人员伤亡最大的一次地震，名列20世纪十大自然灾害之一。经历了唐山大地震的惨痛破坏，国家对地震的监测和预警措施有了很大加强。二十多年后，1998年1月10日11时52分左右，河北省张北地区发生一次强度6.2级地震，涉及张北、尚义、康保、万全四县19个乡200多个行政村以及北京、天津、内蒙古等地，造成了较大的人员伤亡和严重的经济损失。

历史文献的记载虽然不够全面，但也大致为我们提供了京津冀地区地震发生的基本状况。根据这些记载，"分析结果表明，公元前231年至公元2018年，京津冀地区发生的1044起地震事件中，以有感地震和中强地震为主，小地震、强烈地震以及大地震发生频次较低。地震记录完整性分析结果表明，除小地震外，其他等级地震记录自公元1400年以来基本完整。在空间分布上，京津冀地区历史地震呈"T"形分布，沿1条北西—南东走向地震带和1条北东—南西走向地震带分布。在时间上，京津冀地区地震事件呈现阶段性的变化，在公元1480~1680年以及1950年以来两个时间段内较为活跃，发生频率较高。在月际尺度上，地震事件同样存在季节性差异且多发于夏秋季节，同时地震密集区域在年内呈现自西向东迁移的现象。通过对历史上地震实例的总结，京

① 王竹泉：《河北滦县地震》，《地质论评》1947年第12卷1、2合期。

津冀地区历史上大的地震活跃期间隔为 100 年至 150 年。总结历史经验，可以帮助我们更科学地认识京津冀地区的地震发生规律，尽量减少灾害损失。

第二节　强烈地震及其环境破坏

猝然而至的强烈地震，是"人有旦夕祸福"的最惨烈注脚之一。地震造成的环境破坏既包括自然环境中的地质、地貌、水系等，也包括与人类息息相关的社会环境。在京津冀地区的历史上，这样的情景不乏其例。

一　西晋至元代的地震与环境破坏

在北京地区成为首都之前地震记录不受重视，仅有极其严重的地震可能被记载并保留下来。西晋惠帝元康四年（294），今河北怀来发生了一次严重的地震，其范围西起怀来盆地，东至辽宁地区，南则达到今湖北地区。地震引起怀来一带的河流决堤漫溢，造成一百多人伤亡。今北京地区的军事要隘延庆遭到巨大的地质破坏，山崩地裂，地面出现长八十四丈、宽三十六丈的裂缝，相当惊人，地下水喷涌而出，对当地的环境影响极为剧烈，自然环境直接改观。北魏郦道元《水经注》记载："沧水（今延庆妫水）又西南，右合地裂沟。古老云：晋世地裂，分此界为沟壑。有小水，俗谓之分界水，南流入沧水。"[1] 地震对当地的自然环境影响剧烈，造成大面积的农田损毁，农业生产遭到破坏，百姓"大饥"，生活陷入困境。《晋书·地理志上》记载，上谷郡管辖沮阳与居庸两县，有 4070 户。按当时户口计算，人口不过 2 万，分布不算稠密，却也有一百余人死亡，可见地震对当地环境破坏相当严重。

西晋以后京津冀地区虽然也有地震发生，但缺乏完备的记录，正史中偶尔有零星的线索。直到唐末五代，这个区域的地震活动记录明显增加。

---

[1] 《水经注》卷十三《漯水》，第 270~271 页。

前面已经提到，五代汉乾祐二年（949）"四月丁丑，幽、定、沧、营、深、贝等州地震，幽、定尤甚。"周广顺三年（953）"十月，魏、邢、洺等州地震数日，凡十余度，魏州尤甚。"① 短短五年之内，京津冀地区普遍遭受地震危害并且是多次地震，幽州（今北京）、定州（今河北定州）、魏州（今河北大名县东北）均是重灾区。虽然地震造成的物资损失与人员伤亡没有记载，但从地理范围上来看，建筑损毁与地理环境的改变不可避免。当幽州（今北京）成为政治中心以后，城市规模扩大，人口不断增加，周边地区也相应出现了人口集聚。与辽朝隔河并峙的北宋辖下的河北平原，是重要的农业经济和军事防御区，人口稠密，城市发达。地震对经济发达区域造成的损坏更为明显，京津冀地区的地震得到的官方关注与记载也就多了起来。

辽道宗清宁三年（1057）七月，辽南京地区发生地震，嗣后朝廷"赦其境内"，显示出这次震灾的严重程度。南京城内的大悯忠寺（今北京法源寺）建于唐代，寺内的观音阁毁于这次地震："大悯忠寺有杰阁，奉白衣观音大像，二石塔对峙于前。……辽道宗清宁二年（按，当为三年）摧于地震，诏趣完之。"② 这种情形表明，地震对城市造成的破坏相当严重，大部分建筑都有可能受到损坏。北宋君臣对这次地震也予以极大关注。北宋仁宗嘉祐二年（1057，辽清宁三年）四月丙寅，"雄州言：北界幽州地大震，大坏城郭，覆压死者数万人。诏河北密为备御之计。"③ 辽与北宋以拒马河为界，雄州是北宋对辽的最前线。辽南京的地震死亡人数在宋人记载中达到几万人，城市建筑也被大量损毁。遭遇如此巨震，北宋与辽相邻的地区也未能幸免。《宋会要辑稿》记载："嘉祐二年三月三日，雄州、霸州并言：'二月十七日夜，地震。'至四月二十七日，雄州又言：'幽州地大震，大坏城郭，覆压死者数万人。'诏河北备御之。是

---

① 《旧五代史》卷一百四十一《五行志》，第 1885 页。
② 《元一统志》卷一《古迹》，第 24~25 页。
③ 《续资治通鉴长编》卷一百八十五，宋仁宗嘉祐二年四月丙寅条，第 4474 页。

岁，河北数地震，朝廷遣使安抚。"① 在辽南京地震前，雄州、霸州已经地震，最严重的则发生在辽南京。接下来，北宋境内的河北诸州也发生了多次地震，损失非常严重，朝廷不得不派遣官员专门赈济，可见其波及之广、级别之高。

这次地震之后将近五十年，整个华北平原再度发生地震。辽道宗咸雍四年（1068）七月，"南京霖雨，地震"。② 这个记载相当简约，北宋的河北地区实际上也经受了这次地震，《宋史》记载得更为详细。宋神宗熙宁元年（1068）"七月甲申，地震；乙酉、辛卯，再震；八月壬寅、甲辰，又震。是月，须城、东阿二县地震终日。沧州清池、莫州亦震，坏官私庐舍、城壁。是时，河北复大震。或数刻不止，有声如雷。楼橹、民居多摧覆，压死者甚众。九月戊子，莫州地震，有声如雷。十一月乙未，京师及莫州地震。十二月癸卯，瀛州地大震。丁巳，冀州地震。辛酉，沧州地震，涌出沙泥、船板、胡桃、螺蚌之属。是月，潮州地再震。是岁，数路地震，有一日十数震，有踰半年震不止者"。③ 熙宁元年的地震造成了巨大灾难，辽南京和北宋的河北、开封等地都是灾区。地震反复发生，持续时间长达半年，造成的人员伤亡与财产损失十分惊人。次年二月宰相富弼的奏报，也说明了熙宁元年地震的社会破坏之深："若数路地震之异，河北特甚，人民流散，去如鸟兽，死于道路者为数不少，甚可痛也。……古今固有震动之时，随其所震大小远近，必有灾患应之，然未尝闻数路皆震，且未有一日或十数震者也。震又不一日而止，有至今踰半年尚震未止者也。"④ 尚书员外郎钱彦远的奏疏，也论及这次地震的严重性："陛下即位以来，内无声色之娱，外无畋渔之乐，而前岁（按，熙宁元年）地震，雄、霸、沧、登，旁及荆湖，幅员数千里，虽往昔定襄之异，未甚于

---

① 《宋会要辑稿》第五十二册《瑞异》三之三四。
② 《辽史》卷二十二《道宗本纪二》，第304页。
③ 《宋史》卷六十七《五行志五》，第1485页。
④ 《宋会要辑稿》第五十二册《瑞异》三之三六。

此。"① 这次地震过后，精明强干的宰相韩琦充当安抚使，前往地震区进行赈灾工作。"熙宁元年七月，复请相州以归。河北地震、河决，徙判大名府，充安抚使，得便宜从事。"② 朝廷上下对这次地震也做出了反省，光禄卿朱景因病革职，"自占遗表，呼其子光庭操笔书之。其略云：'切闻河北水灾、地震，陛下当减膳避殿，斋居加省，召二府大臣朝夕咨访阙失，思所以弭答。'"③

辽宋并峙的年代，京津冀地区进入了地震高发期。频率较高，破坏性大。直到北宋末年，今北京与河北地区仍有大地震。辛弃疾《窃愤录》，描述了北宋徽宗、钦宗被押往金上京途中遭遇地震的状况："或日经行数县，皆如中州，但风俗皆胡夷耳。次日至一州问左右，曰：易州也。大率皆若中州，而繁华不及顺州。同知亦呼帝至庭下，赐酒肉饮食，止宿则驿中也。城中有兵约万余，有中贵在此作监军。城中所用铜钱，所饮食亦有麦饭谷粟。是夕地震，至晓不止，民有随地转者。小儿皆啼，牛马夜鸣。又大风雨，黎明而止。城中有刘备庙，神像碎如棋子。"④ 徽钦二帝经过易州（今河北易县）遭遇地震，导致地面摇晃，风雨交加，城里寺内的塑像倒塌，足见地震相当剧烈。

金代记载的京津冀地震虽然有时发生，但没有剧烈地震。这可能是因为金代统治者对地震之害未予记载，也许是经历了五代辽宋时期的大地震之后转入了平静期。直到元代，今北京北部山区发生了一些地震。《长春真人西游记》记述了蒙古太祖二十二年（1227）六月燕京地区的一次地震："二十有三日，人报已午间。雷雨大作，太液池之南岸崩裂，水入东湖，声闻数十里，鼋鼍鱼鳖尽去，池遂枯涸，北口（居庸关北口，今延庆八达岭）山亦摧。"⑤ 这次地震规模不大，但对燕京地区的自然环境影

① 《宋史》卷三百十七《钱彦远传》，第 10345 页。
② 《宋史》卷三百十二《韩琦传》，第 10227 页。
③ 《宋史》卷三百三十三《朱景传》，第 10709 页。
④ 《永乐大典》卷 19742《窃愤录》，中华书局影印本。
⑤ 李志常：《长春真人西游记》卷下，清道光二十七年灵石杨氏刊本，第 17 页。

响较强，城内湖水为之干涸，八达岭发生崩塌，民居和伤亡则未提及。此后一百多年，京津冀地区未见大地震记录，直到元末顺帝时期出现了几次烈度较大的地震。元统二年（1334）八月"京师地震。鸡鸣山崩，陷为池，方百里，人死者甚众①。"这次地震的震中可能在今河北宣化一带，地震使地理环境显著改变，鸡鸣山塌陷为洼地，面积达百里之巨，情形十分恐怖。当地的居民房屋也势必荡然无存，死亡人数也不会少。

三年之后，大都地区再度发生剧烈地震。元顺帝后至元三年（1337）"八月辛巳夜，京师地震。壬午，又大震，损太庙神主；西湖寺神御殿壁仆，祭器皆坏。顺州、龙庆州及怀来县，皆以辛巳夜地震，坏官民房舍，伤人及畜牧。宣德府亦如之，遂改为顺宁云。……（四年）八月丙子，京师地震，日凡二三，至乙酉乃止"。② 连续两年出现地震，大都之内及外围的西北州县都是受灾区域。

二　明清时期的剧烈地震与严重危害

明代前期地震较少，到中后期地震开始活跃起来。大约每隔 50 年，就会有一次较为剧烈的地震。宪宗成化二十年（1484）正月"庚寅，京师地震。是日永平等府及宣府、大同、辽东地皆震，有声如雷。宣府因而地裂，涌沙出水。天寿山、密云、古北口、居庸关一带城垣、墩台、驿堡，倒裂者不可胜计，人有压死者。"③ 这次地震仍然集中在北京与京西北地带，此前一年的七月，宣化府已经"地震凡六次"，是这次地震的前震。次年，遵化等地和北京都有地震。燕山地震带的活跃，直接增大了北京及西北山区的地震频率。

嘉靖十五年（1536），通州及井陉、霸州、香河等十八个州县发生地震。这些州县处于涉县—卢龙地震活动带和井陉—内蒙古宁城地震活动带上，由此发生了一连串的地震。《通州志》载："嘉靖十五年十月，通州

---

① 《元史》卷三十八《顺帝本纪一》，第 823 页。
② 《元史》卷五十一《五行志二》，第 1112~1113 页。
③ 《明宪宗实录》卷二百八十四，成化二十年正月庚申。

地大震，潞县同日俱震。居民房屋倾圮，伤人，州城亦多圮。"① 明末地震也很频繁，熹宗天启三年（1623）和四年（1624）连续发生地震。"三年四月庚申朔，京师地震。十月乙亥，复震。……（十二月）戊戌，京师地又震。四年二月丁酉，蓟州、永平、山海地屡震，坏城郭庐舍。甲寅，乐亭地裂，涌黑水，高尺余。京师地震，宫殿动摇有声，铜缸之水，腾波震荡。三月丙辰、戊午，又震。庚申，又震者三。六月丁亥，保定地震，坏城郭，伤人畜。"② 天启三年的反复地震，是次年大地震的前兆。四年的地震反复多次，很多州县城市建筑被破坏，地震烈度之大引起地质改变，乐亭县地面裂开，地下水涌出，对环境的破坏非常强烈。

两年之后的天启六年（1626），中国北方数省发生强烈地震，范围包括京津冀与山东、河南、山西等省。"六月丙子，京师地震。济南、东昌及河南一州六县同日震。天津三卫、宣府、大同俱数十震，死伤惨甚。山西灵丘昼夜数震，月余方止。城郭、庐舍并摧，压死人民无算。七月辛未，河南地震。"③ 地震涉及千余里，各地死伤与环境破坏不可胜计。清初小说《樵史通俗演义》描写了天启六年地震造成的京城惨状："此时已是早饭时节，约莫是巳牌了，天色皎洁。忽有声如吼，远远从东北方渐至。京城西南角灰气涌起，屋宇动宕。忽又大震一声，天崩地塌，昏黑如夜，万屋平沉。东自顺城门大街，北至刑部街，长三四里，周围十二三里，尽为齑粉，有数万间屋，二万的人。王恭厂一带更觉苦楚，僵尸层叠，秽气薰人。"④ 虽是通俗文艺，却也不失历史的依据。这次地震死亡高达 2 万余人，繁华京城的街道化为废墟，凄惨景象令人难以想象。

清代也是京津冀地区的地震频发时期，尤其以康熙十八年（1679）的三河一平谷地震最为惨烈。这次地震百年罕见，造成了难以遗忘的灾

---

① 康熙《通州志》卷十一《褉祥杂志》。
② 《明史》卷三十《五行志三》，第 504 页。
③ 《明史》卷三十《五行志三》，第 504 页。
④ 江左樵子：《樵史通俗演义》，中国书店，1988，第 64 页。

害。从清初开始，京师地区间隔两三年就会发生地震。康熙四年（1665）"二月初四日，平阴地震。三月初二日，京师地震有声。初四日，景州地震。四月十五日，滦州、东安、昌平、顺义地震二次，房垣皆倾"。① 这次地震烈度不低，造成房屋损坏的程度也比较严重。

康熙十七年"七月二十八日，京师地震。十月初五日，安平地震"②，这是大地震发生的前兆。十八年大震前，北京以东的环渤海地带首先发生地震，"六月朔，荣成、宁海、文登地震。二十八日，滨州、信阳、海丰、沾化地震"。紧接着，"七月初九日，京师地震；通州、三河、平谷、香河、武清、永清、宝坻、固安地大震，声响如奔车，如急雷，昼晦如夜，房舍倾倒，压毙男妇无算，地裂，涌黑水甚臭。二十八日，宣化、巨鹿、武邑、昌黎、新城、唐山、景州、沙河、宁津、东光、庆云、无极地震。八月，万全、保定、安肃地屡震。九月，襄垣、武乡、徐沟地震数次，民舍尽颓。十月，潞安地震。十一月，遵化州地震，有声如雷。"③ 官方记载极为简略，实际上大灾已经遍及京师以及直隶、山东、山西诸省的大片区域。

地震灾害的剧烈，引发了朝廷上下不安。康熙帝立刻下诏自责自省，命令各部门商议赈灾事宜。七月"谕户部、工部：朕御极以来，孜孜求治。期于上合天心，下安黎庶。夙夜兢惕，不敢怠荒。乃于本月二十八日巳时，地忽大震，变出非常。皆因朕躬不德，政治未协。大小臣工，弗能恪共职业，以致阴阳不和，灾异示警。深思愆咎，悚息靡宁。兹当力图修省，以迓天庥。念京城内外，军民房屋，多有倾倒，无力修葺，恐致失业。压倒人口，不能棺殓，良可悯恻。作何加恩轸恤，速议以闻。仍通行晓谕，咸使闻知"。④ 并且命令都城管理部门，对受灾情况加以调查，准备赈济。"谕大学士等：地震倾倒民居，朕心悯念。至于穷苦兵丁，出征

① 《清史稿》卷四十四《灾异志五》，第1632页。
② 《清史稿》卷四十四《灾异志五》，第1633页。
③ 《清史稿》卷四十四《灾异志五》，第1633页。
④ 《清圣祖实录》卷八十二，康熙十八年七月庚申。

在外，房屋毁坏，妻子露处，无力修葺，更堪悯恻。可敕该部，行令八旗都统、副都统、参领，亲行详察，毋致遗漏。"① 大震之后，根据旗人与非旗人的身份差别，清政府给予救济："户部、工部遵谕议：地震倾倒房屋无力修葺者，旗下人房屋每间给银四两，民间房屋每间给银二两。压倒人口不能棺殓者，每名给银二两。得旨：所议尚少，著发内帑银十万两，酌量给发。"② 对于倒塌的房屋，设法加以补助修葺，八月"谕内阁、户部：官员兵丁房屋墙垣，顷因地震塌毁甚多，一时不能修葺。四品官员以下，见食半俸，此一次仍行全给。其护军拨什库、披甲当差人役钱粮，著即支与两月，令其修理。"③ 由于灾害实在严重，康熙帝计划向上天祈祷。九月"谕礼部：前以地震示警，朕恐惧修省，夙夜靡宁，已经遣官虔告郊坛。乃精诚未达，迄今时复震动未已，朕心益用悚惕。兹当虔诚斋戒，躬诣天坛，亲行祈祷。尔部即择期具仪以奏"。④

　　这次强烈地震给京津冀地区带来极为严重的破坏，清政府的赈灾计划反映了各地的受灾程度。"户部议覆，直隶巡抚金世德疏言：本年地震，通州、三河、平谷、被灾最重。应将本年地丁钱粮尽行蠲免。其香河、武清、永清、宝坻等县，被灾稍次者，蠲免额赋十之三。蓟州、固安县被灾又次者，免十之二。应如所请。得旨：依议。通州等处人民被灾，朕心深为恻悯。这蠲免钱粮，著该抚率地方官殚心料理，务俾小民得沾实惠，以副朕轸恤灾伤之意。"⑤ 北京通州、平谷及河北三河县是受灾最严重的区域，据现代地震学研究，震中在三河县和平谷，震级达到 8.5 级，是前所未有的地震灾害。

　　官方文献只描述了基本的受灾区域和受灾程度，各种笔记和地方志，则对康熙十八年的巨大灾害做了细节极为生动的披露，再现了当时的惨状

①　《清圣祖实录》卷八十二，康熙十八年七月庚申。
②　《清圣祖实录》卷八十二，康熙十八年七月辛酉。
③　《清圣祖实录》卷八十三，康熙十八年八月甲子。
④　《清圣祖实录》卷八十四，康熙十八年九月己巳。
⑤　《清圣祖实录》卷八十六，康熙十八年十一月乙巳。

和困境。三河知县任塾，根据自己的亲身经历记述道：

> 康熙十八年己未，七月二十八日巳时，余公事毕，退西斋假寐，若有人从梦中推醒者。视门方扃，室内阒无人。正惝恍间，忽地底如鸣大炮，继以千百石炮；又四远有声，俨数十万军马飒沓而至。余知为地震，蹶然起，见窗牖已上下簸荡，如身在天风波浪中；跳而趋，屡仆，仅得至门。门启，门后有木屏，余方在两空间，砉然一声，而屋已摧矣！梁柱众材交横，门屏上堆积如山，一洞未灭顶耳。牙齿腰胁俱伤，疾呼无闻者，声气殆不能续，因极力伸右手出寸许。儿鬶辈遍寻余，望见手指动摇，亟率众徙木奋土，食顷始得出。举目则远近荡然，了无障隔，茫茫浑浑，如草昧开辟之初。从瓦砾上奔入一婢，指云主母在此下。掘救之，气已绝。恸哭间，问儿鬶弟坌云："汝辈幸无恙，余三十口何在？"答云："在土积中，未知存亡。"乃俯而呼，有应者掘出之。大抵床几之下，门户之侧，皆可赖以免。其他无不破胪折体，或呼不应，则不救矣！
>
> 正相对莫知所以，忽闻喧噪声云"地且沉"，争登山缘木而避。盖地多坼裂，黑水兼沙从地底涌泛。有骑驴道中者，随裂而堕，了无形影，故致人惊骇呼告耳。顷之又闻呼"大火且至"，乃倾压后灶有遗烬，从下延烧而然。急命引水灌之。旋闻劫棺椁、夺米粮，纷纷攘攘，耳无停声。因扶伤出抚循，茫然不得。街巷故道，但见土砾成丘，尸骸枕藉。覆垣欹户之下，号哭呻吟，耳不忍闻，目不忍睹。历废城内外，计剩房屋五十间有半。不特柏梁松栋倏似灰飞，即铁塔石桥亦同粉碎。登高一呼，惟天似穹庐，盖四野而已。
>
> 顾时方暑，归谋殡殓人。觅一裁工，无刀尺；一木工，无斧凿。不得已为暂藁埋毕，举家至晚不得食。仿佛厨室所在，疏之获线面一筐，煮以破瓮底，盛以水筲，各就啖少许。次日，人报县境较低于旧时。往勘之，西行三十余里，及柳河屯，则地脉中断，落二尺许。渐西北至东务里，则东南界落五尺许。又北至潘各庄，则正南界落一丈

许。阖境似甑之脱坯，人几为鱼鳖，岂惟陵谷之变已耶？……计震所及，东至奉天之锦州，西至豫之彰德，凡数千里，而三河极惨。自被灾以来，九阅月矣。或一月数震，或间日一震，或微有摇杌，或势欲摧崩，迄今尚未镇静。备阅史册，千古未有，不知何以致此。①

　　任塾亲历了三河大地震，此文真实记录了地震发生时的恐怖情形和灾后惨象。人被自然之力任意摆布，能否生存全看运气如何。他在瞬间被埋入废墟，仅靠一只露在外面的手被人发现救出，家中人丁则大多死于地震，眼前的场景令他不知所措。所有建筑化为乌有，灾后混乱异常，官员、百姓无家可归，衣食无着，死伤遍地，迅速出现了喧嚷抢夺与盗窃劫掠。灾后九个月的三河县，大大小小的余震仍然不断，确实是千古未有的灾难。

　　民国《平谷县志》对康熙十八年大地震的追述，首尾皆以任塾《地震记》为蓝本改写。开头叙述地震过程，中间描述本县的严重灾变，最后又再次改写任塾的文字：

　　　　清康熙十八年七月二十八日巳时，忽地底如鸣巨炮，又似数千马飒沓而至。始而庐舍摇荡，如舟在风浪中，继则全然倾圮，压毙者无算，其生者亦咸破颅折体。顷又闻地且沉，争登高以避。盖地裂丈余，黑水兼沙从底涌泛，有骑驴行道中，遂裂而坠，杳无形影。邑东山多崩陷。海子庄东南有山长里许，名锯齿崖，参差峙立，形如锯齿，盖地震摇散而未崩陷者。其他断如刀切而存其半者，皆崩而陷入地中者也。又大辛寨庄南有砖井歪斜，人呼为搬倒井，亦地震移动之所致。是时，城乡房屋塔庙荡然一空，遥望茫茫，了无障隔，黑水横流，田禾皆毁，人多无食，阖境人民逃亡逾半……②

---

① 任塾：《地震记》，乾隆《三河县志》卷十五《艺文志上》。
② 民国《平谷县志》卷三《灾异·平谷县地震记》。

通州是地震的三大重灾区之一，几乎全被夷为平地。康熙《通州志》记载：

> 十八年七月二十八日巳时，地震从西北至东南，如小舟遇风浪然。人不能起立，凡雉堞、城楼、仓廒、儒学、文庙、官廨、民房、楼阁、寺院无一存者。燃灯佛塔自后周宇文氏时建，历今二千余年，同时倾仆。周城四面地裂，黑水涌出丈许，月余方止。压死人民一万有余。城内火起，延烧数十处。张湾、漷县亦然。自二十八以后，或一日数十动，或数日一动，经年不息。孤山塔亦同日倾仆，小米集地裂出温泉。①

明清之际的叶梦珠撰《阅世编》，根据官方邸报记述康熙十八年的大地震：

> 七月二十八日庚申，京师地震。自巳至酉，声如轰雷，势如涛涌，白昼晦暝，震倒顺承、得胜、海岱、彰仪等门，城垣坍毁无数，自宫殿以及官廨、民居，十倒七八。压伤大学士勒得宏，压死内阁学士王敷政、掌春坊右庶子翰林侍读庄同生、原任总理河道工部尚书王光裕一家四十三口，其他文武职官、命妇死者甚众，士民不可胜纪。二十九、三十日，复大震。通州、良乡等城俱陷，裂地成渠，流出黄黑水及黑气蔽天。有总兵官眷经通州，宿于公馆，眷属八十七口压死，止存三口。直至八月初二日方安。朝廷驻跸煤山，凡三昼夜。臣民生者露处枵腹，死者秽气薰蒸。诏求直言，严饬百僚，同加修省，发帑金量给百姓，修理房屋。自是以后，地时微震。惟初八、十二三日复大震如初。近京三百里内，压死人民无算。十九至二十一日，大雨，九门街道，积水成渠。二十五日晚，又复大震。下诏切责大臣，

---

① 康熙《通州志》卷十一《祲祥杂志》。

引躬自咎，备见邸报。①

通过各种官私文献的记录，大致可以推测具体的灾害情况。有关各州县受灾面积大，死亡人数多，各类建筑、交通道路、田地都因大地震而变形，同时引发水灾和火灾，对人文与自然环境的破坏无以复加。大地震之后的灾民生活极度困难，政府赈济远不足以解救民众。三河知县任塾《地震记》，所载灾后救济情况如下：

> 八月初一日，銮仪卫沙必汉奉上谕，着户工二部堂官一员，查明具覆，施恩拯救。阁臣会议具请，奉旨着侍郎萨穆哈去。初六日，萨少农到县，散赈城厢穷民五百二十九户。十六日，户部主事沙世到县，散赈乡村穷民九百四十一户，户各白金一两。十八日，又传旨通州、三河等处，遇灾压死之人查明具奏。九月十五日，工部主事常德、笔帖式武宁塔到县，散给压死民人、旗人男妇大小共二千四百七十四名口，又无主不知姓名人二百三名口。内孩幼不纪，旗民死者另请旨，并无主不知姓名地方官料理外，将压死男妇一千一百六十八名口，人给棺殓银二两五钱，伊亲属具领讫。又，先是，八月初九日，上谕：通州、三河等处地震重灾地方，分别豁免钱粮，具奏。随奉巡抚金查明：三河、平谷最重，香河、武清、宝坻次之，蓟州、固安又次之。最重者应将本年地丁钱粮尽行蠲免，次者应免十分之三，又次者应免十分之二，具疏题奏。奉旨：依议，三河地丁应得全蠲。钦哉！皇恩浩荡，如海如天，民始渐得策立，骨肉相依。其不幸至于流离鬻卖者，十之一二而已。②

在知县任塾看来，灾民为求生存而不得不卖身为奴者高达 10% ～

---

① 叶梦珠：《阅世编》卷一《灾祥》，上海古籍出版社，1981，第 19～20 页。
② 任塾：《地震记》，乾隆《三河县志》卷十五《艺文志上》。

20%，已经算是皇恩浩荡了。就实际死亡人数估算，三河、平谷、通州的死亡率近 50%。①

雍正八年（1730）"八月十九日，京师、宁河、庆云、宁津、临榆、蓟州、邢台、万全、容城、涞水、新安、东光、沧州同时地震"。② 这次地震的震中在北京西山，对北京城影响很大，城内建筑破坏严重。当时正值朝廷对准噶尔用兵，为解除出征将士的后顾之忧，次日雍正帝"命查八旗兵丁因地震致垣舍坍塌者，每旗各赏银三万两。按各佐领人数，均匀分给。圆明园八旗兵丁，每旗各赏银一千两，以为修葺屋宇之用"。③ 分拨银两用于救济十分迅速，至于普通居民，则命各部门检查统计灾情："丙辰，谕内阁：昨日地震，兵民房室墙垣，必有颓塌者。八旗兵丁，已降谕旨，每旗赏银三万两。令该旗大臣，按名分给。其内外城居民，每城着派出满汉御史各一员，分查民间房舍。或屋宇倒塌，或墙垣颓缺，作速据实清查，分别具奏"。④ 雍正帝为稳定军心，尽量淡化实际上非常严重的灾害："谕靖边大将军傅尔丹等：京师于八月十九日巳时地震，当时即止，不为大患。近京东、南、正北各路地觉微动，较京更轻。惟西北稍重，不过百里而止。京城内外及圆明园地方俱好，朕躬甚安。但此番地动较往年略重，其年久之房屋墙垣有坍塌者，损伤之人亦不过千万中之一二。至于出兵之大小官员兵丁等，凡有家口之在京城内外者，朕令细加访查，悉皆平安无恙。军营离京甚远，恐道路传闻不确，致生疑虑，特颁谕旨。着大将军等通行晓谕官员兵丁等，咸使闻知。"⑤

实际上，在北京城内居住的人们，都感到了地震的强烈。刘寿眉《春泉闻见录》记载："雍正九年庚戌，先大人居京之横街。八月十九日早餐后，赴友人约。路经狭巷，觉足下如登舟，摇摆不定，两壁从身后合

---

① 于德源：《北京灾害史》，同心出版社，2008，第 518 页。
② 《清史稿》卷四十四《灾异志五》，第 1636 页。
③ 《清世宗实录》卷九十七，雍正八年九月乙卯。
④ 《清世宗实录》卷九十七，雍正八年九月丙辰。
⑤ 《清世宗实录》卷九十七，雍正八年九月丙辰。

倒。急跟跄奔出，而巷口已迷，墙屋尽皆倾覆。头目眩晕，身不自主。坐地，地掀动。街市屋宇，东歪西仆，方知地震。"① 他的亲身经历，与雍正帝谕旨描述的情形大不相同。 "京城自雍正八年地震后，房屋倾圮。……虽渐次修理，尚未整齐。"② 此时已是乾隆元年（1736），距离地震发生已有六年之久，可见当年破坏之巨。

从西晋到清代，京津冀地区发生了上千次地震，早期的地震线索极为简略，无从窥知地震危害的具体程度。到明清时期，各类文献资料逐渐丰富，可使今人认识到地震破坏的力度。随着城市经济的发展，人口数量的增多与密度的加大，人类活动范围的扩展，遭受地震危害的程度也就越来越深。

三　现当代的地震与救灾

新中国成立后，京津冀地区经历了两次巨震，分别是 1966 年邢台地震和 1976 年唐山大地震。1998 年的张北地震也是 6.2 级的大地震，烈度小于邢台地震与唐山地震，但经济、技术及救灾措施的进步，在很大程度上缓解了地震的危害。

1966 年 3 月 8 日 5 时 29 分，河北省邢台地区隆尧县东发生了 6.8 级强烈地震，波及 142 个县市。继这次地震之后，从 3 月 8 日至 29 日的 21 天里，邢台地区连续发生了 5 次 6 级以上的地震。其中最大的一次，是 3 月 22 日 16 时 19 分在宁晋县东南发生的 7.2 级地震，破坏范围达到 136 个县市。邢台地震的震源深度 9 公里，震中烈度为 10 度，有感范围包括北到内蒙古多伦，东到山东烟台，南到江苏南京，西到陕西铜川的广大地区。两次地震共死亡 8064 人，伤 38000 人，受灾面积达 23000 平方公里。倒塌房屋 508 万余间，极震区的居民点多为土坯墙结构的平房，分布在巨厚的亚黏土、黏土、粉砂土等沉积物之上。在地震中，受喷水冒砂、砂土

---

① 刘寿眉：《春泉闻见录》卷三《六十八》，清嘉庆间刻本。
② 《清高宗实录》卷十九，乾隆元年五月乙未。

液化的影响，土层承压能力显著降低。这里长期是涝洼盐碱地区，地下水和盐碱的长期腐蚀使地基、墙脚很不结实，房屋的抗震能力大大减弱，因而破坏就更加严重。地震发生后，出现大量地裂缝、滑坡、崩塌、错动、涌泉、水位变化、地面沉陷等现象。喷水、冒砂普遍，地下水位上升 2 米多，许多水井向外冒水，淹没了农田和水利设施。地面裂缝纵横交错，延绵数十米，有的长达数公里。

地震发生后，周恩来总理指示建立中国自己的地震预报系统。邢台大地震具有前震多、主震强、衰减有起伏、余震持续时间长的特点，为地震科学研究和实验提供了条件。1966 年 4 月，由中国科学院地球物理研究所筹建的红山地震台投入运行。这里拥有测震、地磁、水准、地电等多种观测手段，是我国第一个对外开放的地震基准台。

1976 年 7 月 28 日凌晨 3 时 42 分 53.8 秒，冀东地区的唐山—丰南一带发生 7.8 级大地震。23 秒钟后，一座拥有百万人口的工业城市被夷为平地。当日 18 时 45 分，距唐山 40 余公里的滦县商家林又发生 7.1 级地震。唐山地震发生于凌晨人们熟睡之时，绝大部分人毫无防备，24.2 万多人死亡，16.4 万多人重伤，97% 的地面建筑、55% 的生产设备毁坏，交通、供水、供电、通信全部中断。有感范围波及重庆等 14 个省区市，破坏范围半径约 250 公里。在唐山大地震的瞬间，首都北京摇晃不已，天安门城楼高大的梁柱嘎嘎作响。从渤海湾到内蒙古、宁夏，从黑龙江以南到长江以北，人们都感到了异乎寻常的摇撼。这次地震发生在工业密集区，罹难场面惨烈，是 20 世纪全球十大自然灾害之一。

1998 年 1 月 10 日 11 时 50 分，河北张家口北部发生里氏 6.2 级地震。这是新中国成立以来河北省发生的第三次强震，波及张北、尚义、康保、万全 4 县 19 个乡镇，造成 49 人死亡、360 余人重伤、11077 人轻伤、4.4 万人无家可归。当地居民的房屋结构和选址不够合理，建筑质量和抗震性能不强，造成 10 多万间房屋倒塌。直接经济损失高达 7.94 亿元，相当于河北省 1996 年国内生产总值的 0.24%。时值寒冬腊月，坝上地区最低气温零下 30℃，震后政府和各方面共投入救灾款项 8.36 亿元。由于抢救工作及时，措施得力，灾民的衣、食、住和医疗等很快得到妥善安排，未出现灾民冻伤、传染性疾病以及治安问题。

在邢台和唐山地震之后，随着科学技术与经济的发展，我国逐步建立了越来越完善和先进的地震科学体系，对地震灾害的研究和认识水平显著提高，能够以更先进的检测技术和手段应对地震灾害。依靠先进的地震预警系统，我们可以有效提高对京津冀地区地震的防范。救灾体系的逐步完善，极大地降低了地震等自然灾害对社会的危害。

第十二章　改变河性：当代治水与环境问题

京津冀地区的河流既给人们带来舟楫灌溉之利，也因为淤积决溢而酿成洪涝灾害。当代以治理河道、兴修水库为主的大规模水利建设，改变了海河、永定河等许多河流的河性，在防洪抗旱、水源供应与确保人民生命财产安全等方面发挥了巨大作用。与此同时应当看到，人们对自然规律的认识必须经历由浅入深、由相对主观片面到比较客观全面的发展过程，再加上一定历史阶段的技术能力制约与时代潮流影响，在修建各类工程时难免较多关注"水利"却对相伴而生的环境问题估计不足，由此在竣工后产生正负并存的环境效应。

第一节　约束永定河的官厅水库规划建设

以民国时期的初步规划与实施为基础，官厅水库成为新中国建成的第一座大型水库，但在取得防洪灌溉效益不久就产生了多种环境问题，成为区域环境史上具有典型意义的案例，因此有必要予以重点剖析。鉴于不少论著或志书已经详细讨论了水库建设的背景和过程，这里仅据北京市档案馆等所藏的若干档案，辅以其他材料略作补充。官厅水库规划建设期间在拟定的库区及其周边征用土地和迁移村庄，存在水利建设方与地方政府、失地农民之间的利益博弈，由此引起各方对移民如何在新环境下获得土地等生产资料和其他经济补偿，如何在新环境下建立生产生活保障等问题的高度关注。

一　水库规划过程与主要建设任务

永定河（中上游称桑干河）在夏秋季节的决口泛滥，是历史上海河平原北部地区水灾的主要原因，通过层层拦蓄节制洪水的想法由来已久。清同治十二年（1873）闰六月，直隶怀安知县邹振岳认为："河之难治，其病源在上游太骤，非下游不能容，实下游不及泄。若于上游段段置坝、层层留洞以节宣之，使其一日之流分作两三日，两三日之流分作六七日，庶其来以渐，堤堰可以不至横决。"[①] 十月三日，他在实地踏勘后提出："惟石瓮崖下两山壁立……若于此处置坝，极为得势。"[②] 考其地理位置，在今门头沟区东西石古岩村附近的永定河弯曲河段。尽管十一月前往覆勘的官员否定了这个主张[③]，但其修坝治水的思路大致不差。

进入民国后，顺直水利委员会的专家 1918 年考察发现，在永定河进入官厅山峡之前流经的怀来盆地，察哈尔省怀来县官厅村（今属河北省）附近是理想的水库坝址，随后进行了初步的地质钻探。该会 1925 年拟定的《顺直河道治本计划报告书》，是海河流域历史上第一部治理规划。此后"以政局不定，迄未能实行，而对该计划之批评与研究，则颇不乏人。……惟对于官厅水库，则大都认为适当焉"。1928 年秋，顺直水利委员会改组为华北水利委员会，12 月 14 日第二次委员会临时会议决定的重要事项之一，就是"兴修官厅水库，以节制洪水及蓄水量为灌溉用"。在1930 年编制、1933 年公布的《永定河治本计划》里，拦洪工程的主要任务依然是修建官厅水库和太子墓水库[④]，后者位于宛平县太子墓村附近（今属北京市门头沟区）。

1934 年华北水利委员会第二十次大会第十六项议程，报告筹办永定

---

① 邹振岳：《上游置坝节宣水势禀》，《永定河续志》卷十五《附录》，国家图书馆藏清光绪七年刻本。

② 童恒麟、邹振岳：《勘上游置坝情形禀》，《永定河续志》卷十五《附录》。

③ 唐成棣等：《覆勘上游置坝情形禀》，《永定河续志》卷十五《附录》。

④ 华北水利委员会：《永定河治本计划》，1933 年天津刊印本，第 3、4、10~11 页。

河中游工程及官厅水库工程进行情形。该会拟定了十项工程：①修筑汽车路或轻便铁路；②钻探坝基；③修筑引水山洞；④修筑拦水坝；⑤挖掘坝基；⑥建筑坝基、坝尾、坝身与通行桥；⑦开采石料、购置洋灰；⑧征收土地；⑨迁移村庄；⑩修筑围堤。① 其中①⑧⑨⑩诸项，直接关系到征地或迁村移民问题，与地方权益密切相关。官厅水库随后的建设，基本根据上述各项任务陆续展开。

二　围绕筑路占地补偿的纠纷

民国年间拟建的官厅水库位于怀来县官厅村附近，"地处偏僻且为山谷，交通极为不便。由平绥路怀来县车站至关家沟约二十里尚能通行车辆，由关家沟至官厅约五公里完全山路，崎岖迂回，不但不克行车，即人力驴驮亦均不便"。有鉴于此，华北水利委员会 1934 年 3 月 17 日做出决议："应由怀来县车站至官厅修筑汽车路或轻便铁路一道，以为运输材料机械之用，拟于二十三年十月开工，同年十二月完工。"② 这项计划实际上在三年之后才得以实施，而且立即引起了地方政府和有关人士的异议。

1937 年 5 月，怀来县参议会王继勋参议提出名为《请求华北水利委员会修筑官厅水库汽路免占水地以恤民命》的议案，内容如下：

> 查华北水利委员会为修筑官厅水库运输材料计，新辟由平绥路土木站至官厅汽路一条，刻已兴工。此项汽路除占少数官荒外，其余多占民田。虽经该会声明对于被占民地备价收买，然就该会工程处测定路线，事实上容有未当。良以该会最初所测路线，由土木站向西渡浑河，逶南至官厅，讵兴工后，改为渡浑后西至桑园，再转东南而达官厅。据该工程处称，为避免深沟，少筑桥梁，不走高坡，节省汽油，

---

① 《华北水利委员会第二十次大会会议记录》（1934 年 3 月 17 日）。北京市档案馆藏，档案号 J007-001-00422。

② 《华北水利委员会第二十次大会会议记录》（1934 年 3 月 17 日）。北京市档案馆藏，档案号 J007-001-00422。

故取新线。但新线所占民田，均系水地，其价十倍于旱地（现每亩值一百五十元）。如为省少数桥梁等费，而出巨价收买民田，其浪费尤较不资。况水地与旱地，路基软硬，施工更有省费也。现虽开始兴工，补救犹觉不晚。倘经该会于过河后一段路工，或取初测路线，或另测新线，以免占用水田，则数百户农民蒙惠非浅也。兹绘制略图一份，提请公决。

此案经怀来县参议会提交临时会议通过，函请县政府转函华北水利委员会查照办理。5 月 30 日，县长梅智民签发怀来县政府致华北水利委员会公函，要求按照王参议的主张，"总以不占水田，庶可减轻地价，以恤民命而重舆情，并希迅予见复为荷"。① 接到怀来县的公函后，华北水利委员会 6 月 8 日训令官厅水库工程处主任工程师陈昌龄 "核议具复，以凭办理为要"②。陈昌龄的回复非常迅速，6 月 9 日即呈文该会委员长彭济群，说明 "并无兴工后改线之情事"，实际上仍在按 1935 年 1 月勘测的计划路线施工。只是当年测定该线后，"鉴于经桑园镇至西沟一段路线偏西，曾经另测比较线一段"，遂被怀来县地方人士误会为 "初测路线"。陈昌龄的呈文特别说明：

　　至于原计划线，所经民地，叠经详细勘查，六成为旱地及半荒地，而水地实不及一成（计桑园镇及珠窝堡两处），并为顾全民生计，填筑路基时，不在邻近水地取土，加给运费向远处挑运，以期少用水地，业经估计占地不逾三十亩。综上所述为原计划线之实在情形也，而按照怀来县参议会王参议所请改之路线，亦经实地查勘，自九营至桑园镇南，一段改移，东首高岗迭起，地势骤降骤升，崎岖不堪，碍难开辟运料车路。再迤下往东南至窦营一段，改线改在西首，

① 《怀来县政府公函（建字第七号）》，北京市档案馆藏，档案号 J007-002-00183。

② 《华北水利委员会训令》，北京市档案馆藏，档案号 J007-002-00183。

山沟纵横贯穿，有五道之多，深有达二十公尺、宽一百余公尺者。或跨沟而建桥，或填土以筑堤路，虽耗费巨资，实均难稳固。事实具在，万难采用。幸计划线所经水地为数寥寥，拟请将所占之水地，从优给价，以恤民艰。①

陈昌龄简明扼要的呈文，包含着体恤民众艰辛的精神，华北水利委员会 6 月 15 日据此复函怀来县政府。② 但是，官方文件的允诺不等于真正的实际兑现，占地补偿之类的民事尤其如此。由于开工修路已经一个月却迟迟不见补偿方案，怀来县窦家营等村的地户采用百姓最容易想到的方式，6 月联名上书察哈尔省主席刘汝明与省建设厅：

窃查华北水利委员会为修筑官厅水库运输材料计，新辟由平绥路土木站至窦家营村南汽路一条。此路约长四十余里，所经均属怀来县境，除少数占用官荒外，大部占用民田。现已分段修筑，兴工将及一月，而对于占用之民田、损坏之禾苗及树木，未见有确实补救办法之实施。真相莫明，群情惶骇。查修筑水库，固为国家政令。为修路而征用土地，小民固莫敢违。然征收土地，自应循一定手续，先清丈登记，公平发价，而后占用也。今一切不同，先行占用，既未清丈登记，又未通知地户，是否发价，尤属莫明，乡长等实不胜其揣疑！若谓俟路成再行发价，其工程不知成于何时。姑勿论穷困农户不能恃远水以解近渴，而修路之前未先清丈地亩、登记地段，一旦路成，经界漫灭，伊谁之属，何由测定？即使勉强测定，亦必手续纷纭繁复矣！乡长等为乡里利害计，为身家性命计，未敢缄默不言、甘为俎上之肉。用特披沥陈词，恳请审核俯准，转行华北水利委员会交涉，速发修路所占地价，并折价赔补所损水田青苗及树木，以安民心。

① 《陈昌龄呈华北水利委员会委员长彭》，北京市档案馆藏，档案号 J007-002-00183。
② 《华北水利委员会复函怀来县政府》，北京市档案馆藏，档案号 J007-002-00183。

村民联名上书附列的地户名单，有窦家营寇德珠等 40 户、珠窝堡袁德厚等 14 户、珠窝园程有春等 30 户、曹家窑曹修等 14 户、桑园镇张钟秀等 27 户、辛窑村闫玉昆等 2 户、窑儿湾程宝银等 6 户、九营村侯国祥等 49 户、张官营成连甲等 3 户，合计 9 村 185 户。[①] 察哈尔省建设厅收到联名书后立即致函华北水利委员会，7 月 1 日得到回复："查关于购地等项费用，业由本会列入二十六年度预算，自可提前办理。相应函复，希即查照为荷！"[②] 话虽如此，实际上并未落实。因此，察哈尔省政府 7 月 12 日向华北水利委员会发出公函，根据村民上书反映的情况提出交涉，希望"将修筑运输材料汽车路占用民地办法，详细赐复，以便饬知，免生枝节而杜纠纷"。[③] 华北水利委员会 7 月 20 日复函称："关于修筑官厅汽车路所损青苗、果树之赔偿费及坟墓迁移费，不日即可发放。"同日训令官厅水库工程处"从速将汽车路占用地亩测丈具报，以凭办理"。[④] 但是，此前在北平已经爆发"七七事变"，日军随后在 8 月侵犯张家口。刘汝明率部激战后失利，张家口沦陷。这样的形势迫使官厅水库建设中辍，修路占地补偿之事自然也就无从谈起了。

三 持续数十年的征地与迁村移民

修筑运输建筑材料和其他物资的汽车路，只是华北水利委员会 1934 年第二十次大会确定的十项工程之一，涉及土地补偿问题更多的是第 8 项"征收土地"，预计"淹没面积约计四万九千五百亩，应全部征收"；第 9 项"迁移村庄"，"淹没村庄之房屋约为二千九百间，拟于二十五年一月至十二月迁移完竣"；第 10 项"修筑围堰"，以保护库区地势较高之处，"拟于二十六年一月开工，同年六月完工"。[⑤] 与其他工程一样，上述各项

---

① 《察哈尔省政府公函（建贞字第二九号）》，北京市档案馆藏，档案号 J007-003-00325。

② 《华北水利委员会致察哈尔省建设厅》，北京市档案馆藏，档案号 J007-003-00325。

③ 《察哈尔省政府公函（建贞字第二九号）》，北京市档案馆藏，档案号 J007-003-00325。

④ 《华北水利委员会函察哈尔省政府》，北京市档案馆藏，档案号 J007-003-00325。

⑤ 《华北水利委员会第二十次大会会议记录》（1934 年 3 月 17 日）。北京市档案馆藏，档案号 J007-001-00422。

也没能按期完成。其间既有各方对工程进展的推动，也有相互争议与时局动荡造成的拖延。

1936 年 9 月 26 日，华北水利委员会训令永定河中上游工程处，"迅速编具预算，呈会核转"。① 11 月，该处提出由总工程师徐世大、副总工程师高镜莹、设计工程师杜联凯等编订的《官厅水库工程计画》，包括工程设计、工费估算、施工程序、工程图样、工程估计单等项。② 经华北水利委员会 12 月 29 日举行的第二十五次大会通过，1937 年 1 月 8 日呈请全国经济委员会核定，由该会常务委员汪兆铭、蒋中正、孙科、孔祥熙、宋子文签署实施。呈文特意说明了选择水库建坝地点的依据："根据官厅、庄窠村两处坝址钻探结果，以庄窠石层质地既远不如官厅，深度亦远较官厅为大，故决定仍设拦洪坝于官厅，并采纳前次国联专家沃摩度建议各点，拟具详细工程计画。"③ 沃摩度是意大利人，1935 年作为国际联盟派遣的水利专家到中国视察。据呈文看来，官厅水库的工程计划融合了他的建议。

华北水利委员会 1937 年 1 月 8 日以第 14 号公函的形式，将《官厅水库工程计画》提请有关各省公决。河北省建设厅对此没有修正意见。④ 兼任华北水利委员会委员与察哈尔省建设厅厅长的张砺生，针对"关于购地、迁移村庄及修筑围堤等工作，列入二十九年份同时举办完毕"一项，22 日向华北水利委员会建议："将此三项工程列入本年内提前办理，并请对于购地之价及迁移村庄等费，务希从优发给！届时会同厅县前往工地妥实处理，以昭慎重，而免纠纷。"⑤ 28 日得到回复："将来施工时，……如能提前，自当照办。"⑥ 这里的行文似乎有所敷衍，但当怀来县民户 6 月上书要求补偿修路占地费用时，华北水利委员会 7 月 1 日告知察哈尔省

① 《华北水利委员会训令》，北京市档案馆藏，档案号 J007-003-00259。
② 《官厅水库工程计画》，北京市档案馆藏，档案号 J007-003-00259。
③ 《华北水利委员会委员长彭呈全国经济委员会》，北京市档案馆藏，档案号 J007-003-00259。
④ 《河北省政府建设厅公函（丁字第 61 号）》，北京市档案馆藏，档案号 J007-003-00259。
⑤ 《察哈尔省建设厅公函（贞字第 16 号）》，北京市档案馆藏，档案号 J007-003-00259。
⑥ 《华北水利委员会致函张砺生》，北京市档案馆藏，档案号 J007-003-00259。

建设厅，购地等项费用已经列入本年度预算。① 7 月 20 日又致函察哈尔省政府："至占用地亩，亦正在清丈，并拟组织评价委员会，详订地价，请款分发。"② 不仅如此，官厅水库工程处 7 月 5 日的第一次处务会议，已初步拟订了《征收土地评价委员会简章》。根据该处的建议，华北水利委员会 7 月 19 日将简章函送察哈尔省政府以及宣化、延庆、怀来县政府：

> 查官厅水库所占地亩，前选据当地人民请求早日发价，以安人心。到会（引者按，原文如此）。惟以关于征收土地，必须先行组织评价委员会，借资评定地亩价格。而上项评价委员会，尤非地方政府、施工机关及当地公正士绅会同组织，不足以昭平允。兹以该处所拟简章，尚无不合。除分函察省政府及有关各县外，相应检同简章一份，随函附送，希即查照办理，并将代表衔名见复为荷。③

征收土地评价委员会在舆论和民众情绪的推动下准备成立，这是各方人士、多种机构共同参与，通过协商解决土地赔偿问题的重要步骤。但是，日本发动的侵略战争打断了这个进程。待到张砺生以察哈尔省建设厅厅长的身份再次召集迁移村庄会议，已是抗战胜利两年之后的 1947 年 9 月 22 日。这次会议延续十年前的设想，成立"察哈尔省政府、华北水利工程总局永定河迁村委员会"；其宗旨在于"征收土地房屋，迁移户口，重建新村"；职权范围包括"征收土地房屋，迁移户口，平定地价，户籍转移，编组保甲，计划新村，配给农具、种仔、食粮，其他有关各项及善后事宜"；办公地点"设于张家口，并在怀来施工地点设怀来办事处。委员名额二十一人，以机关首长或其代表充任"。④

---

① 《华北水利委员会致察哈尔省建设厅》，北京市档案馆藏，档案号 J007-003-00325。
② 《华北水利委员会函察哈尔省政府》，北京市档案馆藏，档案号 J007-003-00325。
③ 《华北水利委员会函察哈尔省政府等》，北京市档案馆藏，档案号 J007-003-00325。
④ 《察哈尔省政府建设厅三十六年九月二十二日召集迁移村庄会议记录》，北京市档案馆藏，档案号 J064-001-00010。

官厅水库建设在 1947 年逐步恢复，北平行辕、行政院、水利部、察哈尔省政府等，在机械、物资、经费、行政等方面予以积极支持，华北各界以北平行辕为主体组设华北水利建设促进委员会。8 月 17 日，华北水利工程总局在北平设置官厅水库工程局负责具体事宜，提出"必须吁请政府以最大之决心，继续数年之努力，俾竟全功"。① 到 1948 年 2 月底，运料汽车路、仓库、永定河大桥三项工程取得进展，迁移村庄及征收土地也做了不少工作："拦洪坝完成后，在洪水时期水库之最大淹亩范围，达四·七八平方公里，约合七万余亩。库内有村庄十三，须全部或局部迁移。此项迁村征地等事宜，由察省政府召集有关机关组织迁村委员会，统筹办理。先进行调查工作，已支用国币二千万元。"② 11 月 29 日平津战役打响，处在北平、张家口、新保安等战略要地之间的官厅水库工程只得暂停。

第二节　库区移民、泥沙淤积和水质污染

中华人民共和国成立后的 1949 年 11 月，全国解放区水利联席会议做出继续修建官厅水库的决策。1951 年 10 月动工，到 1954 年 5 月，几十年前的建设蓝图终于变为现实。水库建成后在防洪、灌溉、供水等方面发挥的巨大效益应当予以充分肯定，在此前提下也需客观认识相继出现的库区泥沙淤积、土地浸没、水质污染等问题。延续多年的库区移民安置与水质污染治理，尤其能够反映社会因素对区域环境的重大影响。

一　库区人口的大规模迁移及其生活困境

库区人口迁移与安置在民国年间就是与工程建设同等重要的事务，到新中国迅速推进水库建设期间同样如此。根据官厅水库工程局 1952 年测出的三条淹没线，要求在 1953 年秋以前、1954 年、1955 年底，分别迁移

---

① 《关于修筑官厅水库工程备忘录》，北京市档案馆藏，档案号 J007-033-00577。
② 《永定河官厅水库工程实施概况》，北京市档案馆藏，档案号 J064-001-00129。

海拔 472 米、479 米、482 米以下的村庄。①

关于库区人口迁移的数量，不同渠道的统计口径有所出入。《北京市水利志》记载：1952 年至 1953 年有海拔 472 米高程以下的 48 个村落 1.9 万人移出；1954 年至 1955 年有海拔 472 米至 482 米高程的 63 个村落 3.4 万人移出；水库移民共计迁村 111 个，移民 5.3 万人，占用土地 21 万亩。②《怀来县志》提供的数据显示，本县有移民搬迁任务的村（街）为 58 个（或称 61 个），原有 7931 户 31898 人，实际迁移 7387 户 29943 人，另有 22 村被淹没部分耕地但无需移民。按照移民搬迁的主要去向划分，就地后靠建村 29 村，本县他乡安置 7 村，迁往外县 11 村，分散自行迁移 6 村，部分住户迁移 5 村。③ 另有今人统计，怀来"全县需要迁移的村庄 88 个"，④ 远多于上述两种方志记载的数目。此外，"为支持官厅水库建设，延庆县妫河两岸 41 个村迁移各地"，其中有 18 村后靠附近建村，11 村迁移本县境内，12 村全部或部分迁移到河北省张北、涿鹿、宣化等区县。⑤ 无论以怎样的尺度统计，库区征地范围和迁民数量都远远超出了民国年间的估算。

热土难离的库区移民为国家建设做出了重大牺牲，不论是后靠建村还是来到人地两生的异地他乡，新居住地的耕地质量、经济生活、社会环境等绝大多数不能与故土相比。尽管国家执行了相应的补偿和安置政策，移民生活水平的明显下降仍然非常普遍。《怀来县志》记载，本县被水库淹没和浸没的 81 个村，都分布在怀来盆地中心，沿河两岸土地肥沃，水源比较充足，是境内最富庶的地方。其中 61 个村在县内搬迁或后靠建村，人均耕地从 3.75 亩下降到 1.56 亩，而且土地质量低劣。南马

① 河北省怀来县地方志编纂委员会编《怀来县志》，中国对外翻译出版公司，2001，第 240 页。
② 《北京志·地质矿产水利气象卷·水利志》，第 199~200 页。
③ 河北省怀来县地方志编纂委员会编《怀来县志》，第 240、249 页。
④ 刘守成、于燕君：《官厅水库的兴建与怀来移民搬迁》，《怀来文史资料》1995 年第 1-2 辑，第 41 页。
⑤ 延庆县地名志编辑委员会：《北京市延庆县地名志》，北京出版社，1993，第 623~624 页。

场一带是旧时的跑马场，后靠到这里落脚的 22 个村条件更差，土地干旱瘠薄，常年风沙成灾。初迁时粮食亩产不过二三十公斤，经过几十年改造仍旧不过一百多公斤。移民收入微薄，负债累累，村村吃统销粮和高价粮。火烧营村后靠南马厂，人均耕地由 6.45 亩减到 2.64 亩，粮油总产量由每年 142 万公斤下降到 18 万公斤上下，1982 年全村人均负债 214 元。1987 年对怀来县 61 个移民村以往 24 年的统计显示，人均年收入最高的 5 个村为 95~105 元，有 24 个村在 60 元以下。在 1986 年底，尚有 37 个村未解决温饱问题。迁到外县的移民因为气候与生活不习惯，有 1065 户自流迁回投亲靠友。[①] 在妫水流域的北京市延庆县，"贾家堡村迁移河北省张北县，因生活安排不当，后来又有迁移"，[②] 此类情形应当不是孤例。

二 始料不及的库区淤积、土地浸没和末端沙害

官厅水库建设之初的社会期望以及建成后遇到的环境问题，与河南三门峡水库很有些相似之处。乔羽先生 1957 年作词的著名合唱歌曲《祖国颂》，赞誉"三门峡上工程大，哪怕它黄河之水天上来"[③]，体现了当年全国共同的乐观情绪。但是，三门峡水库建成不久，就遇到了迅速淤积的大量泥沙如何宣泄等严重挑战，库区移民带来的社会与生态问题持续了几十年。民国时期官厅水库的规划设计者多次说明这项工程对下游流域防洪治水的巨大作用，同时也颇为轻松地认为："永定河于洪水时含泥沙百分数极大，官厅水库完成后，淤积自属难免。根据永定河有关泥沙之资料详细计算之，知官厅水库之容量可支持三百年。"[④] 1953 年 7 月 2 日《人民日报》发表通讯，从防洪、发电、灌溉等方面，称赞官厅水库的建设"改

---

① 河北省怀来县地方志编纂委员会编《怀来县志》，第 249~250 页。
② 延庆县地名志编辑委员会：《北京市延庆县地名志》第 624 页。
③ 乔羽词、刘炽曲：《祖国颂》，云南人民出版社，1959，第 47 页。
④ 《官厅水库工程之意义及完成后之利益》，北京市档案馆藏，档案号 J064-001-00129。

变了永定河的性格，使它名符其实地永远安定"。① 在水库建设的早期，
各界都对可能伴生的环境和社会问题估计严重不足。后来的发展证明，预
计库容"可支持三百年"绝无可能，尽管上游修建的多座水库拦截了部
分泥沙，气候干旱周期的到来也减少了来沙数量，但泥沙淤积依然是官厅
水库运行的巨大威胁。②

　　库区末端沙害与水库浸没区的出现，更是设计者始料未及的严重问
题。桑干河及其支流洋河穿行在怀来盆地，周边山地丘陵侵蚀严重，盆
地内部的黄土堆积一般可达 40~50 米，河流的强力切割使得地面沟壑纵
横。这里属于半干旱气候区，全年降水的大部分集中为夏季暴雨，对结
构松散的黄土产生剧烈冲蚀，造成严重的水土流失和风沙土积聚。③ 官
厅水库建在多沙河道上，从 1955 年到 1983 年淤沙 6.14 亿立方米，库区
以上的河道纵坡由此变缓，大量泥沙以三角洲的形式淤积滞留在干流库
区，成为威胁水库使用寿命的隐忧。库区末端翘起逐渐上延，入库河流
如朱官屯附近的洋河河床淤高 3 米，高出地面 1.5 米，地上悬河段达
5.5 公里。河道安全行洪标准大大降低，排水干道难以自排入河，河水
倒渗造成洋河二灌区地下水位升高，3.6 万亩耕地盐渍化日趋加剧。
1986 年调查统计，怀来县全县浸没耕地约 18.3 万亩，其中 9.5 万亩严
重受损，1.5 万亩已经弃耕。这个受害区域涉及 15 乡镇的 83 个村，移
民村就占了45 个。④

　　1955 年官厅水库开始蓄水，附近区域的地下水位随之提高。在怀来
县内，"水库周围的土地、果树、村庄、房屋都不同程度地受到损害。西
榆林、太师庄、北辛堡、甘子堡等村大面积果树淹死，房屋出现下沉。部
分村的吃水井倒塌，人畜吃水困难。彦家沟、施庄子、南寨村、北寨村、
小七营、蝉家窑、十营村土地塌陷严重，耕地减少。一九五七年春，广大

① 孙世恺：《改变了永定河的性格》，《人民日报》1953 年 7 月 2 日。
② 冉连起：《泥沙困扰的官厅水库》，《水利天地》1992 年第 3 期。
③ 邓绶林主编《河北地理概要》，河北人民出版社，1984，第 56、57、242 页。
④ 河北省怀来县地方志编纂委员会编《怀来县志》，第 249~250 页。

移民后靠村、水库浸没村和塌陷村人民群众派出代表，到县、省、中央水利部要求解决浸没问题"。① 如何处理水库浸没区的生态环境恶化与移民遗留的大量社会问题，数十年来始终是从各级地方政府直到国务院的一项重大任务。除了怀来和延庆之外，库区上游的涿鹿县也是官厅水库浸没工程的实施范围。② 进入 21 世纪后，库区综合治理、水库清淤、环境补偿等依然任重道远。

三　水质污染及其长期治理

与泥沙淤积等问题相比，水质污染的危害更加严重，相应的治理工作也更加艰难。官厅水库建成初期水质良好，此后随着上游一批化工、冶金、造纸、皮毛等企业的建立，含有大量有害物质的废物、废水未经达标处理即排入河流，对土壤、水源造成程度不等的污染，进而严重恶化了官厅水库的水质，影响环境质量和人民生活甚至危及生命安全。例如："沙城农药厂是距离官厅水库最近，对库水水质危害最大的工厂之一。每天排放含滴滴涕、苯、氯苯、三氯乙醛等有毒废水八百多吨，通过良田屯大队流入永定河，进入官厅水库，致使大队受害、库水污染，几万斤鱼不能吃，滴滴涕味很大。"③ 随着类似的多家企业持续排放污染物，"一九七二年春，发现水质明显恶化，水色浑黄，漂有白沫，有苦药味，死鱼增加。居民饮用库水，有的感觉无力、头痛、胃痛。吃了库中的鱼，出现恶心、呕吐等症状"。国务院于 1972 年 6~9 月发出三份文件，要求"尽快组织力量，进行检查，作出规划，认真治理"，强调"一抓到底，不要半途而废"。④ 在这之后，延庆县也提交了《关于妫河水污染官厅水库造成库内

---

① 刘守成、于燕君：《官厅水库的兴建与怀来移民搬迁》，《怀来文史资料》1995 年第 1~2 辑，第 43 页。
② 张家口地区水利水保局编《张家口地区水利年鉴 1991》，第 139~140 页。
③ 《官厅水库上游地区广大职工艰苦奋战誓保首都水源清洁》，北京市档案馆藏，档案号 193-001-00047-00038。
④ 《官厅水系水源保护工作总结》，北京市档案馆藏，档案号 193-001-00148-00001。

鱼虾、蟾蜍死亡和沿库两岸鱼塘开春不能注水情况报告》，[1] 水质污染的严重性和广泛性可见一斑。

　　现有档案既显示了政府和社会付出的巨大努力，也反映了污染容易治理难、治理之后又污染的复杂过程。1972 年国务院批转国家计委、国家建委《关于解决官厅水库污染问题的报告》，北京市 6 月 17 日召集有关单位研究落实的措施，提出组成官厅水库水源保护领导小组、加强水库上游三废治理工作、北京河北山西调查污染情况与制定污水治理规划、建立检测化验队伍、建立健全检测网和检测制度的建议。[2] 紧接着在 6 月 21～23 日召开官厅水库水源保护领导小组第一次会议，落实上述建议中的各项任务。[3] 8 月 29 日第二次领导小组会议后，到宣化焦化厂、沙城农药厂、良田屯、延庆县现场视察，检查第一次会议以来各项措施的落实情况。[4] 1973 年 1 月 15 日，官厅水库水源保护领导小组建议在山西大同、河北张家口、北京官厅水库设立检测机构，对桑干河、洋河、妫水河、官厅水库的水质进行经常性的定期定点监测检测工作，了解水质污染后对人的危害情况，协助地方厂矿监测治污，提出解决编制、装备以及相互协作的有关事项。[5] 这个领导小组的"意见"或"建议"，实际上就是令各地采取行动的"指示"。1976 年以后，该机构改称"官厅水系水源、保护领导小组"，更加强调从整体上保护水源和水环境。

　　1977 年的报告表明，经过数年努力，1976 年春季与 1972 年相比，官厅水库的污染得到控制，水质开始好转。但是，由于环保治污宣传不够，

<hr />

① 《关于妫河水污染官厅水库造成库内鱼虾、蟾蜍死亡和沿库两岸鱼塘开春不能注水情况报告》，延庆档案馆藏，档案号 0115-Y001-0004-009。

② 《贯彻执行国务院对国家计委国家建委"关于解决官厅水库污染问题报告"的批示的几点建议》，北京市档案馆藏，档案号 193-001-00006-00005。

③ 《官厅水库水源保护领导小组第一次会议》，北京市档案馆藏，档案号 193-001-00006-00001。

④ 《官厅水库水源保护领导小组第二次会议》，北京市档案馆藏，档案号 193-001-00007-00001。

⑤ 《关于建立官厅水库水源保护监测机构的意见》，北京市档案馆藏，档案号 193-001-00020-00017。

环保机构建设削弱，工程项目与科研工作的效果都不理想，库水中的少数毒物含量仍然超过饮用标准，主要污染物的迁移、转化、累积、代谢规律以及对人体健康的潜在威胁，都需要进一步研究。更突出的问题是发展经济与保护环境的尖锐矛盾，"自一九七三年以来，有关部门在官厅流域新建、扩建、改建项目共五十六个，其中有五十四项没有执行'三同时'的规定，旧的污染源还没有治好，又增加了一批新的污染源"。① 这里提到的"三同时"是国家在环境保护方面的法律制度，要求各类建设项目必须具有防治污染和生态破坏的配套设施，而且必须与主体工程同时设计、同时施工、同时投产使用。到十几年后的 1990 年，旧问题的延续与新问题的出现，共同酿成了更加严重的环境危机，下列两份档案就是证明。

其一，1990 年 1 月 4 日，全国政协经济委员会和北京市政协主持召开官厅水库污染问题讨论会，参加者包括著名植物生态学家侯学煜院士等。北京市环保局的文件记载：

> 会议代表一致认为：多年来尽管官厅水系水源保护领导小组和各地区在水源保护方面做了不少工作，但由于官厅水库的水量减少及沿途经济发展，水质污染已成为十分紧迫的问题。要有危机感和紧迫感，应该十分鲜明、十分尖锐地向中央提出这一问题，特别是涉及各地区经济发展带来的环境问题，官厅水系水源保护领导小组往往难以协调，必须采取措施加强水源保护工作。
>
> 会议决定：一、向国务院及李鹏总理提出紧急呼吁书，同时由新华社发内参，使更多的中央领导关心这件事。二、呼吁由国家环保局牵头，领导官厅水系水源保护工作。建议宋健同志召集北京市、河北省及山西省领导紧急会议，解决官厅水系水源保护问题。三、宣化化肥厂扩建 24 万吨磷铵项目，应进行公开论证，政协要参与。在公开

---

① 《官厅水系水源保护工作总结》，北京市档案馆藏，档案号 193-001-00148-00001。

论证之前，国家计委不能立项。①

宋健时任国务委员兼国家科委主任。无论参政议政的政协委员们的行动是否有效，上述文件至少透露了官厅水库水质污染与水源保护的严峻形势，宣化化肥厂扩建等工程的即将上马，也显示出地方经济发展与环境保护相互博弈的延续。

其二，1990 年 6 月 9 日拟发北京市环保局《环保信息》第 63 期的稿件，为前述政协委员之所以紧急呼吁保护官厅水库的水源做了最直接的注脚。这份信息的起草者特意注明："此稿若刊登，请小范围发放。"其内容如下：

> 据水利部水文司发布的 1990 年四月份的《水质通报》，官厅水库主要来水河流洋河的宣化段，化学耗氧量、氨氮及挥发酚超标 2～29 倍，官厅水库的化学耗氧量、氨氮也分别超标 1.1 及 0.5 倍（此处采用国家《地面水环境质量标准》中的三级标准）。四月份的评价结果：官厅水质已受到污染，不能满足饮用水源要求。
>
> 据官厅水库管理处监测站监测结果，5 月份水质虽已有好转，但仍超过国家《地面水环境质量标准》的二级标准，化学耗氧量超标 1.25 倍，氨氮超标 0.56 倍，总磷超标 0.64 倍。②

水质污染情况既已如此严重，信息掌控者却建议"小范围发放"或干脆不登，其内外有别的处理方式颇具深意。直到 2008 年北京举办第 29 届夏季奥运会之前，有关方面仍在致力于"实施官厅水库清淤及水质改

---

① 《全国及北京市部分政协委员开会研究官厅水库污染问题》，北京市环保局《环保信息》1990 年第 2 期，北京市档案馆藏，档案号 193-001-00973-00002。

② 《官厅水库水质已不能满足饮用水源要求》，北京市环保局《环保信息》1990 年第 63 期，北京市档案馆藏，档案号 193-001-00973-00084。

善工程，使水质逐步恢复到饮用水源的水质要求"，① 这就从反面证明，以往的污染治理远未达到预期目标。

历史的追溯表明，官厅水库从民国时期着手调查论证与勘测建设，再到抗日战争和解放战争期间中断，直至 1955 年最终建成蓄水，经历了曲折的过程。在我国政府和工程技术人员的艰苦努力之外，早期规划设计汲取了欧美专家的思想，1949 年以后又得到了苏联专家的帮助。为修建水库而进行的土地征用、移民搬迁及其引起的社会经济和生态环境问题，不仅始终伴随着整个建设过程，而且在竣工数十年后仍然没有得到理想的解决。水库建设初期人们主要着眼于它的防洪、灌溉、发电等效益，对接踵而来的水库周边大片土地浸没和盐碱化、泥沙淤积、移民生活贫困化等负面效应估计不足甚至始料未及。更为严重的是，随着库区上游各类工厂迅速增多，未经处理或不符合排污标准的工业废物废水大量排入河流继而汇入库区，由此恶化了官厅水库的水质和环境。专家与群众相结合的大规模治理曾经产生良好效果，但在生态系统相对脆弱的桑干河、洋河、妫水河流域，发展经济的压力与环境保护的要求始终在相互较量，这就使得水质污染的局面迟迟得不到根本扭转。官厅水库的档案材料与其他文献，从微观角度显示了区域人地关系的变迁过程。

第三节　根治海河等水利成就及其环境效应

京津冀地区在新中国的水利建设过程与巨大成就，已经有多种论著以及志书、年鉴做了记录和总结，这里仅就有关材料述其梗概，展现水利事业发展的基本脉络。如果把考察的时段适当延长，就能够既看到大大小小的水利工程的积极作用，也会发现相伴而生的水资源、水环境等方面的负面效应。

---

① 《绿色奥运行动计划》，北京市环境保护局，2000 年 8 月 24 日。

一　以根治海河为中心的水系治理与农田水利建设

京津冀地区消除水害与兴修水利的关键在于治理海河，1949 年以后的大规模治水，都围绕着这个核心任务展开。1958 年迎来水利建设的第一个高潮，1963 年以后再次得到迅速发展。党和政府领导广大人民群众，以极大的热情和艰苦卓绝的持续努力，从根本上改变了海河流域水灾频发的面貌，在 1980 年之前形成了前所未有的河道治理与农田水利建设格局。

新中国成立后，在全国工农业生产全面恢复的背景下，京津冀三省市着手重点加固主要河道堤防，恢复灌溉航运，加强排水除涝。河北省自 1951 年开始，陆续治理洪涝灾害严重的几条河系，新挖了潮白新河、独流减河、新盖房分洪道等大型泄洪减河，新建独流入海进洪闸、赵王新渠分洪闸等一批大中型闸涵枢纽，疏浚黑龙港河、龙凤河等排水河道，建设柏各庄、房涞涿等新老灌渠，水利建设面貌一新。1958 年，全党全民兴修水利形成高潮，河北省完成了数量惊人的土石方和水利工程建筑物，在山区建设了 16 座大型水库，仅用三四年时间就开始产生拦洪效益。与此同时，大搞中小型水库及引水、提水、截流、灌溉工程，平原地区也修建了一批蓄水工程，通过引蓄结合，发展农田灌溉。在此期间建成的十几座大型水库，经受了 1963 年华北地区特大洪水的考验，发挥了拦洪蓄水的巨大作用。海河平原的洼地改造成效显著，河北省 1962 年的水浇地面积达到 2021.2 万亩，极大地改善了农业生产条件。

1963 年，毛泽东主席发出"一定要根治海河"的号召，以根治海河为宗旨的水利建设继续发展。在农田水利方面，1965 年 9 月的全国水利会议，讨论通过了经周恩来总理审定的"大寨精神，小型为主，全面配套，加强管理，更好地为农业增产服务"的方针，纠正了工作中违背科学的若干偏差。[①] 在这样的背景下，海河流域的水利事业取得了显著进展：

---

① 钱正英：《跟随周总理治水》，《人民长江》1988 年第 3 期。

（1）以扩大入海出路为中心，促使河流按照所属水系和流域入海，解决洪涝问题。自南而北新建和扩建了漳卫新河、子牙新河、永定新河等行洪河道，力求洪涝分家、尾闾通畅。扩挖或新挖了南排水河与北排水河，形成完整的排水系统。平原地区开挖疏浚骨干河道46条，总长3000余公里，排洪入海能力达到2.5万立方米每秒，排涝入海能力达到2400立方米每秒，都相当于河流治理前的5倍。主要泄洪河道的防洪能力，提高到可以抗御20~50年一遇的洪水，排涝河道一般可达到3~5年一遇的除涝标准。支流和田间工程配套，也取得了积极进展。

（2）以开发地下水为中心，大搞机井建设和灌渠配套工程。截至1979年底，河北省打机井59万眼，其中深机井7.7万眼，万亩以上灌渠184处，扬水站的总扬水能力达2737立方米每秒。灌溉面积发展到5506万亩，排灌机械保有量达992余万马力。

（3）在山区建设大、中、小型水库，修建塘坝，截潜流，搞小高抽（固定抽水站）、水池、水窖等引蓄工程。截至1979年底，河北省建成1亿立方米以上大型水库16座、1千万立方米以上中型水库32座、1百万立方米以上小型水库194座、10万立方米以上小型水库1039座、塘坝1100余处，截潜流工程2860处，小高抽3619处，水池、水窖5万余个，山区总调节库容近百亿立方米。平原地区有蓄水洼淀4处，蓄水库容5.6亿立方米，改建蓄水坑塘3.2万余处，建筑骨干河道蓄水闸近100座。平原地区一般年份的蓄水能力约为8亿立方米，全省每年蓄水储水能力达50亿立方米。

（4）大搞田间工程配套，防涝治碱，扩大有效灌溉面积，建设高产稳产农田。截至1979年底，河北省2673多万亩低洼易涝耕地有2312万亩得到初步治理，1687多万亩盐碱地有831万亩得到初步改造，建成旱涝保收高产稳产田3082万亩。

（5）加强梯田建设，植树造林，开展水土保持工作。截至1979年底，河北省1768万亩坡耕地，有40%建成梯田；荒山宜林面积6556万亩，2/3得到绿化；水土流失面积6.2万多平方公里，其中1/2以上得到初步控制。① 上述统计数据是 1949 年之后历经 30 年累积的成就，此后的水利事业进入了调整与优化阶段。据河北省水利厅统计，截至 2018 年底，全省共建成水库 1066 座，总库容 119 亿立方米，各河系山区 90% 以上的流域面积得到控制，拦蓄了 200 余次超过下游河道标准的洪水；新挖、扩建、疏通河道 50 多条，整修、新建堤防 1.7 万公里，使海河各水系都有了单独入海通道，主要行洪河道的设计防洪标准达到 20～50 年一遇，基本控制了常见的洪水灾害。②

　　兴修水利的正负效应相伴而生，大型水利工程尤其如此。通常在完成建设目标、取得若干效益之后的某个阶段，多种环境问题就开始显现出来。关于河北省 1949 年以来水利工程的一项研究认为，它们产生的负效应主要集中下列方面：

　　（1）地下水过度开采：全省 2000 年超采 48.27 亿立方米，导致地下水位持续下降，大量依靠地下水的工业自备井、农业机井、自来水水源机井报废，形成"超采—打深井—再超采—再打更深井"的恶性循环；全省出现 30 多个地下水位漏斗区，面积最大的达 1000 平方公里以上，中心埋深 40 米以上；受漏斗区地面沉降的影响，建筑出现裂缝甚至受到更大损坏，海水入侵加剧沿海水质恶化与土壤盐碱化；地面坡度与河道比降随之改变，地下供水与排水系统被破坏，河流因为失去地下水补给而干涸。

　　（2）水利工程占地和移民：1949 年以后，全省因水库建设动迁 58 万人，每个大型水库占地约 2 万亩。

　　（3）水资源浪费与水污染：大多数灌区建于 20 世纪 50～60 年代，普遍存在工程老化失修、渗漏严重等问题，取水利用率不足 50%。2000 年废污水排放量 18.48 亿吨，地表水与地下水普遍受到污染。

　　（4）其他方面的环境负效应：自然淤积加上人为的弃洼兴田与流域性水资源开发，造成上百条大小河流干涸，多数洼淀消失，影响气候和植

---

① 河北省测绘局：《河北省地图集》，1981 年印行，第 24 页。
② 河北省水利厅水利工程建设处：《除害兴利七十载岁月，保境安民十九万热土》，《河北水利》2019 年第 9 期。

被，加剧土地沙漠化和荒漠化。① 如此等等的历史经验和教训，值得未来的决策者认真汲取。

总体看来，在根治海河、兴修水利的过程中，某些时候由于强调"人定胜天"而削弱了"因地制宜"，竣工后的实际效益与最初设想并不相符；某些过于冒进、不够科学的工程浪费了社会资源，甚至带来了生态环境方面的多种问题，这些都需要做出客观的总结和科学的分析。尽管如此，依靠党和政府空前巨大的凝聚力、组织力和社会动员力，人民群众普遍强烈的向心力与无穷无尽的创造力，京津冀地区最终取得了改变河性、改造自然的巨大成就。大约在 1980 年以后，群众性的大规模农田水利建设迅速寥落，农业的命脉仍然有赖于此前三十多年奠定的坚实基础。千百万人民群众的冲天干劲与水利贡献，在京津冀地区发展史上应当被永远铭记。

二 构建保障首都可持续发展的水利新格局

北京在 1949 年成为新中国的首都后，为保障城市防洪安全、满足城市供水和农田灌溉，迫切需要进行河道治理与水源开发。1949～1957 年，致力于除旧布新、整修恢复与初步建设，城区水利的重点在于解决原有水利工程年久失修、水环境污染不堪、河道行洪排水不畅等历史遗留问题。官厅水库在 1954 年 5 月竣工，1957 年 4 月又建成了与之配套的永定河引水渠。

从 1958 年到 1966 年，北京地区进入了规模空前的水利建设时期。在党和政府的统一规划、集中领导下，成千上万的劳动群众投入持续不断的水利建设中。当今北京水资源开发和水环境治理所依赖的主要水利设施，大多始建或改建于这个年代。北京地区重点整修永定河卢沟桥以上的石堤，兴建卢沟桥以下的治导工程，开挖凤港减河与运潮减河，初步治理大

---

① 王建瑞、陈安国：《河北省水利工程的负效应分析》，《石家庄经济学院学报》2004 年第 2 期。

龙河、小龙河、凤河。自 1962 年 10 月开始，发动郊区群众打机井，以地下水补充灌溉水源，加强农田水利建设。1958 年，相继建成十三陵水库、怀柔水库。密云水库于 1958 年破土动工，1960 年水库建成后，又开挖了向北京城区供水的京密引水渠，1966 年 5 月全线通水。密云水库控制了历史上频繁发生的潮白河洪水，为北京提供了此后赖以发展的最重要的水源地。北京地区数以百计的其他水库，都不同程度地发挥了防洪与灌溉的效益。

1966～1978 年的水利建设尽管受到社会形势的影响，但没有任何力量敢于干扰根治海河与兴修水利的重大决策。经过十多年奋战完成的根治海河工程，总计出工 500 多万人次，挖掘土方 11 亿立方米，彻底改变了海河流域洪涝旱碱灾害频发的面貌。在北京地区，巩固配套与重点建设继续前行，水库建设依然是水利事业的重点。农田水利建设不断推进，打机井 1 万余眼，灌溉面积增加到 513 万亩。疏浚温榆河、北运河及其支流坝河、港沟河，整修凤河与凉水河，使平原排涝、城市排水的通道更加顺畅。

城市人口膨胀与社会经济发展对水资源的需求激增，世界性的气候干旱却导致降水减少，这个矛盾使北京在 1972 年和 1976 年就已遇到水源危机，淡水变成了日渐短缺的宝贵资源。1981 年国务院决定，密云水库主要保障北京城市供水，不再向河北、天津供水，并颁布了《地下水资源管理办法》以控制打井，实行计划供水及超计划用水加倍收费的政策以节约水源。[①] 随着水资源供需矛盾逐渐突出，北京的水利工作重心发生了根本性的转折。从前以防洪灌溉与城市供水为主要目标的大规模治理河道与水利开发，改变为尽力保护日益短缺的地表水源、更多依赖地下水源。水资源的枯竭、污染与浪费，成为影响北京现代化建设和可持续发展的重大问题。2001～2010 年，以迎接 2008 年第 29 届夏季奥林匹克运动会为契机，北京积极应对全新挑战，按照国际标准改善城市环境。不仅推动城市

---

① 《北京水利辉煌 60 年》，《水利发展研究》2009 年第 10 期。

设施建设迈向新高度，绿色、节能、生态、环保、可持续发展的理念也得到了空前普及。2010年底"十一五"规划顺利完成，通过外部开源、内部挖潜、循环利用，北京的水资源实现了供需平衡，以不足23亿立方米的水资源量支撑了年均35亿立方米的用水需求。[①]

近年来，珍惜水资源、保护水环境成为广大市民的自觉行动，生态文明意识广泛传播并不断强化。在城市发展进程中，北京的水环境建设按照国际化现代化大都市的标准布局和落实，大运河通航、永定河通水等最新进展表明，京津冀地区的生态环境正在呈现前所未有的良好趋势。随着区域一体化协同发展战略的逐步实施，可望达到人与自然和谐共进的新境界。

---

① 《"十一五"规划主要任务进展情况》，北京市发展和改革委员会网站，2011年2月。

结　论

　　首都北京独一无二的政治地位，使京津冀所在区域在历史上长期被称为"畿辅"，亦即国都附近的区域。京津冀地区的社会发展和人地关系变迁，无一不受到以保障北京需求为首要选择的国家政策和人类活动的直接影响。就环境史的探讨而言，京津冀地区同样是一个既符合普遍规律又颇具自身独特性的完整区域。

　　环境史研究的基本任务是阐释人类活动与自然环境的相互作用和相互影响，解释其发展进程中产生的重要事件的始末缘由和社会效应，归纳其间可资借鉴的经验教训，为未来的区域可持续发展提供参考。人类的一系列重大活动既影响甚至改造了自然环境，又因为这种影响或改造而对人类自身的社会发展产生了有利或有害的结果；自然环境本身的变化引起了人类的被动适应或主动应对，从而以人力改变了自然环境的某一方面或某一部分。环境史在很多方面与历史人文地理关注的"人地关系"的发展变迁没有本质区别，只是更加侧重"人"的活动及其结果，强调对人类活动影响区域环境状况的重要行动即所谓"环境事件"的追索和分析。一部区域环境史，在很大程度上就是一部展现人类与区域环境相互作用历程的社会史。决定今天环境状况的最直接的因素，是晚近进入工业社会之后的人类社会行为，而且距离现在越近就越具有关键作用。但是，历史上的人类活动对今天的区域环境具有日积月累的渐进式影响，除了当代工业污染等问题之外，不少环境问题都能从古代农业社会找到源头，因此就有必要通过历史的追溯而知晓其来龙去脉，为从历史的、动态的、发展的观点认识当代的区域人地关系提供理论的支撑。

地理环境为人类提供赖以生存的物质条件，也为人类搭建起创造历史的舞台。认识区域地理环境的优越之处与限制因素，根据各个地理区域的基本特征决定其发展利用方向，既是处理人地关系的基础，也是做好当代区域发展布局的前提。河北省几乎是全国唯一具有高山、高原、丘陵、盆地、平原、海岸六种地貌的省份。再加上京津两市，这个特征就得到了进一步强化。任何一种地理环境都有其"理应如此"的客观必然性，既有可资利用和继续发扬的一面，也有需要尽量回避甚至预防的一面，由此决定了土地利用的方式必然多种多样。举凡高山丘陵地区的森林草原保护，广大平原地区的农业种植，坝上草原地区的畜牧业，东部海岸滩涂与海域的开发，白洋淀与其他湖泊的渔业生产，都是顺应自然地理环境的合理选择，也是自然条件中的限制因素迫使其不得不如此的必然结果。历史上的大量事例都已表明，长城沿线自古以来就是北方的农牧交错带，这个与年降水量400毫米等值线基本相符的特征至今仍在延续，由此决定了京津冀地区北部必然是农业与牧业交错分布的区域。湖泊洼淀区的人们历来以渔业水产为业，如果某处低洼的滩地可以种植粮食，根本无需所在州县的地方官催促动员，深通"民以食为天"之理、曾经饱受饥饿之苦的当地百姓，必然会自动开发出来加以利用。延续到晚近时期的生产发展与城市布局等方面，"人定胜天"显示了人类改变命运的强大决心和主观能动性，这是极为宝贵的推动社会发展的伟大精神，但也并不意味着可以完全不顾自然条件的限制而违背起码的常识，这就是与"人定胜天"并重的"因地制宜"。换言之，在尊重自然规律的共同前提下，"人定胜天"是在一定限度内对限制性的地理条件的适度突破和改造；"因地制宜"则更加强调充分认识自然条件的优劣，继而制定出最具必要性和可能性、最符合本地现实情况的行动计划，为本地的未来发展找到最合适的实施方案。从这一意义上讲，"人定胜天"与"因地制宜"互为表里，是处理人地关系时相辅相成的基本指针，彼此不宜偏废。

　　森林是最具环境价值的生态系统。有史以来的人类活动遍及各个角落，当代京津冀地区几乎没有哪个区域一直保持纯自然的面貌，当然也就很难找到不受人类扰动的大片原始森林。即使是人类砍伐后恢复的次生林，到今天都已显得弥足珍贵。京津冀地区历史上的森林，主要分布在太行山和燕山山脉所属的山区。沈括的记载表明，太行山南部的松林在北宋时代就已被砍伐净尽。金代为从海上进攻南宋，征发数十万人在蔚县交牙山伐木，揭开了在太行山北端的浑河上游流域大规模砍伐森林的序幕。元代继续以浑河上游流域为伐木的重点区域，为此设置了专门机构，大都东北属于燕山山脉的雾灵山也是重点区域。明清时期的大量木材，仍然取于浑河上游流域。从清代开始经朝廷许可，越出长城砍伐燕山乃至更靠北的大青山一带的森林，源源不断地运入关内。尤其值得注意的是，森林消耗的另一重点是作为能源的木炭、木柴的生产。太行山区的易州从郁郁葱葱到童山濯濯，是能源生产消耗森林最典型的例证。燕山南麓的遵化冶铁厂从元代到明代的迁移和最终关闭，也是能源消耗使区域森林被大量砍伐的结果。在比较寒冷的北方地区，森林砍伐后的自然恢复周期较长，生态价值的损失更大。当代工业社会的钢筋水泥等建筑材料与煤炭电力等能源，改变了此前建材和能源生产依赖于森林的局面。有了这些效率更高、质量更好的替代品，原始森林、次生森林以及植树造林的成果，都被更多地作为生态环境因素看待，保护森林和其他树木成为现代社会的共识，这是时代显著进步的表现。

　　大凡提到森林砍伐以及为发展农业而进行的山地草原开垦，当代往往会用"滥砍滥伐"或"滥垦滥伐"为之定性。这个语词中的"滥"可以用来形容造成环境破坏的过度砍伐或开垦，但并不意味着森林砍伐或土地开垦都属于"滥"的范畴，其中也有必要的、合理的、可接受的部分。自然界的一草一木绝非不可触动，而是要适可而止，即孟子所谓"斧斤以时入山林"之意。人类生存永远是摆在第一位的问题，对历史上的垦殖动辄使用"滥砍滥伐"定性，这是以当代标准不恰当地要求前人的思维，脱离具体的历史条件显然有失公平。若说到历史上最大规模也最能影响环境的滥砍滥伐，毫无疑问非历代以皇帝为首的统治者莫属——他们滥用权利追求奢侈生活与死后哀荣进行了大规模的滥砍滥伐，从规模稍小的黄肠题凑，到举世瞩目的巨大陵墓，无一不是消耗资源、破坏环境、滥用民力的结果，而平民百姓为了生存而小规模地开垦土地甚至毁林开荒，难道就应该遭到谴责吗？环境史不等于生态环境的破坏史，也有人与环境和谐共生的一面，但"环境事件"往往要从改造自然乃至引起某些生态破坏的人类活动中选取，是因为这类看起来非同寻常的例证更容易被发现和记起，而总结历史的经验教训更有利于为区域可持续发展提供正反两方面的借鉴。退耕还林、退耕还草，是在现有经济条件和社会要求之下提出的环境治理措施，但并不意味着当年实行的垦荒行动就是完全错误的。每个时代都有各自需要解决的首要问题，当年是保障生存，现在是力求发展，而现在的发展也是当年解决了生存问题之后提出的更高要求和希望。后之视今恰如今之视昔，今人的思想和行为在后人看来未必没有可检讨之处。因此，要以辩证和发展的观点看待历史，不能苛求前人在他们所处的时代提出完全符合当代观念的环境思想，只是需要从中汲取历史的借鉴而已。

水是生命之源，也是区域发展的依托，是环境滋养和规划布局的灵魂。水源问题是决定城镇选址的重要因素，一条河流与一座城镇相互关联的事例数不胜数。历史上的永定河是北京的母亲河，这座城市从蓟城发展起来，经历汉唐幽州、辽南京，直至金中都在此崛起，成为依托西湖（莲花池）水系的最后一座大城。元代忽必烈在中都旧城东北的大宁宫一带营建大都，起因之一就是因为感到"旧燕土泉疏恶"，[①] 已不适应城市发展的需要以及帝王意志的体现，因而把新城址转移到高梁河水系。在京津冀地区，举凡海河之于天津，府河之于保定，滏阳河之于邯郸、永年、曲周、鸡泽、冀州、武强、献县，滹沱河之于平山、石家庄、无极、深泽、安平、饶阳，拒马河、大清河之于涞源、涞水、定兴、新城、雄县，

---

①　陆文珪：《墙东类稿》卷十二《中奉大夫广东道宣慰使都元帅墓志铭》，《文渊阁四库全书》本，第 225 页。

桑干河及其支流洋河、壶流河之于阳原、蔚县、怀来、张家口、宣化、涿鹿，滦河及其支流伊逊河之于围场、隆化、承德、迁安、卢龙、滦县，这些河流都可以称作沿线或流域内众多城镇的母亲河。京津冀地区的水系大多属于海河水系与滦河水系，永定河及其支流也是海河水系的组成部分。以海河水系为主的河流在地质史上的淤积，与地壳运动的抬升和沉降一起，营造了低平坦荡的海河平原。进入人类社会后的继续淤积，在塑造环境、提供水源的同时，也不免使人类遭受洪水之害。海河水系各支流在上游呈扇状分布，最终经由唯一的扇柄海河入海。以一河而受众水汇流，一旦水流宣泄不畅，就会在流域内酿成洪灾。地理条件给下游带来了洪涝多发的命运，历史上的水灾灾害令人触目惊心。在 1963 年水灾过后，海河流域上中下游统筹规划治理取得巨大成就，有效遏制了洪灾的发生。再加上全球普遍性的持续干旱，过去的多水环境在最近几十年已变得几乎处处缺水。华北平原尤其是海河平原被迫过量开采地下水，使这里成为地下水位显著降低的漏斗区。但是，过去几十年干旱少雨甚至出现或短或长的永定河断流、白洋淀见底等问题，并不意味着大气环流决定下的气候条件永久如此。区域地理特征虽相对稳定，但世界上没有一成不变的环境，这就需要以发展而不是静止的观点看待动态变化中的事物，牢记历史教训，对防汛工作常备不懈，城市防汛体系尤其要适应当代社会的更高要求。

湖泊是区域水系与水环境的组成部分，连同沼泽一起成为调节气候的"地球之肺"，其他方面的生态功能和环境价值也非常显著。京津冀地区历史上的湖泊沼泽星罗棋布，见于文献记载的辽代延芳淀据称有方圆数百里的规模，以白洋淀为核心的"九十九淀"在唐宋时期已有盛名。《尚书·禹贡》记载的"恒卫既从，大陆既作"中的"大陆"，① 就是河北中南部的大陆泽和宁晋泊，见诸文献的时代最晚已是战国时代。在河北省当代县名中，鸡泽，见于《左传》襄公三年（前 570），隋代派生为县名；

---

① 《尚书·禹贡》，《黄侃手批白文十三经》本。

深泽，始置于西汉，"以界内水深泽广为名"①，地名用字都指示着曾经存在的湖泊。由于入湖之水或附近河道的淤积，再加上气候变化、人类活动等因素的影响，这些著名的湖泊淀泽逐渐湮废，坝上高原的许多湖淖也以同样的缘故萎缩或消失。在空前重视环境保护与生态恢复的当代，已经消失的湖泊沼泽难以恢复，除了水源和成本问题之外，举凡开垦多年的耕地、建设已久的城镇、高度密集的人口等，都已占据了恢复旧日湖泊的地理空间和地理环境，唯有把现存的河湖保护好才是当务之急。记得1980年前后白洋淀干涸，作者亲眼看见世代不离家乡的渔民用马车载着渔船，四处寻找可以捕鱼为生的地方。他们最终去了密云水库以及内蒙古有湖泊的地方，凭借祖传的唯一技能在异地延续久已习惯的传统生产生活方式。确保这样的景象不再重现，也就表明环境保护与区域可持续发展取得了巨大成功。

水系分布格局与气候、地貌、土壤等自然地理条件，决定了海河流域的河道淤积与洪涝灾害的频繁和广泛。清代永定河筑堤首先是为了保障国都北京的安全，但在筑堤后移祸下游，使得那里的河道淤积与决溢成灾更加严重，呈现正反两重环境效应。河北境内其他地区的筑堤同样普遍，而且是防御水灾的第一选择，开挖引河则是与筑堤配套的必要措施。前者重在"堵"，后者旨在"疏"，两个途径相辅相成。这样的巨大工程，只有在新中国成立后才能真正实现。1963年华北地区发生特大水灾，毛泽东主席同年11月17日为河北省抗洪抢险斗争展览会题词"一定要根治海河"，②成为此后治理海河最强有力的动员令。在机械化水平极差的年代，开挖海河的数以万计的民工以肩挑、手提、人力车搬运，付出了历时数年的艰苦劳动，完成了数量惊人的土方作业。依靠国家空前强大的凝聚力、动员力、向心力，发挥人民群众不畏艰难、无私奉献的伟大精神，终于赢得了根治海河的彻底胜利，谱写了一曲改造自然的时代壮歌！新中国建成

---

① 《资治通鉴》卷一百九，东晋隆安元年胡三省注，第3439页。
② 《毛泽东题词墨迹选》，人民美术出版社、档案出版社，1984，第166页。

的第一座大型水库，就是位于永定河之上的官厅水库，目的就是"改变永定河的河性"，让多年的害河造福人民。治理海河与遍地兴修水库阻止了水患，却也在随后产生了若干环境问题。尽管如此，前人创造的历史功绩必须铭记。任何时代的人们对环境问题的认识和相关探索，都必然有一个逐渐进步的过程。因此，不能以今天才具有的物质条件和思想认识，或者以今天的生态标准，去要求必须首先解决生存问题的过去的时代，而历史的经验教训则无疑必须认真总结和汲取。

河道水系治理在保障城市安全之外的另一重要任务，就是推进包括灌溉、防洪、抗旱、治理盐碱、改良土壤在内的农田水利建设。京津冀地区古代最著名的农田水利建设，战国时期有西门豹治邺引漳河水灌溉，东汉张堪在渔阳开渠种稻。三国魏刘靖在㶟水之上修戾陵堰、开车厢渠引水灌田，经过西晋时期的进一步改造利用，到北朝时期仍然发挥着作用。北宋在白沟以南开筑塘泺防线，同时也有引水种稻、治理土壤盐碱之效。明代徐贞明等倡导京畿水利，清代怡亲王允祥领导了大规模的畿辅水利营田。诸如此类的事例，都提供了顺应自然、改造自然、利用自然的成功经验。海河流域地势低洼、河湖广布、地下水位低、排水不畅、地表蒸发严重的地理条件，使土壤的盐碱化成为必然。历史经验、民间智慧与当代技术，促使 20 世纪 50 年代以来的土壤改良和盐碱治理取得了巨大成功，现在使用的农田水利灌溉系统有很多仍在依赖这个时期奠定的基础。此外，20世纪后半叶的全球气候干旱导致地下水位下降，也在客观上强化了盐碱治理的成效。由此足见其并非单独的人力所为，而是"天人合一"的结果。

大运河的北段纵贯京津冀地区，犹如首都北京伸向五大水系的一条臂膀，沟通了南北物质与文化的交流与联系。在从历史、地理、文化等方面充分肯定运河的地位和作用的同时，也要秉持实事求是的原则，看到其时代局限与对生态环境的负面效应。从历史上看，运河与长城一样，都是帝王意志的反映，其间的滥用民力与由此激起的社会动荡，在历代诗文中俯拾皆是。文化遗产的创造者并不是文化遗产的享有者和受惠者，以历史唯物主义的观点予以评价，在当代尤为必要。就环境因素而论，运河沟通了南北却也阻止了东西向河流的入海通道，导致河道泥沙淤积，排水不畅引发水灾，沿途地区盐碱滋生，为保障运河通行而在很大程度上剥夺了农业灌溉的用水，开凿运河也占用了大量土地。诸如此类的反自然、反灌溉的局限性，都需在肯定运河的历史作用时予以客观评价，而不应仅仅看到问题的一个方面。

人类远未完全了解自然，距离掌握自然更加遥远。在这个前提下，自然灾害的产生有其不可避免的必然性，唯有尽力避免或预防以减轻受害的程度。大气环流运行决定的大尺度的气候变化，地壳运动决定的地震发生地点与强度，目前仍然属于不可控制的范畴，但当代科技手段和物质条件有助于加强预报和防范，最大限度地保障人民生命财产的安全。沙尘暴的成因、路径、防治及其对区域社会发展的影响，历史上的战争引起的灾害以及"大灾之后必有凶年"的瘟疫流行等，也是区域环境史研究的内容之一。俟之来日，可望做出更有价值的探索。

当代社会既提出了许多需要解决的生态问题，也出现了不少生态恢复的成功案例，由此构成了区域环境史的另一重要内容。在清代木兰围场的北部边缘，承德市围场县北界与内蒙古交界处的塞罕坝，海拔 1070～1950 米，最低气温零下 41℃，无霜期 60 天左右，年平均降水量 430 毫米（集中在 7、8 两月），积雪时间从 9 月至来年 3 月，属于典型的坝上高寒气候。清康熙二十年（1681）在此设巴颜莽喀围、沙勒当围、图尔根伊扎尔围。后因采伐过度，原本森林茂密、动物繁多的围场，20 世纪 50 年代变为沙源地。为了治理荒漠风沙源，1962 年始建河北省塞罕坝机械林场，到 1980 年营造以落叶松为主的人工林 91.8 万亩，保存 80.3 万亩。育林 117 万亩（天然次生林 36.9 万亩、人工林 80.1 万亩），木材总蓄积量 181.3 万立方米，还有丰富的野生动植物资源。[①] 根据 2021 年报道："林场总经营面积 140 万亩，有林地 115.1 万亩，森林覆盖率 82%。据中国林科院核算评估，林场每年可涵养水源 2.84 亿立方米、固碳 86.03 万吨、释放氧气 59.84 万吨，资源总价值为 231.2 亿元，每年通过提供就业、产

---

① 丰宁县地名办公室：《围场县地名资料汇编》，1983，第 119 页。

业带动助推周边区域实现社会总收入 6 亿多元。""2017 年 12 月获联合国环保最高荣誉'地球卫士奖',2021 年 9 月荣获联合国防治荒漠化领域最高荣誉'土地生命奖',成为当代以人工措施改造区域自然环境的典范。""创造了变沙地为林海、让荒原成绿洲的人间奇迹,构筑了首都北京和华北地区的水源卫士、绿色生态屏障。"① 再如,平原区的地下水位下降,永定河、大运河、白洋淀等断流或干涸,都是京津冀地区生态环境面临的重大问题。经过最近数十年的治理,生态恢复取得了显著成就。据 2022 年 3 月报道,北京市探索出新的生态治理模式,"平原区地下水位连续 6 年累计回升 9.64 米,健康水体达到 86%,水生态环境持续向好"。② 同年 4 月,京杭大运河全线贯通补水,"预计 5.15 亿立方米";③ 5 月,从 1996 年开始断流的永定河 865 公里河道实现全线通水,并与 2022 年 4 月全线贯通的京杭大运河实现世纪交汇。④ 此外,2022 年 7 月,白洋淀湿地全部范围、全年时间禁止捕猎,对于保护生物多样性、营造优美和谐的鸟类栖息地具有重要意义。这些迹象都显示,京津冀地区的环境史正在逐步变为当代"人与环境的和谐史"。

京津冀三省市构成了一个完整的自然地理单元,人类社会的历史演变却在晚近时代使之分成了三个同等级别的行政区域。在当代,区域一体化协同发展早已成为面向未来的客观要求。地缘相近、文脉相通的京津冀三省市,需要继续突破行政区划的限制,在求同存异的基础上寻求合作共赢。地缘的彼此接近使京津冀在空间上密不可分,尤其是在涉及京津人口、资源、环境等问题时,更需放眼全局恰当处理彼此之间的关系,离开地域相连的河北的支持势必难以解决。京津冀一体化是国家层面的发展战略,古今区域发展与环境变迁都以保障首都北京的需求为指归,当代北京自应继续肩负起历史和现实的责任。

① 《河北塞罕坝机械林场获联合国土地生命奖》,河北新闻网,2021 年 9 月 30 日。
② 《北京地下水位 6 年"增高"9.64 米》,《光明日报》2022 年 3 月 25 日,第 10 版。
③ 《京杭大运河全线贯通补水行动启动》,《光明日报》2022 年 4 月 15 日,第 10 版。
④ 《永定河全线通水与京杭大运河实现世纪交汇》,《光明日报》2022 年 5 月 14 日,第 2 版。

参考文献

一　元明清民国地方志

《嘉庆重修一统志》，《四部丛刊续编》本，商务印书馆，1934。

宝琳、劳沅恩：道光《直隶定州志》，清道光三十年刻本。

孛兰肹等（赵万里校辑）：《元一统志》，中华书局，1966。

蔡寿臻：《武清志括》，清抄本。

蔡寅斗：乾隆《宝坻县志》，清乾隆十年刻本。

曹涵、赵晃：乾隆《武清县志》，清乾隆七年刻本。

曹鑅：光绪《获鹿县志》，清光绪七年刻本。

陈福嘉、吴三峰：咸丰《固安县志》，清咸丰九年刻本。

陈杰：光绪《涞水县志》，清光绪二十一年刻本。

陈仪、田易：雍正《畿辅通志》，清雍正十三年刻本。

程光滢：同治《磁州续志》，清同治十三年刻本。

程敏侯：民国《临榆县志》，民国十八年铅印本。

崔莲峰：民国《望都县志》，民国二十三年铅印本。

戴铣：弘治《易州志》，《天一阁藏明代方志选刊》本，上海古籍出版社，1981。

董涛：光绪《重修曲阳县志》，清光绪三十年刻本。

多时珍：雍正《阜城县志》，清光绪三十四年铅印本。

樊深：嘉靖《河间府志》，《天一阁藏明代方志选刊》本，上海古籍出版社，1981。

范瀚文：光绪《续修故城县志》，民国十年重印本。

方宗诚：光绪《枣强县志补正》，清光绪二年刻本。

冯庆杨：光绪《吴桥县志》，清光绪元年澜阳书院刻本。

傅汝凤：《井陉县志料》，民国二十三年天津义利印刷局铅印本。

高景、张麟甲：乾隆《新安县志》，清乾隆八年刻本。

高培：康熙《昌黎县志》，清康熙十四年刻本。

高书官等：民国《房山县志》，民国十七年铅印本。

高濬：嘉靖《霸州志》，《天一阁藏明代方志选刊》本。

高遵章、姚维锦：民国《青县志》，民国二十年铅印本。

龚逢泰：万历《保定县志》，明万历四十一年刻本。

郭程先：咸丰《平山县志》，清咸丰四年刻本。

郭维城：民国《宣化县新志》，民国十一年铅印本。

海忠：道光《承德府志》，清道光十一年刻本。

韩敏修：民国《广宗县志》，民国二十二年铅印本。

韩作舟：民国《广平县志》，民国二十八年铅印本。

郝增祐、周晋堃：光绪《丰润县志》，清光绪十年刻本。

何耀慧：民国《龙关县志》，民国二十三年铅印本。

胡景桂：光绪《广平府志》，清光绪二十年刻本。

胡维翰：康熙《玉田县志》，清康熙二十年刻本。

胡悉宁：康熙《临清州志》，清抄本。

胡应麟：民国《卢龙县志》，民国二十年铅印本。

黄岗竹：乾隆《赞皇县志》，清光绪二年补刻本。

黄希文等：民国《磁县县志》，民国三十年铅印本。

纪大纲等：崇祯《文安县志》，明崇祯四年刻本。

蒋玉虹、俞樾：同治《续天津县志》，南开大学出版社2001年标点本。

孔广棣：乾隆《永年县志》，清乾隆二十二年刻本。

李昌时、丁维：光绪《玉田县志》，清光绪十年刻本。

李鸿章、黄彭年：光绪《畿辅通志》，清光绪十年刻本。

李开泰、张采：康熙《宛平县志》，清康熙二十四年刻本。

李兰增、陈德沛：民国《文安县志》，民国十一年铅印本。

李林奎、武儒衡：民国《元氏县志》，民国二十二年铅印本。

李舜臣：乾隆《蔚县志》，清乾隆四年刻本。

李泰棻：民国《阳原县志》，民国二十四年铅印本。

李贤等：《大明一统志》，三秦出版社，1990年影印本。

李晓冷：民国《高阳县志》，民国二十二年铅印本。

林翰儒：《藁城县乡土地理》，1923年石印本。

刘炳、王应鲸：乾隆《任丘县志》，清乾隆二十七年刻本。

刘崇本、崔汝襄：民国《霸县新志》，民国二十三年天津文竹斋铅印本。

刘崇本：民国《雄县新志》，民国十九年铅印本。

刘国昌：民国《鸡泽县志》，民国三十一年铅印本。

刘荣：光绪《广昌县志》，清光绪元年刻本。

刘树鑫：民国《南皮县志》，民国二十二年铅印本。

刘玉田：民国《完县新志》，民国二十三年铅印本。

陆保善：《望都县乡土图说》，清光绪三十一年铅印本。

陆茂腾：康熙《通州志》，清康熙三十六年刻本。

罗则遴、施琦：民国《隆化县志》，民国八年铅印本。

吕植、见之深：民国《良乡县志》，民国十三年铅印本。

马文焕、陈式谌：民国《香河县志》，民国二十五年铅印本。

马恂、何尔泰：同治《昌黎县志》，清同治五年刻本。

缪荃孙辑：《顺天府志》，北京大学出版社，1983年影印版。

潘昌：康熙《固安县志》，清康熙五十三年刻本。

戚学标：嘉庆《涉县志》，清嘉庆四年刻本。

乔寯：康熙《永清县志》，清康熙十五年刻本。

秦有容：康熙《平山县志》，清康熙十二年刻本。

仇锡廷：民国《蓟县志》，民国三十三年铅印本。

屈承霖：乾隆《景州志》，清乾隆十年刻本。

瞿光缙、边士垀：道光《任丘续志》，清道光十七年刻本。

任守恭：民国《万全县志》，民国二十三年铅印本。

萨承钰：《山东临清直隶州武城县乡土志略》，清光绪间抄本。

尚希宾：民国《威县志》，民国十八年铅印本。

沈成国、陈九鼎：乾隆《长乐县志》，清乾隆二十八年刻本。

史梦兰：光绪《永平府志》，清光绪五年敬胜书院刻本。

史朴：光绪《遵化通志》，清光绪十二年刻本。

宋广业：康熙《临城县志》，清康熙五十五年刻本。

宋琬、常文魁：康熙《永平府志》，清康熙十八年续修刻本。

王大信：乾隆《三河县志》，清乾隆二十五年刻本。

王金英：乾隆《永平府志》，清乾隆三十九年刻本。

王齐：嘉靖《雄乘》，《天一阁藏明代方志选刊》本，上海古籍出版社，1981。

王树枬：民国《冀县志》，民国十八年铅印本。

王维贤：民国《迁安县志》，民国二十年铅印本。

王维珍：光绪《通州志》，民国三十年铅印本。

王胤芳、邵秉忠：康熙《文安县志》，清康熙十二年刻本。

王兆元：民国《平谷县志》，民国十五年铅印本。

吴宝铭、韩琛：民国《三河县新志》，民国二十四年铅印本。

吴景果：康熙《怀柔县新志》，民国二十四年铅印本。

吴履福、缪荃孙：光绪《昌平州志》，清光绪十二年刻本。

吴思忠：光绪《容城县志》，清光绪二十二年刻本。

吴廷华、汪沆：乾隆《天津府志》，南开大学出版社，1999年标点本。

郜济川：民国《武安县志》，民国二十九年铅印本。

席之瓒：光绪《怀来县志》，清光绪八年刻本。

谢客：乾隆《玉田县志》，清乾隆二十一年刻本。

谢庭桂、苏乾：嘉靖《隆庆志》，《天一阁藏明代方志选刊》本，上海古籍出版社，1981。

熊梦祥：《析津志》，《析津志辑佚》本，北京古籍出版社，1983。

徐以观：乾隆《宁河县志》，清乾隆四十四年刻本。

徐宗亮、蔡启盛：光绪《重修天津府志》，清光绪二十五年刻本。

许闻诗：民国《张北县志》，民国二十四年铅印本。

薛椿龄：民国《邢台县志》，民国三十二年铅印本。

寻銮晋、张毓生：光绪《保安州续志》，清光绪三年刻本。

阎永龄、王懿：康熙《赵州志》，清康熙十二年刻本。

杨德馨等：民国《顺义县志》，民国二十二年铅印本。

杨笃：光绪《蔚州志》，清光绪三年刻本。

杨笃：同治《西宁新志》，光绪元年宏州书院刻本。

杨桂森：道光《保安州志》，清道光十五年刻本。

杨芊、张登高：乾隆《直隶易州志》，清乾隆十二年刻本。

杨式震、陈昌源：民国《满城县志略》，民国二十年满城县修志局铅印本。

杨行中：嘉靖《通州志略》，明嘉靖二十八年刻本。

叶向昇：康熙《遵化州志》，清康熙间抄本。

佚名：民国《保安州乡土志》，民国间抄本。

俞湘：道光《安州志》，清道光二十六年稿本。

查美荫、谢霖溥：光绪《围场厅志》，清稿本。

张才、徐珪：弘治《保定郡志》，《天一阁藏明代方志选刊》本。

张曾炳：乾隆《赤城县志》，清乾隆二十四年黄绍七补订刻本。

张悖德：光绪《唐县志》，清光绪四年刻本。

张悖德：光绪《延庆州志》，清光绪六年刻本。

张焕、贾永宗：乾隆《满城县志》，清乾隆十六年增刻本。

张镜渊：民国《怀安县志》，民国二十三年铅印本。

张茂节：康熙《大兴县志》，民国间抄本。

张念祖等：民国《昌黎县志》，民国二十二年再续修铅印本。

张朴：咸丰《直隶定州续志》，清咸丰十年刻本。

张汝漪：民国《景县志》，民国二十一年铅印本。

张坦：康熙《宁晋县志》，清康熙十八年刻本。

张廷纲、吴祺：弘治《永平府志》，明弘治十四年刻本。

张锡三：同治《阜平县志》，清同治十三年刻本。

张毓温：光绪《藁城县志》，民国二十三年铅印本。

张豫垲：光绪《保定府志》，清光绪十二年刻本。

张元芳：万历《顺天府志》，明万历二十一年刻本。

张震科：民国《宁晋县志》，民国十八年石印本。

章学诚：乾隆《永清县志》，清乾隆四十四年刻本。

赵鼎铭：民国《清河县志》，民国二十三年铅印本。

赵文濂：光绪《续修井陉县志》，清光绪元年刻本。

赵文濂：光绪《正定县志》，民国三十年铅印本。

赵文濂：光绪《重修新乐县志》，清光绪十一年刻本。

郑士蕙：同治《静海县志》，清同治十二年刻本。

钟文英：雍正《井陉县志》，清雍正八年刻本。

周祜：光绪《邢台县志》，清光绪三十一年刻本。

周家楣、缪荃孙等：《光绪顺天府志》，北京古籍出版社，1987。

周琰：乾隆《东安县志》，清乾隆十四年刻本。

周章焕：乾隆《南和县志》，清乾隆四十四年刻本。

朱世纬：康熙《永年县志》，清乾隆十年再增补本。

宗庆煦：民国《密云县志》，民国三年京师京华印书局铅印本。

二 古代至民国其他文献

〔意〕马可波罗：《马可波罗行纪》，冯承钧译，上海书店出版社，2001。

《大清会典事例》，台北新文丰出版公司影印清光绪二十五年刻本。

《尔雅》，上海古籍出版社，1983 年影印《黄侃手批白文十三经》本。

《海河治本治标计划大纲》，《华北水利月刊》第 4 卷第 8 期。

《孟子》，《诸子集成》焦循《孟子正义》本，中华书局，1954 年影印。

《明实录》，台北"中研院"历史语言研究所 1962 年影印本。

《清实录》，中华书局，1985 年影印本。

《尚书·禹贡》，《黄侃手批白文十三经》本，上海古籍出版社，1983 年影印。

《元典章》，中国书店 1990 影印本。

白眉初：《中华民国省区全志》，北京求知学社，1924。

班固：《汉书》，中华书局，1997。

蔡新：《畿南河渠通论》，《清经世文编》本。

陈琮：《永定河志》，《续修四库全书》本。

陈时明：《严武备以壮国威疏》，《明经世文编·陈给谏奏疏》本。

陈寿：《三国志》，中华书局，1997。

陈仪：《直隶河渠志》，《畿辅河道水利丛书》本。

陈子龙等选辑：《明经世文编》，中华书局，1962。

戴震：《戴震全集》第二册《考工记图下》，清华大学出版社，1992。

范晔：《后汉书》，中华书局，1997。

方苞：《方望溪全集》，中国书店 1991 年影印本。

方观承：《方恪敏公奏议》，《近代中国史料丛刊》本，文海出版社，1967 年影印。

房玄龄等：《晋书》，中华书局，1997。

傅泽洪：《行水金鉴》，文海出版社，1969 年影印本。

顾太清（金启琮、金适校笺）：《顾太清集校笺》，中华书局，2012。

顾炎武：《昌平山水记》，北京古籍出版社，1980。

顾炎武：《日知录》，清康熙三十四年刻本。

顾祖禹：《读史方舆纪要》，中华书局，1955。

郭子章：《郡县释名》，明万历四十三年刻本。

海河水利委员会编：《海河放淤工程报告书》，1935 年 12 月。

贺长龄、魏源编：《清经世文编》，中华书局，1992 年影印本。

洪涛编译：《热河概况》，内外通讯社，1934。

华北水利委员会：《金门闸南岸放淤工程计划》，《华北水利月刊》
1936 年第 9 卷第 7、8 期合刊。

华北水利委员会：《永定河治本计划》，1933 年天津刊印本。

华北水利委员会编印：《永定河治本计划》，1930 年。

黄承玄：《河漕通考》，《四库存目丛书》本。

黄文仲：《大都赋》，《天下同文前甲集》，清康熙四十二年抄本。

嵇璜等：《皇朝通志》，上海图书集成局清光绪二十七年校印本。

嵇璜等：《皇朝文献通考》，清光绪二十八年上海鸿宝书局石印本。

即满：《妙行大师行状碑》，《全辽文》本。

冀察政务委员会秘书处第三组：《河北省高阳县地方实际情况调查报
告》，国家图书馆藏抄本。

江左樵子：《樵史通俗演义》，中国书店 1988 年影印本。

蒋一葵：《长安客话》，北京古籍出版社，1994。

康熙帝（玄烨）：《庭训格言》，清光绪二十二年刻本。

李百药：《北齐书》，中华书局，1997。

李调元：《出口程记》，《小方壶斋舆地丛钞》本。

李东阳：《怀麓堂集》，《四库全书》本。

李逢亨：《永定河志》，文海出版社，1969 年版。

李鸿章：《李文忠公全书》，清光绪间刻本。

李心传：《建炎以来系年要录》，中华书局，1956。

李志常：《长春真人西游记》，清道光二十七年灵石杨氏刊本。

励宗万：《京城古迹考》，北京古籍出版社，1981。

郦道元：《水经注》，上海古籍出版社，1990。

了洙：《范阳丰山章庆禅院实录》，《全辽文》本。

林传甲：《大中华京兆地理志》，武学书馆，1919。

刘侗、于奕正：《帝京景物略》，北京古籍出版社，1983。

刘若愚：《酌中志》，北京古籍出版社，1994。

刘寿眉：《春泉闻见录》，清嘉庆间刻本。

刘天和：《问水集》，明刻本。

刘熙：《释名》，中华书局《丛书集成初编》本，1985年新一版。

刘昫等：《旧唐书》，中华书局，1997。

龙文彬：《明会要》，中华书局，1956。

陆文珪：《墙东类稿》，《文渊阁四库全书》本。

马端临：《文献通考》，中华书局，1986。

马文升：《为禁伐边山林木以资保障事疏》，《明经世文编·马端肃公奏疏》本。

南抃：《上方感化寺碑》，《全辽文》本。

欧阳修：《新唐书》，中华书局，1997。

庞尚鹏：《酌陈备边末议以广屯种疏》，《明经世文编·庞中丞摘稿》本。

彭时：《可斋杂记》，《四库全书存目丛书》本，齐鲁书社1995影印。

丘濬：《大学衍义补》，《文渊阁四库全书》本，台湾商务印书馆1986年影印。

申时行等：万历《大明会典》，《续修四库全书》本，上海古籍出版社2002年影印。

沈榜：《宛署杂记》，北京古籍出版社，1983。

沈括：《梦溪笔谈》，《元刊梦溪笔谈》本，文物出版社，1975年影印。

沈联芳：《邦畿水利集说》，《续修四库全书》本。

沈约：《宋书》，中华书局，1997。

沈兆沄：《蓬窗随录》，清咸丰七年刻本。

司马光：《资治通鉴》，中华书局，1956。

司马迁：《史记》，中华书局，1997。

宋本：《都水监事记》，《元文类》本。

宋濂等：《元史》，中华书局，1997。

苏颂：《苏魏公文集》，中华书局，1988。

苏天爵编：《元文类》，商务印书馆，1958。

孙承泽：《天府广记》，北京古籍出版社，1984。

孙维愿：《永安堤志》，民国《高阳县志》本。

谈迁：《北游录》，中华书局，1960。

唐成棣等：《覆勘上游置坝情形禀》，《永定河续志》本。

陶宗仪：《南村辍耕录》，中华书局，1959。

童恒麟、邹振岳：《勘上游置坝情形禀》，《永定河续志》本。

脱脱等：《金史》，中华书局。1997。

脱脱等：《辽史》，中华书局，2016年修订本。

脱脱等：《宋史》，中华书局，1997。

汪道昆：《经略京西诸关疏》，《明经世文编·汪司马大函集》本。

汪启淑：《水曹清暇录》，北京古籍出版社，1998。

汪应蛟：《海滨屯田疏》，《畿辅河道水利丛书》本。

王嘉谟：《蓟丘集》，国家图书馆藏明刻本。

王履泰：《畿辅安澜志》，广雅书局光绪二十五年刻本。

王溥：《唐会要》，中华书局，1955。

王庆云：《石渠馀纪》，北京古籍出版社，1985。

王锡祺编：《小方壶斋舆地丛钞》，杭州古籍书店1985年影印清光绪十七年上海著易堂本。

王正：《重修范阳白带山云居寺碑》，《全辽文》本。

王竹泉：《河北滦县地震》，《地质评论》1947年第12卷1、2合期。

魏初：《青崖集》，《四库全书》本。

魏时亮：《题为摘陈安攘要议以裨睿采疏》，《明经世文编·魏敬吾文集》本。

魏收：《魏书》，中华书局，1997。

魏徵等：《隋书》，中华书局，1997。

吴邦庆：《水利营田册说》，《畿辅河道水利丛书》本，清道光四年刻本。

吴伟业：《梅村集》，清顺治十七年刻本。

吴锡麒：《热河小记》，《小方壶斋舆地丛钞》本。

吴长元：《宸垣识略》，北京古籍出版社，1983。

吴仲：《通惠河志》，《续修四库全书》本。

谢纯：《漕运通志》，明嘉靖七年刻本。

谢振定：《游上方山记》，《小方壶斋舆地丛钞》本。

徐昌祚：《燕山丛录》，《中国农学遗产选集》本，农业出版社，1958。

徐光启：《漕河议》，《明经世文编·徐文定公集》本。

徐松：《宋会要辑稿》，中华书局，1957年影印本。

徐松辑：《宋会要辑稿》，中华书局，1957年影印本。

薛居正：《旧五代史》，中华书局，1997。

杨荣：《修卢沟河堤记》，《日下旧闻考》本。

叶梦珠：《阅世编》，上海古籍出版社，1981。

怡贤亲王（允祥）：《敬陈水利疏》，乾隆《任丘县志》本。

于敏中等：《日下旧闻考》，北京古籍出版社，1985。

宇文懋昭：《大金国志》，《大金国志校证》本，中华书局，1986。

袁炜：《重修卢沟河堤记略》，《日下旧闻考》本。

乐史：《太平寰宇记》，影印清光绪八年金陵书局本。

曾公亮：《武经总要》，明万历刻本。

张伯行：《居济一得》，清康熙间刻本。

张光远：《新安县孟家沟筑堤障水记》，乾隆《新安县志》本。

张瀚：《松窗梦语》，中华书局，1985。

张爵：《京师五城坊巷衚衕集》，北京古籍出版社，1982。

张廷玉等：《明史》，中华书局，1997。

昭梿：《啸亭杂录》，中华书局，1980。

赵尔巽等：《清史稿》，中华书局，1997。

赵慎畛：《榆巢杂识》，中华书局，2001。

震钧：《天咫偶闻》，北京古籍出版社，1982。

郑晓：《书直隶三关图后》，《明经世文编·郑端简公文集》本。

周伯琦：《周翰林近光集》，国家图书馆藏清抄本。

周煇：《北辕录》，《国家图书馆藏古籍珍本游记丛刊》本，线装书局，2003。

朱国桢：《涌幢小品》，中华书局，1959。

朱其诏：《永定河续志》，清光绪七年刻本。

朱轼：《查勘畿南水利情形疏》，《清经世文编》本。

邹振岳：《上游置坝节宣水势禀》，《永定河续志》本。

三 档案史料

《察哈尔省建设厅公函（贞字第 16 号）》。北京市档案馆藏，档案号 J007-003-00259。

《察哈尔省政府公函（建贞字第二九号）》。北京市档案馆藏，档案号 J007-003-00325。

《察哈尔省政府建设厅三十六年九月二十二日召集迁移村庄会议记录》。北京市档案馆藏，档案号 J064-001-00010。

《陈昌龄呈华北水利委员会委员长彭》。北京市档案馆藏，档案号 J007-002-00183。

《关于妫河水污染官厅水库造成库内鱼虾、蟾蜍死亡和沿库两岸鱼塘开春不能注水情况报告》。延庆档案馆藏，档案号 0115-Y001-0004-009。

《关于建立官厅水库水源保护监测机构的意见》。北京市档案馆藏，档案号 193-001-00020-00017。

《关于修筑官厅水库工程备忘录》。北京市档案馆藏，档案号 J007-033-00577。

《官厅水库工程计画》。北京市档案馆藏，档案号 J007-003-00259。

《官厅水库工程之意义及完成后之利益》。北京市档案馆藏，档案号 J064-001-00129。

《官厅水库上游地区广大职工艰苦奋战誓保首都水源清洁》。北京市档案馆藏，档案号 193-001-00047-00038。

《官厅水库水源保护领导小组第二次会议》。北京市档案馆藏，档案号 193-001-00007-00001。

《官厅水库水源保护领导小组第一次会议》。北京市档案馆藏，档案号 193-001-00006-00001。

《官厅水库水质已不能满足饮用水源要求》。北京市环保局《环保信息》1990 年第 63 期，北京市档案馆藏，档案号 193-001-00973-00084。

《官厅水系水源保护工作总结》。北京市档案馆藏，档案号 193-001-00148-00001。

《贯彻执行国务院对国家计委国家建委"关于解决官厅水库污染问题报告"的批示的几点建议》。北京市档案馆藏，档案号 193-001-00006-00005。

《河北省政府建设厅公函（丁字第 61 号）》。北京市档案馆藏，档案号 J007-003-00259。

《华北水利委员会第二十次大会会议记录》（1934 年 3 月 17 日）。北京市档案馆藏，档案号 J007-001-00422。

《华北水利委员会复函怀来县政府》。北京市档案馆藏，档案号 J007-002-00183。

《华北水利委员会函察哈尔省政府》。北京市档案馆藏，档案号 J007-003-00325。

《华北水利委员会函察哈尔省政府等》。北京市档案馆藏，档案号 J007-003-00325。

《华北水利委员会委员长彭呈全国经济委员会》。北京市档案馆藏，档案号 J007-003-00259。

《华北水利委员会训令》。北京市档案馆藏，档案号 J007-002-00183。

《华北水利委员会训令》。北京市档案馆藏，档案号 J007-003-00259。

《华北水利委员会致察哈尔省建设厅》。北京市档案馆藏，档案号 J007-003-00325。

《华北水利委员会致函张砺生》。北京市档案馆藏，档案号 J007-003-00259。

《怀来县政府公函（建字第七号）》。北京市档案馆藏，档案号 J007-002-00183。

《全国及北京市部分政协委员开会研究官厅水库污染问题》。北京市环保局《环保信息》1990 年第 2 期，北京市档案馆藏，档案号 193-001-00973-00002。

《永定河官厅水库工程实施概况》。北京市档案馆藏，档案号 J064-001-00129。

四 今人著作与史料辑录

北京市地方志编辑委员会编：《北京志·地质矿产水利气象卷·水利志》，北京出版社，2000。

北京市门头沟区文化文物局编：《门头沟文物志》，北京燕山出版社，2001。

蔡蕃：《元代水利家郭守敬》，当代中国出版社，2011。

陈述辑校：《全辽文》，中华书局，1982。

褚亚平主编《地名学论稿》，高等教育出版社，1985。

褚亚平、尹钧科、孙冬虎：《地名学基础教程》，中国地图出版社，1994。

邓绶林等编著《河北地理概要》，河北人民出版社，1984。

丰宁县地名办公室：《围场县地名资料汇编》，1983 年印行。

固安县志编纂委员会：《固安县志》，中国人事出版社，1998。

海河志编纂委员会编：《海河志》，中国水利水电出版社，1997。

河北省测绘局：《河北省地图集》，1981 年印行。

河北省地名办公室编：《河北政区沿革志》，河北科学技术出版社，1985。

河北省怀来县地方志编纂委员会编：《怀来县志》，中国对外翻译出版公司，2001。

华林甫等：《德国普鲁士文化遗产图书馆藏晚清直隶山东县级舆图整理与研究》，齐鲁书社，2015。

霍亚贞主编：《北京自然地理》，北京师范学院出版社，1989。

静海县委员会文史工作委员会编：《静海文史资料》1989 年第 2 辑。

梁方仲：《中国历代户口田地田赋统计》，上海人民出版社，1980。

罗桂环等：《中国环境保护史稿》，中国环境科学出版社，1995。

毛泽东：《毛泽东题词墨迹选》，人民美术出版社、档案出版社，1984。

门头沟区地名志编辑委员会编：《北京市门头沟区地名志》，北京出版社，1993。

孟村回族自治县地名办公室编：《孟村地名初考》，1982 年印行。

齐心主编《图说北京史》，北京燕山出版社，1999。

乔羽词，刘炽曲：《祖国颂》，云南人民出版社，1959。

水利部中国水利史研究室：《再续行水金鉴》，湖北人民出版社，2004。

水利水电科学研究院编：《清代海河滦河洪涝档案史料》，中华书局，1981。

孙冬虎：《北京地名发展史》，北京燕山出版社，2010。

孙冬虎：《地名与北京城》，中国地图出版社，2011。

谭其骧主编《中国历史地图集》，中国地图出版社，1996。

唐晓峰主编《京津冀古地图集》，北京出版集团文津出版社，2022。

围场县地名办公室：《围场县地名资料汇编》，1983 年刊印。

吴弘明编译《津海关贸易年报 1865～1946》，天津社会科学院出版社，2006。

吴文涛：《北京水利史》，人民出版社，2013。

延庆县地名志编辑委员会：《北京市延庆县地名志》，北京出版社，1993。

盐山县地名领导小组编《盐山县地名资料汇编》，1982 年印行。

颜昌远主编《北京的水利》，科学普及出版社，1997。

尹钧科、吴文涛：《历史上的永定河与北京》，北京燕山出版社，2005。

尹钧科：《北京郊区村落发展史》，北京大学出版社，2001。

尹钧科主编《北京建置沿革史》，人民出版社，2008。

于德源：《北京漕运和仓场》，同心出版社，2004。

于德源：《北京灾害史》，同心出版社，2008。

岳升阳主编《侯仁之与北京地图》，北京科学技术出版社，2011。

张家口地区水利水保局编《张家口地区水利年鉴》，1991 年印行。

中国第一历史档案馆、承德市文物局：《清宫热河档案》，中国档案出版社，2003。

中国第一历史档案馆编《清代档案史料丛编》，中华书局，1981。

中国人民大学清史所等编《清代的矿业》，中华书局，1983。

邹逸麟主编：《黄淮海平原历史地理》，安徽教育出版社，1997。

五　今人论文及其他

《北京地下水位 6 年"增高"9.64 米》，《光明日报》2022 年 3 月 25 日第 10 版。

《北京水利辉煌 60 年》，《水利发展研究》2009 年第 10 期。

《京杭大运河全线贯通补水行动启动》，《光明日报》2022 年 4 月 15 日第 10 版。

《永定河全线通水与京杭大运河实现世纪交汇》，《光明日报》2022 年 5 月 14 日第 2 版。

陈康：《新见唐代〈李神德墓志〉考释》，《出土文献研究》第九辑，中华书局，2010。

邓辉、卜凡：《历史上冀中平原"塘泺"湖泊群的分布与水系结构》，《地理学报》2020年第11期。

邓辉、李羿：《人地关系视角下明清时期京津冀平原东淀湖泊群的时空变化》，《首都师范大学学报》（社会科学版）2018年第4期。

段天顺等：《略论永定河历史上的水患及其防治》，《北京史苑》第一辑，北京出版社，1983。

冯国良、郭廷鑫：《解放前海河干流治理概述》，《天津文史资料选辑》第18辑，天津人民出版社，1982。

冯金良：《七里海泻湖的形成与演变》，《海洋湖沼通报》1998年第2期。

傅豪等：《历史视角下的湿地演变与恢复保护——以永年洼为例》，《水利学报》2018年第5期。

高尚武等：《京津廊坊地区风沙污染及防治对策研究》，《环境科学》1984年第5期。

郭良迁等：《华北地区主要构造带的现代运动和应变》，《国际地震动态》2007年第7期。

河北省水利厅水利工程建设处：《除害兴利七十载岁月，保境安民十九万热土》，《河北水利》2019年第9期。

何乃华、朱宣清：《白洋淀形成原因的探讨》，《地理学与国土研究》1994年第1期。

侯仁之：《改造首都自然环境的一个重要措施》，《北京日报》1956年2月17日。

侯甬坚：《历史地理学、环境史学科之异同辨析》，《天津社会科学》2011年第1期。

胡慧文等：《京津冀地区历史地震事件时空特征研究》，《古地理学报》2021年第2期。

李丙鑫：《一件有关南苑开发的清代重要档案》，《北京档案史料》1986 年 4 期。

李经汉：《天津市现存碑刻中的天津地名资料》，天津市地名委员会办公室编《天津史地知识（一）》，1987 年印行。

李明琴：《明兵部尚书刘体乾墓神道石刻》，《文物春秋》2011 年第 5 期。

李自强：《北京的地震》，《地球物理学报》1957 年第 2 期。

林元白：《房山石经拓印中发现的唐代碑刻——介绍"大唐云居寺石经堂碑"》，《现代佛学》1958 年 1 月号，第 17 页。

刘守成、于燕君：《官厅水库的兴建与怀来移民搬迁》，《怀来文史资料》1995 年第 1~2 辑。

刘淑娟：《明清时期永年城一带的水域景观与士人书写》，《太原理工大学学报》（社会科学版）2017 年第 6 期。

潘明涛：《明末广府城的防御策略与永年洼之初成》，《军事历史研究》2018 年第 5 期。

钱正英：《跟随周总理治水》，《人民长江》1988 年第 3 期。

秦磊：《天津七里海古潟湖湿地环境演变研究》，《湿地科学》2012 年第 2 期。

冉连起：《泥沙困扰的官厅水库》，《水利天地》1992 年第 3 期。

石超艺：《历史时期大清河南系的变迁研究》，《中国历史地理论丛》2012 年第 2 辑。

石超艺：《明代前期白洋淀始盛初探》，《历史地理》第二十六辑，上海人民出版社，2012。

石超艺：《明代以来大陆泽与宁晋泊的演变过程》，《地理科学》2007 年第 3 期。

苏天钧：《北京西郊白云观遗址》，《考古》1963 年第 3 期。

孙承烈等：《漯水及其变迁》，《环境变迁研究》第一辑，海洋出版社，1984。

孙世恺：《改变了永定河的性格》，《人民日报》1953年7月2日。

王灿炽：《北京地区现存最大的古驿站遗址—榆林驿初探》，《北京社会科学》1998年第1期。

王策：《丰台区南岗洼明代石桥》，《中国考古年鉴》，文物出版社，1992。

王长松、陈然：《近代海河治理与河道冲淤变化研究》，《北京大学学报》（自然科学版）2015年第6期。

王长松、尹钧科：《三角淀的形成与淤废过程研究》，《中国农史》2014年第3期。

王会昌：《一万年来白洋淀的扩张与收缩》，《地理研究》1983年第3期。

王建革：《清浊分流：环境变迁与清代大清河下游治水特点》，《清史研究》2001年第2期。

王建瑞、陈安国：《河北省水利工程的负效应分析》，《石家庄经济学院学报》2004年第2期。

王利华：《生态环境史的学术界域与学科定位》，《学术研究》2006年第9期。

王培华：《清代江南官员开发西北水利的思想主张与实践——唐鉴〈畿辅水利备览〉的撰述旨趣及历史地位》，《中国农史》2005年第3期。

王武钰：《朝阳区小红门出土一只独木舟》，《北京文物与考古》第三辑，北京市文物研究所，1992。

王有泉：《北京地区首次发现古船》，《北京考古信息》1989年第2期。

王玉婷等：《河北平原地震带的现今活动性分析》，《地震地磁观测与研究》2012年第2期。

吴文涛：《昆明湖水系变迁及其对北京城市发展的意义》，《北京社会科学》2014年第4期。

吴文涛：《历史上永定河筑堤的环境效应初探》，《中国历史地理论丛》2007 年第 4 期。

吴文涛：《萧太后河历史探源及相关文献辨析》，《北京史学论丛（2016）》。

杨静、曾昭爽：《昌黎黄金海岸七里海泻湖的历史演变和生态修复》，《海洋湖沼通报》2007 年第 2 期。

袁振杰等：《七里海潟湖的演化与修复》，《海洋开发与管理》2008 年第 6 期。

张恒等：《近 30 年京津冀地区湖泊面积的变化》，《北京大学学报》（自然科学版）2020 年第 2 期。

张相、戴峥东：《对海河水系泥沙排放利用的认识》，《海河水利》1996 年第 6 期。

张义丰：《黄河下游大陆泽和大野泽的变迁初探》，《河南师大学报》1984 年第 1 期。

邹逸麟：《历史时期华北大平原湖沼变迁述略》，《历史地理》第 5 辑，1987 年。

后　记

　　这部书稿是我们承担的国家社科基金项目"京津冀地区环境史"（批准号：17BZS088）的最终成果，致力于按照环境史研究的通用路径做出初步尝试，以比较典型的事例说明京津冀地区人与环境相互影响、相互作用的历史脉络。历史地理与环境史既密切关联又有所区别，一般而言，前者侧重环境变迁与人地关系的发展过程及动因探寻，后者更加关注对"环境事件"来龙去脉的探寻和分析，都有助于深化对区域人地关系演变规律的认识。在研究过程中，我们以相对熟悉的历史地理和区域史为根基，力求多一点环境史的味道，但仍有不少环境因素和环境事件难以顾及，有待将来继续付出努力。

　　我们的课题组成员同心协力，在相互交流与密切合作中完成了研究任务。李诚负责"湖泊沼泽的萎缩湮废"，吴文涛负责"浑河筑堤及移祸下游"，高福美承担"明清畿辅的水利营田"，许辉承担"古今地震的惨烈破坏"部分的研究和撰稿，其余部分与全书定稿由我完成。我们共同营造了和谐互助的工作氛围，也在研究进程中收获了友谊和进步。

　　我们的工作得到了本院历史所同人与科研处等部门一如既往的支持，俞音副处长在课题推进与结项过程中予以多方关照。野外考察期间，承蒙河北蔚县刘国权先生等各地人士的热情襄助。课题结项后，我们有幸得到本院 2023 年学术专著出版资助。社会科学文献出版社皮书出版分社吴敏总编辑迅速推动出版进程，王展先生对书稿做了精心细致的编辑。对于上述这一切，我们谨致衷心的谢意！

2023 年 8 月 2 日识于北京市社会科学院历史所

图书在版编目（CIP）数据

京津冀地区环境史 / 孙冬虎等著. --北京：社会
科学文献出版社，2024.12. --ISBN 978-7-5228-4250-9

Ⅰ.X-092.2

中国国家版本馆 CIP 数据核字第 2024DA1941 号

京津冀地区环境史

著　　者／孙冬虎　李　诚　吴文涛　高福美　许　辉

出 版 人／冀祥德
责任编辑／王　展
责任印制／王京美

出　　版／社会科学文献出版社（010）59367127
　　　　　地址：北京市北三环中路甲 29 号院华龙大厦　邮编：100029
　　　　　网址：www.ssap.com.cn
发　　行／社会科学文献出版社（010）59367028
印　　装／三河市尚艺印装有限公司

规　　格／开　本：787mm×1092mm　1/16
　　　　　印　张：31.5　字　数：467 千字
版　　次／2024 年 12 月第 1 版　2024 年 12 月第 1 次印刷
书　　号／ISBN 978-7-5228-4250-9
定　　价／158.00 元

读者服务电话：4008918866